# 소방점검 실무

4판

홍영호 지음

도서출판 동화기술

# 머리말

최근에 발생하는 대형화재를 통해 한건의 화재가 일어나면 수십 명의 사상자가 발생한다는 것에 대하여 참담한 마음을 가지게 된다. 이런 화재가 발생한 후에 들리는 소식들은 공통적으로 화재를 대비한 소방시설 및 피난시설의 미비와 설치된 시설의 미작동 및 규정 위반과 같은 근본적인 원인들이 매번 지적되는 안타까운 현실에 직면하게 된다.

화재예방, 소방시설 설치·유지 및 안전관리에 관한 법률에 의하면 「소방안전관리자는 인명과 재산을 보호하기 위하여 소방시설·피난시설·방화시설 및 방화구획 등이 법령에 위반된 것을 발견한 때에는 지체 없이 소방안전관리대상물의 관계인에게 소방대상물의 개수·이전·제거·수리 등 필요한 조치를 할 것을 요구하여야 하며, 관계인이 시정하지 아니하는 경우 소방본부장 또는 소방서장에게 그 사실을 알려야 한다. 이 경우 소방안전관리자는 공정하고 객관적으로 그 업무를 수행하여야 한다.」고 명시하여 소방안전관리자의 역할을 명확하게 고지하고 있다.

시설물의 소방안전관리자 또는 시설물의 소방시설에 대한 점검을 실시하는 전문가가 이러한 역할을 제대로 수행하기 위해서는 소방시설이 화재안전기준에 적합하게 설치되었는지, 규정에 적합하게 운용되고 있는지 그리고 소방시설이 화재시에 제대로 작동하는지를 알아야 한다.

소방시설의 정상적인 기능을 위해 정기적인 소방점검을 실시하고 점검을 통해 작동 여부의 확인 및 보수여부에 대한 결정 그리고 개선 여부에 대한 판단을 할 수 있어야 한다. 소방점검에 참여하는 많은 전문가들을 위한 소중한 문헌들이 시중에 많이 있으나 소방안전관리과를 입학한 학생들처럼 소방시설을 처음 접하는 학습자를 위한 문헌이 없다는 것에 대해 아쉬운 마음을 가지고 이 책을 준비하기 시작하였다.

한권의 책에 모든 내용을 다 수록할 수는 없기에 이 책의 제목인 [소방 점검 실무]에서 보는 바와 같이 이 책에서는 소방시설 중에서 가장 기본이 되고 소방시설에 대한 작동 점검 및 우리 주변에서 흔하게 볼 수 있는 시설물에 주로 설치되어 있는 소방시설을 대상으로 작동시험을 하는 방법 중심으로 책을 구성하였다.
내용을 설비별 종류에 따른 점검방법과 소방시설별 분류에 따른 점검방법으로 구분하여 기술하였다. 그래서 일부내용이 중복되는 경우가 있는데, 이는 시설점검을 위해서는 설비점검에 대한 내용이 필요하기 때문임을 밝혀둔다.
나름대로 최선을 다하여 내용을 구성하였지만 본의 아닌 곳에서 잘못된 부분과 미흡한 부분이 있을지도 모르겠습니다. 이러한 내용이 확인되면 추후 보완할 것을 약속드립니다.

앞에서도 언급했듯이 소방시설의 작동점검을 위한 내용을 기초적으로 서술하기 위해서 참고하였던 많은 참고 문헌의 저자들과 이 책을 출판하기까지 많은 열정과 노력을 해주신 도서출판 동화기술 관계자 여러분들께 감사의 말씀을 올립니다.

# 목차

## 제 4 장 옥내소화전 유지관리 · 65



## 제 5 장 스프링클러 설비 점검 · 83



## 제 6 장 P형 수신기 점검 · 113

## 제 7 장 감지기의 종류 및 점검 · 135



## 제 8 장 이산화탄소 소화설비 점검 · 159



## 제 9 장 공동주택 작동 및 세대점검 · 179



## 제 10 장 교육연구 시설 작동점검 · 235

Chapter 1

# 소방시설 점검

1. 소방시설 점검 근거
2. 소방시설 점검 절차
3. 작동 기능시험 기구 사용법

# 1. 소방시설 점검 근거

<table>
<tr><th>인·허가 조건</th><th>기 준</th></tr>
<tr><td>소방점검 근거</td><td>[소방시설 설치 및 관리에 관한 법률]<br>제22조(소방시설등의 자체점검) ① 특정소방대상물의 관계인은 그 대상물에 설치되어 있는 소방시설등이 이 법이나 이 법에 따른 명령 등에 적합하게 설치·관리되고 있는지에 대하여 다음 각 호의 구분에 따른 기간 내에 스스로 점검하거나 제34조에 따른 점검능력 평가를 받은 관리업자 또는 행정안전부령으로 정하는 기술자격자(이하 "관리업자등"이라 한다)로 하여금 정기적으로 점검(이하 "자체점검"이라 한다)하게 하여야 한다. 이 경우 관리업자등이 점검한 경우에는 그 점검 결과를 행정안전부령으로 정하는 바에 따라 관계인에게 제출하여야 한다.<br>1. 해당 특정소방대상물의 소방시설등이 신설된 경우 : 「건축법」 제22조에 따라 건축물을 사용할 수 있게 된 날부터 60일<br>2. 제1호 외의 경우 : 행정안전부령으로 정하는 기간<br>② 자체점검의 구분 및 대상, 점검인력의 배치기준, 점검자의 자격, 점검 장비, 점검 방법 및 횟수 등 자체점검 시 준수하여야 할 사항은 행정안전부령으로 정한다.<br>③ 제1항에 따라 관리업자등으로 하여금 자체점검하게 하는 경우의 점검 대가는 「엔지니어링산업 진흥법」 제31조에 따른 엔지니어링사업의 대가 기준 가운데 행정안전부령으로 정하는 방식에 따라 산정한다.<br>④ 제3항에도 불구하고 소방청장은 소방시설등 자체점검에 대한 품질확보를 위하여 필요하다고 인정하는 경우에는 특정소방대상물의 규모, 소방시설등의 종류 및 점검인력 등에 따라 관계인이 부담하여야 할 자체점검 비용의 표준이 될 금액(이하 "표준자체점검비"라 한다)을 정하여 공표하거나 관리업자등에게 이를 소방시설등 자체점검에 관한 표준가격으로 활용하도록 권고할 수 있다.<br>⑤ 표준자체점검비의 공표 방법 등에 관하여 필요한 사항은 소방청장이 정하여 고시한다.<br>⑥ 관계인은 천재지변이나 그 밖에 대통령령으로 정하는 사유로 자체점검을 실시하기 곤란한 경우에는 대통령령으로 정하는 바에 따라 소방본부장 또는 소방서장에게 면제 또는 연기 신청을 할 수 있다. 이 경우 소방본부장 또는 소방서장은 그 면제 또는 연기 신청 승인 여부를 결정하고 그 결과를 관계인에게 알려주어야 한다.</td></tr>
</table>

**제23조(소방시설등의 자체점검 결과의 조치 등)** ① 특정소방대상물의 관계인은 제22조제1항에 따른 자체점검 결과 소화펌프 고장 등 대통령령으로 정하는 중대위반사항(이하 이 조에서 "중대위반사항"이라 한다)이 발견된 경우에는 지체 없이 수리 등 필요한 조치를 하여야 한다.

② 관리업자등은 자체점검 결과 중대위반사항을 발견한 경우 즉시 관계인에게 알려야 한다. 이 경우 관계인은 지체 없이 수리 등 필요한 조치를 하여야 한다.

③ 특정소방대상물의 관계인은 제22조제1항에 따라 자체점검을 한 경우에는 그 점검 결과를 행정안전부령으로 정하는 바에 따라 소방시설등에 대한 수리·교체·정비에 관한 이행계획(중대위반사항에 대한 조치사항을 포함한다. 이하 이 조에서 같다)을 첨부하여 소방본부장 또는 소방서장에게 보고하여야 한다. 이 경우 소방본부장 또는 소방서장은 점검 결과 및 이행계획이 적합하지 아니하다고 인정되는 경우에는 관계인에게 보완을 요구할 수 있다.

④ 특정소방대상물의 관계인은 제3항에 따른 이행계획을 행정안전부령으로 정하는 바에 따라 기간 내에 완료하고, 소방본부장 또는 소방서장에게 이행계획 완료 결과를 보고하여야 한다. 이 경우 소방본부장 또는 소방서장은 이행계획 완료 결과가 거짓 또는 허위로 작성되었다고 판단되는 경우에는 해당 특정소방대상물을 방문하여 그 이행계획 완료 여부를 확인할 수 있다.

⑤ 제4항에도 불구하고 특정소방대상물의 관계인은 천재지변이나 그 밖에 대통령령으로 정하는 사유로 제3항에 따른 이행계획을 완료하기 곤란한 경우에는 소방본부장 또는 소방서장에게 대통령령으로 정하는 바에 따라 이행계획 완료를 연기하여 줄 것을 신청할 수 있다. 이 경우 소방본부장 또는 소방서장은 연기 신청 승인 여부를 결정하고 그 결과를 관계인에게 알려주어야 한다.

⑥ 소방본부장 또는 소방서장은 관계인이 제4항에 따라 이행계획을 완료하지 아니한 경우에는 필요한 조치의 이행을 명할 수 있고, 관계인은 이에 따라야 한다.

**제24조(점검기록표 게시 등)** ① 제23조제3항에 따라 자체점검 결과 보고를 마친 관계인은 관리업자등, 점검일시, 점검자 등 자체점검과 관련된 사항을 점검기록표에 기록하여 특정소방대상물의 출입자가 쉽게 볼 수 있는 장소에 게시하여야 한다. 이 경우 점검기록표의 기록 등에 필요한 사항은 행정안전부령으로 정한다.

② 소방본부장 또는 소방서장은 다음 각 호의 사항을 제48조에 따른 전산시스템 또는 인터넷 홈페이지 등을 통하여 국민에게 공개할 수 있다. 이 경우 공개 절차, 공개 기간 및 공개 방법 등 필요한 사항은 대통령령으로 정한다.

1. 자체점검 기간 및 점검자
2. 특정소방대상물의 정보 및 자체점검 결과
3. 그 밖에 소방본부장 또는 소방서장이 특정소방대상물을 이용하는 불특정다수인의 안전을 위하여 공개가 필요하다고 인정하는 사항

| 인 · 허가 조건 | 기 준 |
|---|---|
| 화재예방<br>강화기구 | ▶ 화재경계지구 결정권자 : 시·도지사<br>▶ 화재경계지구구역<br>○ 시장, 공장/창고 밀집한 지역<br>○ 산업단지<br>○ 소방출동로가 없는 지역<br>○ 석유화학제품을 생산하는 공장이 있는 지역<br>▶ 소방특별조사 : 년 1회 실시<br>▶ 화재경계지구 관계인에게 연1회 교육실시 ; 소방본부장<br>▶ 화재경계지구 관계인에게 교육통보 ; 10일 이전 |
| 소방안전<br>관리대상물 | ▶ 1급 소방안전관리 대상<br>가. 연면적 15,000 [$m^2$] 이상인 곳<br>나. 가목 외의 특정소방대상물로 11층 이상인 곳<br>다. 가연성 가스 1,000 톤 이상을 저장, 취급하는 시설<br>라. 30층 이상(지하층 제외), 120 [m] 이상 아파트<br>▶ 성능위주 설계<br>가. 연면적 200,000 [$m^2$] 이상인 특정소방대상물<br>나. 건축물의 높이가 100 [m] 이상<br>다. 지하층을 포함하여 층수가 30층 이상<br>라. 연면적 30,000 [$m^2$] 이상인 특정소방대상물(철도, 공항)<br>마. 영화상영관 10개 이상인 특정소방대상물 |
| 건축허가<br>동의 대상 | ▶ 연면적 400 [$m^2$] 이상인 건축물<br>▶ 노유자, 수련시설, 차고, 주차장 : 연면적 200 [$m^2$] 이상<br>▶ 기계식 주차시설로 20대 이상을 주차할 수 있는 것<br>▶ 정신의료 기간, 의료재활시설 : 연면적 300 [$m^2$] 이상<br>▶ 지하층 또는 무창층 중 바닥면적 150 [$m^2$] 이상<br>(공연장의 경우 100 [$m^2$] 이상)인 층이 있는 것<br>▶ 6층 이상 건축물<br>▶ 위험물 저장 및 처리시설, 지하구 |

| 인·허가 조건 | 기 준 |
|---|---|
| 소방감리대상 | ▶ 일반감리<br>가. 연면적 1,000 [$m^2$] 이상의 특정소방대상물<br>나. 자동화재탐지설비, 옥내소화전설비, 스프링클러설비, 물분무등 소화설비 또는 제연설비를 설치해야 하는 특정소방대상물<br>다. 길이가 1,000 [m] 이상인 지하구<br>▶ 상주감리<br>가. 연면적 30,000 [$m^2$] 이상의 특정소방대상물<br>나. 자동화재탐지설비, 옥내소화전설비, 옥외소화전설비, 소방용수시설만 설치되는 공사 제외<br>다. 16층(지하층 포함) 이상 500세대 이상인 아파트 |
| 자체점검대상 | ▶ 작동기능점검<br>가. 상반기 1회 이상 1일 점검<br>: 연면적 12,000 [$m^2$] 이상의 특정소방대상물<br>▶ 종합정밀점검 : 연 1회 이상 1일 점검<br>: 연면적 12,000 [$m^2$] 이상의 특정소방대상물<br>가. 스프링클러설비 또는 물분무등 소화설비가 설치된 연면적 5,000 [$m^2$] 이상의 특정소방대상물<br>나. 아파트 : 연면적 5,000 [$m^2$] 이상으로 16층 이상<br>▶ 점검결과보고서 (규칙 제19조)<br>가. 작동기능점검 ; 7일 이내에 제출<br>나. 종합정밀점검 : 7일 이내에 제출 |

# 2. 소방시설 점검 절차

점검 업무 흐름

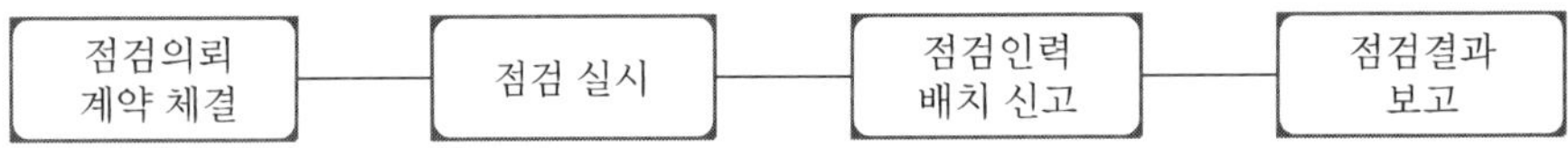


## 2.1 자체점검 구분

- 작동기능점검 : 소방시설 등을 인위적으로 조작하여 정상작동 여부 점검
- 종합정밀점검 : 소방시설 등이 화재안전기준 및 건축법 등 관련 법령에서 정하는 기준에 적합한지 여부 점검

## 2.2 점검대상 및 방법

- 작동기능점검

| 대상 | 특정소방대상물<br>다만. 소화기구만 설치 대상 또는 특급소방안전관리대상물[1] 제외 |
|---|---|
| 보고서 제출대상 | 종합정밀점검대상(공공기관포함), 1급, 2급 소방안전관리대상물 |
| 점검자 | 해당 대상물의 관계인·소방안전관리자 또는 소방시설관리업자<br>(점검인력 배치기준 준수) |
| 점검횟수 | 연 1회 이상 |
| 점검시기 | – 건축물 사용승인일이 속하는 달<br>– 종합정밀점검대상 : 종합정밀점검 받은 달부터 6개월 되는 달 |
| 점검결과 | 점검일로부터 7일 이내 소방서장에게 제출 |

1) 높이 30층 이상 또는 높이 120m 이상 건축물

• 종합정밀점검

| 대상 | • 일반대상 : 스프링클러 설비 또는 물분무등소화설비가 설치된 연면적 5천[m$^2$] 이상인 특정소방대상물(위험물제조소등 제외) 다만, 아파트: 연면적 5천[m$^2$] 이상으로 층수가 11층 이상(지하 주차장에 스프링클러가 설치된 경우도 포함)<br>– 다중이용업소 : 화재위험성이 높은 다음 8종의 다중이용업소가 설치된 연면적 2천[m$^2$] 이상의 특정소방대상물<br>※ 유흥주점, 단란주점, 영화상영관, 비디오물감상실, 노래연습장, 산후조리, 고시원, 안마시술소<br>– 제연설비가 설치된 터널<br>– 공공기관 : 연면적 1천[m$^2$] 이상 옥내소화전설비 또는 자동화재탐지설비 설치대상 | | |
|---|---|---|---|
| 점검자 | 소방시설관리업자(점검인력 배치기준 준수) 또는 소방안전관리자로 선임된 소방시설관리사·소방기술사 | | |
| 점검횟수 | 연 1회 이상 | 점검시기 | 건축물 사용승인일이 속하는 달 |
| 점검결과 | 점검일로부터 7일 이내 소방서장에게 제출 | | |

## 2.3 벌칙규정

- 자체점검 미실시 → 1년 이하 징역 또는 1천만원 이하 벌금
- 점검결과 보고하지 아니한 자 → 200만원 이하 과태료
- 점검결과 거짓으로 보고한 자 → 200만원 이하 과태료

## 2.4 소방시설 점검 절차와 방법

### 가. 점검방법

점검결과 거짓으로 보고한 자 → 200만원 이하 과태료

#### 1) 소방점검 업무 절차

| 1 단계 | 점검 제안서 제출 |
|---|---|
| 업무 | • 일괄계약<br>• 소방점검일정 수립통보(관리자) |
| 2 단계 | 점검 전 협의 |
| 업무 | • 건물특성 및 설비현황과 관련하여 사전 업무공유 협의실시<br>• 세부점검 일정협의<br>• 관계자 및 소방안전관리자 참석 하에 업무 회의실시/회의록 작성 |

| 3 단계 | 소방시설점검 |
| --- | --- |
| 업무 | • 소방점검실시<br>• 주, 야간 점검시 소방안전관리자 입회<br>–소방시설 유지관리요령 및 안전교육 실시<br>–경미한 지적사항은 현지 시정 조치 |
| **4 단계** | **점검 후 조치활동** |
| 업무 | • 관계자 및 소방안전관리자 참석 하에 업무 회의실시/회의록작성<br>(개선책 제시 및 정비요청)<br>• 지적사항에 대한 정비계획 수립/조치결과 확인<br>• 점검최종결과 및 보고서제출 |

## 2) 점검항목 및 방법

| 소화설비 | • 소화기구<br>–화재안전기준의 설치기준에 의한 설치상태 확인<br>–소화기의 충압 및 충약상태 확인<br>• 옥내·옥외 소화전 설비<br>–화재안전기준에 적합한 가압송수장치의 성능시험 실시<br>–소화전의 부속설비의 상태 확인<br>–소화전 방수압 측정 실시<br>• 스프링클러 설비<br>–화재안전기준에 적합한 가압송수장치의 성능시험 실시<br>–설비의 관리 및 작동상태 확인<br>–설비의 임의 변경 여부 확인<br>–설비의 감지기 및 유수검지 장치의 동작으로 비상 싸이렌 동작 상태 확인<br>• 물분무등 소화설비<br>–화재안전기준에 적합 여부 확인<br>–설비의 관리 및 작동 상태 확인<br>–방호구역, 설비의 임의 변경 여부 확인<br>–감지기 및 설비와 연동하여 비상 싸이렌 동작 상태 확인 |
| --- | --- |
| 경보설비 | • 자동화재탐지설비<br>–경계구역이 화재안전기준에 적합한가 여부 확인<br>–수신기의 관리 상태 확인<br>–수신기의 화재 경보 상태 점검<br>–중계기의 관리 및 정상 작동 여부 확인<br>–화재안전기준에 적합한 감지기 설치 여부 확인 |

| | |
|---|---|
| | –감지기의 정상 작동 여부 점검<br>–화재안전기준에 적합한 발신기 설치 여부 확인<br>–발신기의 정상 작동 여부 점검<br>–지구음향의 정상 동작 상태 점검<br>• 비상경보설비 및 비상방송설비<br>–비상방송설비의 화재안전기준에 적합한가 여부 확인<br>–화재안전기준의 음향장치의 기준에 적합한 동작상태 여부 점검 |
| **피난설비** | • 피난기구<br>–화재안전기준에 적합한 적응성 및 개수 확인<br>–피난기구의 관리 상태 및 임의 변경 여부 확인<br>• 유도등·유도표지 및 비상조명등<br>–화재안전기준의 설치기준에 의한 설치상태여부 점검<br>–2선식*의 경우 상시 점등상태 확인<br>–3선식**의 경우 화재 신호와 연동 및 수동 점등 상태 확인<br>• 인명구조 기구<br>–화재안전기준의 설치기준에 의한 설치상태 확인<br>–인명구조 기구의 관리 상태 및 임의 변경 여부 점검 |
| **제연설비** | • 제연설비<br>–제연구역이 화재안전기준에 적합한가 여부 확인<br>–제연구역의 임의 변경 여부 확인<br>–제연 설비의 정상 작동 상태 점검<br>–흡입 및 배출 풍량의 적정 여부 확인<br>• 연결송수관설비<br>–화재안전기준에 적합 여부 확인<br>–송수구 및 방수구의 사용시 장애 여부 확인<br>• 비상콘센트설비<br>–화재안전기준에 적합 여부 확인<br>–관리상태 및 전원의 정상 여부 점검<br>• 방화셔터/기타<br>–방화셔터의 정상 동작 여부 점검<br>–위험물, 가스, 화기 취급 등 화재 위험요소의 방치 여부 확인 |

* 2선식 : 화재 발생과 관계없이 평상시에도 계속 켜져 있는 상시 점등 결선법

**3선식 : 평소에는 소등상태였다가 화재시 점등신호를 받아 켜지는 결선법

### 나. 점검시 안전 조치 사항

#### 1) 점검 전 업무 공유 협의

점검 대상 시설물에 설치된 소방설비의 그간 오동작 사례, 특이 동작사례, 집중 정밀 점검 사항에 대한 소방안전관리자 및 담당자와의 충분한 협의로 소방설비의 오동작 원인을 파악한다.

#### 2) 설비별 안전 조치

| 구분 | 내용 |
|---|---|
| 방재실 | • 주 수신기의 스위치 조작 전 주위 설비의 연동 상태를 확인<br>• 방재실 점검자와 현장 점검자간의 무전 통화로 항상 신속 조치 가능케 한다.<br>• 수신기는 점검시 필요에 따라 연동 및 정지를 조작하며, 방재실 설비는 연동으로 전환한다. |
| 현장점검 | • 모든 점검은 방재실, 설비 동작부, 현장 등 2명 이상이 실시하며 항상 무전 통화가 가능케 한다.<br>• 점검시 설비가 동작하여도 고객 동선에 영향이 미치는지 충분한 현장 확인을 한다.<br>• 고객에게 영향을 미치는 점검은 야간 점검을 실시한다.<br>• 방화셔터 점검시 수동으로 1회 동작 후 이상이 없을 경우 연동점검 실시한다. |

#### 3) 점검 후 협의

시설물에 대한 소방 점검 후 결과 및 소견을 설명하고 유지관리 상 주의가 필요한 설비에 대해서 관리요령을 설명하여 오동작을 미리 방지하며, 오동작 발생시 조속한 조치 방법을 현장위주로 계획하여 대안을 제시한다.

## 다. 기본 점검 내용

### 1) 소방점검항목

| 점검항목 | | 주요점검내용 |
|---|---|---|
| 옥내, 외 소화전 | 가압송수장치 | 기동장치 압력 세팅, 펌프의 성능 시험, 릴리프 밸브 작동상태, 방수압력 측정 |
| | 배관 및 밸브류 | 주배관/가지배관의 구경, 템퍼스위치 상태, 체크밸브의 종류/규격/설치위치 및 상태 |
| | 송수구 | 설치 장소 및 위치, 송수구 규격 및 접결구 나사의 보호 상태, 자동배수밸브/체크밸브의 상태 |
| | 소화전함 등 | 장애물 설치여부 등 사용상의 편의상태, 적절한 감압 조치, 호스와 관창의 접결구 상태 |
| 스프링클러 설비 | 가압송수장치 | 기동장치 압력 세팅, 펌프의 성능 시험, 릴리프 밸브 작동상태, 헤드의 최저/최고 방수압력의 적정 여부 |
| | 방호구역 | 방호 구역의 면적, 밸브실의 적정 위치/장애물 설치 여부, 헤드의 설치 개수 적정 여부 |
| | 배관 및 밸브류 | 주배관/가지배관의 구경, 템퍼스위치 상태, 체크밸브[2]의 종류/규격/설치위치 및 상태 |
| | 음향장치 | 유수검지 장치와의 연동 여부, 교차회로방식[3]에 의한 회로 화재 감지기 동작시 연동 여부 |
| | 헤드 | 헤드의 누락 여부, 헤드의 배치 거리, 헤드 표시온도 적정 여부, 헤드 살수 장애 여부 |
| | 송수구 | 설치 장소 및 위치, 송수구 규격 및 접결구 나사의 보호 상태, 자동배수밸브/체크밸브의 상태 |
| 물분무등 소화설비 | 저장용기/약제 | 적정 약제량의 저장 상태, 방호구역별 약제량 산출, 개방밸브의 안전장치 여부 |
| | 기동장치 | 기동장치의 설치위치/동작상태, 화재 감지기에 의한 자동 연동 상태 |
| | 제어반 및 화재표시등 | 수신기/음향경보/약제 방출시간 지연 등 상태, 약제방출표시등의 점등 상태 |
| | 배관/헤드 | 배관의 전용 여부, 선택밸브의 배치/표시 상태, 헤드 배치/설치위치 적합 여부 |
| | 개구부의 자동폐쇄장치 | 환기장치의 자동 정지 여부, 개구부/통기구의 자동 폐쇄장치 설치/기능 적합 여부 |

2) 유체(流體)가 한 방향만으로 흘러, 다른 방향의 흐름을 저지하는 밸브. 역지(逆止) 밸브라고도 부른다.

| 점검항목 | | 주요점검내용 |
|---|---|---|
| 자동화재 탐지설비 | 화재수신기 | 발신기/감지기 작동의 구분 및 경계구역 표시, 경계구역의 적합여부 |
| | 감지기 | 감지기 종류/동작 여부, 감지 면적 및 배치거리 |
| | 음향장치/ 시각경보장치 | 주 음향장치의 설치위치, 지구음향장치의 배치거리/동작상태, 감지기와 연동 상태 |
| | 발신기 | 설치위치 및 설치 높이, 감지회로상의 설치 위치, 위치 표시등 상태 |
| 피난설비 | 피난기구 | 완강기의 경우 로프 손상/길이, 피난기구의 표지 및 사용방법 표지, 기구의 부착방법 적합여부 |
| | 유도등 | 점검 스위치/퓨즈류/결선 접속 상태, 정상 점등 여부, 비상 전원 상태, 관리 상태 |
| | 인명구조기구 | 설치수의 적합여부, 기구 보관 장소의 적합 여부, 표지설치 여부 |
| 소화활동 설비 | 제연설비 | 제연구역 차압의 적합여부, 기동장치의 설치위치 적합여부, 댐퍼의 동작 상태, 출입문의 개폐 상태 |
| | 비상조명등 | 설치위치 적정 여부, 관리 상태, 휴대용 비상조명등의 설치 위치/수량/설치 거리 적정 여부 |
| | 연결송수관 설비 | 자동배수밸브/체크밸브의 적합여부, 접결나사의 보호상태, 방수구의 설치 적합여부 |
| | 비상콘센트 설비 | 보호함의 상태/충전부의 노출 방지 여부, 플러그의 종류/수량/위치의 여부, 위치 표시등 적합여부 |
| | 무선통신보조 설비 | 누설 동축 케이블의 고정 지지 적합여부, 접속단자 설치장소/규격/설치거리의 적합여부 |
| | 방화셔터 | 방화셔터 동작 상태, 위험물/가스/화기취급 상태, 기타 화재 위험 요소의 방치 여부 |
| 비상방송설비 | | 증폭기[4] 및 조작부 설치위치의 여부, 조작부의 작동층/표시 여부 |
| | | 다른 설비와 겸용인 경우 다른 방송 차단 여부, 음향장치의 경보 및 음량의 적합여부 |
| | | 자동화재탐지설비 작동과 연동 상태, 상용전원 및 예비전원의 상태 |

3) 감지기가 화재를 감지하는 것은 송, 배선방식의 자동화재탐지설비와 기능은 같으나 1개회로의 감지기가 동작되었을 때에는 그와 연동되는 소화설비가 작동되지 아니하고 2개회로 즉, 감지기가 회로별로 각각 1개씩 2개 이상의 감지기가 동작되는 방식.

4) 전력, 전압, 전류 등의 진폭을 크게 하는 장치

### 2) 법정 점검 장비

| 장비명 | 용도 |
|---|---|
| 소화기 고정틀 | 소화기의 캡 개방용 |
| 저울 | 소화약제 등의 중량측정 용 |
| 내부 조명기 | 소화기 내부면의 부식상태 점검용 |
| 반사경 | 소화기 내부면의 부식상태 점검용 |
| 메스실린드, 비커 | 소화약제 점검용 |
| 캡 스패너 | 소화기 분해, 점검시 사용 |
| 가압용기 스패너 | 가압용기 점검시 사용 |
| 소화전 밸브 압력계 | 방수압력 측정용 |
| 방수압력 측정계 | 방수압력 측정용 |
| 절연 저항계 | 절연저항 및 교류 전압 측정용 |
| 전류, 전압 측정계 | 전류 회로의 전류, 전압 측정용 |
| 포 콜렉터, 포 콘테이너 | 공기포의 채집에 사용 |
| 헤드 취부 렌지 | 스프링클러 헤드장치, 철거시에 사용 |
| 입도계 | 소화약제의 분말 가루상태 점검시 사용 |
| 검량계 | 중량 측정용 |
| 토크 렌지 | 할론, $CO_2$ 설비 용기 밸브 부착용 |
| 기동관 누설 시험계 | 할론, $CO_2$, 분말소화설비 가동라인 누설 측정용 |
| 습도계(수분계) | 건조식 수분 측정기기용 |
| 연기감지기 시험기 | 연기감지기 작동 시험용 |
| 열감지기 시험기 | 열감지기 작동 시험용 |
| 공기 주입 시험계 | 공기관 감지기 작동 시험용 |
| 누전계 | 누전전류 및 부하전류 측정용 |
| 무선기 | 누설 동축 케이블 ANT 측정용 |
| 풍속, 풍압계 | 제연설비의 풍속, 풍압, 풍온 측정 |
| 비중계, 스포이드 | 축전지의 비중 측정시 사용 |
| 조도계 | 소방시설물 조도 측정용 |
| 레벨 메타 | 소화 약제량 측정용(Halon, $CO_2$) |
| 차압계 | 제연설비 중 차압 측정용 |

# 3. 작동 기능시험 기구 사용법

표 1.1 소방시설 자체점검(작동기능점검, 종합정밀점검 등) 시 점검장비

| 소방기설 | 장비 | 규격 |
|---|---|---|
| 소화기구 | 소화기고정틀, 저울, 내부조명기, 반사경, 메스실린더 또는 비커, 캡스패너(cap spanner), 가압용기 스패너 | |
| 옥내소화전설비<br>옥외소화전설비 | 소화전밸브압력계, 방수압력측정계, 절연저항계, 전류전압측정계 | |
| 스프링클러설비<br>포소화설비 | 포컬렉터(거품채집기), 헤드결합렌치, 포컨테이너, 방수압력측정계, 절연저항계, 전류전압측정계 | 1,400 [mm] |
| 이산화탄소소화설비<br>분말소화설비<br>할로겐화합물소화설비<br>청정소화약제소화설비 | 입도계, 검량계, 토크렌치(torque wrench), 기동관누설시험기, 습도계(수분계), 절연저항계, 전류전압측정계 | 표준체 [80, 100, 200, 325 메시 (mesh)] |
| 자동화재탐지설비<br>시각경보기<br>통합감시시설 | 열감지기시험기, 연기감지기시험기, 공기주입시험기, 절연저항계, 전류전압측정계 | |
| 누전경보기 | 누전계, 절연저항계, 전류전압측정계 | 누전전류 및 부하전류측정용 |
| 무선통신보조설비 | 무선기, 전류전압측정계 | 통화시험용 |
| 제연설비 | 풍속풍압계, 절연저항계, 전류전압측정계, 폐쇄력측정기, 차압계 | |
| 축전지설비 | 비중계, 스포이트, 절연저항계, 전류전압측정계 | |
| 통로유도등<br>비상조명등 | 조도계, 절연저항계, 전류전압측정계 | 최소눈금이 0.1 럭스 이하인 것 |

## 3.1 방수압력측정계(직사관창 사용시)

피토게이지

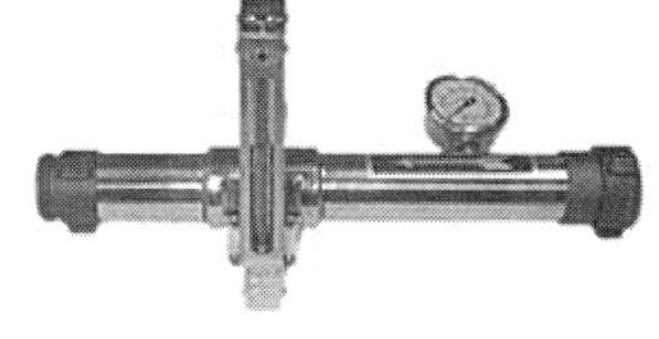

방수압력 측정기

방수압력 측정

**사용방법**

1) 옥내·외 소화전 방수압력 측정시 호스에 관창을 연결한다.
2) 관창 관경의 1/2 위치점에서 방수 후 피토게이지를 이용하여 압력을 측정한다. (옥내소화전 관창의 관경은 13 [mm]이다.)
3) 측정 결과 옥내소화전 기준개수를 동시 개방하여 약 30초 정도 경과 후 평균 측정치가 1.7 [$kg_f/cm^2$] 이상이 되어야 한다.

## 3.2 소화전 밸브압력 측정계

1) 소화전 정압력 측정용
2) 사용방법－소화전 방수구에 소화전 밸브 압력측정계를 연결하여 압력측정

## 3.3 감지기 시험기

1) 열감지기 시험

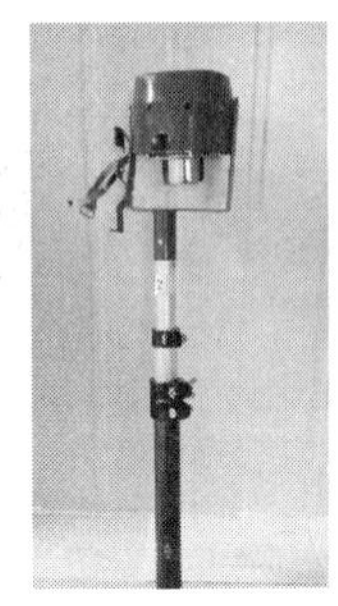

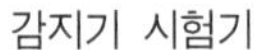

감지기 시험기

감지기 시험기 내부

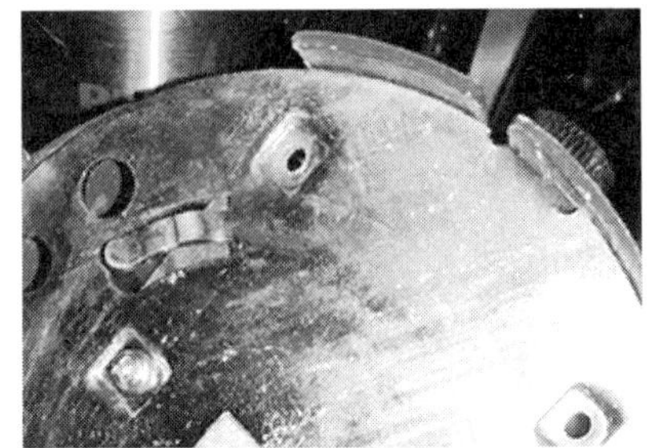

감지기 열 가열부

2) 연기감지기 시험

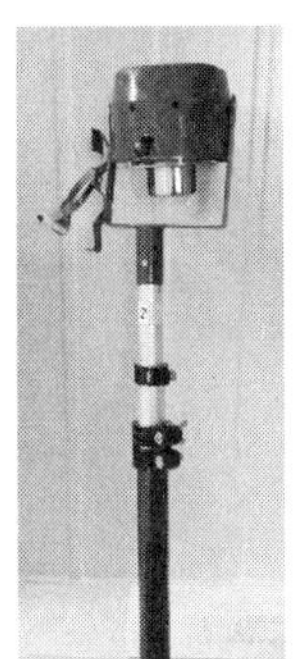

감지기 시험기

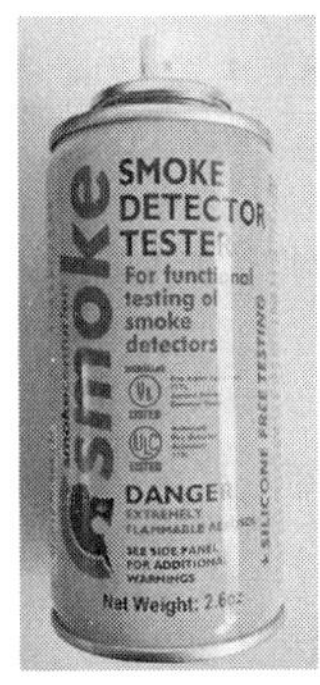


연기감지기 약제

## 3.4 공기주입 시험기

공기관식 차동식 분포형 감지기 시험

## 3.5 전기절연 저항계

자동화재탐지설비, 무선 통신보조설비, 누전경보기 등 설비에 대한 전기절연저항을 측정한다.

## 3.6 전류전압측정계(회로 시험기)

자동화재탐지설비, 무선 통신보조설비, 누전경보기 등 설비에 대한 전기절연저항을 측정한다.

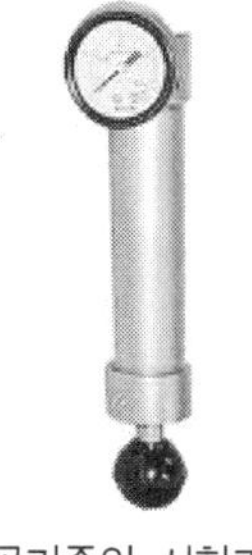

공기주입 시험기　　전기절연 저항계　　풍속계

## 3.7 풍속 풍압계

제연설비 측정

## 3.8 차압계

제연설비의 각 실과 복도간의 압력의 차이를 측정한다.

**사용방법**

1) 측정용 팁의 정압측에 고무튜브를 연결시키고 기기의 “+”에 연결
2) 고무튜브 하나는 부압측에 연결시키고 기기의 “−”측에 연결
3) 정압측정용 팁을 덕트 속에 넣는다.
4) 압력단위는 [inH$_2$O], [mmHg], [Pa] 단위로 나타내며 일반적으로 [Pa] 단위로 설정되어 있다.

디지털 차압계

차압 측정

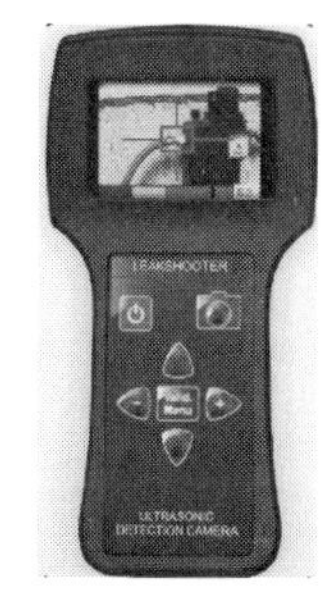


가스누설 탐지기

## 3.9 가스누설 탐지기

### 가. 가스류 누설탐지

1) 3번 스위치를 누르면 1번과 2번을 번갈아 가면서 빨간색이 점등되면서 측정 준비 (측정 준비시간은 약 1분 소요)
2) 측정 준비가 완료되면 경고음과 동시에 2번에 녹색 점등이 되고  측정 준비 중임을 알리는 소리가 들림
3) 누설이 의심되는 부분에 가지고 가면 (삑~) 소리가 빨라지며, 40 [ppm] 이상 가스가 존재하면 측정이 시작
4) 1000 [ppm] 이상 누설되어 있다면 1번 램프에 빨간불이 들어오면서 더 강하게 탁음이 발생

Chapter 2

# 소화기 점검

1. 소화기 설치대상
2. 소화기의 종류
3. 자동식 소화기의 설치기준
4. 수동식 소화기 설치장소
5. 수동식 소화기의 부품별 점검요령
6. 수동식 소화기 일반점검
7. 소화기 정밀점검

# 1. 소화기 설치대상

## 1.1 소화기 설치 장소

| 소방시설 | 소방 대상물 | 설치 장소 |
|---|---|---|
| 소화기 | 특정소방대상물 | ▶ 수동식 소화기<br>▷ 연면적 33 [$m^2$] 이상<br>▷ 지정문화재 및 가스저장 취급시설<br>▷ 터널<br>▶ 자동식 소화기<br>▷ 아파트 |
| | # 특수가연물 | 750 배 |

## 1.2 소화기 설치 기준

| 소방시설 | 설치기준 |
|---|---|
| 소화기구 설치 | **① 소화기구는 다음 각 호의 기준에 따라 설치해야 한다.**<br>1. 특정소방대상물의 설치장소에 따라 화재 종류별 적응성 있는 소화약제의 것으로 할 것<br>2. 특정소방대상물별 소화기구의 능력단위는 다음 각 목에 따른 바닥면적마다 1단위 이상으로 한다.<br>가. 위락시설 : 30 [$m^2$]<br>나. 문화 및 집회시설(전시장 및 동·식물원은 제외한다.)·의료시설·장례시설 중 장례식장 및 문화재 : 50 [$m^2$]<br>다. 공동주택·근린생활시설·문화 및 집회시설 중 전시장·판매시설·운수시설·노유자시설·업무시설·숙박시설·공장·창고시설·항공기 및 자동차 관련 시설·방송통신시설 및 관광휴게시설 : 100 [$m^2$]<br>라. 가목 내지 다목에 해당하지 않는 것 : 200 [$m^2$]<br>3. 제2호에 따른 능력단위 외에 부속용도별로 사용되는 부분에 대하여는 소화기구 및 자동소화장치를 추가하여 설치할 것 |

4. 소화기는 다음 각 목의 기준에 따라 설치할 것
   가. 특정소방대상물의 각 층마다 설치하되, 각 층이 둘 이상의 거실로 구획된 경우에는 각 층마다 설치하는 것 외에 바닥면적이 33 [$m^2$] 이상으로 구획된 각 거실에도 배치할 것
   나. 특정소방대상물의 각 부분으로부터 1개의 소화기까지의 보행거리가 소형소화기의 경우에는 20 [m] 이내, 대형소화기의 경우에는 30 [m] 이내가 되도록 배치할 것
5. 능력단위가 2단위 이상이 되도록 소화기를 설치해야 할 특정소방대상물 또는 그 부분에 있어서는 간이소화용구의 능력단위가 전체 능력단위의 2분의 1을 초과하지 않게 할 것
6. 소화기구(자동확산소화기를 제외한다)는 거주자 등이 손쉽게 사용할 수 있는 장소에 바닥으로부터 높이 1.5 [m] 이하의 곳에 비치하고, 소화기구의 종류를 표시한 표지를 보기 쉬운 곳에 부착할 것. 다만, 소화기 및 투척용소화용구의 표지는 기술에 적합한 축광식표지로 설치하고, 주차장의 경우 표지를 바닥으로부터 1.5 [m] 이상의 높이에 설치할 것
7. 자동확산소화기는 다음 각 목의 기준에 따라 설치할 것
   가. 방호대상물에 소화약제가 유효하게 방사될 수 있도록 설치할 것
   나. 작동에 지장이 없도록 견고하게 고정할 것

**② 자동소화장치는 다음 각 호의 기준에 따라 설치해야 한다.**
1. 주거용 주방자동소화장치는 다음 각 목의 기준에 따라 설치할 것
   가. 소화약제 방출구는 환기구의 청소부분과 분리되어 있어야 하며, 형식승인 받은 유효설치 높이 및 방호면적에 따라 설치할 것
   나. 감지부는 형식승인 받은 유효한 높이 및 위치에 설치할 것
   다. 차단장치(전기 또는 가스)는 상시 확인 및 점검이 가능하도록 설치할 것
   라. 가스용 주방자동소화장치를 사용하는 경우 탐지부는 수신부와 분리하여 설치하되, 공기와 비교한 가연성가스의 무거운 정도를 고려하여 적합한 위치에 설치할 것
   마. 수신부는 주위의 열기류 또는 습기 등과 주위온도에 영향을 받지 않고 사용자가 상시 볼 수 있는 장소에 설치할 것
2. 상업용 주방자동소화장치는 다음 각 목의 기준에 따라 설치할 것
   가. 소화장치는 조리기구의 종류 별로 성능인증 받은 설계 매뉴얼에 적합하게 설치 할 것
   나. 감지부는 성능인증 받는 유효높이 및 위치에 설치할 것
   다. 차단장치(전기 또는 가스)는 상시 확인 및 점검이 가능하도록 설치할 것
   라. 후드에 설치되는 분사헤드는 후드의 가장 긴 변의 길이까지 방출될 수 있도록 소화약제의 방출 방향 및 거리를 고려하여 설치할 것
   마. 덕트에 방출되는 분사헤드는 성능인증 받는 길이 이내로 설치할 것

3. 캐비닛형자동소화장치는 다음 각 목의 기준에 따라 설치할 것
   가. 분사헤드(방출구)의 설치 높이는 방호구역의 바닥으로부터 형식승인을 받은 범위 내에서 유효하게 소화약제를 방출시킬 수 있는 높이에 설치할 것
   나. 화재감지기는 방호구역 내의 천장 또는 옥내에 면하는 부분에 설치하되「자동화재탐지설비 및 시각경보장치의 화재안전성능기준(NFPC 203)」 제7조에 적합하도록 설치할 것
   다. 방호구역 내의 화재감지기의 감지에 따라 작동되도록 할 것
   라. 화재감지기의 회로는 교차회로방식으로 설치할 것
   마. 개구부 및 통기구(환기장치를 포함한다. 이하 같다)를 설치한 것에 있어서는 소화약제가 방출되기 전에 해당 개구부 및 통기구를 자동으로 폐쇄할 수 있도록 할 것
   바. 작동에 지장이 없도록 견고하게 고정할 것
   사. 구획된 장소의 방호체적 이상을 방호할 수 있는 소화성능이 있을 것
4. 가스, 분말, 고체에어로졸 자동소화장치는 다음 각 목의 기준에 따라 설치할 것
   가. 소화약제 방출구는 형식승인 받은 유효설치범위 내에 설치할 것
   나. 자동소화장치는 방호구역 내에 형식승인 된 1개의 제품을 설치할 것. 이 경우 연동방식으로서 하나의 형식으로 형식승인을 받은 경우에는 1개의 제품으로 본다.
   다. 감지부는 형식승인된 유효설치범위 내에 설치해야 하며 설치장소의 평상시 최고주위온도에 따라 적합한 표시온도의 것으로 설치할 것
   라. 다목에도 불구하고 화재감지기를 감지부로 사용하는 경우에는 제3호 나목부터 라목까지의 설치방법에 따를 것

③ **이산화탄소 또는 할로겐화합물을 방출하는 소화기구**(자동확산소화기를 제외한다)는 지하층이나 무창층 또는 밀폐된 거실로서 그 바닥면적이 20 [$m^2$] 미만의 장소에는 설치할 수 없다. 다만, 배기를 위한 유효한 개구부가 있는 장소인 경우에는 그렇지 않다.

# 2. 소화기의 종류

소화기구는 방호대상물에서 발생하는 화재를 유효하게 진압할 수 있는 적응 소화기와 충분한 능력단위를 소화기구의 화재안전기준에서 정하는 기준에 따라 설치하여야 한다.

**표 2.1** 화재별 적응소화기의 분류

| 화재의 종류 | 적응소화기 |
| --- | --- |
| 일반화재(A급) | 포, ABC분말, 물, 강화액, 산알카리 |
| 유류화재(B급) | 포, BC분말, ABC분말, 강화액, $CO_2$, 할로겐화합물 |
| 전기화재(C급) | ABC분말, BC분말, 강화액, $CO_2$, 할로겐화합물 |
| 금속화재(D급) | 분말, $CO_2$, 할로겐화합물, 간이소화용구 |
| 가스화재(E급) | 분말, $CO_2$, 할로겐화합물 |

## 2.1 약제의 양에 의한 소화기 종류

- 대형소화기 : 화재시 사람이 운반할 수 있도록 운반대와 바퀴가 설치되어 있고 능력단위[5]가 A급 10단위 이상, B급 20단위 이상인 수동식 소화기
- 소형소화기 : 능력단위가 1단위 이상이고 대형 수동식 소화기의 능력단위 미만인 수동식 소화기

## 2.2 가압방식에 의한 소화기 종류

- 축압식 소화기 : 축압식 소화기는 약제 내용물이 얼마나 남았는지 확인할 수 있는 압력게이지가 몸체에 부착되어 있는 것으로 저장용기 내에 약제와 가압가스를 압축시키고 있다가 안전핀을 제거하고 손잡이를 누르면 가압가스[6]에 의해 약제가 방출되는 소화기이다.

---

5) 소화기가 화재를 진압할 수 있는 능력
6) 압축공기 또는 질소가스

- 가압식 소화기 : 가압식 소화기는 압력게이지가 없는 것으로 가압가스와 분말이 분리되어 있기 때문에 오랜 시간 방치하면 분말이 굳게 된다. 이때 손잡이를 누르면 가압가스와 화재로 인한 복사열이 통 속에 그대로 남아 있다가 폭발하기도 한다.

## 2.3 작동방식에 의한 소화기종류

- 축압식 소화기
- 가압식 소화기
- 전도식 소화기 : 생산중단
- 파병식 소화기 : 생산중단

## 2.4 성분에 의한 소화약제의 종류

- 분말 소화약제
- 강화액 소화약제[7)]
- 이산화탄소 소화약제
- 침윤[8)] 소화약제
- 할로겐화합물 소화약제[9)]

## 2.5 구조 및 작동 방식에 의한 소화기종류

- 자동식 소화기 : 가연성가스의 누출이나 화재발생시 경보를 발하고 가연성가스의 누출을 자동적으로 차단하여야 하며 화재발생시 소화약제를 자동으로 방사하여 소화하는 것을 말한다.
- 수동식 소화기 : 물이나 소화약제를 압력에 의하여 방사하는 기구로서 사람이 조작하여 소화하는 것(소화약제에 의한 간이소화용구를 제외)을 말한다.

---

7) 탄산칼륨을 물에 용해시켜 비중을 1.3~1.4로 하여 소화기 내부에 충전하여 사용하는 소화약제
8) 수분이 스며들어 차차 젖어 가는 현상
9) 할론 1301 ($CF_3Br$), 할론 1211 ($CF_2ClBr$), 할론 2402 ($C_2F_4Br_2$), 할론 1011 ($CH_2ClBr$) 등

## 3. 자동식 소화기의 설치기준

자동식 소화기는 아파트 각 세대별 주방에 설치하는 소화기를 말하며, 가스를 사용하는 아파트에서 가스가 누설될 경우에는 가스누설에 대한 자동경보를 하고 화재의 열을 감지하여 가스밸브를 차단하고 소화약제를 자동방출 할 수 있는 구조로 되어 있다. 가스만 누설될 경우 소화약제는 방출되지 않는다.

## 4. 수동식 소화기 설치장소

- 소화기는 통행 또는 피난에 지장이 없고 용이하게 반출할 수 있는 곳에 설치하여야 한다. 즉 약제가 충약되어 있고 작동이 가능한 상태로 비치하여야 한다.
- 소화기는 직사광선을 피하고 건조한 곳에 설치하여 소화약제가 변질되는 것을 방지하고 부식성가스[10]가 체류하지 않는 곳에 설치하여야 한다.
- 소화기는 바닥면에서의 높이가 1.5 [m] 이하인 곳에 가능한 소화기 밑 부분과 바닥과의 간격을 떨어뜨리는 것이 바람직하다. 소화기 밑 부분과 바닥이 밀착된 경우에는 바닥에 있는 수분의 영향으로 소화기 본체가 부식될 우려가 있다.
- 축압식 소화기에 설치된 지시압력계의 충전압력이 정상상태인지 지침 확인이 용이하도록 설치하여야 한다.

10) 금속이나 콘크리트 등에 화학 변화에 의한 파괴 또는 손상을 초래하는 가스로 슬러지를 소각할 때는 황화 산화물, 질소 산화물, 염화수소 등의 부식성 가스가 발생한다.

# 5. 수동식 소화기의 부품별 점검요령

• 소화기 점검 방법(NFSC 101 제4조)

| 점검항목 | 점검내용 | |
|---|---|---|
| 설치장소 | • 통행 또는 피난시 장애 여부<br>• 소화약제의 동결 및 변질 여부<br>• 사용하기 쉬운 위치에 있는지 여부<br>• 구획된 실마다 설치되었는지에 대한 여부 | |
| 설치거리 | 보행거리 규정 ㉠ 소형: 20 [m], ㉡ 대형: 30 [m] | |
| 적응성 | 설치장소에 적응하는 소화기 여부 확인 | |
| 위치표시 | 설치위치 표시 부착 여부 확인(바닥에서 1.5 [m] 이하) | |
| 본체용기 | 용기의 변형, 손상, 부식 등의 여부 | |
| 누름쇠, 레버 | 변형, 손상 등이 없고 정확한 장치 여부 | |
| 호스, 노즐 | ㉠ 본체용기와 정확한 결합 여부<br>㉡ $CO_2$ 소화기의 경우 방출노즐 손잡이 부착 여부 | |
| 지시압력계 | 지시압력계 적정여부 | |
| 소화약제 | • 분말 소화약제의 고체화 여부<br>• $CO_2$ 소화기의 무게 측정 여부 | |
| 안전핀 | • 봉인의 탈락 여부<br>• 안전핀의 탈락 및 변형 여부 | |

## 5.1 본체용기

1) 소화기의 본체용기에는 다음 사항을 보기 쉬운 부위에 잘 지워지지 아니하도록 표시하여야 한다. 다만, 제13호는 포장 또는 취급설명서에 표시할 수 있다.

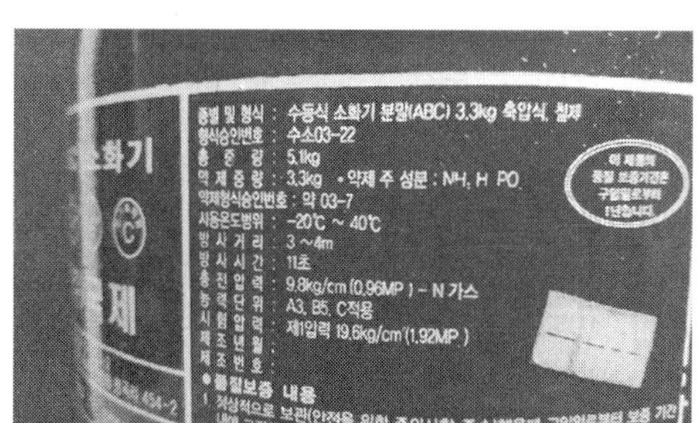


① 종별 및 형식
② 형식승인번호
③ 제조년월 및 제조번호
④ 제조업체명 또는 상호,
수입업체명(수입품에 한함)
⑤ 사용온도범위
⑥ 소화능력단위
⑦ 충전된 소화약제의 주성분 및 중(용)량
⑧ 소화기 가압용 가스용기의 가스종류 및 가스량(가압식 소화기에 한함)
⑨ 충중량
⑩ 취급상의 주의사항
  - 유류화재 또는 전기화재에 사용해서는 안되는 소화기는 그 내용
  - 기타 주의사항
⑪ 적응화재별 표시사항은 일반화재용 소화기의 경우 "A(보통화재용)", 유류화재용 소화기의 경우에는 "B(유류화재용)", 전기화재용 소화기의 경우 "C(전기화재용)", 주방화재용 소화기의 경우 "K(주방화재용)"로 표시하여야 한다.
⑫ 사용방법
⑬ 품질보증에 관한 사항(보증기간, 보증내용, A/S방법, 자체검사필 등)
⑭ 다음 각 호의 부품에 대한 원산지
  - 용기
  - 밸브
  - 호스
  - 소화약제

2) 수동식 소화기는 일반적으로 소화약제 방출압력이 충전되어 있거나, 사용할 때에 많은 압력이 순간적으로 가해지기 때문에 유지관리를 잘못하면 사고로 이어질 수 있다. 또한 액체계 소화약제 계통의 수동식 소화기의 경우에는 소화제를 충전할 때 물과 접촉하는 기회가 많으므로 녹 발생에 주의하여야 한다. 따라서 충분하게 주의를 기울여 점검을 실시하는 것이 매우 중요하다.

3) 이산화탄소 소화약제 및 할론 소화약제 등 가스계소화약제가 충전되어 있는 수동식 소화기 이외에는 소화약제 저장용기는 그 두께가 얇아 부식, 손상 등을 방지하기 위하여 충분한 육안점검과 정밀점검을 통하여 필요한 조치를 취하는 유지관리가 요구된다.

4) 핀홀(Pinhole)이나 균열(Crack)의 발생을 육안점검으로 확인하기가 어려우나 사고로 이어지는 위험성이 매우 높아 주의를 요한다.

[유의사항]

- 용접부의 손상 또는 현저한 변형으로 기능상 지장을 초래할 우려가 있는 것은 폐기하여야 한다.
- 현저한 부식 및 녹이 발생한 것은 폐기하여야 한다.
- 받침대의 용접부분이나 용기 밑 부분은 바닥의 습기 등에 의해 부식이 발생되므로 소화기를 거꾸로 뒤집어서 확인하여야 한다.
- 2017년 법 개정으로 분말 소화기의 사용연한이 10년으로 되었다.

## 5.2 용기밸브(뚜껑)

소화약제저장용기 뿐 아니라 용기밸브도 축압식 소화기의 경우에는 일반적으로 소화약제 방출 압력원(7~9.8 [$kg_f/cm^2$])의 작용을 받고, 가압식 소화기의 경우에는 소화약제를 방출할 때 가압되는 작동압력(분말소화기의 경우 15 [$kg_f/cm^2$])을 받음에 따라 균열 및 파손 등의 위험요소를 내포하고 있어 항상 사고를 초래할 수 있음에 유의하여야 한다.

[유의사항]

- 현저한 변형, 손상 등이 있는 것은 교체하며, 소화약제가 분말인 것은 기능점검을 하여야 한다.
- 용기밸브의 조임이 느슨한 것은 완전하게 조여주고, 나사가 마모되거나 잘 조여지지 않는 것은 교체 또는 폐기하여야 한다.

## 5.3 호스

호스는 일반적으로 고무와 같은 합성수지 제품으로 햇빛, 기름 및 설치장소 등의 환경적인 요인으로 쉽게 노화하기 때문에 소화약제 방출압력원에 의하여 파열하거나 호스연결 금구(Nipple)의 탈락 등에 주의를 요함에 따라 사전에 충분히 점검하고 유지 관리하여야 한다.

## 5.4 지시압력계

기능상 지장이 있는 변형, 손상, 지침의 작동이 원활한지를 확인하여 이상이 있거나 내부에 소화약제가 누출되어 있는 것 등은 교체하여야 한다. 또한 지시압력계의 압력 지시치가 사용범위(녹색범위)를 벗어난 것은 기능점검을 실시하여 이상이 있는 것은 교체한다.

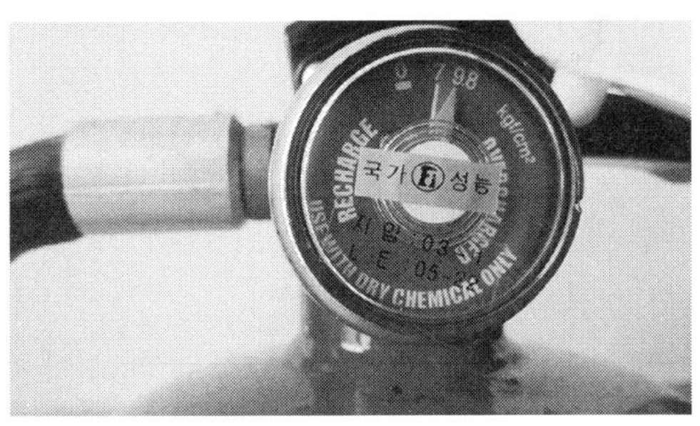


## 5.5 기타부품

노즐, 방사 혼, 노즐마개 등 기타부품이 현저한 변형, 손상, 노화 등으로 기능상 지장을 초래할 우려가 있는지 확인하여 교체 또는 기능점검을 실시하여 수리한다.

## 5.6 소화약제

소화약제는 수동식 소화기에 표시되어 있는 소화약제 중량 및 총중량을 측정하여 허용범위 이내에 있는지를 확인하는 등 유지관리 한다.

[유의사항]

- **고화, 이물질, 침전물, 변색, 오염, 악취 등이 있는 것은 교체한다.**
- **보충 또는 교체할 소화약제는 반드시 명판에 표시된 소화약제와 동일한 소화약제를 사용한다.**
- **이산화탄소소화기 및 할로겐화물소화기의 중량점검결과 이상이 있는 것에 대한 점검 등은 소화기를 제조하는 전문 업체에 의뢰하여 확인한다.**

## 5.7 가압용 가스용기

이산화탄소를 충전한 것은 총 중량을 측정하고, 질소가스를 충전한 것은 내부압력을 측정하였을 때 총 중량과 충전압력이 각각 허용범위 이내로 한다.

# 6. 수동식 소화기 일반점검

1) 점검은 평상시에 외관점검, 육안점검 등 성능유지를 위하여 확인하는 일반점검과 일정 기간이 경과된 제품에 대하여 내구성, 제품의 변형유무 등 성능발휘 측면에서 점검하는 정밀점검으로 구분하여 유지관리하고 점검한다.
2) 소화기의 검사항목 및 검사방법에 대한 내용으로, 검사종류에 따라 년 1회 또는 년 2회 이상 검사하여야 한다.
3) 수동식 소화기의 내구성능을 확인하기 위하여서는 소화기에 대하여 내압시험[11]을 하여 이상 유무를 확인하고 사용가능여부를 검사한다.
4) 수동식 소화기를 효율적으로 사용하는 방법은 일반점검과 정밀점검을 통하여 유지 관리하는 것이다.

## 6.1 정기검사시 확인되어야 하는 사항

1) 소화기가 지정된 장소에 비치되어 있는지 확인한다.
2) 명판의 표시사항(작동방법 등)이 읽을 수 있도록 뚜렷하며, 바깥쪽을 향하여 있는지 확인한다.
3) 봉인줄 및 안전핀이 파손되거나 분실되었는지 점검한다.
4) 중량을 측정하거나 들어보아서 소화약제가 충전되어 있는지 확인한다.
5) 축압식의 경우에는 지시압력계의 지침이 사용범위(녹색범위)에 있는지 확인한다.
6) 현저한 외형적 손상, 부식, 누설, 노즐의 막힘 등을 점검한다.
7) 손잡이, 작동장치 등의 외형적인 손상 및 부식여부를 점검한다.
8) 호스의 균열 및 손상여부를 점검한다.
9) 차륜식의 경우에는 바퀴, 차륜 및 개폐밸브의 손상이나 부식여부를 점검한다.

11) 내압시험은 시험장비의 사용과 시험시 안전상 주위를 요함에 따라 전문가에 의하여 점검하는 것이 타당하다.

## 6.2 점검결과에 따른 조치사항

1) 수동식 소화기가 지정된 장소에 비치되어 있지 않으면 시정조치 한다.
2) 수동식 소화기의 봉인줄 및 안전핀이 파손되거나 분실되어 있는 경우 시정 조치한다.
3) 봉인줄 및 안전핀의 불량은 정밀점검 교체하거나 폐기한다.
4) 차륜식의 경우에는 바퀴, 차륜 및 개폐밸브의 불량은 교체하거나 폐기한다.

# 7. 소화기 정밀점검

## 7.1 분말소화약제가 충전된 수동식 소화기

1) 봉인줄 및 안전핀이 파손되거나 분실되었는지 점검한다.
2) 외관점검을 실시하여 소화약제 용기에 심한 녹이나 흠이 있는지, 호스에 균열이 있는지 확인한다.
3) 총중량 및 소화약제 중량이 수동식 소화기의 명판에 표시된 중량에 대한 허용범위 이내에 있는지 확인한다.
4) 작동부분이 원활하게 움직이는지 확인하고, 원활하지 않은 경우는 원활하도록 유지 보수한다.
5) 노즐이 막혀 있는지를 확인한다.
6) 용기밸브를 분리하고 소화약제가 굳어 있는지 확인한다.

## 7.2 축압식 소화기의 육안 점검

1) 축압식은 지시압력계의 지침이 사용압력범위(녹색범위)에 있는지를 확인하고, 사용압력12) 미만인 경우에는 수동식 소화기를 재충전한다.
2) 지시 압력계가 녹색은 적합이며, 노란색은 압력 부족을 의미하고, 적색은 과압의 상태를 의미한다.
3) 압력이 과압상태인 소화기는 사용이 가능하다.

## 7.3 가압식 소화기의 육안 점검

1) 가압식 소화기는 가압용 가스를 떼어내어 봉판이 파괴되었는지 이상 유무를 확인한다.
2) 가압용기 내에는 일반적으로 액화탄산가스가 충전되어 있는 상태이므로 봉판에 이상이 없더라도 충전가스가 누출되었는지를 중량을 측정하는 등 세심하게 확인한다.

---

12) 압력으로 7~9.8 [$kg_f/cm^2$]

3) 소화기를 거꾸로 뒤집어서 약제가 덩어리로 굳어있는지 여부를 확인한다.
4) 정상적인 상태에서는 소화약제 가루가 떨어지는 소리가 들리며, 약제가 굳은 소화기는 덩어리 떨어지는 소리가 들리거나 소리가 전혀 들리지 않는다.

## 7.4 가압식 소화기의 상세 점검

1) 가압식 소화기의 뚜껑(캡)을 캡 스패너로 열어 약제의 분말상태를 확인한다.
2) 가압용기를 가압용기 분해 스패너를 사용하여 가압용기 밀봉판의 파손 여부를 확인한다.
3) 가압용기에 가스가 들어 있는지를 확인하기 위해서 저울로 가압용기의 무게를 측정해서 확인한다(가압용기의 자체 무게와 가스가 들어 있는 상태의 무게를 측정해서 가스의 충전 여부를 확인한다.).
4) 가압식 소화기의 뚜껑(캡)의 파괴핀의 상태를 확인한다.
5) 가압식 소화기의 뚜껑(캡)의 파괴핀은 소화기 사용시 손잡이를 누르면 파괴핀의 뾰족한 부분에 의해 가압용기의 밀봉판이 개방되도록 설계되어 있으므로 파괴핀의 끝이 뾰족해야 한다.

## 7.5 자동확산 소화기 점검

1) 소화기 지시 압력계를 확인한다.
2) 지시 압력계가 녹색은 적합이며, 노란색은 압력 부족을 의미하고, 적색은 과압의 상태를 의미한다.

## 7.6 자동식 소화기 설치대상

자동식 소화기는 아파트 각 세대별 주방에 설치하는 소화기를 말하며, 가스를 사용하는 아파트에서 가스가 누설될 경우에는 가스누설에 대한 자동경보를 하고 화재의 열을 감지하여 가스밸브를 차단하고 소화 약제를 자동방출 할 수 있는 구조로 되어 있다. 가스만 누설될 경우에는 소화약제는 방출되지 않는다.

1) 소화약제 방출구 : 소화약제가 방출되는 부분으로 해당 방호면적(주방의 가스렌지)을 유효하게 소화할 수 있고 환기구 청소부분과 분리하여 설치하여야 한다.

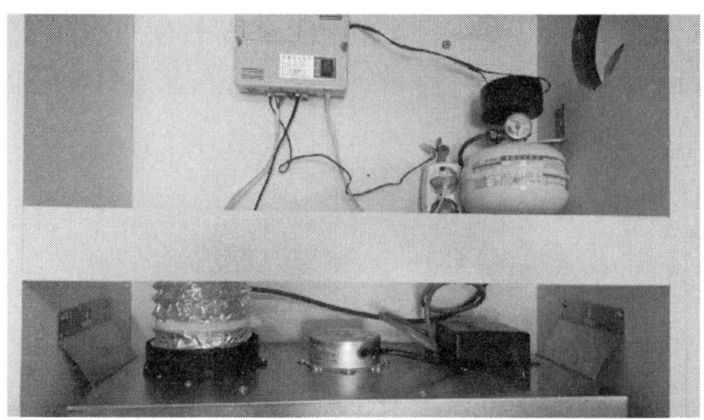

**그림 2.1** 주방용 자동식 소화기

2) 감지부 : 화재의 열을 감지하는 부분으로 자동화재 탐지설비의 감지기와 같은 역할을 한다. 감지부는 온도를 감지할 수 있는 온도센서로 되어 있다. 설치위치는 환기구 중앙 근처에 설치하며 자동식 소화기의 형식 승인된 유효높이에 설치하여야 한다.

3) 가스누설경보차단장치 : 가스가 누설되거나 화재가 발생할 경우 가스배관에 설치된 밸브를 구동력으로 자동차단하는 장치를 말한다. 주방배관의 개폐밸브로부터 2 [m] 이내의 위치에 설치하고 확인, 점검이 가능하도록 설치하여야 한다.

4) 탐지부 : 가스누설을 탐지하는 것으로 가스가 누설되면 가스를 탐지하여 수신부에 송신하면 경보가 울리고, 탐지기와 수신부에 가스누설표시등이 점등된다. 공기보다 무거운 가스(LPG[13])를 사용하는 경우 바닥에서 30 [cm] 이내에, 공기보다 가벼운 가스(LNG[14])를 사용하는 세대인 경우 천정에서 30 [cm] 이내에 설치하여야 한다.

5) 수신부 : 자동화재 탐지설비의 수신기와 같은 역할을 하며, 화재표시등, 가스누설표시등, 경보장치, 가스누설차단장치 수동 개방 및 폐쇄, 복구, 전원, 표시등이 있다.

## 7.7 점검결과에 따른 조치사항

1) 수동식 소화기가 지정된 장소에 비치되어 있지 않으면 시정조치 한다.
2) 수동식 소화기의 봉인줄 및 안전핀이 파손되거나 분실되어 있는 경우 시정조치 한다.
3) 봉인줄 및 안전핀의 불량은 정밀점검 교체하거나 폐기한다.

---

13) LPG란 액화석유가스의 약자로 석유성분 중 끓는점이 낮은 프로판이나 부탄가스 등을 주성분으로 해 상온에서 높은 압력으로 액화시킨 것이다.
14) LNG는 액화천연가스의 약자로서 천연가스를 정제해서 얻은 메탄 성분의 가스를 액화시킨 것이다.

Chapter 3

# 소방펌프의 유지관리

1. 소방펌프의 종류
2. 순환배관의 작동점검
3. 물올림(감수경보) 성능시험
4. 기동용 수압개폐장치(압력챔버) 확인
5. 압력챔버 작동 시험방법
6. 릴리프 밸브의 세팅 방법
7. 소방펌프의 성능시험 방법
8. 소방펌프의 압력스위치 조정 방법

# 1. 소방펌프의 종류

## 1.1 수계 소화설비 가압송수장치

| | |
|---|---|
| 공통사항 | ① 전동기 또는 내연기관에 따른 펌프를 이용하는 가압송수장치는 다음 각 호의 기준에 따라 설치해야 한다. 다만, 가압송수장치의 주펌프는 전동기에 따른 펌프로 설치해야 한다.<br>1. 쉽게 접근할 수 있고 점검하기에 충분한 공간이 있는 장소로서 화재 및 침수 등의 재해로 인한 피해를 받을 우려가 없는 곳에 설치할 것<br>2. 동결방지조치를 하거나 동결의 우려가 없는 장소에 설치할 것<br>4. 펌프는 전용으로 할 것<br>5. 펌프의 토출측에는 압력계를 설치하고, 흡입측에는 연성계 또는 진공계를 설치할 것<br>6. 펌프의 성능은 체절운전시 정격토출압력의 140 [%]를 초과하지 않고, 정격토출량의 150 [%]로 운전시 정격토출압력의 65 [%] 이상이 되어야 하며, 펌프의 성능을 시험할 수 있는 성능시험배관을 설치할 것<br>7. 가압송수장치에는 체절운전시 수온의 상승을 방지하기 위한 순환배관을 설치할 것<br>8. 수원의 수위가 펌프보다 낮은 위치에 있는 가압송수장치에는 물올림장치를 설치할 것<br>9. 기동용수압개폐장치를 기동장치로 사용할 경우에는 충압펌프를 설치할 것<br>10. 내연기관을 사용하는 경우에는 제어반에 따라 내연기관의 자동기동 및 수동기동이 가능하고, 상시 충전되어 있는 축전지설비와 펌프를 20 분 이상 운전할 수 있는 용량의 연료를 갖출 것<br>11. 가압송수장치가 기동이 된 경우에는 자동으로 정지되지 않도록 할 것<br>12. 가압송수장치는 부식 등으로 인한 펌프의 고착을 방지할 수 있도록 청동 또는 스테인리스 등 부식에 강한 재질을 사용할 것<br>② 고가수조의 자연낙차를 이용한 가압송수장치를 설치하는 경우 고가수조의 자연낙차수두(수조의 하단으로부터 최고층에 설치된 소화전 호스 접결구까지의 수직거리를 말한다)는 제1항제3호에 따른 방수압 및 방수량이 20분 이상 유지되도록 해야 한다.<br>③ 압력수조를 이용한 가압송수장치를 설치하는 경우 압력수조의 압력은 제1항제3호에 따른 방수압 및 방수량이 20 분 이상 유지되도록 해야 한다.<br>④ 가압수조를 이용한 가압송수장치는 소방청장이 정하여 고시한 「가압수조식 가압 |

| | |
|---|---|
| | 송수장치의 성능인증 및 제품검사의 기술기준」에 적합한 것으로 설치하되, 가압수조의 압력은 제1항제3호에 따른 방수압 및 방수량이 20 분 이상 유지되도록 해야 한다. |
| 옥내 소화전 설비 | 1. 특정소방대상물의 어느 층에 있어서도 해당 층의 옥내소화전(두 개 이상 설치된 경우에는 두 개의 옥내소화전)을 동시에 사용할 경우 각 소화전의 노즐선단에서의 방수압력이 0.17 [MPa] (호스릴옥내소화전설비를 포함한다) 이상이고, 방수량이 130 [L/min] (호스릴옥내소화전설비를 포함한다) 이상이 되는 성능의 것으로 할 것. 다만, 하나의 옥내소화전을 사용하는 노즐선단에서의 방수압력이 0.7 [MPa]을 초과할 경우에는 호스접결구의 인입 측에 감압장치를 설치해야 한다.<br>2. 펌프의 토출량은 옥내소화전이 가장 많이 설치된 층의 설치개수(옥내소화전이 두 개 이상 설치된 경우에는 두 개)에 분당 130 [L/min]를 곱한 양 이상이 되도록 할 것<br>3. 기동장치로는 기동용수압개폐장치 또는 이와 동등 이상의 성능이 있는 것을 설치할 것. 다만, 학교ㆍ공장ㆍ창고시설(제4조제2항에 따라 옥상수조를 설치한 대상은 제외한다)로서 동결의 우려가 있는 장소에 있어서는 기동스위치에 보호판을 부착하여 옥내소화전함 내에 설치할 수 있다.<br>4. 주펌프와 동등 이상의 성능이 있는 별도의 펌프로서 내연기관의 기동과 연동하여 작동되거나 비상전원을 연결한 펌프를 추가 설치할 것 |
| 옥외 소화전 설비 | 1. 특정소방대상물에 설치된 옥외소화전(두 개 이상 설치된 경우에는 두 개의 옥외소화전)을 동시에 사용할 경우 각 옥외소화전의 노즐선단에서의 방수압력이 0.25 [MPa] 이상이고, 방수량이 350 [L/min] 이상이 유지되는 성능의 것으로 할 것. 다만, 하나의 옥외소화전을 사용하는 노즐선단에서의 방수압력이 0.7 [MPa]을 초과할 경우에는 호스접결구의 인입측에 감압장치를 설치해야 한다.<br>2. 기동장치로는 기동용수압개폐장치 또는 이와 동등 이상의 성능이 있는 것을 설치할 것. 다만, 아파트·업무시설·학교·전시시설·공장·창고시설 또는 종교시설 등으로서 동결의 우려가 있는 장소에 있어서는 기동스위치에 보호판을 부착하여 옥외소화전함 내에 설치할 수 있다. |
| 스프링 클러 설비 | 1. 가압송수장치의 정격토출압력은 하나의 헤드선단에 0.1 [MPa] 이상 1.2 [MPa] 이하의 방수압력이 될 수 있게 하는 크기일 것<br>2. 가압송수장치의 송수량은 0.1 [MPa]의 방수압력 기준으로 80 [L/min] 이상의 방수성능을 가진 기준개수의 모든 헤드로부터의 방수량을 충족시킬 수 있는 양 이상의 것으로 할 것<br>3. 가압송수장치의 1분당 송수량은 폐쇄형스프링클러헤드를 사용하는 설비의 경우 기준개수에 80 [L]를 곱한 양 이상으로 할 수 있다.<br>4. 가압송수장치의 1분당 송수량은 개방형스프링클러 헤드수가 30개 이하의 경우에는 그 개수에 80 [L]를 곱한 양 이상으로 할 수 있으나 30개를 초과하는 경우에는 제9호 및 제10호에 따른 기준에 적합하게 할 것 |

소방펌프의 유지관리는 수계소화설비의 종류에 따라 그 기준값이 차이가 있다. 여기에서는 옥내소화전 설비를 기준으로 하여 펌프의 유지관리에 대해서 살펴보기로 하자.

## 1.2 주펌프

1) 소방용 주펌프는 원심펌프를 사용하며 설비에 소화용수를 공급하는 펌프를 말하며, 그 성능은 펌프의 법정 토출량을 만족시키는 성능을 가져야한다.

- 옥내소화전 설비기준 소방펌프의 법정 토출량

$$Q = \frac{130\,\ell}{\text{min}} \times N$$

($N$ : 옥내소화전이 가장 많이 설치된 층의 소화전수로 $N$는 최대 2이다.)

$$Q = \frac{130\,\ell}{\text{min}} \times N = \frac{130\,\ell}{\text{min}} \times 2 = \frac{260\,\ell}{\text{min}}$$

2) 펌프의 용량은 65 [%]의 정격수두에서 150 [%] 이상의 정격유량을 공급할 수 있어야 하며 체절압력[15]이 정격압력의 140 [%]를 넘지 않아야 한다. 즉, 사용 중인 펌프에 표시된 펌프의 양정값에 1.4를 곱한 값을 압력으로 환산한 값이 펌프의 체절 압력과 유사하다. 이러한 내용은 소방펌프의 성능시험의 기준이 된다. (1 [$kg_f/cm^2$]의 압력값을 물의 높이로 단위환산하면 약 10 [m]가 된다.)

| 소방펌프의 성능 시험기준 |
|---|
| 펌프의 용량은 65 [%]의 정격수두에서 150 [%] 이상의 정격유량을 공급할 수 있어야 하며 체절압력이 정격압력의 140 [%]를 넘지 않아야 한다. |

① 주펌프는 필요한 소화수의 공급량에 따라 1대 또는 2대 이상의 펌프로 구성한다.

15) 체절운전(Q=0) 상태에서 배관내부의 압력

## 1.3 예비펌프

예비펌프는 주펌프의 고장, 수리 및 전원공급이 차단되는 경우를 대비하여 설치한다.

① 대규모 설비의 경우 예비펌프는 반드시 엔진구동펌프를 설치하여 방호대상지역에 필요한 소화수를 충분히 공급할 수 있도록 구성한다.

② 엔진펌프는 최대 용량으로 구동했을 때 8～12시간 이상 구동할 수 있는 연료탱크를 확보하여야 한다.

## 1.4 충압펌프

충압펌프(보조펌프<Jockey Pump, Priming Pump>)라 함은 배관 내 압력손실에 따른 주펌프의 빈번한 기동을 방지하기 위하여 충압 역할을 하는 펌프를 말한다.
충압펌프는 배관 내부의 정상적인 누수분을 보충하기 위한 것으로 정격토출량(설계수량)이 정상적인 누수량보다 적어서는 안된다.

1) 충압 펌프의 기능

충압 펌프의 역할은 옥내소화전설비 주배관 내의 평상시 압력을 일정한 압력범위 이내로 유지하기 위하여, 누설로 인한 주배관의 압력을 보충하기 위하여 설치하는 펌프이다. 펌프 토출측 배관계통의 압력을 항시 일정한 압력 이상으로 유지시켜 줌으로써 화재발생시 방출구로부터 즉각적으로 규정압력 이상의 소화수를 방출시킬 수 있도록 하여 조기에 화재진압이 가능하도록 하는 역할을 한다.
일반적으로 충압 펌프는 기동용 수압개폐장치에 의하여 자동기동 되도록 설치되며 배관계통의 압력변화에 따라 기동 및 정지를 반복하게 된다.

2) 충압펌프의 자동기동

소화펌프 토출측 배관계통의 압력이 누수 등에 의하여 유지해야 할 압력값 이하가 되면 충압펌프 기동용 스위치가 작동하여 충압펌프를 자동기동 시키며, 충압펌프의 기동에 의하여 배관계통의 압력이 충압펌프의 정지 설정압력까지 올라가면 충압펌프를 자동정지 시킨다.

# 2. 순환배관의 작동점검

## 2.1 사전조치

1) 주배관 내에 있는 토출측의 개폐 표시형 개폐밸브 (주로 OSY 밸브)를 잠근다.
2) 순환배관에 밸브가 설치된 경우 밸브를 개방시킨다.
3) MCC 패널에서 소화전 주펌프의 작동을 자동에서 수동으로 전환하고 작동 버튼을 눌러 펌프를 강제로 기동시킨다.
4) 순환배관 하단부로 소화수를 배출시킨다. 이때 압력 게이지 상의 압력은 체절 압력(1.4배)이 표시된다.

**그림 3.1** 소방펌프 주 배관 및 밸브

**그림 3.2** MCC 패널

## 2.2 복구

1) MCC 패널에서 주펌프의 정지버튼을 눌러 펌프를 정지시킨다.
2) 주배관에 있는 토출측 개폐밸브를 열어준다. 이때 순환배관에 부착된 밸브를 잠근다.
3) MCC 패널에 있는 소화전 주펌프 스위치를 수동에서 자동으로 전환한다.

**그림 3.3** 소방펌프 주 배관 및 밸브

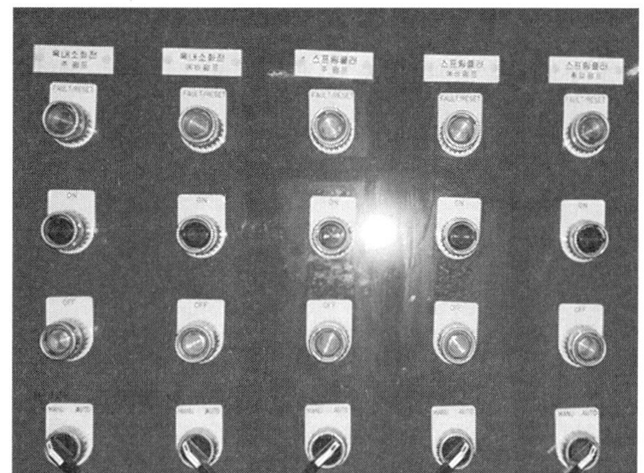

**그림 3.4** MCC 패널

평상시 수계 소화설비에 설치된 소방펌프는 흡입측과 토출측에 개폐표시형 개폐밸브를 상시개방 상태로 유지하여야 한다. 더불어 MCC 패널에서 모든 펌프는 자동작동 상태로 설정되어 있어야 한다.

# 3. 물올림(감수경보) 성능시험

물올림 장치는 수조의 위치가 펌프보다 낮을 때 설치한다. 최근에는 소방시설에서 수조가 펌프의 위치보다 높은 곳에 설치되어 있는 경우가 대부분이어서 물올림 장치가 없는 시설이 많다. 저수위는 수신반에서 감시하도록 감수 경보장치를 설치한다.

## 3.1 저수위 확인 방법

1) 물올림 탱크에 부착된 자동급수 밸브를 잠근다.
2) 물올림 탱크 하단에 있는 배수 밸브를 열어준다.

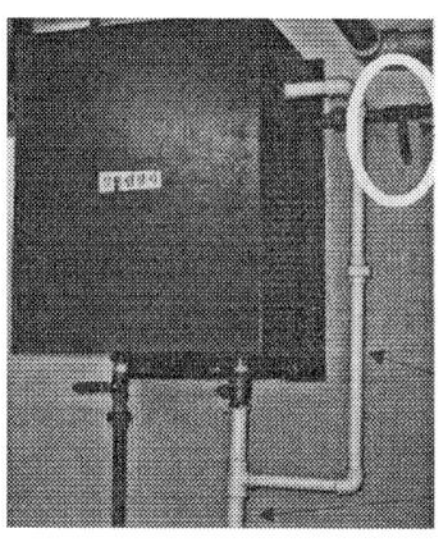

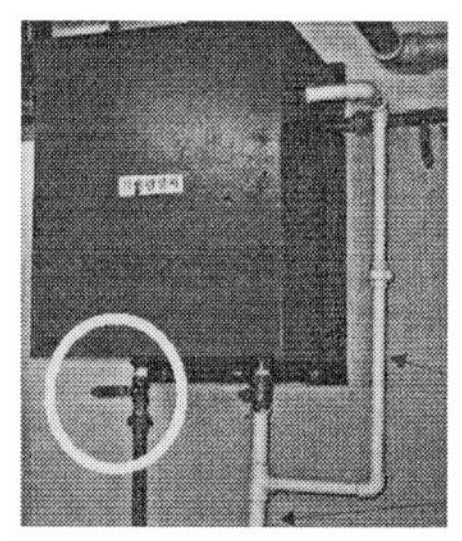

3) 수신반에 있는 저수위 표시등에 전등이 들어오고 부저에서 소리가 난다.

**그림 3.5** 수신부 표시등

## 3.2 복구

1) 물올림 탱크 하단에 있는 배수 밸브를 잠근다.
2) 자동급수 밸브를 열어 물을 채운다.

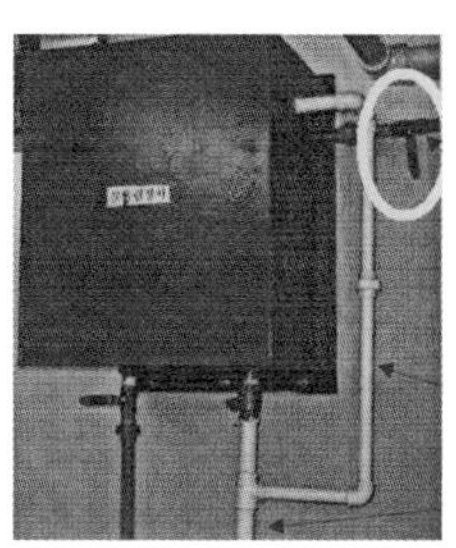

3) 수신반 저수위 표시등이 꺼지고 소리가 멈춘다.

**그림 3.6** 수신부 표시등

# 4. 기동용 수압개폐장치(압력챔버) 확인

## 4.1 압력챔버의 역할

- 펌프 2차 측에 설치되어 배관 내 압력변화를 압력챔버에 부착된 압력스위치가 감지하여 펌프의 기동, 정지 설정압이 되면 펌프를 자동으로 기동 및 정지시키는 역할을 하는 장치이다.
- 물은 비압축성 유체로 순간적인 압력변화를 흡수하지 못하므로 압력챔버 내의 압축성 유체인 공기가 순간적인 압력변동을 흡수하여 펌프의 잦은 기동을 방지하기 위하여 압력챔버는 하부에는 물이 상부에는 압축 공기가 들어 있다.
- 펌프의 기동, 정지시 발생하는 급격한 압력변동으로 인한 수격작용을 방지하여 배관과 주변기기의 충격과 손상을 방지하기 위하여 기동용 수압 개폐장치는 압축 공기가 채워진 상태에서 확인한다.

**그림 3.7** 압력챔버 본체

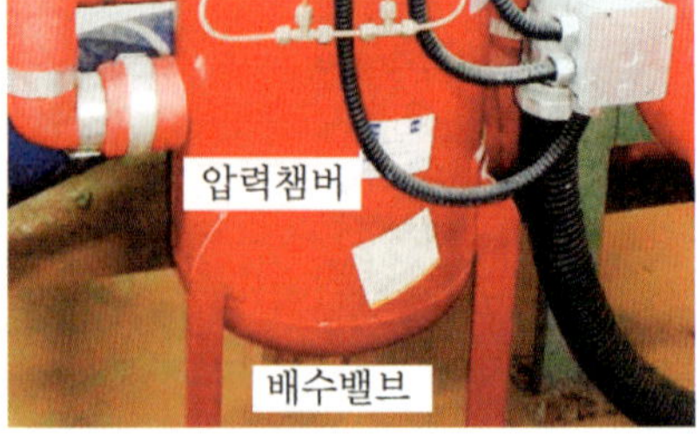


**그림 3.8** 압력챔버 (상)상부, (하)하부

### 가. 압축공기의 여부 확인

- 상단부 안전밸브를 열어 공기가 나가는지 확인한다.
- 상단부 안전밸브를 열었는데 물이 나가면 압축공기가 없다는 것을 의미한다.

| 압력챔버 상부에 압축 공기가 들어 있는 원리 |
| --- |
| 1. 압력챔버 상단부의 밸브를 개방하여 압력챔버 내의 공기를 빼준다.<br>2. 압력챔버 하단부의 밸브를 개방하여 압력챔버 내의 물을 빼준다.<br>3. 압력챔버의 상단부와 하단부의 밸브를 잠그고 압력챔버에 물을 채운다.<br>4. 이때 압력챔버의 하부로부터 물이 차면서 압력챔버 내에 있던 공기를 압력챔버 상부를 밀어 올리면서 공기는 물이 미는 힘에 의해서 압력을 가진 압축 공기로 된다. |

# 5. 압력챔버 작동 시험방법

## 5.1 압력챔버 압력스위치 세팅 방법

### 1) 전기결선

압력스위치 전면에 부착된 볼트를 풀면 보호 커버와 스위치 커버가 분리된다.

**그림 3.9** 압력스위치 커버 제거

결선은 ①번과 ⑤번 단자에 연결하고 MCC 패널에 연결(ON, OFF 단자가 있을 경우 ON 단자는 점프하고, OFF단자에 연결)한다.

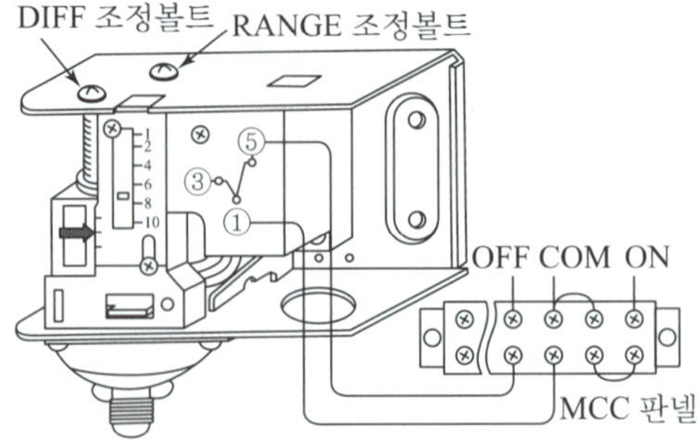


**그림 3.10** 압력챔버 압력스위치

### 2) 펌프기동

압력챔버에 있는 압력스위치 중의 DIFF 조정 볼트와 RANGE 조정 볼트는 압력차를 조정하는 장치이다. 예를 들어 설치된 수계 소방설비에서 요구되는 RANGE가 10 $[kg_f/cm^2]$일 때 DIFF를 3 $[kg_f/cm^2]$로 세팅하면 (10－3＝7)펌프가 압력이 7 $[kg_f/cm^2]$에 가동되고, 10 $[kg_f/cm^2]$에 중지된다. 압력챔버는 부착된 압력스위치를 활용하여 소방펌프를 구동시키거나 구동을 일시적으로 정지시키는 역할을 하는 설비이다.

즉, 화재시 펌프가 계속적으로 구동하면 펌프의 수명이 단축되거나 오작동의 우려가 있으므로 일정 압력 이상이 되는 경우 펌프의 구동을 정지시키고, 펌프의 구동이 정지된 상태에서 압력이 일정 압력 이하로 떨어지는 경우 펌프를 다시 구동시키는 스위치 역할을 한다.

### 3) 작동확인

압력챔버 내의 압력스위치에 대한 압력세팅이 끝나면 펌프 전원 스위치를 자동으로 한 다음 압력탱크 배수밸브를 서서히 개방하면서 소량의 물을 흘려 설정된 압력에서 가동 및 중단하는지를 확인한다.

## 5.2 압력챔버 압력스위치 작동 점검 방법

1. MCC 패널을 수동으로 전환한다.

2. ①～⑤ 번 단자선 중에서 ⑤번 단자선을 분리한다.

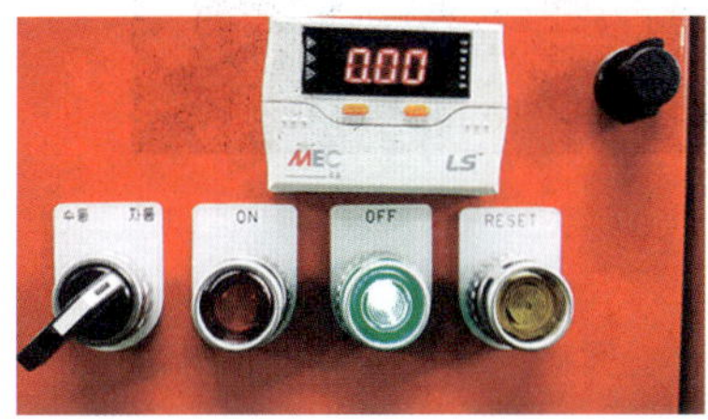


3. MCC 패널을 자동으로 전환한다.

비화재시 MCC 자동 상태에서 펌프가 작동하면 MCC 결선 불량 및 MCC 불량이다(압력스위치의 역할은 ON-OFF 역할만 한다.).

## 5.3 압력챔버 압력 점검 방법

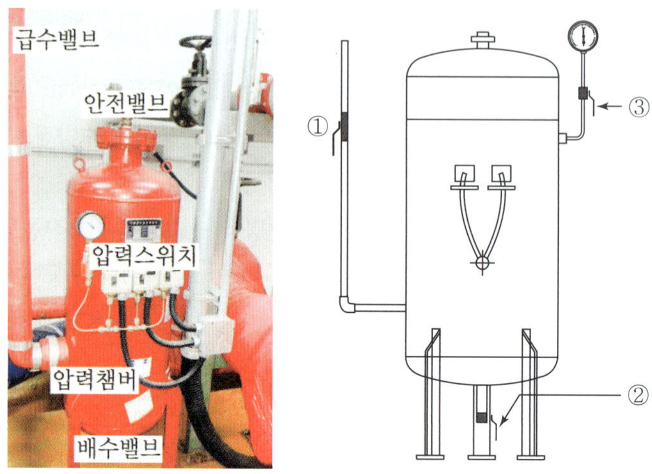


**그림 3.11** 압력챔버

1) 압력챔버가 작동될 경우 MCC패널에서 주펌프 및 충압펌프 스위치를 OFF시킨 후 그림상의 ①번 급수밸브를 잠근다.

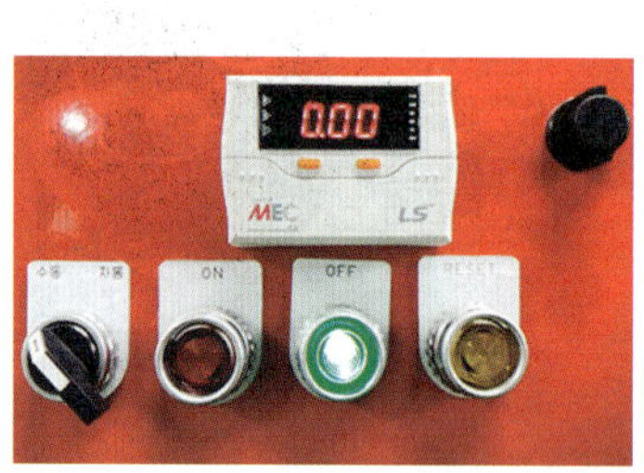

2) ②번 배수 밸브를 개방하고 외부공기를 주입시키면서 압력챔버에 들어있는 물을 완전히 드레인 시킨다.

3) 복구 방법은 역순으로 하되 ①번 밸브를 서서히 개방하여 챔버 내 가압수를 주입시킨다.

4) 이때 상부 1/3은 자동적으로 공기가 채워진다.

## 5.4 압력챔버 압력스위치 사용시 주의 사항

- 압력스위치에 사용하고자 하는 압력을 세팅할 때에는 주펌프 및 충압펌프의 양정과 자연 압력을 필히 확인해야 한다.
- 자연압력은 고가수조의 높이에 의해 발생되는 압력으로 압력탱크 우측의 압력계에 표시된다.
- 주펌프는 소화용이고 충압펌프는 배관내부의 압력 유지용이므로 충압펌프의 가동 중단점은 주펌프의 세팅범위 내에 있어야 한다.
- 자연압보다 펌프의 기동수치가 낮은 경우에는 펌프의 기동이 안 된다.

# 6. 릴리프 밸브의 세팅 방법

## 6.1 릴리프 밸브의 역할

릴리프 밸브

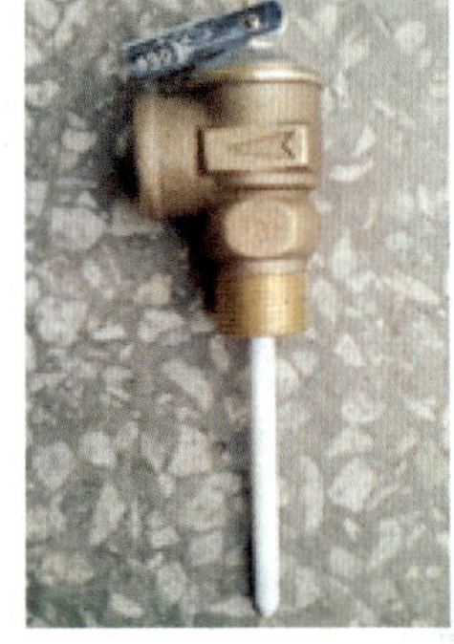

안전밸브

**그림 3.12** 밸브의 비교

1) 릴리프 밸브는 배관의 압력을 배관 밖으로 배출하기 위해서 배관에 설치된 밸브로 순환배관에 설치한다.
2) 릴리프 밸브는 수계소화설비의 급수펌프 토출 측에 설치되는 밸브이다.
3) 급수압력의 부하가 발생하여 펌프임펠러나 밸브, 배관 등의 손상위험 수치까지 도달하기 전에 설정압력 범위 내에서 정확하게 압력을 조절해준다.
4) 압력챔버의 안전밸브로도 사용되며 설정압력의 범위(1～1.3배) 내에서 정확하게 압력을 조절시켜 시스템(배관)을 보호해준다.
5) 릴리프 밸브 상단의 캡을 열고 조절볼트를 조작하여 요구되는 다양한 압력설정과 미세한 조정이 가능하다. 이때 시계방향으로 볼트를 돌리면 압력이 높아지고, 시계 반대방향으로 볼트를 돌리면 압력이 낮아진다.

## 6.2 릴리프 밸브의 조정

1) 소방펌프의 주 배관에 있는 주 밸브를 잠근다(그림에서 ①).
2) 시험 배관 내에 있는 밸브를 잠근다(그림에서 ②).

3) 소방펌프를 작동시킨다.
4) 릴리프 밸브가 설치되어 있는 배관에서(그림에서 ③) 유니온 밸브를 풀어 소방용수가 흐를 때까지 릴리프 밸브를 조정하여 개방시킨다(그림에서 ④).
5) 체절압력보다 조금 낮은 압력에서 릴리프 밸브가 열려 가압수가 나오도록 조정한다. 체절압력이 12 [$kg_f/cm^2$]인 경우 릴리프 밸브의 작동(개방)압력은 11 [$kg_f/cm^2$] 정도면 적절하다.

**그림 3.13** 릴리프 밸브 세팅방법

**[릴리프 밸브 조정]**

릴리프 밸브가 개방되는 압력은 체절압력보다 낮아야 하므로 위에 제시된 조건에서 체절 압력이 1.2 [MPa]이므로 릴리프 밸브의 조정은 1.19 [MPa]에서 1.1 [MPa] 사이의 압력에서 개방되도록 조정하면 된다.

# 7. 소방펌프의 성능시험 방법

그림 3.14 소방펌프의 성능시험 배관

1) 그림에서 보는 바와 같이 주배관의 토출측에 설치된 개폐표시형 개폐밸브(OSY밸브)를 잠근다.

2) MCC(모터컨트롤패널)에서 충압펌프의 기동을 중지시킨다.

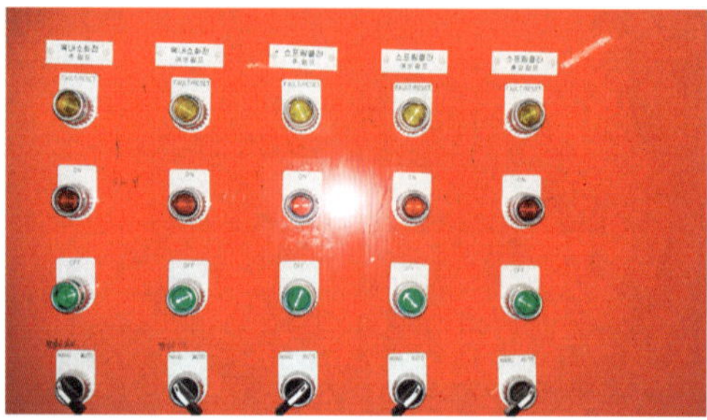

3) 성능시험배관의 2차 측 밸브(유량조절밸브)를 잠그고 1차 측 밸브(개폐밸브)를 개방한다.

4) 주펌프를 수동으로 기동한다.

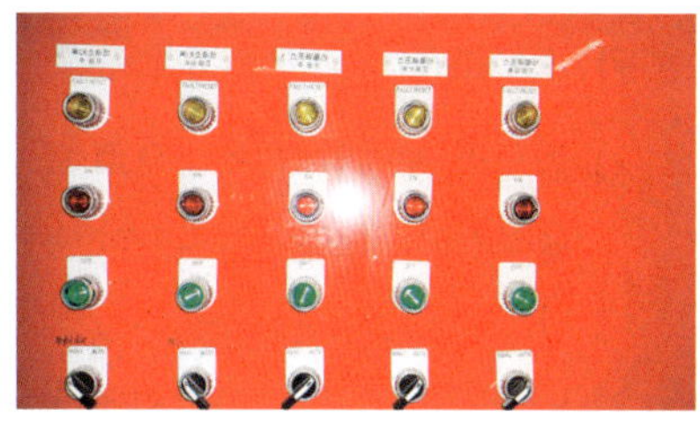

5) 펌프의 체절운전(Q=0)에서의 체절압력을 읽고, 성능시험배관의 2차 측 밸브(유량조절밸브)를 서서히 열면서 유량계와 압력계를 확인한다.

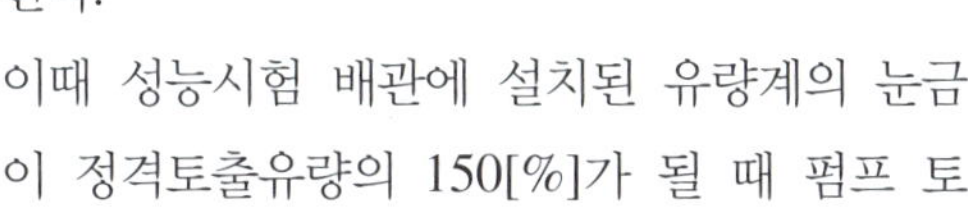

이때 성능시험 배관에 설치된 유량계의 눈금이 정격토출유량의 150[%]가 될 때 펌프 토출측 압력계의 압력이 정격토출압력의 65 [%] 이상인지 확인한다.

6) 펌프의 성능시험측정 후 주배관의 토출측에 위치한 개폐 표시형 개폐밸브(OSY밸브)를 열고 성능시험 1차 측 밸브(개폐밸브)를 잠그고 주펌프와 충압펌프를 수동에서 자동으로 전환한다.

# 8. 소방펌프의 압력스위치 조정 방법

## 8.1 압력스위치 (Pressure Switch) 표시 구분

### 가. RANGE

1) 펌프의 정지압력 눈금으로 소방시설의 배관내부의 압력이 설정된 RANGE의 압력만큼 올라가면 펌프는 정지한다. 즉 RANGE는 펌프의 작동이 정지되는 압력 범위를 의미한다.
2) RANGE 값은 총양정의 1/10의 값이 적절하므로 일반적으로 현장에서는 1/10 값보다 약간 높게 설정한다. 양정은 길이 값이므로 [m]의 단위로 압력계는 [$kg_f/cm^2$]의 단위로 표시되므로 1 [$kg_f/cm^2$]는 10 [m]의 환산 관계를 이용하여 단위 값을 환산한다.

### 나. DIFF (DIFFerence)

1) 펌프의 정지압력과 기동압력의 차이 눈금을 의미한다. DIFF 값은 작동이 정지되어 있던 펌프를 기동시키는 압력 값을 의미한다.
2) 설정된 DIFF 값만큼 압력이 떨어지면 펌프가 다시 기동하게 된다.
3) 펌프가 기동하다가 설정된 RANGE 값에 도달하면 펌프는 작동을 정지한다.

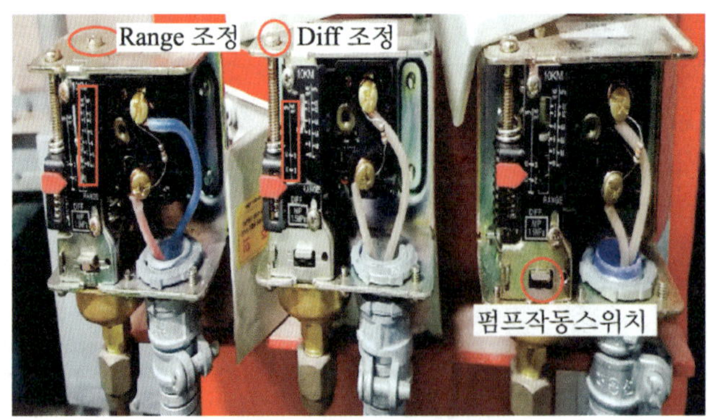


**그림 3.15** 압력챔버 압력스위치

- 압력챔버에는 주펌프의 압력스위치와 충압펌프의 압력스위치가 설치되어 있다.
- 설치된 압력스위치의 펌프작동스위치를 눌러서 작동하는 펌프의 종류를 확인한다(펌프 작동 스위치를 누르면 해당하는 펌프가 작동한다.).
- 압력스위치 상단에 위치한 RANGE 조정용 나사와 DIFF 조정용 나사는 드라이버로 좌우로 돌리면서 조정시침을 조정한다.

## 8.2 펌프 압력스위치 조정의 기준

1) 주펌프, 충압펌프의 기동압력은 자연 낙차압보다 높아야 한다.
2) 주펌프의 기동압력은 자연 낙차압+K로 하고
   - 옥내소화전의 경우 K=2 [$kg_f/cm^2$] [화재안전기술기준(NFTC) 102조 2.2.1.13.1 참조]
   - 스프링클러의 경우 K=1.5 [$kg_f/cm^2$]로 설정한다.
3) 정지압력은 주펌프의 양정값으로 설정한다.
4) 충압펌프는 주펌프의 기동 및 정지압력 범위 내에 있도록 설정한다.
5) 주펌프와 충압펌프와의 기동점 간격은 최소 0.5 [$kg_f/cm^2$] 이상 차이를 둔다.

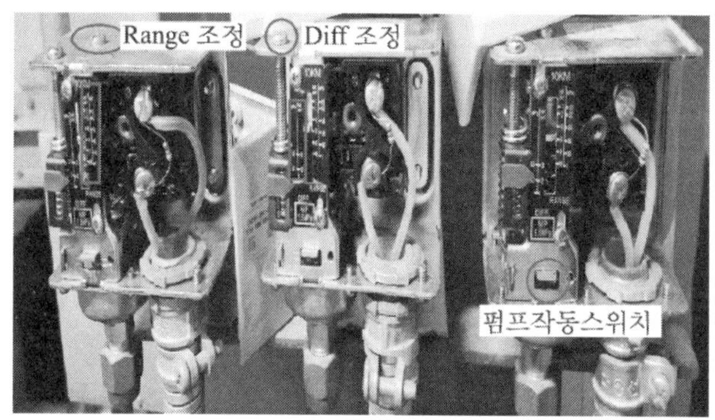


**그림 3.16** 압력스위치 조정 방법

- 표시구분
- RANGE : 펌프의 작동 정지점을 의미
- DIFF : 펌프 정지점과 기동점의 차이로 DIFF만큼 압력이 떨어지면 펌프는 다시 기동한다.
- RANGE 및 DIFF 눈금은 압력스위치 상단부의 조절나사를 좌우로 돌려서 눈금을 조절한다.
- 압력 확인침(압력 작동 스위치) : 압력이 상승하여 펌프가 정지하면 상단에 위치한다.

## 8.3 압력 설정 범위

[스프링클러 설비의 경우 압력스위치 조정 예]

1) 조건 : 펌프양정 100 [m], 시설물의 가장 높은 위치에 있는 헤드의 위치에서 압력챔버까지의 낙차압력 5 [$kg_f/cm^2$]인 경우

2) 압력챔버 압력 조정의 예

① 주펌프의 기동압력은 자연 낙차압 + K로 하고, 스프링클러의 경우 K = 1.5 [$kg_f/cm^2$]로 설정한다.

- 기동압력 : 5 + 1.5 = 6.5 [$kg_f/cm^2$]
- 정지압력 : 100 ÷ 10 = 10 [$kg_f/cm^2$]
  따라서 RANGE 위치 10, DIFF 위치 3.5(10 − 6.5)

압력챔버는 펌프를 이용해서 소화용수를 공급시키는 펌프방식의 가압수조설비에 필요한 설비로 주펌프와 충압펌프의 작동 및 정지를 위한 압력스위치(PS)가 부착되어 있다.

압력스위치의 RANGE는 펌프의 구동을 일시적으로 정지시키는 역학을 하는 압력값이고, DIFF는 일시적으로 정지된 펌프를 다시 구동시켜 소방용수가 원활하게 공급되도록 하기 위해 펌프를 구동시키는 역할을 하는 압력값이다.

주펌프와 충압펌프가 동시에 설치된 수계소화설비에서 주펌프가 작동하기 전에 충압펌프가 먼저 작동하여야 하므로 충압펌프의 기동압력(DIFF)과 정지압력(RANGE)은 주펌프의 기동압력 및 정지압력값과 최소 0.5 [$kg_f/cm^2$] 이상 차이가 나도록 설정해야 한다.

즉, 충압펌프의 정지압력값(RANGE)은 주펌프의 정지압력값보다 0.5 [$kg_f/cm^2$]만큼 작아야 하며 충압펌프의 기동압력값(DIFF)은 주펌프의 기동압력값보다 0.5 [$kg_f/cm^2$]만큼 커야 한다.

Chapter 4

# 옥내소화전 유지관리

1. 소화전설비 설치기준
2. 옥내소화전 설비 면제 소방대상물
3. 옥내소화전함의 조건
4. 옥내소화전설비의 전원
5. 옥내소화설비 점검 요약
6. 옥내소화전 설비의 점검

옥내소화전은 건축물 내의 화재발생시 소방대상물의 관계자 또는 자체소방대원들이 이를 이용하여 화재초기에 신속하게 진화할 수 있는 초기화재 진압용 소화설비이다.

옥내소화전 설비는 수원, 가압송수장치, 배관 및 소화전함으로 되어있고, 소화전함에는 소화전밸브, 호스 및 노즐이 내장되어 있다. 화재 발생시에는 가압송수장치를 작동시키고, 소화전함에서 호스를 끌어내어 연장시키고, 노즐을 소화목표에 향해 소화전밸브를 열어서 규정의 방수압력, 방수량으로 방수하여 화재를 진화한다.

## 1. 소화전설비 설치기준

(1) 소화전 설비 설치장소

| 소방시설 | 소방 대상물 | 설치기준 |
|---|---|---|
| 옥내 소화전 설비 | (1) 근린생활시설 | ▶ 연면적 1,500 [m$^2$] 이상(지하층, 무창층, 4층 이상인 층 중 바닥면적 300 [m$^2$] 이상인 층이 있는 것) 전층 |
| | (2) 위락시설 | |
| | (3) 판매/영업시설 | |
| | (4) 숙박시설 | |
| | (5) 노유자시설 | |
| | (6) 의료시설 | |
| | (7) 업무시설 | |
| | (8) 통신촬영시설 | |
| | (9) 공장 | |
| | (10) 창고시설 | |
| | (11) 운수자동차시설 | |
| | (12) 위험물저장/처리시설 | |
| | (13) 복합건축물 | |
| | (1) 문화집회/운동시설 | ▶ 연면적 3,000 [m$^2$] 이상(지하층, 무창층, 4층 이상인 층 중 바닥면적 600 [m$^2$] 이상인 층이 있는 것) 전층 |
| | (2) 공동주택 | |
| | (3) 교육연구시설 | |
| | (4) 관광휴게시설 | |
| | (5) 동식물관련시설 | |
| | (6) 위생관련시설 | |

| | | |
|---|---|---|
| | (7) 교정시설 | |
| | 지하가 | 지하가 중 터널로 1000 [m] 이상 |
| | 지하구 | |
| | 문화재 | |
| | # 특수가연물 | 750배 |
| 옥외 소화전 설비 | 특정소방대상물 | ▶ 지상 1층 및 2층 바닥면적의 합계 9,000 [$m^2$] 이상<br>▶ 지정문화재 연면적 1,000 [$m^2$] 이상<br>▶ 연소우려가 있는 구조(동일구내에 2 이상의 건축물이 있는 경우 외벽으로부터 수평거리가 1층은 6 [m] 이하, 2층 이상의 층은 10 [m] 이하로 개구부가 다른 건축물을 향해 설치된 경우 하나의 대상물로 본다. |
| | # 특수가연물 | 750배 |

(2) 소화전설비 설치기준

| 소방시설 | 설치기준 |
|---|---|
| 옥내소화전설비 | |
| 방수구 | 1. 특정소방대상물의 층마다 설치하되, 해당 특정소방대상물의 각 부분으로부터 하나의 옥내소화전방수구까지의 수평거리가 25 [m] 이하가 되도록 할 것<br>2. 바닥으로부터의 높이가 1.5 [m] 이하가 되도록 할 것<br>3. 호스는 구경 40 [mm] (호스릴옥내소화전설비의 경우에는 25 [mm]) 이상인 것으로서 특정소방대상물의 각 부분에 물이 유효하게 뿌려질 수 있는 길이로 설치할 것<br>4. 호스릴옥내소화전설비의 경우 그 노즐에는 노즐을 쉽게 개폐할 수 있는 장치를 부착할 것<br>③ 옥내소화전설비의 함에는 옥내소화전설비의 위치를 표시하는 표시등과 가압송수장치의 기동을 표시하는 표시등을 설치해야 한다.<br>④ 옥내소화전설비의 함에는 그 표면에 "소화전"이라는 표시를 해야 한다.<br>⑤ 옥내소화전설비의 함 가까이 보기 쉬운 곳에 그 사용요령을 기재한 표지판을 붙여야 하며, 표지판을 함의 문에 붙이는 경우에는 문의 내부 및 외부 모두에 붙여야 한다. 이 경우, 사용요령은 외국어와 시각적인 그림을 포함하여 작성해야 한다. |
| 수원 | ① 옥내소화전설비의 수원은 그 저수량이 옥내소화전의 설치개수가 가장 많은 층의 설치개수(두 개 이상 설치된 경우에는 두 개)에 2.6 [$m^3$] (호스릴옥내소화전설비를 포함한다)를 곱한 양 이상이 되도록 해야 한다.<br>② 옥내소화전설비의 수원은 제1항에 따라 계산하여 나온 유효수량 외에 유효수량의 3분의 1 이상을 옥상(옥내소화전설비가 설치된 건축물의 주된 옥상을 말한다. 이하 같다)에 설치해야 한다.<br>③ 옥상수조(제1항에 따라 산출된 유효수량의 3분의 1 이상을 옥상에 설치한 설비를 말한다. 이하 같다)는 이와 연결된 배관을 통하여 상시 소화수를 공급할 수 있는 구조 |

<table>
<tr><td></td><td>의 특정소방대상물인 경우에는 둘 이상의 특정소방대상물이 있더라도 하나의 특정 소방대상물에만 이를 설치할 수 있다.<br>④ 옥내소화전설비의 수원을 수조로 설치하는 경우에는 소화설비의 전용수조로 해야 한다.<br>⑤ 제1항 및 제2항에 따른 저수량을 산정함에 있어서 다른 설비와 겸용하여 옥내소화전설비용 수조를 설치하는 경우에는 옥내소화전설비의 풋밸브·흡수구 또는 수직배관의 급수구와 다른 설비의 풋밸브·흡수구 또는 수직배관의 급수구와의 사이의 수량을 그 유효수량으로 한다.<br>⑥ 옥내소화전설비용 수조는 다음 각호의 기준에 따라 설치해야 한다.<br>1. 점검에 편리한 곳에 설치할 것<br>2. 동결방지조치를 하거나 동결의 우려가 없는 장소에 설치할 것<br>3. 수조에는 수위계, 고정식 사다리, 청소용 배수밸브(또는 배수관), 표지 및 실내 조명 등 수조의 유지관리에 필요한 설비를 설치할 것</td></tr>
<tr><td>송수구</td><td>1. 송수구는 송수 및 그 밖의 소화작업에 지장을 주지 않도록 설치할 것<br>2. 송수구로부터 주배관에 이르는 연결배관에는 개폐밸브를 설치하지 않을 것<br>3. 지면으로부터 높이가 0.5 [m] 이상 1 [m] 이하의 위치에 설치할 것<br>4. 구경 65 [mm]의 쌍구형 또는 단구형으로 할 것<br>5. 송수구의 가까운 부분에 자동배수밸브(또는 직경 5 [mm]의 배수공) 및 체크밸브를 설치할 것<br>6. 송수구에는 이물질을 막기 위한 마개를 씌울 것</td></tr>
<tr><td>기압<br>송수<br>장치</td><td>1. 쉽게 접근할 수 있고 점검하기에 충분한 공간이 있는 장소로서 화재 및 침수 등의 재해로 인한 피해를 받을 우려가 없는 곳에 설치할 것<br>2. 동결방지조치를 하거나 동결의 우려가 없는 장소에 설치할 것<br>3. 특정소방대상물의 어느 층에 있어서도 해당 층의 옥내소화전(두 개 이상 설치된 경우에는 두 개의 옥내소화전)을 동시에 사용할 경우 각 소화전의 노즐선단에서의 방수압력이 0.17 [MPa] (호스릴옥내소화전설비를 포함한다) 이상이고, 방수량이 130 [L/min] (호스릴옥내소화전설비를 포함한다) 이상이 되는 성능의 것으로 할 것. 다만, 하나의 옥내소화전을 사용하는 노즐선단에서의 방수압력이 0.7 [MPa]을 초과할 경우에는 호스접결구의 인입측에 감압장치를 설치해야 한다.<br>4. 펌프의 토출량은 옥내소화전이 가장 많이 설치된 층의 설치개수(옥내소화전이 두 개 이상 설치된 경우에는 두 개)에 분당 130 [L/min]를 곱한 양 이상이 되도록 할 것<br>5. 펌프는 전용으로 할 것<br>6. 펌프의 토출측에는 압력계를 설치하고, 흡입측에는 연성계 또는 진공계를 설치할 것<br>7. 펌프의 성능은 체절운전 시 정격토출압력의 140 [%]를 초과하지 않고, 정격토출량의 150 [%]로 운전 시 정격토출압력의 65 [%] 이상이 되어야 하며, 펌프의 성능을 시험할 수 있는 성능시험배관을 설치할 것<br>8. 가압송수장치에는 체절운전 시 수온의 상승을 방지하기 위한 순환배관을 설치할 것<br>9. 기동장치로는 기동용수압개폐장치 또는 이와 동등 이상의 성능이 있는 것을 설치할</td></tr>
</table>

것. 다만, 학교·공장·창고시설(제4조제2항에 따라 옥상수조를 설치한 대상은 제외한다)로서 동결의 우려가 있는 장소에 있어서는 기동스위치에 보호판을 부착하여 옥내소화전함 내에 설치할 수 있다.

10. 제8호 단서의 경우에는 주펌프와 동등 이상의 성능이 있는 별도의 펌프로서 내연기관의 기동과 연동하여 작동되거나 비상전원을 연결한 펌프를 추가 설치할 것
11. 수원의 수위가 펌프보다 낮은 위치에 있는 가압송수장치에는 물올림장치를 설치할 것
12. 기동용수압개폐장치를 기동장치로 사용할 경우에는 충압펌프를 설치할 것
13. 내연기관을 사용하는 경우에는 제어반에 따라 내연기관의 자동기동 및 수동기동이 가능하고, 상시 충전되어 있는 축전지설비와 펌프를 20 분 이상 운전할 수 있는 용량의 연료를 갖출 것
14. 가압송수장치가 기동이 된 경우에는 자동으로 정지되지 않도록 할 것
15. 가압송수장치는 부식 등으로 인한 펌프의 고착을 방지할 수 있도록 청동 또는 스테인리스 등 부식에 강한 재질을 사용할 것

② 고가수조의 자연낙차를 이용한 가압송수장치를 설치하는 경우 고가수조의 자연낙차수두(수조의 하단으로부터 최고층에 설치된 소화전 호스 접결구까지의 수직거리를 말한다)는 제1항제3호에 따른 방수압 및 방수량이 20분 이상 유지되도록 해야 한다.

③ 압력수조를 이용한 가압송수장치를 설치하는 경우 압력수조의 압력은 제1항제3호에 따른 방수압 및 방수량이 20 분 이상 유지되도록 해야 한다.

④ 가압수조를 이용한 가압송수장치는 소방청장이 정하여 고시한 「가압수조식 가압송수장치의 성능인증 및 제품검사의 기술기준」에 적합한 것으로 설치하되, 가압수조의 압력은 제1항제3호에 따른 방수압 및 방수량이 20 분 이상 유지되도록 해야 한다.

## 옥외소화전설비

**수원**

① 옥외소화전설비의 수원은 그 저수량이 옥외소화전의 설치개수(옥외소화전이 2개 이상 설치된 경우에는 2개)에 7 [$m^3$]를 곱한 양 이상이 되도록 해야 한다.

② 옥외소화전설비의 수원을 수조로 설치하는 경우에는 소방소화설비의 전용수조로 해야 한다.

③ 제1항에 따른 저수량을 산정함에 있어서 다른 설비와 겸용하여 옥외소화전설비용 수조를 설치하는 경우에는 옥외소화전설비의 풋밸브 ·흡수구 또는 수직배관의 급수구와 다른 설비의 풋밸브·흡수구 또는 수직배관의 급수구와의 사이의 수량을 그 유효수량으로 한다.

④ 옥외소화전설비용 수조는 다음 각 호의 기준에 따라 설치해야 한다.

1. 점검에 편리한 곳에 설치할 것
2. 동결방지조치를 하거나 동결의 우려가 없는 장소에 설치할 것
3. 수조에는 수위계, 고정식 사다리, 청소용 배수밸브(또는 배수관), 표지 및 실내 조명 등 수조의 유지관리에 필요한 설비를 설치할 것

| | |
|---|---|
| 가압송수장치 | ① 전동기 또는 내연기관에 따른 펌프를 이용하는 가압송수장치는 다음 각 호의 기준에 따라 설치해야 한다.<br>1. 쉽게 접근할 수 있고 점검하기에 충분한 공간이 있는 장소로서 화재 및 침수 등의 재해로 인한 피해를 받을 우려가 없는 곳에 설치할 것<br>2. 동결방지조치를 하거나 동결의 우려가 없는 장소에 설치할 것<br>3. 특정소방대상물에 설치된 옥외소화전(두 개 이상 설치된 경우에는 두 개의 옥외소화전)을 동시에 사용할 경우 각 옥외소화전의 노즐선단에서의 방수압력이 0.25 [MPa]이상이고, 방수량이 350 [L/min]이상이 유지되는 성능의 것으로 할 것. 다만, 하나의 옥외소화전을 사용하는 노즐선단에서의 방수압력이 0.7 [MPa]을 초과할 경우에는 호스접결구의 인입측에 감압장치를 설치해야 한다.<br>4. 펌프는 전용으로 할 것<br>5. 펌프의 토출측에는 압력계를 설치하고, 흡입측에는 연성계 또는 진공계를 설치할 것<br>6. 펌프의 성능은 체절운전 시 정격토출압력의 140 [%]를 초과하지 않고, 정격토출량의 150 [%]로 운전 시 정격토출압력의 65 [%] 이상이 되어야 하며, 펌프의 성능을 시험할 수 있는 성능시험배관을 설치할 것<br>7. 가압송수장치에는 체절운전 시 수온의 상승을 방지하기 위한 순환배관을 설치할 것<br>8. 기동장치로는 기동용수압개폐장치 또는 이와 동등 이상의 성능이 있는 것을 설치할 것. 다만, 아파트·업무시설·학교·전시시설·공장·창고시설 또는 종교시설 등으로서 동결의 우려가 있는 장소에 있어서는 기동스위치에 보호판을 부착하여 옥외소화전함 내에 설치할 수 있다.<br>9. 수원의 수위가 펌프보다 낮은 위치에 있는 가압송수장치에는 물올림장치를 설치할 것<br>10. 기동용수압개폐장치를 기동장치로 사용할 경우에는 충압펌프를 설치할 것<br>11. 내연기관을 사용하는 경우에는 제어반에 따라 내연기관의 자동기동 및 수동기동이 가능하고, 상시 충전되어 있는 축전지설비와 펌프를 20분 이상 운전할 수 있는 용량의 연료를 갖출 것<br>12. 가압송수장치가 기동이 된 경우에는 자동으로 정지되지 않도록 할 것<br>13. 가압송수장치는 부식 등으로 인한 펌프의 고착을 방지할 수 있도록 청동 또는 스테인리스 등 부식에 강한 재질을 사용할 것<br>② 고가수조의 자연낙차를 이용한 가압송수장치를 설치하는 경우 고가수조의 자연낙차수두(수조의 하단으로부터 최고층에 설치된 소화전 호스 접결구까지의 수직거리를 말한다)는 제1항제3호에 따른 방수압 및 방수량이 20분 이상 유지되도록 해야 한다.<br>③ 압력수조를 이용한 가압송수장치를 설치하는 경우 압력수조의 압력은 제1항제3호에 따른 방수압 및 방수량이 20분 이상 유지되도록 해야 한다.<br>④ 가압수조를 이용한 가압송수장치는 소방청장이 정하여 고시한 「가압수조식가압송수장치의 성능인증 및 제품검사의 기술기준」에 적합한 것으로 설치하되, 가압수조의 압력은 제1항제3호에 따른 방수압 및 방수량이 20분 이상 유지되도록 해야 한다. |

| | |
|---|---|
| 소화전함 | ① 옥외소화전설비에는 옥외소화전마다 그로부터 5 [m] 이내의 장소에 소화전함을 설치해야 한다.<br>② 옥외소화전설비의 함은 소방청장이 정하여 고시한 「소화전함의 성능인증 및 제품검사의 기술기준」에 적합한 것으로 설치하되 밸브의 조작, 호스의 수납 등에 충분한 여유를 가질 수 있도록 해야 한다.<br>③ 옥외소화전설비의 함에는 그 표면에 "옥외소화전"이라는 표시를 해야 한다.<br>④ 옥외소화전설비의 함에는 옥외소화전설비의 위치를 표시하는 표시등과 가압송수장치의 기동을 표시하는 표시등을 설치해야 한다. |
| 제어반 | ① 옥외소화전설비에는 제어반을 설치하되, 감시제어반과 동력제어반으로 구분하여 설치해야 한다.<br>② 감시제어반은 가압송수장치, 상용전원, 비상전원, 수조, 물올림수조, 예비전원 등을 감시·제어 및 시험할 수 있는 기능을 갖추어야 한다.<br>③ 감시제어반은 다음 각 호의 기준에 따라 설치해야 한다.<br>1. 화재 및 침수 등의 재해로 인한 피해를 받을 우려가 없는 곳에 설치할 것<br>2. 감시제어반은 옥외소화전설비의 전용으로 할 것<br>3. 감시제어반은 다음 각 목의 기준에 따른 전용실 안에 설치하고, 전용실에는 특정소방대상물의 기계·기구 또는 시설 등의 제어 및 감시설비 외의 것을 두지 않을 것<br>가. 다른 부분과 방화구획을 할 것<br>나. 피난층 또는 지하 1층에 설치할 것<br>다. 비상조명등 및 급·배기설비를 설치할 것<br>라. 「무선통신보조설비의 화재안전성능기준(NFPC 505)」 제5조제3항에 따라 유효하게 통신이 가능할 것<br>마. 바닥면적은 감시제어반의 설치에 필요한 면적 외에 화재 시 소방대원이 그 감시제어반의 조작에 필요한 최소면적 이상으로 할 것<br>④ 동력제어반은 앞면을 적색으로 하고, 동력제어반의 외함은 두께 1.5 [mm] 이상의 강판 또는 이와 동등 이상의 강도 및 내열성능이 있는 것으로 하며, 그 밖의 동력제어반의 설치에 관하여는 제3항제1호 및 제2호의 기준을 따라야 한다. |

# 2. 옥내소화전 설비 면제 소방대상물

스프링클러, 물분무등 소화설비, 옥외소화전설비, 동력소방펌프 설치시 유효범위 부분에는 옥내소화전을 면제한다.

1) 스프링클러 및 물분무등

   계단 및 부속실 등으로 행정안전부 령이 정하는 부분을 포함한다(행정안전부 령이 정하는 부분이란 시행규칙 28조 5호에 의한 장소를 말한다.). 계단실, 특별피난계단 부속실, 분전반실, 목욕실, 화장실, 병원수술실, 응급처치실, 물탱크실 또는 이와 유사한 장소

2) 옥외소화전 및 동력소방펌프

   1층, 2층에 한한다.

3) 옥내소화전 방수구 면제
   - 냉장 또는 냉동 창고의 냉장실 또는 냉동실
   - 고온의 노가 설치된 장소 또는 물과 격렬히 반응하는 물품의 저장 및 취급장소
   - 발전소, 변전소 등으로서 전기시설이 설치된 장소
   - 식물원, 수족관 그 밖의 이와 비슷한 장소
   - 야외음악당, 야외극장 또는 그 밖의 이와 유사한 장소

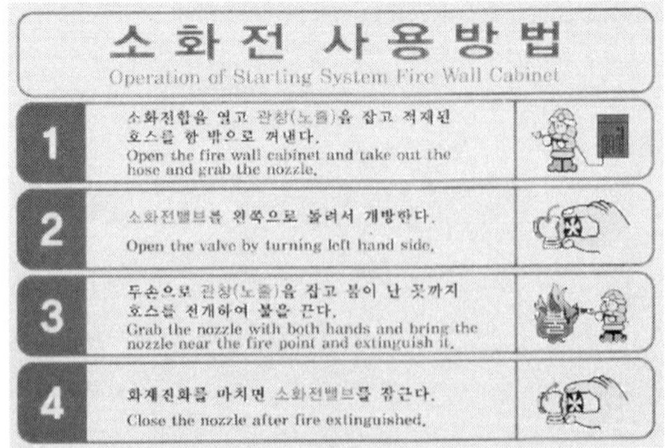


**그림 4.1** 옥내소화전 사용 방법

# 3. 옥내소화전함의 조건

## 3.1 옥내소화전함의 설치기준

1) 함의 재질은 두께 1.5 [mm] 이상의 강판 또는 두께 4 [mm] 이상의 합성수지재로 하고 문짝 면적은 0.5 [$m^2$] 이상으로 할 것(연결송수관의 방수구를 같이 설치하는 경우도 같다).
2) 함의 재질이 강판인 경우 염수분무 시험방법(KS D 9502)에 의하여 변색 또는 부식 되지 아니 하여야 하고 합성수지재인 경우 내열성 및 난연성의 것으로 80 [℃] 온도에서 24시간 이내에 열로 인한 변형이 생기지 아니하는 것으로 할 것.

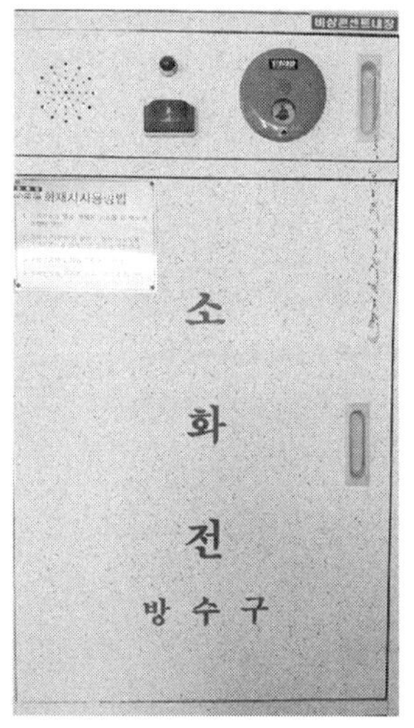


옥내소화전함

옥내소화전함 내부

**그림 4.2** 옥내소화전함

## 3.2 옥내소화전 방수구 설치기준

1) 수평거리 : 25 [m] 이하
2) 높이 : 바닥으로부터 1.5 [m] 이하
3) 호스구경 : 40 [mm] 이상으로 특정소방대상물 각 부분에 유효하게 뿌려질 수 있는 길

이 이상으로 설치할 것

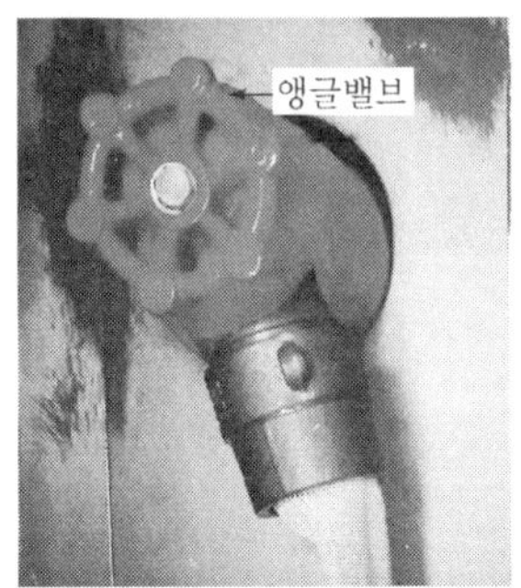

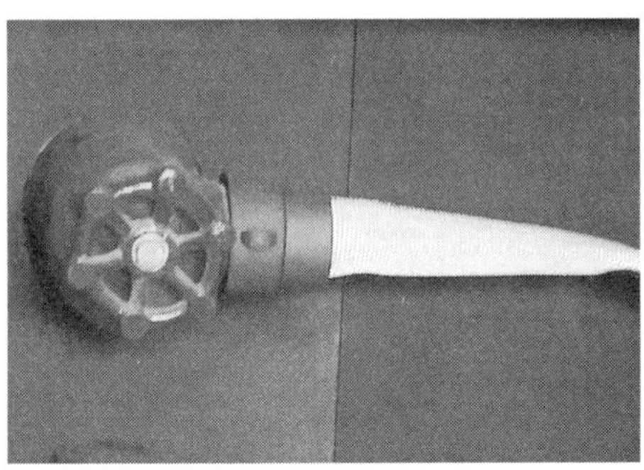

**그림 4.3** 소화전함 방수구

## 3.3 표시등 설치기준

1) 함의 상부에 적색등으로 설치하고 부착면으로부터 15° 이상의 범위, 10 [m] 이내에서 식별 가능할 것.
2) 가압송수장치 기동 표시등은 함 내부에 적색등으로 할 것.
3) 적색등은 사용전압의 130 [%]인 전압을 24시간 연속 가하는 경우에도 단선, 현저한 광속변화, 전류변화 등이 발생되지 아니할 것.
4) 함 표면에 "소화전"이라 표시

(a) 옥내소화전 표시등

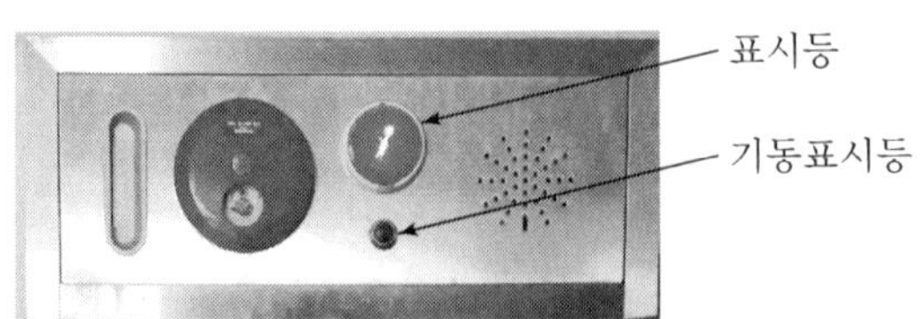


**그림 4.4** 옥내소화전 표시등 종류

# 4. 옥내소화전설비의 전원

## 4.1 수전방식에 따른 상용전원 배선방식

1) 저압수전인 경우에는 인입개폐기의 직후에서 분기하여 전용배선으로 하여야 한다.
2) 특별고압수전 또는 고압수전일 경우에는 전력용 변압기 2차 측의 주차단기 1차 측에서 분기하여 전용배선으로 하여야 한다. 다만, 가압송수장치의 정격입력 전압이 수전전압과 같은 경우에는 상기의 기준에 의한다.

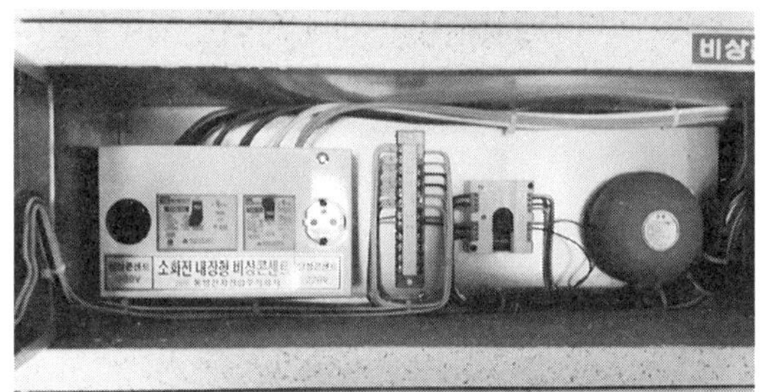


**그림 4.5** 옥내소화전 표시등함 내부

**그림 4.6** 수동기동방식 옥내소화전 표시등함 내부

## 4.2 비상전원 설치대상

1) 지하층을 제외한 층수가 7층 이상으로서 연면적 2000 [$m^2$] 이상
2) 지하층 바닥 면적 합계가 3000 [$m^2$] 이상인 소방대상물.
   다만, 다음 각목은 지하층 바닥 기준 면적에서 제외한다.
   - 근린생활시설 중 일반목욕장의 목욕실(욕조 있는 부분), 정구장, 탁구장, 헬스클럽, 체육도장
   - 관람, 집회 및 운동시설 중 관람장, 체육관 또는 운동장
   - 교육연구시설
   - 창고 시설
   - 차고, 주차장
   - 동식물 관련 시설
   - 보일러실, 기계실, 전기실
3) 2 이상의 변전소에서 전력을 동시 공급받거나 하나의 변전소에서 전력 공급이 중단시 자동으로 다른 변전소에서 전원을 공급받는 경우에는 비상전원을 설치하지 않아도 된다.

# 5. 옥내소화설비 점검 요약

## 5.1 제어반 확인

1) 수신기에서 이상 표시등이 점등되어 있지 않아야 한다.
2) 저수위감시등/압력스위치감시등/화재표시등을 점검한다.
3) 자동기동방식인 경우 펌프의 기동상태는 자동 상태로 되어 있어야 한다.
4) 전원은 공급된 상태이어야 하고 전원표시등(보통 녹색등)으로 확인한다.

## 5.2 소화전 시험방수

1) 가장 멀고 높은 곳에 있는 소화전에서 수관을 연장하여 시험 방수한다.
2) 시험방수시 펌프의 기동(자동 또는 수동)에 의해 방수압력 1.7 [$kg_f/cm^2$] 이상이 되는지 확인한다(방수거리 대략 10 [m]).
3) 펌프의 작동은 수동으로 하는 대상물(학교, 공장, 아파트, 종교시설, 전시시설, 창고, 업무시설)에서는 함에 기동스위치를 눌러 기동하고 그 외 장소는 모두 자동으로 기동된다.
4) 방수압력은 피토게이지 또는 방수압력측정기로 확인한다.

## 5.3 펌프가압송수장치 외관 및 기능점검

1) 배관, 관부속품(밸브 압력계 등) 및 펌프에서 누수와 부식 파손 등이 없는지 확인한다.
2) 펌프를 수동 및 자동으로 기동 시험을 한다.
3) 펌프성능시험을 통해 유량을 측정한다.
4) 체절운전을 통해 릴리프 밸브가 체절압력 미만에서 작동하는지 확인한다.
5) 물올림장치의 감수경보 기능을 확인한다.
6) 물올림컵을 통해 펌프토출측 체크밸브와 후드밸브의 누수를 확인한다.

## 5.4 수조의 확인

1) 유효수량이 확보되어 있는지, 수질은 깨끗한지 확인한다.
2) 보온조치는 적절하고 사다리, 조명장치, 맨홀, 감수경보장치, 청소구 등이 적절하게 설치되어 있는지 확인한다.

## 5.5 각 층별 소화전을 확인한다

1) 소화전의 함에는 표지(소화전)가 되어 있고 사용법이 부착되어 있는지 확인한다.
2) 함 속에 40 [mm] 이상의 관창 1개와 호스(유효하게 방수 가능한 수량)는 비치되어 있고 호스는 접는 수관(아코디언식) 형태로 수납되어 있는지 확인
3) 소화전 표시등은 점등되어 있으며 기동표시등은 펌프 기동시 점등되는 지를 확인한다.
4) 소화전 주변에 상품진열 등 사용상 지장이 없는지 확인한다.

## 5.6 수평거리 확인

소방대상물의 증축 등으로 인해 유효 반경(방수구에서 수평거리 25 [m])이 확보되는지 확인한다.

# 6. 옥내소화전 설비의 점검

## 6.1 외관점검

설비 등의 기기의 적정한 배치, 손상, 누수 등의 유무, 표시의 유무, 그 외 중요한 것으로 외관에서 판단할 수 있는 사항을 확인하는 것을 외관점검이라 한다.
외관점검의 내용은 다음과 같다.

| 항목 | 외관점검내용 | 대책·보충 사항 등 |
|---|---|---|
| 시동 장치 | 시동조작 스위치류에 변형, 손상여부 | 변형, 손상이 있는 경우는 교체한다. |
| | 압력스위치에 변형, 손상여부 | 압력계의 지시값은 정상인지 확인한다. |
| | 압력탱크에 변형, 손상, 누수 및 현저한 부식여부 | 부식 등이 있다면, 필요에 따라 수리한다. |
| 수원 | 저수조의 변형, 손상, 부식여부 및 물 및 공기가 새는지에 대한 확인 | 필요에 따라 수리한다. |
| | 규정수량의 확보여부 | 수량이 확보되어 있지 않은 경우는 확보할 수 있도록 한다. |
| | 수위계, 압력계에 변형, 손상이 없고, 지시 값의 적정여부 | 변형, 손상이 있으면, 교체하고 수리한다. |
| | 밸브류에 변형, 손상여부 | 표시에 따라 정상적으로 작동되는지 확인한다. |
| 전동기의 제어장치 | 제어반에 변형 및 손상여부 | 주위에 조작상 지장이 없는지 확인한다. |
| | 전압계에 변형 및 손상여부 | 전압계의 지시값은 소정의 범위에 있는지 확인한다. |
| | 스위치류에 변형, 손상 및 탈락여부 | 개폐위치가 정상인지 확인한다. |
| | 퓨즈의 손상여부 | 손상, 녹아서 끊어진 것이 있으면 교체한다. |
| | 결선접속에 느슨함이 없는지, 배선에 단선이 없는지, 단자와의 접속여부 | 수리한다. |
| | 예비물품의 구비여부 | 퓨즈, 전구 등의 구비여부 확인 |

| 항 목 | 외관점검내용 | 대책·보충 사항 등 |
|---|---|---|
| 가압 송수 장치 | 변형, 손상, 현저한 부식여부 | 명판이 붙어있는지 확인한다. |
| | 축이음이 느슨한지, 그랜드부의 현저한 누수여부 | 느슨함 및 현저한 누수가 있는 경우는 수리한다. |
| 물올림 장치 | 변형, 손상, 누수 및 현저한 부식이 없고, 수량의 규정량여부 | 밸브류는 개폐표시 및 정상적으로 개폐되고 있는지 확인한다. |
| 배관 | 관 및 관이음에 누수, 변형 및 손상여부 | 물건을 지지하고, 매달리는 것 등에 이용되고 있는지 확인한다. |
| | 지지금속물 및 미터계는 금속물이 떨어지거나 구부러져 있는지에 대한 여부 | 누수가 있다면 수리한다. |
| | 밸브류에 변형, 손상 및 누수여부 | 개폐표시 및 개폐위치가 정상적인지 확인한다. |
| 소화 전함 | 개폐가 되는지, 변형 및 손상 등의 여부 | 주위에 사용상 장애물이 있는지 확인한다. |
| | 표시는 현저한 손상, 탈락 등이 없고 보기 쉬운지 확인한다. | 손상, 탈락이 있다면 교체한다. |
| | 호스 및 노즐에 변형, 손상이 없는지, 필요한 수만큼의 수가 설치되어있는지 여부 | 변형, 손상이 있다면 교체한다. |
| | 소화전의 개·폐변에 변형, 손상, 누수가 없는지 여부 | 누수 등이 있다면 수리한다. |
| | 기동조작부에 변형, 손상이 없고, 표식이 설치되어 있는지 여부 | 변형, 손상 등이 있다면, 교체 또는 수리한다. |
| | 표시등에 변형, 손상, 탈락 및 전구가 끊어져 있지는 않은지 여부 | 전구가 끊어져 있는 경우는 전구를 교체한다. |

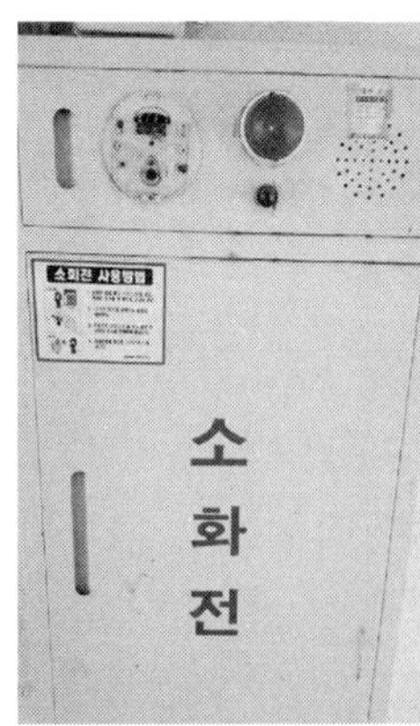

**그림 4.7** 옥내소화전

## 6.2 기능점검

설비의 일부를 작동시켜서 기기의 기능 상태를 확인하는 것을 기능점검이라 한다. 기능점검의 내용은 다음과 같다.

| 항 목 | 기능점검내용 | 대책·보충 사항 등 |
|---|---|---|
| 수원 | 저장한 물에 현저한 부패, 부유물, 침전물 여부 | 부유물을 제거하고, 현저한 부패가 발생한 경우는 저장한 물을 새물로 교환한다. |
| | 급수장치의 급수 시동 및 정지여부 | 밸브의 개폐조작이 용이한지 확인한다. |
| 전동기의 제어장치 | 개폐기 및 스위치류는 발열되고 있는지, 또는 정상적 개폐 여부 | 정상적이지 않은 경우에는 교체 및 수리한다. |
| | 계전기의 정상인 작동여부 | 정상적이지 않은 경우에는 교체 및 수리한다. |
| | 표시등의 정상적인 점등여부 | 이상시 교체한다. |
| 시동장치 | 가압송수장치의 기동여부 | 펌프가 작동되는지 확인한다. |
| 가압송수 장치 | 윤활유의 오염, 변형, 이물질의 혼입여부 | 윤활유는 늘 규정량이 있는지 확인하고, 변질된 경우 교체한다. |
| | 펌프의 회전이 원활하고 회전방향의 정상여부 | 불규칙적인 잡음 등이 있는 경우는 수리한다. |
| | 연성계 및 압력계가 적정하게 작동되고 있는지 확인 | 이상시 교체한다. |
| | 정격부하운전시의 토출압 및 토출량이 적절한지 확인 | 성능시험에서 토출압력 및 토출량이 얻어지지 않는 경우는 수리한다. |
| 물올림 장치 | 수량이 줄어들면 자동급수가 확실하게 되면서 경보음이 나는지 확인한다. | 자동급수장치가 작동되지 않는 경우에는 밸브류를 수리한다. |
| 소화전함 | 호스 및 노즐을 붙이고 떼는 것이 용이한지 확인한다. | 용이하지 않은 경우에는 수리한다. |
| | 소화전의 개폐밸브를 용이하게 조작할 수 있는지 확인한다. | 개폐밸브의 조작이 용이하지 않은 것은 수리 또는 교체한다. |

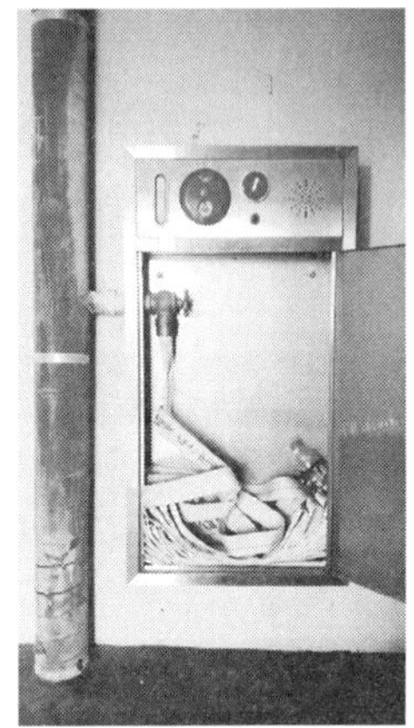

**그림 4.8** 소화전함 내부 점검 및 방수압 측정

## 6.3 종합점검

설비의 일부 또는 전부를 작동시키거나 설비 등을 사용해 보는 것으로 설비 등의 종합적인 기능을 확인하는 것을 종합점검이라 한다. 종합 점검의 내용은 다음과 같다.

| 항 목 | 종합점검내용 | 대책·보충 사항 등 |
|---|---|---|
| 방수 시험 | 노즐의 선단에서 노즐구경의 1/2 떨어진 위치에 피트관의 선단의 중심선과 방수류가 일치되는 위치에 피트관의 선단이 오도록 하여 방수압력을 측정하여 소정의 압력(1.7～7.0 [$kg_f/cm^2$])을 확보하고 있는지 확인한다. | 소정의 압력이 얻어지지 않는 경우는 원인을 조사하여 수리한다. |

Chapter 5

# 스프링클러 설비 점검

1. 스프링클러설비 설치기준
2. 습식 스프링클러 설비 점검
3. 건식 스프링클러의 점검
4. 일제살수식 스프링클러의 점검
5. 준비작동식 스프링클러 설비의 개요
6. 준비작동 밸브 작동 시험
7. 수계소방시설의 배관설치기준
8. 알람밸브 작동시험

# 1. 스프링클러설비 설치기준

(1) 스프링클러설비 설치장소

| 소방시설 | 소방 대상물 | 설치기준 |
|---|---|---|
| 스프링클러설비 | (1) 근린생활시설<br>(2) 위락시설<br>(3) 숙박시설<br>(4) 의료시설<br>(5) 공동주택<br>(6) 업무시설<br>(7) 통신촬영시설<br>(8) 공장<br>(9) 운수자동차시설<br>(10) 관광휴게시설<br>(11) 동식물관련시설<br>(12) 위생관련시설<br>(13) 교정시설<br>(14) 위험물저장/처리시설 | ▶ 6층 이상인 경우 전층<br>▶ 지하층·무창층, 또는 4층 이상의 층으로 바닥면적 1,000 [$m^2$] 이상<br>▶ 부속된 보일러실 또는 연결통로 |
| | 문화집회/운동시설 | ▶ 수용인원 100인 이상<br>▶ 영화상영관 중 지하·무창층은 500인 이상 (그외 층은 1,000인 이상)<br>▶ 무대부가 지하·무창층, 4층 이상은 300인 이상 (그외 층은 500인이상) |
| | 판매/영업시설 | ▶ 수용인원 500인 이상<br>▶ 바닥면적 합계가 5,000 [$m^2$] 이상 전층 |
| | 노유자시설 | ▶ 연면적 600 [$m^2$] 이상 |
| | 교육연구시설 | ▶ 기숙사 연면적 5,000 [$m^2$] 이상 |
| | 창고시설 | ▶ 연면적 5,000 [$m^2$] 이상 (물류터미널 제외) |
| | 지하가 | ▶ 연면적 1,000 [$m^2$] 이상 (터널 제외) |
| | 지하구 | ▶ 연소방지 설비 대체가능 |
| | 문화재 | – |
| | 복합건축물 | ▶ 기숙사 연면적 5,000 [$m^2$] 이상 |
| | 특수가연물 | 1,000 배 이상 |

| 소방시설 | 소방 대상물 | 설치기준 |
|---|---|---|
| 간이 스프링 클러 설비 | 특정소방대상물 | ▶ 복합건축물, 근린생활시설 연면적 1,000 [$m^2$] 전층<br>▶ 합숙소(교육연구시설 내에 있는 것) 연면적 1,000 [$m^2$] 이상<br>▶ 의료시설 바닥면적 600 [$m^2$] 미만<br>▶ 노유자 시설 바닥면적 300~600 [$m^2$] 미만 |

(2) 스프링클러설비 설치기준

<table>
<tr><th colspan="2">소방시설</th><th>설치기준</th></tr>
<tr><td>스프링클러설비</td><td>수원</td><td>
① 스프링클러설비의 수원은 그 저수량이 다음 각 호의 기준에 적합하도록 해야 한다. 다만, 수리계산에 의하는 경우에는 제5조 제1항 제9호 및 제10호에 따라 산출된 가압송수장치의 1분당 송수량에 설계방수시간을 곱한 양 이상이 되도록 해야 한다.<br>
1. 폐쇄형스프링클러헤드를 사용하는 경우에는 다음 표의 스프링클러설비 설치 장소별 스프링클러헤드의 기준개수[스프링클러헤드의 설치개수가 가장 많은 층(아파트의 경우에는 설치개수가 가장 많은 세대)에 설치된 스프링클러헤드의 개수가 기준개수보다 작은 경우에는 그 설치개수를 말한다. 이하 같다]에 1.6 [$m^3$]를 곱한 양 이상이 되도록 할 것
<table>
<tr><th colspan="3">스프링클러설비 설치 장소</th><th>기준 개수</th></tr>
<tr><td rowspan="6">지하층을 제외한 층수가 10층 이하인 특정소방대상물</td><td>공장 또는 창고(랙크식 창고를 포함한다)</td><td>특수 가연물을 저장 취급하는 것</td><td>30</td></tr>
<tr><td></td><td>그 밖의 것</td><td>20</td></tr>
<tr><td rowspan="2">근린생활시설 · 판매시설 및 영업시설 또는 복합 건축물</td><td>슈퍼마켓 · 도매시장 · 소매시장 또는 복합건축물(슈퍼마켓 · 도매시장 · 소매시장이 설치되는 복합건축물을 말한다.)</td><td>30</td></tr>
<tr><td>그 밖의 것</td><td>20</td></tr>
<tr><td rowspan="2">그 밖의 것</td><td>헤드의 부착높이가 8 [m] 이상인 것</td><td>20</td></tr>
<tr><td>헤드의 부착높이가 8 [m] 미만인 것</td><td>10</td></tr>
<tr><td colspan="3">아파트</td><td>10</td></tr>
<tr><td colspan="3">지하층을 제외한 층수가 11층 이상인 특정소방대상물(아파트를 제외한다)<br>지하가 또는 지하역사</td><td>30</td></tr>
<tr><td colspan="4">비고 : 하나의 특정소방대상물이 2 이상의 스프링클러헤드의 기준개수 란에 해당하는 때에는 기준개수가 많은 난을 기준으로 한다. 다만, 각 기준개수에 해당하는 수원을 별도로 설치하는 경우에는 그러하지 아니하다.</td></tr>
</table>
2. 개방형스프링클러헤드를 사용하는 스프링클러설비의 수원은 최대 방수구역에 설치된 스프링클러헤드의 개수가 30개 이하일 경우에는 설치 헤드수에 1.6 [$m^3$]를 곱한 양 이상으로 하고, 30개를 초과하는 경우에는 수리계산에
</td></tr>
</table>

| | |
|---|---|
| | 따를 것<br>② 스프링클러설비의 수원은 제1항에 따라 산출된 유효수량 외에 유효수량의 3분의 1 이상을 옥상(스프링클러설비가 설치된 건축물의 주된 옥상을 말한다. 이하 같다)에 설치해야 한다.<br>③ 옥상수조(제1항에 따라 산출된 유효수량의 3분의 1 이상을 옥상에 설치한 설비를 말한다)는 이와 연결된 배관을 통하여 상시 소화수를 공급할 수 있는 구조의 특정소방대상물인 경우에는 둘 이상의 특정소방대상물이 있더라도 하나의 특정소방대상물에만 이를 설치할 수 있다.<br>④ 스프링클러설비의 수원을 수조로 설치하는 경우에는 소방소화설비의 전용수조로 해야 한다.<br>⑤ 제1항 및 제2항에 따른 저수량을 산정함에 있어서 다른 설비와 겸용하여 스프링클러설비용 수조를 설치하는 경우에는 스프링클러설비의 풋밸브·흡수구 또는 수직배관의 급수구와 다른 설비의 풋밸브·흡수구 또는 수직배관의 급수구와의 사이의 수량을 그 유효수량으로 한다.<br>⑥ 스프링클러설비용 수조는 다음 각 호의 기준에 따라 설치해야 한다.<br>1. 점검에 편리한 곳에 설치할 것<br>2. 동결방지조치를 하거나 동결의 우려가 없는 장소에 설치할 것<br>3. 수조에는 수위계, 고정식 사다리, 청소용 배수밸브(또는 배수관), 표지 및 실내 조명 등 수조의 유지관리에 필요한 설비를 설치할 것 |
| 가압<br>송수<br>장치 | ① 전동기 또는 내연기관에 따른 펌프를 이용하는 가압송수장치는 다음 각 호의 기준에 따라 설치해야 한다. 다만, 가압송수장치의 주펌프는 전동기에 따른 펌프로 설치해야 한다.<br>1. 쉽게 접근할 수 있고 점검하기에 충분한 공간이 있는 장소로서 화재 및 침수 등의 재해로 인한 피해를 받을 우려가 없는 곳에 설치할 것<br>2. 동결방지조치를 하거나 동결의 우려가 없는 장소에 설치할 것<br>3. 펌프는 전용으로 할 것<br>4. 펌프의 토출측에는 압력계를 설치하고, 흡입측에는 연성계 또는 진공계를 설치할 것<br>5. 펌프의 성능은 체절운전 시 정격토출압력의 140 [%]를 초과하지 않고, 정격토출량의 150 [%]로 운전 시 정격토출압력의 65 [%] 이상이 되어야 하며, 펌프의 성능을 시험할 수 있는 성능시험배관을 설치할 것<br>6. 가압송수장치에는 체절운전 시 수온의 상승을 방지하기 위한 순환배관을 설치할 것<br>7. 기동장치로는 기동용수압개폐장치 또는 이와 동등 이상의 성능이 있는 것을 설치할 것<br>8. 수원의 수위가 펌프보다 낮은 위치에 있는 가압송수장치에는 물올림장치를 설치할 것<br>9. 가압송수장치의 정격토출압력은 하나의 헤드선단에 0.1 [MPa] 이상 1.2 [MPa] 이하의 방수압력이 될 수 있게 하는 크기일 것 |

| | | |
|---|---|---|
| | | 10. 가압송수장치의 송수량은 0.1 [MPa]의 방수압력 기준으로 분당 80 [L] 이상의 방수성능을 가진 기준개수의 모든 헤드로부터의 방수량을 충족시킬 수 있는 양 이상의 것으로 할 것<br>11. 제9호의 기준에 불구하고 가압송수장치의 1분당 송수량은 폐쇄형스프링클러헤드를 사용하는 설비의 경우 제4조제1항제1호에 따른 기준개수에 80 [L]를 곱한 양 이상으로 할 수 있다.<br>12. 제9호의 기준에 불구하고 가압송수장치의 1분당 송수량은 제4조제1항제2호의 개방형스프링클러 헤드수가 30개 이하의 경우에는 그 개수에 80 [L]를 곱한 양 이상으로 할 수 있으나 30개를 초과하는 경우에는 제9호 및 제10호에 따른 기준에 적합하게 할 것<br>13. 기동용수압개폐장치를 기동장치로 사용하는 경우에는 충압펌프를 설치할 것<br>14. 내연기관을 사용하는 경우에는 제어반에 따라 내연기관의 자동기동 및 수동기동이 가능하고, 상시 충전되어 있는 축전지설비와 펌프를 20분 이상 운전할 수 있는 용량의 연료를 갖출 것<br>15. 가압송수장치가 기동되는 경우에는 자동으로 정지되지 않도록 할 것<br>16. 가압송수장치는 부식 등으로 인한 펌프의 고착을 방지할 수 있도록 청동 또는 스테인리스 등 부식에 강한 재질을 사용할 것<br>② 고가수조의 자연낙차를 이용한 가압송수장치를 설치하는 경우 고가수조의 자연낙차수두(수조의 하단으로부터 최고층에 설치된 헤드까지의 수직거리를 말한다)는 제1항제9호 및 제10호에 따른 방수압 및 방수량이 20분 이상 유지되도록 해야 한다.<br>③ 압력수조를 이용한 가압송수장치를 설치하는 경우 압력수조의 압력은 제1항제9호 및 제10호에 따른 방수압 및 방수량이 20분 이상 유지되도록 해야 한다.<br>④ 가압수조를 이용한 가압송수장치는 소방청장이 정하여 고시한 「가압수조식가압송수장치의 성능인증 및 제품검사의 기술기준」에 적합한 것으로 설치하되, 가압수조의 압력은 제1항제9호 및 제10호에 따른 방수압 및 방수량이 20분 이상 유지되도록 해야 한다. |
| | 헤드 | ① 스프링클러헤드는 특정소방대상물의 천장·반자·천장과 반자 사이·덕트·선반 기타 이와 유사한 부분에 설치해야 한다.<br>② 랙크식창고의 경우로서 「화재의 예방 및 안전관리에 관한 법률 시행령」 별표 2의 특수가연물을 저장 또는 취급하는 것에 있어서는 랙크높이 4 [m] 이하마다, 그 밖인 것을 취급하는 것에 있어서는 랙크높이 6 [m] 이하마다 스프링클러헤드를 설치해야 한다.<br>③ 스프링클러헤드를 설치하는 천장·반자·천장과 반자 사이·덕트·선반 등의 각 부분으로부터 하나의 스프링클러헤드까지의 수평거리는 다음 각 호와 같이 해야 한다. 다만, 성능이 별도로 인정된 스프링클러헤드를 수리계산에 따라 설치하는 경우에는 그렇지 않다.<br>1. 무대부· 「화재의 예방 및 안전관리에 관한 법률 시행령」 별표 2의 특수가연물을 저장 또는 취급하는 장소에 있어서는 1.7 [m] 이하 |

| | |
|---|---|
| | 2. 랙크식 창고에 있어서는 2.5 [m] 이하. 다만, 특수가연물을 저장 또는 취급하는 랙크식 창고의 경우에는 1.7 [m] 이하<br>3. 공동주택(아파트) 세대 내의 거실에 있어서는 3.2 [m] 이하(「스프링클러헤드의 형식승인 및 제품검사의 기술기준」의 유효반경의 것으로 한다)<br>4. 제1호부터 제3호까지 규정 외의 특정소방대상물에 있어서는 2.1 [m] 이하(내화구조로 된 경우에는 2.3 [m] 이하)<br>④ 영 별표 4소화설비의 소방시설 적용기준란 제1호 라목3)에 따른 무대부 또는 연소할 우려가 있는 개구부에 있어서는 개방형스프링클러헤드를 설치해야 한다.<br>⑤ 다음 각 호의 어느 하나에 해당하는 장소에는 조기반응형 스프링클러헤드를 설치해야 한다.<br>1. 공동주택 · 노유자시설의 거실<br>2. 오피스텔 · 숙박시설의 침실, 병원의 입원실<br>⑥ 폐쇄형스프링클러헤드는 그 설치장소의 평상시 최고 주위온도에 따라 적합한 표시온도의 것으로 설치해야 한다.<br>⑦ 스프링클러헤드는 다음 각 호의 방법에 따라 설치해야 한다.<br>1. 스프링클러헤드는 살수 및 감열에 장애가 없도록 설치할 것<br>2. 연소할 우려가 있는 개구부에는 그 상하좌우에 2.5 [m] 간격으로(개구부의 폭이 2.5 [m] 이하인 경우에는 그 중앙에) 스프링클러헤드를 설치하되, 스프링클러헤드와 개구부의 내측 면으로부터 직선거리는 15 [cm] 이하가 되도록 할 것<br>3. 습식스프링클러설비 및 부압식스프링클러설비 외의 설비에는 상향식스프링클러헤드를 설치할 것<br>4. 측벽형스프링클러헤드를 설치하는 경우 긴 변의 한쪽 벽에 일렬로 설치(폭이 4.5 [m] 이상 9 [m] 이하인 실에 있어서는 긴변의 양쪽에 각각 일렬로 설치하되 마주보는 스프링클러헤드가 나란히꼴이 되도록 설치)하고 3.6 [m] 이내마다 설치할 것<br>5. 상부에 설치된 헤드의 방출수에 따라 감열부가 영향을 받을 우려가 있는 헤드에는 방출수를 차단할 수 있는 유효한 차폐판을 설치할 것<br>⑧ 특정소방대상물의 보와 가장 가까운 스프링클러헤드는 헤드의 반사판 중심과 보의 수평거리를 고려하여, 살수에 장애가 없도록 설치해야 한다. |
| 간이 스프링클러 설비 수원 | 1. 상수도직결형의 경우에는 수돗물<br>2. 수조("캐비닛형"을 포함한다)를 사용하고자 하는 경우에는 적어도 한 개 이상의 자동급수장치를 갖추어야 하며, 두 개의 간이헤드에서 최소 10분[영 별표4 제1호 마목2)가) 또는 6)과 8)에 해당하는 경우에는 5개의 간이헤드에서 최소 20분] 이상 방수할 수 있는 양 이상을 수조에 확보할 것<br>② 간이스프링클러설비의 수원을 수조로 설치하는 경우에는 소화설비의 전용수조로 해야 한다.<br>③ 제1항 제2호에 따른 저수량을 산정함에 있어서 다른 설비와 겸용하여 간이스프 |

| | |
|---|---|
| | 링클러설비용 수조를 설치하는 경우에는 간이스프링클러설비의 풋밸브·흡수구 또는 수직배관의 급수구와 다른 설비의 풋밸브·흡수구 또는 수직배관의 급수구와의 사이의 수량을 그 유효수량으로 한다.<br>④ 간이스프링클러설비용 수조는 다음 각 호의 기준에 따라 설치해야 한다.<br>1. 점검에 편리한 곳에 설치할 것<br>2. 동결방지조치를 하거나 동결의 우려가 없는 장소에 설치할 것<br>3. 수조에는 수위계, 고정식 사다리, 청소용 배수밸브(또는 배수관), 표지 및 실내조명 등 수조의 유지관리에 필요한 설비를 설치할 것 |
| 화재조기<br>진압용<br>스프링클러<br>설비 수원 | ① 화재조기진압용 스프링클러설비의 수원은 수리학적으로 가장 먼 가지배관 3개에 각각 4개의 스프링클러헤드가 동시에 개방되었을 때 다음 표와 식에 따라, 헤드선단의 압력이 별표 3에 따른 값 이상으로 60분간 방사할 수 있는 양으로 계산식은 다음과 같다.<br>$Q = 12 \times 60 \times \sqrt{10P}$<br>여기서 $Q$ : 수원의 양 [L]<br>$K$ : 상수 [L/min/(MPa)$^2$]<br>$P$ : 헤드 선단의 압력 [MPa]<br>② 화재조기진압용 스프링클러설비의 수원은 제1항에 따라 산출된 유효수량 외에 유효수량의 3분의 1 이상을 옥상(화재조기진압용 스프링클러설비가 설치된 건축물의 주된 옥상을 말한다)에 설치해야 한다.<br>③ 옥상수조(제1항에 따라 산출된 유효수량의 3분의 1 이상을 옥상에 설치한 설비를 말한다. 이하 같다)는 이와 연결된 배관을 통하여 상시 소화수를 공급할 수 있는 구조의 특정소방대상물인 경우에는 둘 이상의 특정소방대상물이 있더라도 하나의 특정소방대상물에만 이를 설치할 수 있다.<br>④ 화재조기진압용 스프링클러설비의 수원을 수조로 설치하는 경우에는 소화설비의 전용수조로 해야 한다.<br>⑤ 제1항과 제2항에 따른 저수량을 산정함에 있어서 다른 설비와 겸용하여 화재조기진압용 스프링클러설비용 수조를 설치하는 경우에는 화재조기진압용 스프링클러설비의 풋밸브·흡수구 또는 수직배관의 급수구와 다른 설비의 풋밸브·흡수구 또는 수직배관의 급수구와의 사이의 수량을 그 유효수량으로 한다.<br>⑥ 화재조기진압용 스프링클러설비용 수조는 다음 각 호의 기준에 따라 설치해야 한다.<br>1. 점검에 편리한 곳에 설치할 것<br>2. 동결방지조치를 하거나 동결의 우려가 없는 장소에 설치할 것<br>3. 수조에는 수위계, 고정식 사다리, 청소용 배수밸브(또는 배수관), 표지 및 실내 조명 등 수조의 유지관리에 필요한 설비를 설치할 것 |

# 2. 습식 스프링클러 설비 점검

습식 스프링클러 설비는 수조에서부터 폐쇄형헤드 끝까지 전 배관 내에 가압수로 차 있는 설비이다. 따라서 점검시 설비내의 소방용수의 흐름에 유의해서 점검을 실시해야 한다.

| | |
|---|---|
| 장점 | • 감지기가 없는 설비로서 구조가 간단하다.<br>• 화재발생시에 물이 즉시 방사되어 소화에는 가장 신뢰성이 있는 설비이다. |
| 단점 | • 배관이 동결우려가 있는 장소에는 설치할 수 없다.<br>• 배관의 누수 등으로 물의 피해가 우려되는 장소에는 부적합하다.<br>• 화재발생시 준비작동식보다 경보를 늦게 발한다. |

- **습식 작동식 스프링클러 설비 작동상태 점검사항**
  - 유수검지장치의 배수밸브를 개방
  - 말단시험밸브를 개방

※ 수신반에서 자동복구스위치를 누르고 실시, 유수검지장치 작동여부 및 경보발령 여부, 압력스위치의 볼밸브 폐쇄 여부 중 택하여 실시하고 작동상태 기재

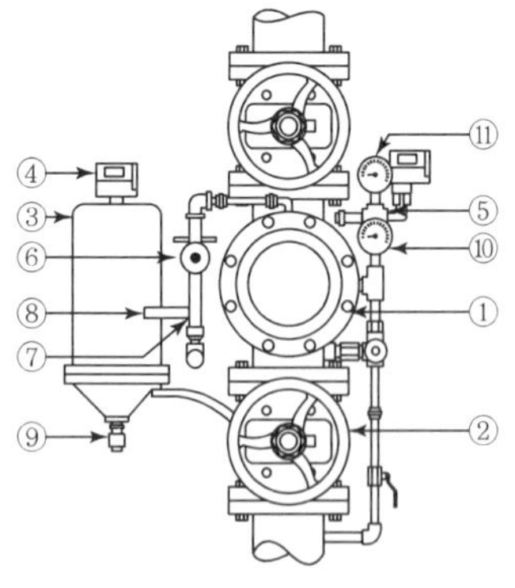


① 알람체크밸브
② OS&Y 게이트밸브 (댐퍼스위치 부착)
③ 리타딩 챔버
④ 압력스위치
⑤ 배수밸브
⑥ OS&Y 게이트밸브 (댐퍼스위치 부착)
⑦ 스트레이너(Y형)
⑧ 오리피스
⑨ 오리피스
⑩ 1차 압력계
⑪ 2차 압력계

## 2.1 습식 스프링클러 설비 점검에서 주요 사항

1) 해당 방호구역에 설치된 음향 경보의 작동여부를 확인한다.
2) 유수검지장치의 압력스위치작동 및 수신반의 화재표시등 점등여부를 확인한다.
3) 기동용 수압개폐장치의 작동과 가압송수장치의 기동여부를 확인한다.

## 2.2 유수검지장치의 배수밸브를 이용한 습식 스프링클러 설비의 작동기능 점검방법

### 가. 사전조치사항

1) 수신반의 자동복구 스위치를 누른다.
2) 기동용수압개폐장치가 자동으로 되어 있는지 제어반에서 확인한다.

### 나. 점검방법

배수밸브를 개방한다.

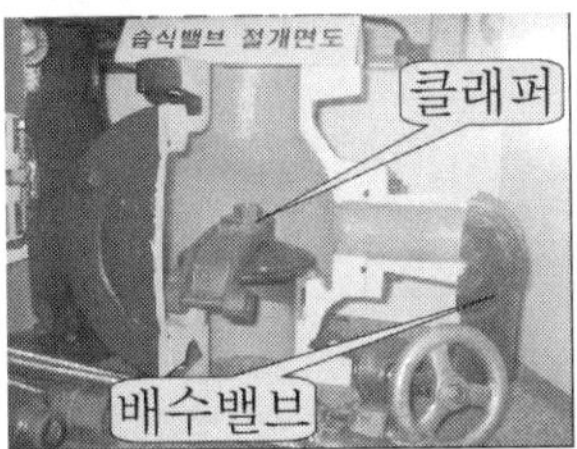


클래퍼 2차 측 감압으로 클래퍼가 열리면서 압력스위치가 작동되어 경보발령과 수신반에 해당구역 화재표시등이 점등

경보발령 및 화재표시등 점등의 동작원리
클래퍼가 개방될 때 가압수의 일부는 리타팅챔버로 흘러들어가서 압력스위치를 동작시켜 방호구역의 사이렌이 작동하게 되고 해당구역 화재표시등이 점등된다.

### 다. 점검 후 복구방법

1) 유수검지장치의 배수밸브를 폐쇄한다. 경보가 계속되면 수신반의 자동복구 스위치를 누르지 않은 것이다.
2) 수신반 자동복구 스위치 누름으로 종료한다.

# 3. 건식 스프링클러의 점검

가압된 공기 또는 질소를 내장하고 있는 배관에 부착되어 스프링클러 설비의 헤드에 의해 가압된 공기가 방출되면 수압이 건식밸브라고 하는 밸브를 개방할 수 있도록 하는 자동스프링클러헤드를 사용하는 스프링클러 설비 밸브가 개방된 후 배관 계통으로 물이 흐르며 개방된 스프링클러헤드를 통해 방수된다. 수조에서부터 건식밸브 1차 측까지는 배관 내에 가압수가 들어 있으며 2차 측부터 폐쇄형헤드 까지는 공기가 들어있는 빈 배관이다.

| | |
|---|---|
| 장점 | • 동파의 우려가 있는 추운 장소에 설치할 수 있다.<br>• 감지기를 설치하지 않는 등 전기설비의 공사가 없어서 공사가 간단하다.<br>• 준비작동식에 비해 공사비가 저렴하다.<br>• 폐쇄형헤드에 의해 화재를 감지하므로 오동작의 우려가 없다. |
| 단점 | • 건식밸브에 공기충전기(콤프레셔) 등의 설치로 인하여 설치면적이 크다.<br>• 밸브 2차 측에 가압공기를 상시 충전하여야하므로 배관의 기밀성이 요구되며 배관공사의 정밀성이 요구된다.<br>• 배관 내의 압축공기가 화재를 더욱 확대시킬 우려가 있다. |

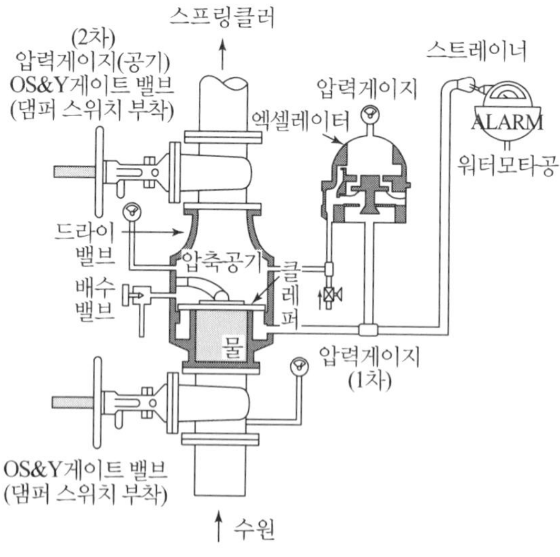

• **건식 스프링클러 설비의 작동상태 점검시 주의할 사항**

※ 건식밸브의 2차 측 주 밸브를 잠그고 점검을 실시한다.

- 시험밸브를 개방한다.
- 시험밸브의 개방으로 압력스위치의 동작 및 경보장치의 작동 확인한다(작동상태에 대한 점검 후 시설을 반드시 복원 조치하여야 한다.).

## 3.1 작동기능 점검방법

### 가. 사전조치사항

1) 수신반의 자동복구 스위치를 누른다.
2) 기동용 수압개폐장치가 자동으로 되어 있는지 제어반에서 확인한다.

### 나. 작동방법

1) 시험밸브를 개방한다.
2) 말단헤드의 감열부를 개방시킨다.
3) 배수프레그를 뺀다.
4) 시험밸브함의 문을 열고 말단시험밸브를 개방하면, 가압수는 압축공기나 질소 방출 후 말단시험밸브를 통해 대기로 방출된다. 2차 측의 압력이 저하됨에 따라 급속개방기구가 작동되어, 2차 측의 압축공기에 의해 드라이밸브 내부의 클래퍼를 들어 올려 밸브를 개방시킨다.

### 다. 점검완료 후 복구방법

1) 엑셀레이터 전후에 있는 엑셀레이터 공기공급밸브 및 릴리프체크밸브를 잠근다.
2) 경보정지밸브를 닫아서 경보를 정지시킨다.
3) 1차 측 제어밸브를 잠근다.
4) 배수밸브를 개방하여 2차 측의 가압수를 배출시킨다.
5) 배수밸브와 드립체크로부터 완전히 배수가 끝나면, 건식밸브의 전면 커버를 밸브로 부터 떼어낸다.
6) 클래퍼를 살짝 들고 래치의 앞부분을 밑으로 누른 다음, 시트링에 가볍게 올려 서로 접촉이 잘 되었는지 약간씩 흔들어서 확인한다.
7) 덮개를 몸체에 연결하고 볼트 및 너트를 골고루 조여 준다.
8) 엑셀레이터의 공기빼기 주입구를 눌러 압력이 "0"이 되게 한다.

9) 건식밸브의 모든 장치밸브 중 배수밸브, 수위조절밸브, 엑셀레이터 공기공급밸브, 경보시험밸브, 릴리프 밸브, 1차 측 개폐밸브, 바이패스밸브, 에어공급밸브를 잠근다.
10) 보충수 공급밸브를 열고 보충수 공급라인을 통하여 물을 공급해 준다.
11) 수위조절밸브를 열어 놓고, 이곳으로부터 물이 나올 때까지 물을 공급해준다.
12) 볼드립 밸브의 누름핀을 눌러 밸브로부터 누수가 있는지를 확인한다.
13) 건식밸브의 보충수를 적절히 유지한 후 공기공급밸브를 개방한다.
14) 에어콤프레샤를 가동하고 압력설치표를 참고하여, 공기감압밸브 핸들을 좌우로 조정합니다.
15) 바이패스밸브와 공기공급밸브(레귤레이터 2차 측)를 개방하여, 기준공기압보다 0.2~0.3 [$kg_f/cm^2$] 정도 작은 압력에 도달하면, 바이패스밸브를 닫아준다.
16) 배수밸브를 개방하고, 1차 측 제어밸브를 개방하면서, 주배수 밸브를 서서히 닫아 수격현상을 방지한다.
17) 1차 측 제어밸브를 완전히 개방하고, 볼체크 밸브의 누름핀을 눌러 누수가 있는지를 확인한다.
18) 볼체크 밸브로부터 누수가 없으면, 건식밸브는 복구가 완료된 것이다.
19) 급속개방기구 출구밸브를 서서히 열고 난 후, 급속개방기구 공기공급밸브를 개방하여 급속개방기구 압력계는 2차 측 공기압력과 동압상태를 유지하도록 한다.

## 3.2 감압개방과 가압개방의 차이

### 가. 감압개방식

관로상에 전자밸브 또는 수동개방밸브를 설치하여 화재감지기 또는 전자밸브의 기동, 수동개방밸브의 작동에 의하여 일제개방밸브의 실린더실이 감압되어 개방되는 형식을 감압개방방식이라 한다.

### 나. 가압개방식

관로상에 전자밸브 또는 수동개방밸브를 설치하여 화재시 화재감지기의 감지 ,전자개방밸브개방 또는 수동개방밸브를 개방하여 가압수가 밸브 피스톤을 밀어 올려 일제개방밸브가 열리는 방식을 가압 개방방식이라 한다.

# 4. 일제살수식 스프링클러의 점검

밸브를 통해 급수원과 연결되는 배관설비에 개방형 스프링클러헤드를 부착하여 사용하는 스프링클러 설비로 밸브는 스프링클러와 동일한 지역에 설치된 감지장치에 의해 개방된다. 이 밸브가 개방되면 물이 배관설비로 흘러들어가 여기에 부착되어 있는 모든 스프링클러 헤드를 통해 방수된다.

**표 5.1** 폐쇄형헤드 방식

| | |
|---|---|
| 장점 | • 화재를 조기에 진압할 수 있다.<br>• 감지기 기동방식보다 오동작이 적으며 신뢰성이 높다. 화재를 감지하는 시스템이 폐쇄형 헤드이므로 물리적이며 오동작 우려가 적다. |
| 단점 | • 기동용 폐쇄형헤드를 별도로 설치해야 하므로 공사가 어렵다.<br>• 수손의 피해가 일어날 수 있다. |

**표 5.2** 감지기 기동방식

| | |
|---|---|
| 장점 | • 화재를 조기에 진압할 수 있다.<br>• 폐쇄형 스프링클러헤드 기동방식보다 작동이 빠르다. |
| 단점 | • 감지기의 오동작에 의해 수손피해가 생길 수 있다.<br>• 감지기의 오동작의 문제로 인하여 시스템전체가 신뢰성이 떨어진다. |

## 가. 작동순서

1) 화재발생
2) 감지기동작 또는 헤드개방
3) 일제개방밸브의 솔레노이드가 개방된다.
4) 일제개방밸브가 개방되며 일제개방밸브의 1차 측 가압수가 2차 측의 빈 배관으로 이동하며 헤드로 살수된다.
5) 흐르는 물의 유수가 알람스위치를 작동시켜 경보를 발령한다.
6) 배관 내의 압력이 떨어지면 압력챔버에 설치된 압력스위치가 압력을 감지하여 펌프를 기동시킨다.
7) 개방형헤드로 일제히 살수된다.

# 5. 준비작동식 스프링클러 설비의 개요

동절기 배관 내에 물이 차있으면 동결로 인하여 설비의 작동이 이루어질 수 없는 것에 대응하기 위해 개발된 설비로서 습식 스프링클러 설비의 장점을 살리고, 건식 스프링클러 설비의 결점을 보완한 설비이다.

즉 준비작동식밸브를 설치하고 밸브의 1차 측에는 가압송수장치로부터 가압수를, 2차 측에는 저압 또는 무압상태의 공기를 채운다. 화재가 발생되면 감지기에 의해서 준비작동 밸브가 개방되고 물이 각 헤드 부근까지 송수되어 있다가 계속 화재가 성장하여 열이 가해지면 헤드가 개방되면서 살수가 이루어져 소화를 하도록 되어있다.

좌측면 모습

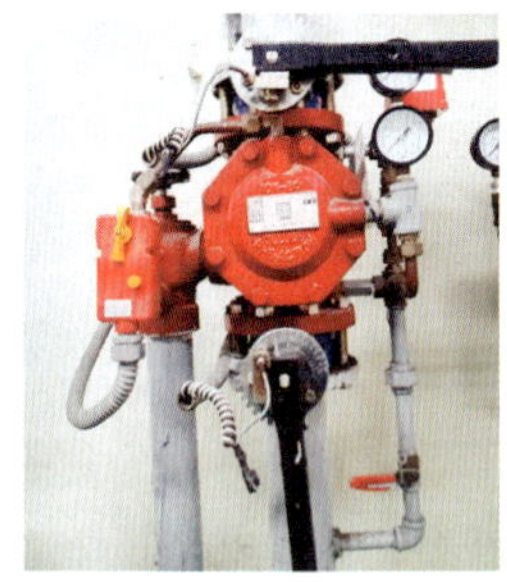

정면 모습

우측면 모습

**그림 5.1** 준비 작동 밸브의 구조

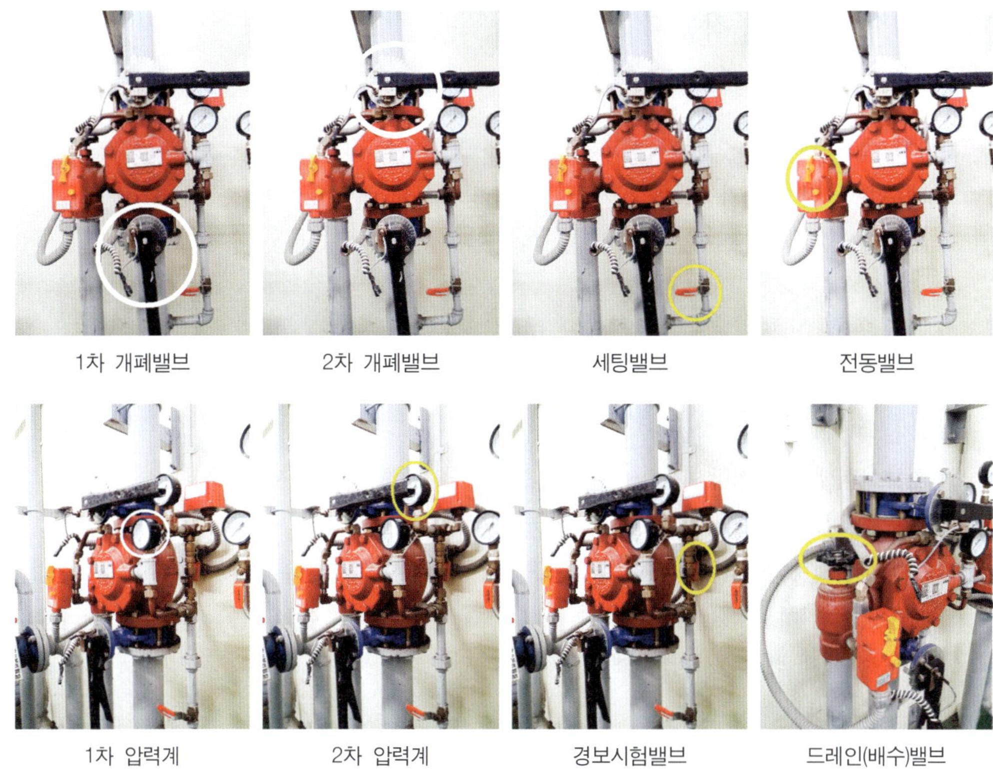


**그림 5.2** 준비 작동 밸브의 명칭

## 5.1 준비작동식 밸브의 작동순서

1) 2차 측 개폐밸브를 잠근다.
2) 감지기 1개회로가 인지하여 경보장치가 작동한다. 감지기 2개회로가 동시에 인지하여 전자밸브가 개방된다.
3) 프리액션 밸브의 중간 챔버의 압력이 저하되면 푸시로드(Push Rod)후진, 레버후진, 클래퍼가 개방된다.
4) 2차 측 개폐밸브까지 소화용수가 송수된다.
5) 경보상태 확인
6) 펌프 자동 기동 상태 및 압력 유지 확인한다.

## 5.2 준비작동 밸브의 작동 후 조치

### 가. 배수

1) 1차 측 개폐밸브 및 중간 챔버 급수용 볼밸브를 잠근다.
2) 배수밸브 및 수동기동밸브를 개방하여 소방용수를 배수시킨다.
3) 제어반을 복구 경보 및 펌프기동정지여부를 확인한다.

## 5.3 경보장치 작동시험

1) 2차 측 개폐밸브를 잠근다.
2) 경보시험밸브를 개방시킨다(압력스위치 및 경보장치를 연동시킨다.).
3) 경보 확인 후 경보시험밸브를 잠근다.
4) 자동배수밸브의 버튼을 눌러 수동 개방시켜 배수시킨 후 복구한다.
5) 제어반 스위치 상태를 확인한다.
6) 2차 측 개폐밸브를 서서히 개방시킨다.

# 6. 준비작동 밸브 작동 시험

## 6.1 준비작동식 밸브 작동 시험방법

1) 슈퍼비조리 패널의 기동 스위치를 약 5초간 눌러서 작동시킨다.

**그림 5.3** 슈퍼비조리 패널(SVP)

2) 전동 밸브(③)를 수동개방(OPEN) 시킨다.

- 전동밸브(③) 레버가 OPEN으로 회전하고 배수관으로 물이 배수되며 경보가 울린다.
- 2차 압력계에 압력이 걸리면서 2차 측으로 방수가 된다.

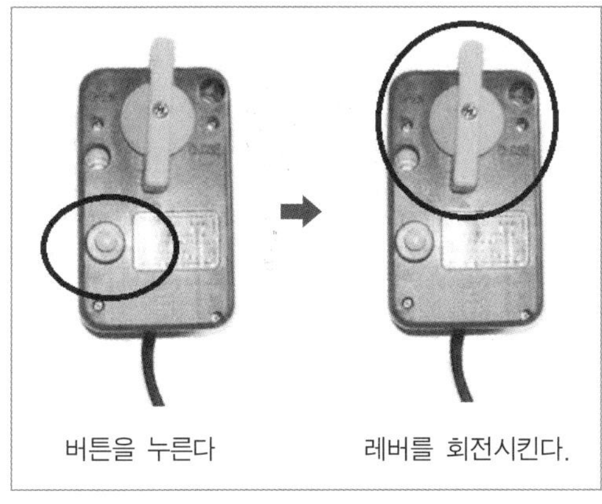


**그림 5.4** 전동밸브의 수동 개방 방법

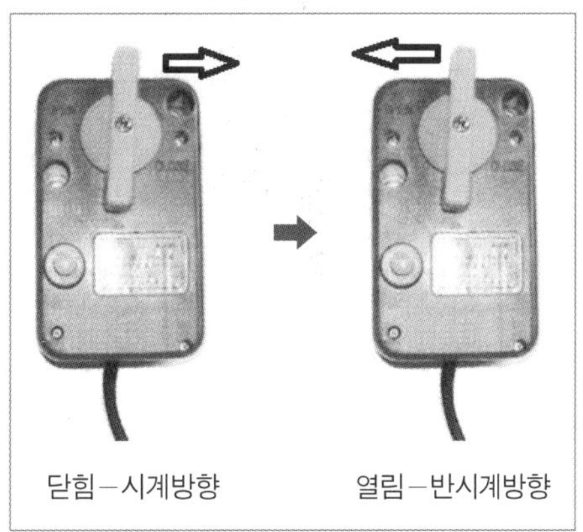


**그림 5.5** 전동밸브의 개폐 방법

## 6.2 준비작동식 밸브 세팅 방법

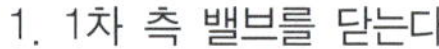

1. 1차 측 밸브를 닫는다.

2. 세팅밸브를 잠근다.

3. 배수밸브를 잠근다.

4. 경보시험밸브를 잠근다.

5. 솔레노이드 밸브를 닫는다.

6. 세팅밸브를 개방한다.

7. 1차 압력계의 작동을 확인한다.

8. 1차 측 개폐밸브를 서서히 개방한다.

9. 2차 측 압력계가 0이면 정상

10. 세팅밸브를 닫으면 작동준비 완료

## 6.3 준비작동 밸브에서 주요 확인사항

### 가. 감지기가 1개만 작동시 주요 확인 사항

1) 화재 표시등, 감지기 지구 표시등을 점검한다.
2) 경종 또는 사이렌 경보를 점검한다.

### 나. 감지기가 2개 작동시 주요 확인 사항

1) 전자밸브의 작동여부에 대해서 점검한다.
2) 준비작동식 밸브 개방으로 배수밸브로 배수한다.
3) 밸브 개방 표시등 점등 여부를 확인한다.
4) 사이렌 경보를 확인한다.

## 6.4 준비작동 밸브 세팅시 응급 초지 방법

### 가. 프리액션밸브 1차 측의 압력게이지로 압력이 안뜰 경우

1) 프리액션밸브 좌측에 있는 솔레노이드 밸브 상단의 복구핀이 위로 당겨졌는지 확인한다.
2) 우측하단에 크린 체크밸브의 여과망이 막힐 수 있으니 압력을 제거한 후 캡을 풀어내어 확인하여야 한다.
3) 고층의 경우에 압력이 낮아 압력이 걸리지 않는 경우가 있다.

### 나. 프리액션밸브 1, 2차 측의 압력게이지가 동시에 뜰 경우

1) 우측상단에 경보시험밸브(10 [mm])가 열려 있는지 확인한다.
2) 프리액션밸브의 덮개부(실린더 내부)에 세팅 밸브로 압력공급을 하지 않고 1차(메인) 개폐밸브를 열었을 때 압력이 동시에 뜬다.

### 다. 배관 내압시험 중 드레인 밸브가 잠겨있는데도 누수될 경우

1) 압력을 제거한 후 드레인 밸브의 덮개를 풀어내어 드레인 밸브의 디스크(자동배수밸브)의 스넵링을 풀어내서 접착제나 기타 이물질 여부를 확인하고 제거한 후 덮개를 조립하여 잠근다.
2) 솔레노이드 밸브의 차단, 복구가 안되어 누수현상이 발생

### 라. 솔레노이드 밸브에 이물질이 있는 경우

1) 분해 • 정면의 너트를 풀어낸다.
   • 하얀색원통 모양으로 된 캡을 빼낸다.
   • 솔레노이드 밸브 덮개의 십자(+) 육각볼트 4개를 풀어낸다.
2) 덮개 분해 후 복구레버 안쪽의 이물질을 제거한다.

# 7. 수계소방시설의 배관설치기준

| 소방시설 | 배관의 설치기준 |
|---|---|
| 옥내<br>소화전<br>설비 | 1. 배관 내 사용압력이 1.2 [MPa] 미만일 경우에는 다음 각 목의 어느 하나에 해당하는 것<br>가. 배관용 탄소 강관(KS D 3507)<br>나. 이음매 없는 구리 및 구리합금관(KS D 5301). 다만, 습식의 배관에 한한다.<br>다. 배관용 스테인리스 강관(KS D 3576) 또는 일반 배관용 스테인리스 강관(KS D 3595)<br>라. 덕타일 주철관(KS D 4311)<br>2. 배관 내 사용압력이 1.2 [MPa] 이상일 경우에는 다음 각 목의 어느 하나에 해당하는 것<br>가. 압력 배관용 탄소 강관(KS D 3562)<br>나. 배관용 아크 용접 탄소강 강관(KS D 3583)<br>② 제1항에도 불구하고 화재 등의 재해로 인하여 배관의 성능에 영향을 받을 우려가 적은 경우에는 소방청장이 정하여 고시한 「소방용합성수지배관의 성능인증 및 제품검사의 기술기준」에 적합한 소방용 합성수지배관으로 설치할 수 있다.<br>③ 급수배관은 전용으로 하여야 한다.<br>④ 펌프의 흡입 측 배관은 다음 각 호의 기준에 따라 설치해야 한다.<br>1. 공기 고임이 생기지 않는 구조로 하고 여과장치를 설치할 것<br>2. 수조가 펌프보다 낮게 설치된 경우에는 각 펌프(충압펌프를 포함한다)마다 수조로부터 별도로 설치할 것<br>⑤ 펌프의 토출 측 주배관 및 가지배관의 구경은 소화수의 송수에 지장이 없는 크기 이상으로 해야 한다.<br>⑥ 옥내소화전설비의 배관을 연결송수관설비와 겸용하는 경우 주배관은 구경 100 [mm] 이상, 방수구로 연결되는 배관의 구경은 65 [mm] 이상의 것으로 해야 한다.<br>⑦ 성능시험배관에 설치하는 유량측정장치는 성능시험배관의 직관부에 설치하되, 펌프 정격토출량의 175 [%] 이상을 측정할 수 있는 것으로 해야 한다.<br>⑧ 가압송수장치의 체절운전 시 수온의 상승을 방지하기 위하여 체크밸브와 펌프사이에서 분기한 배관에 체절압력 이하에서 개방되는 릴리프밸브를 설치해야 한다.<br>⑨ 동결방지조치를 하거나 동결의 우려가 없는 장소에 설치해야 한다. 다만, 보온재를 사용할 경우에는 난연재료 성능 이상의 것으로 해야 한다.<br>⑩ 급수배관에 설치되어 급수를 차단할 수 있는 개폐밸브(옥내소화전방수구를 제외한다) |

| | |
|---|---|
| | 는 개폐표시형으로 해야 한다. 이 경우 펌프의 흡입측 배관에는 버터플라이밸브 외의 개폐표시형밸브를 설치해야 한다.<br>⑪ 배관은 다른 설비의 배관과 쉽게 구분이 될 수 있도록 해야 한다.<br>⑫ 옥내소화전설비에는 소방자동차부터 그 설비에 송수할 수 있는 송수구를 다음 각 호의 기준에 따라 설치해야 한다.<br>1. 송수구는 송수 및 그 밖의 소화작업에 지장을 주지 않도록 설치할 것<br>2. 송수구로부터 주배관에 이르는 연결배관에는 개폐밸브를 설치하지 않을 것<br>3. 지면으로부터 높이가 0.5 [m] 이상 1 [m] 이하의 위치에 설치할 것<br>4. 구경 65 [mm]의 쌍구형 또는 단구형으로 할 것<br>5. 송수구의 가까운 부분에 자동배수밸브(또는 직경 5 [mm]의 배수공) 및 체크밸브를 설치할 것<br>6. 송수구에는 이물질을 막기 위한 마개를 씌울 것<br>⑬ 확관형 분기배관을 사용할 경우에는 소방청장이 정하여 고시한 「분기배관의 성능인증 및 제품검사의 기술기준」에 적합한 것으로 설치해야 한다. |
| 옥외<br>소화전<br>설비 | ① 호스접결구는 지면으로부터 높이가 0.5 [m] 이상 1 [m] 이하의 위치에 설치하고 특정소방대상물의 각 부분으로부터 하나의 호스접결구까지의 수평거리가 40 [m] 이하가 되도록 설치해야 한다.<br>② 호스는 구경 65 [mm]의 것으로 해야 한다.<br>③ 배관은 배관용 탄소 강관(KS D 3507) 또는 배관 내 사용압력이 1.2 [MPa] 이상일 경우에는 압력 배관용 탄소 강관(KS D 3562) 또는 이음매 없는 구리 및 구리합금관(KS D5301)이나 이와 동등 이상의 강도·내식성 및 내열성을 가진 것으로 해야 한다.<br>④ 제3항에도 불구하고 화재 등의 재해로 인하여 배관의 성능에 영향을 받을 우려가 적은 경우에는 소방청장이 정하여 고시한 「소방용합성수지배관의 성능인증 및 제품검사의 기술기준」에 적합한 소방용 합성수지배관으로 설치할 수 있다.<br>⑤ 급수배관은 전용으로 해야 한다.<br>⑥ 펌프의 흡입측배관은 소화수의 흡입에 장애가 없도록 설치해야 한다.<br>⑦ 성능시험배관에 설치하는 유량측정장치는 성능시험배관의 직관부에 설치하되, 펌프 정격토출량의 175 [%] 이상을 측정할 수 있는 것으로 해야 한다.<br>⑧ 가압송수장치의 체절운전 시 수온의 상승을 방지하기 위하여 체크밸브와 펌프사이에서 분기한 배관에 체절압력 이하에서 개방되는 릴리프밸브를 설치해야 한다.<br>⑨ 동결방지조치를 하거나 동결의 우려가 없는 장소에 설치해야 한다. 다만, 보온재를 사용할 경우에는 난연재료 성능 이상의 것으로 해야 한다.<br>⑩ 급수배관에 설치되어 급수를 차단할 수 있는 개폐밸브(옥외소화전방수구를 제외한다)는 개폐표시형으로 해야 한다. 이 경우 펌프의 흡입측 배관에는 버터플라이밸브외의 개폐표시형밸브를 설치해야 한다.<br>⑪ 배관은 다른 설비의 배관과 쉽게 구분이 될 수 있도록 해야 한다.<br>⑫ 확관형 분기배관을 사용할 경우에는 소방청장이 정하여 고시한 「분기배관의 성능인증 및 제품검사의 기술기준」에 적합한 것으로 설치해야 한다. |

스프링클러설비

1. 배관 내 사용압력이 1.2 [MPa] 미만일 경우에는 다음 각 목의 어느 하나에 해당하는 것
   가. 배관용 탄소 강관(KS D 3507)
   나. 이음매 없는 구리 및 구리합금관(KS D 5301). 다만, 습식의 배관에 한한다.
   다. 배관용 스테인리스 강관(KS D 3576) 또는 일반 배관용 스테인리스 강관(KS D 3595)
   라. 덕타일 주철관(KS D 4311)
2. 배관 내 사용압력이 1.2 [MPa] 이상일 경우에는 다음 각 목의 어느 하나에 해당하는 것
   가. 압력 배관용 탄소 강관(KS D 3562)
   나. 배관용 아크 용접 탄소강 강관(KS D 3583)

② 제1항에도 불구하고 화재 등의 재해로 인하여 배관의 성능에 영향을 받을 우려가 적은 장소에는 소방청장이 정하여 고시한 「소방용합성수지배관의 성능인증 및 제품검사의 기술기준」에 적합한 소방용 합성수지배관으로 설치할 수 있다.

③ 급수배관은 전용으로 하고, 급수를 차단할 수 있는 개폐밸브는 개폐표시형으로 하며, 배관의 구경은 제5조제1항제9호 및 제10호에 적합하도록 수리계산에 의하거나 별표1의 기준에 따라 설치해야 한다.

④ 펌프의 흡입 측 배관은 다음 각 호의 기준에 따라 설치해야 한다.
1. 공기 고임이 생기지 않는 구조로 하고 여과장치를 설치할 것
2. 수조가 펌프보다 낮게 설치된 경우에는 각 펌프(충압펌프를 포함한다)마다 수조로부터 별도로 설치할 것

⑤ 스프링클러설비의 배관을 연결송수관설비와 겸용하는 경우 주배관은 구경 100 [mm] 이상, 방수구로 연결되는 배관의 구경은 65 [mm] 이상의 것으로 해야 한다.

⑥ 성능시험배관에 설치하는 유량측정장치는 성능시험배관의 직관부에 설치하되, 펌프 정격토출량의 175 [%] 이상을 측정할 수 있는 것으로 해야 한다.

⑦ 가압송수장치의 체절운전 시 수온의 상승을 방지하기 위하여 체크밸브와 펌프사이에서 분기한 배관에 체절압력 이하에서 개방되는 릴리프밸브를 설치해야 한다.

⑧ 동결방지조치를 하거나 동결의 우려가 없는 장소에 설치해야 한다. 다만, 보온재를 사용할 경우에는 난연재료 성능 이상의 것으로 해야 한다.

⑨ 가지배관의 배열은 다음 각 호의 기준에 따른다.
1. 토너먼트(tournament)방식이 아닐 것
2. 교차배관에서 분기되는 지점을 기점으로 한쪽 가지배관에 설치되는 간이헤드의 개수(반자 아래와 반자속의 헤드를 하나의 가지배관 상에 병설하는 경우에는 반자 아래에 설치하는 헤드의 개수)는 8개 이하로 할 것
3. 가지배관과 스프링클러헤드 사이의 배관을 신축배관으로 하는 경우에는 소방청장이 정하여 고시한 「스프링클러설비신축배관 성능인증 및 제품검사의 기술기준」에 적합한 것으로 설치할 것

⑩ 교차배관의 위치·청소구 및 가지배관의 헤드설치는 다음 각 호의 기준에 따른다.
1. 교차배관은 가지배관과 수평으로 설치하거나 가지배관 밑에 설치하고, 그 구경은

| | |
|---|---|
| | 제3항에 따르되 최소구경이 40 [mm] 이상이 되도록 할 것<br>2. 청소구는 교차배관 끝에 개폐밸브를 설치하고, 호스접결이 가능한 나사식 또는 고정배수 배관식으로 할 것<br>3. 하향식헤드를 설치하는 경우에 가지배관으로부터 헤드에 이르는 헤드접속배관은 가지배관 상부에서 분기할 것<br>⑪ 준비작동식유수검지장치 또는 일제개방밸브의 2차 측 배관에는 평상시 소화수가 체류하지 않도록 하고, 준비작동식유수검지장치 또는 일제개방밸브의 작동여부를 확인할 수 있는 장치를 설치해야 한다.<br>⑫ 습식유수검지장치 또는 건식유수검지장치를 사용하는 스프링클러설비와 부압식스프링클러설비에는 유수검지장치를 시험할 수 있는 시험 장치를 설치해야 한다.<br>⑬ 배관에 설치되는 행거는 가지배관, 교차배관 및 수평주행배관에 설치하고, 배관을 충분히 지지할 수 있도록 설치해야 한다.<br>⑭ 수직배수배관의 구경은 50 [mm] 이상으로 해야 한다.<br>⑮ 주차장의 스프링클러설비를 습식으로 하는 경우에는 동결의 우려가 없는 장소에 설치하거나 동결방지조치를 해야 한다.<br>⑯ 급수배관에 설치되어 급수를 차단할 수 있는 개폐밸브에는 그 밸브의 개폐상태를 감시제어반에서 확인할 수 있도록 급수개폐밸브 작동표시 스위치를 설치해야 한다.<br>⑰ 스프링클러설비의 배관은 배수를 위한 기울기를 주거나 배수밸브를 설치하는 등 원활한 배수를 위한 조치를 해야 한다.<br>⑱ 배관은 다른 설비의 배관과 쉽게 구분이 될 수 있도록 해야 한다.<br>⑲ 확관형 분기배관을 사용할 경우에는 소방청장이 정하여 고시한 「분기배관의 성능인증 및 제품검사의 기술기준」에 적합한 것으로 설치해야 한다. |
| 간이 스프링클러 | ① 배관과 배관이음쇠는 배관 내 사용압력에 따라 다음 각 호의 어느 하나에 해당하는 것을 사용해야 한다.<br>1. 배관 내 사용압력이 1.2 [MPa] 미만일 경우에는 다음 각 목의 어느 하나에 해당하는 것<br>가. 배관용 탄소 강관(KS D 3507)<br>나. 이음매 없는 구리 및 구리합금관(KS D 5301). 다만, 습식의 배관에 한한다.<br>다. 배관용 스테인리스 강관(KS D 3576) 또는 일반 배관용 스테인리스 강관 (KS D 3595)<br>라. 덕타일 주철관(KS D 4311)<br>2. 배관 내 사용압력이 1.2 [MPa] 이상일 경우에는 다음 각 목의 어느 하나에 해당하는 것<br>가. 압력 배관용 탄소 강관(KS D 3562)<br>나. 배관용 아크 용접 탄소강 강관(KS D 3583)<br>② 제1항에도 불구하고 화재 등의 재해로 인하여 배관의 성능에 영향을 받을 우려가 적은 장소에는 소방청장이 정하여 고시한 「소방용합성수지배관의 성능인증 및 제품검사의 기술기준」에 적합한 소방용 합성수지배관으로 설치할 수 있다.<br>③ 급수배관은 전용으로 하고, 급수를 차단할 수 있는 개폐밸브는 개폐표시형으로 하며, |

배관의 구경은 제5조제1항에 적합하도록 수리계산에 의하거나 별표 1의 기준에 따라 설치해야 한다.

④ 펌프의 흡입 측 배관은 다음 각 호의 기준에 따라 설치해야 한다.
  1. 공기 고임이 생기지 않는 구조로 하고 여과장치를 설치할 것
  2. 수조가 펌프보다 낮게 설치된 경우에는 각 펌프(충압펌프를 포함한다)마다 수조로부터 별도로 설치할 것

⑤ 간이스프링클러설비의 배관을 연결송수관설비와 겸용하는 경우 주배관은 구경 100 [mm] 이상, 방수구로 연결되는 배관의 구경은 65 [mm] 이상의 것으로 해야 한다.

⑥ 성능시험배관에 설치하는 유량측정장치는 성능시험배관의 직관부에 설치하되, 펌프 정격토출량의 175 [%] 이상을 측정할 수 있는 것으로 해야 한다.

⑦ 가압송수장치의 체절운전 시 수온의 상승을 방지하기 위하여 체크밸브와 펌프사이에서 분기한 배관에 체절압력 이하에서 개방되는 릴리프밸브를 설치해야 한다.

⑧ 동결방지조치를 하거나 동결의 우려가 없는 장소에 설치해야 한다. 다만, 보온재를 사용할 경우에는 난연재료 성능 이상의 것으로 해야 한다.

⑨ 가지배관의 배열은 다음 각 호의 기준에 따른다.
  1. 토너먼트(tournament)방식이 아닐 것
  2. 교차배관에서 분기되는 지점을 기점으로 한쪽 가지배관에 설치되는 간이헤드의 개수(반자 아래와 반자속의 헤드를 하나의 가지배관 상에 병설하는 경우에는 반자 아래에 설치하는 헤드의 개수)는 8개 이하로 할 것
  3. 가지배관과 스프링클러헤드 사이의 배관을 신축배관으로 하는 경우에는 소방청장이 정하여 고시한 「스프링클러설비신축배관 성능인증 및 제품검사의 기술기준」에 적합한 것으로 설치할 것

⑩ 가지배관에 하향식간이헤드를 설치하는 경우에 가지배관으로부터 간이헤드에 이르는 헤드접속배관은 가지배관 상부에서 분기해야 한다.

⑪ 준비작동식유수검지장치를 사용하는 간이스프링클러설비에 있어서 유수검지장치 2차 측 배관에는 평상시 소화수가 체류하지 않도록 하고, 준비작동식유수검지장치의 작동여부를 확인할 수 있는 장치를 설치해야 한다.

⑫ 간이스프링클러설비에는 유수검지장치를 시험할 수 있는 시험 장치를 설치해야 한다.

⑬ 배관에 설치되는 행거는 가지배관, 교차배관 및 수평주행배관에 설치하고, 배관을 충분히 지지할 수 있도록 설치해야 한다.

⑭ 급수배관에 설치되어 급수를 차단할 수 있는 개폐밸브에는 그 밸브의 개폐상태를 감시제어반에서 확인할 수 있도록 급수개폐밸브 작동표시 스위치를 설치해야 한다.

⑮ 간이스프링클러설비의 배관은 배수를 위한 기울기를 주거나 배수밸브를 설치하는 등 원활한 배수를 위한 조치를 해야 한다.

⑯ 간이스프링클러설비의 배관 및 밸브 등의 순서는 헤드에 유효한 급수가 가능하도록 상수도직결형, 펌프형, 가압수조형, 캐비닛형에 따라 적합하게 설치해야 한다.

⑰ 배관은 다른 설비의 배관과 쉽게 구분이 될 수 있도록 해야 한다.

⑱ 확관형 분기배관을 사용할 경우에는 소방청장이 정하여 고시한 「분기배관의 성능인증 및 제품검사의 기술기준」에 적합한 것으로 설치해야 한다.

| | |
|---|---|
| 화재조기 진압형 스프링 클러 설비 | ① 화재조기진압용 스프링클러설비의 배관은 습식으로 해야 한다.<br>② 배관은 배관용 탄소 강관(KS D 3507) 또는 배관 내 사용압력이 1.2 [MPa] 이상일 경우에는 압력 배관용 탄소 강관(KS D 3562) 또는 이음매 없는 구리 및 구리합금관(KS D 5301)이나 이와 동등 이상의 강도·내식성 및 내열성을 가진 것으로 해야 한다.<br>③ 제2항에도 불구하고 화재 등의 재해로 인하여 배관의 성능에 영향을 받을 우려가 적은 장소에는 소방청장이 정하여 고시한 「소방용합성수지배관의 성능인증 및 제품검사의 기술기준」에 적합한 소방용 합성수지배관으로 설치할 수 있다.<br>④ 급수배관은 전용으로 하고, 급수를 차단할 수 있는 개폐밸브는 개폐표시형으로 하며, 배관의 구경은 제5조제1항에 적합하도록 수리계산에 따라 설치해야 한다.<br>⑤ 펌프의 흡입측배관은 다음 각 호의 기준에 따라 설치해야 한다.<br>1. 공기 고임이 생기지 않는 구조로 하고 여과장치를 설치할 것<br>2. 수조가 펌프보다 낮게 설치된 경우에는 각 펌프(충압펌프를 포함한다)마다 수조로부터 별도로 설치할 것<br>⑥ 연결송수관설비의 배관과 겸용할 경우의 주배관은 구경 100 [mm] 이상, 방수구로 연결되는 배관의 구경은 65 [mm] 이상의 것으로 해야 한다.<br>⑦ 성능시험배관에 설치하는 유량측정장치는 성능시험배관의 직관부에 설치하되, 펌프 정격토출량의 175 [%] 이상을 측정할 수 있는 것으로 해야 한다.<br>⑧ 가압송수장치의 체절운전 시 수온의 상승을 방지하기 위하여 체크밸브와 펌프 사이에서 분기한 배관에 체절압력 이하에서 개방되는 릴리프밸브를 설치해야 한다.<br>⑨ 동결방지조치를 하거나 동결의 우려가 없는 장소에 설치해야 한다. 다만, 보온재를 사용할 경우에는 난연재료 성능 이상의 것으로 해야 한다.<br>⑩ 가지배관의 배열은 다음 각 호의 기준에 따른다.<br>1. 토너먼트(tournament)방식이 아닐 것<br>2. 가지배관 사이의 거리는 2.4 [m] 이상 3.7 [m] 이하로 할 것<br>3. 교차배관에서 분기되는 지점을 기점으로 한쪽 가지배관에 설치되는 헤드의 개수(반자 아래와 반자속의 헤드를 하나의 가지배관 상에 병설하는 경우에는 반자 아래에 설치하는 헤드의 개수)는 8개 이하로 할 것<br>4. 가지배관과 화재조기진압용 스프링클러헤드 사이의 배관을 신축배관으로 하는 경우에는 소방청장이 정하여 고시한 「스프링클러설비신축배관의 성능인증 및 제품검사의 기술기준」에 적합한 것으로 설치할 것<br>⑪ 교차배관의 위치·청소구 및 가지배관의 헤드설치는 다음 각 호의 기준에 따른다.<br>1. 교차배관은 가지배관과 수평으로 설치하거나 가지배관 밑에 설치하고, 그 구경은 제4항에 따르되 최소구경이 40 [mm] 이상이 되도록 할 것<br>2. 청소구는 교차배관 끝에 개폐밸브를 설치하고, 호스접결이 가능한 나사식 또는 고정배수 배관식으로 할 것<br>3. 하향식헤드를 설치하는 경우에 가지배관으로부터 헤드에 이르는 헤드접속배관은 가지배관 상부에서 분기할 것<br>⑫ 유수검지장치를 시험할 수 있는 시험장치를 설치해야 한다. |

| | |
|---|---|
| | ⑬ 배관에 설치되는 행거는 가지배관, 교차배관 및 수평주행배관에 설치하고, 배관을 충분히 지지할 수 있도록 설치해야 한다.<br>⑭ 수직배수배관의 구경은 50 [mm] 이상으로 해야 한다.<br>⑮ 급수배관에 설치되어 급수를 차단할 수 있는 개폐밸브에는 그 밸브의 개폐 상태를 감시제어반에서 확인할 수 있도록 급수개폐밸브 작동표시 스위치를 설치해야 한다.<br>⑯ 화재조기진압용 스프링클러설비의 배관은 수평으로 해야 한다.<br>⑰ 배관은 다른 설비의 배관과 쉽게 구분이 될 수 있도록 해야 한다.<br>⑱ 확관형 분기배관을 사용할 경우에는 소방청장이 정하여 고시한 「분기배관 성능인증 및 제품검사의 기술기준」에 적합한 것으로 설치해야 한다. |
| 물분무 소화설비 | ① 배관은 배관용 탄소 강관(KS D 3507) 또는 배관 내 사용압력이 1.2 [MPa] 이상일 경우에는 압력 배관용 탄소 강관(KS D 3562)이나 이와 동등 이상의 강도·내식성 및 내열성을 국내·외 공인기관으로부터 인정받은 것을 사용해야 한다.<br>② 제1항에도 불구하고 화재 등의 재해로 인하여 배관의 성능에 영향을 받을 우려가 적은 장소에는 소방청장이 정하여 고시한 「소방용합성수지배관의 성능인증 및 제품검사의 기술기준」에 적합한 소방용 합성수지배관으로 설치할 수 있다.<br>③ 급수배관은 전용으로 해야 한다.<br>④ 펌프의 흡입측배관은 다음 각 호의 기준에 따라 설치해야 한다.<br>1. 공기고임이 생기지 않는 구조로 하고 여과장치를 설치할 것<br>2. 수조가 펌프보다 낮게 설치된 경우에는 각 펌프(충압펌프를 포함한다)마다 수조로부터 별도로 설치할 것<br>⑤ 연결송수관설비의 배관과 겸용할 경우의 주배관은 구경 100 [mm] 이상, 방수구로 연결되는 배관의 구경은 65 [mm] 이상의 것으로 해야 한다.<br>⑥ 성능시험배관에 설치하는 유량측정장치는 성능시험배관의 직관부에 설치하되, 펌프 정격토출량의 175 [%] 이상을 측정할 수 있는 것으로 해야 한다.<br>⑦ 가압송수장치의 체절운전 시 수온의 상승을 방지하기 위하여 체크밸브와 펌프사이에서 분기한 배관에 체절압력 이하에서 개방되는 릴리프밸브를 설치해야 한다.<br>⑧ 동결방지조치를 하거나 동결의 우려가 없는 장소에 설치해야 한다. 다만, 보온재를 사용할 경우에는 난연재료 성능 이상의 것으로 해야 한다.<br>⑨ 급수배관에 설치되어 급수를 차단할 수 있는 개폐밸브는 개폐표시형으로 해야 한다. 이 경우 펌프의 흡입측배관에는 버터플라이밸브 외의 개폐표시형밸브를 설치해야 한다.<br>⑩ 제9항에 따른 급수배관에 설치되어 급수를 차단할 수 있는 개폐밸브에는 그 밸브의 개폐상태를 감시제어반에서 확인할 수 있도록 급수개폐밸브 작동표시 스위치를 설치해야 한다.<br>⑪ 배관은 다른 설비의 배관과 쉽게 구분이 될 수 있도록 해야 한다.<br>⑫ 확관형 분기배관을 사용할 경우에는 소방청장이 정하여 고시한 「분기배관의 성능인증 및 제품검사의 기술기준」에 적합한 것으로 설치해야 한다. |

| | |
|---|---|
| 미분무<br>소화설비 | ① 설비에 사용되는 구성요소는 STS304 이상의 재료를 사용해야 한다.<br>② 배관과 배관이음쇠는 배관용 스테인리스 강관(KS D 3576)이나 이와 동등 이상의 강도·내식성 및 내열성을 가진 것으로 해야 하고, 용접할 경우 용접찌꺼기 등이 남아 있지 아니해야 하며, 부식의 우려가 없는 용접방식으로 해야 한다.<br>③ 급수배관은 전용으로 해야 한다.<br>④ 성능시험배관에 설치하는 유량측정장치는 성능시험배관의 직관부에 설치하되, 펌프 정격토출량의 175 [%] 이상을 측정할 수 있는 것으로 해야 한다.<br>⑤ 동결방지조치를 하거나 동결의 우려가 없는 장소에 설치해야 한다. 다만, 보온재를 사용할 경우에는 난연재료 성능 이상의 것으로 해야 한다.<br>⑥ 교차배관의 위치·청소구 및 가지배관의 헤드설치는 다음 각 호의 기준에 따른다.<br>1. 교차배관은 가지배관과 수평으로 설치하거나 가지배관 밑에 설치할 것<br>2. 청소구는 교차배관 끝에 개폐밸브를 설치하고, 호스접결이 가능한 나사식 또는 고정배수 배관식으로 할 것<br>⑦ 미분무설비에는 그 성능을 확인하기 위한 시험장치를 설치해야 한다.<br>⑧ 배관에 설치되는 행거는 가지배관, 교차배관 및 수평주행배관에 설치하고, 배관을 충분히 지지할 수 있도록 설치해야 한다.<br>⑨ 수직배수배관의 구경은 50 [mm] 이상으로 해야 한다.<br>⑩ 주차장의 미분무소화설비를 습식으로 하는 경우에는 동결의 우려가 없는 장소에 설치하거나 동결방지조치를 해야 한다.<br>⑪ 급수배관에 설치되어 급수를 차단할 수 있는 개폐밸브에는 그 밸브의 개폐상태를 감시제어반에서 확인할 수 있도록 급수개폐밸브 작동표시 스위치를 설치해야 한다.<br>⑫ 미분무설비의 배관은 배수를 위한 기울기를 주거나 배수밸브를 설치하는 등 원활한 배수를 위한 조치를 해야 한다.<br>⑬ 배관은 다른 설비의 배관과 쉽게 구분이 될 수 있도록 해야 한다.<br>⑭ 호스릴방식은 방호대상물의 각 부분으로부터 하나의 호스 접결구까지의 수평거리는 방호대상물의 소화에 적합한 거리 이하가 되도록 하고, 함 및 방수구 등 그 밖의 사항은 「옥내소화전설비의 화재안전성능기준(NFPC 102)」 제7조에 적합해야 한다. |

# 8. 알람밸브 작동시험

## 8.1 개요

알람밸브는 스프링클러 설비에 사용되는 유수검지 장치인 건식밸브, 준비작동식 밸브의 단점인 시간지연의 문제점이 없이 화재시 헤드개방과 동시에 즉시 소화가 가능하다는 것이 큰 장점이다 그러나 우리나라처럼 사계절이 명확한 경우에는 겨울철 동파의 문제점이 있다는 것이 단점이다.

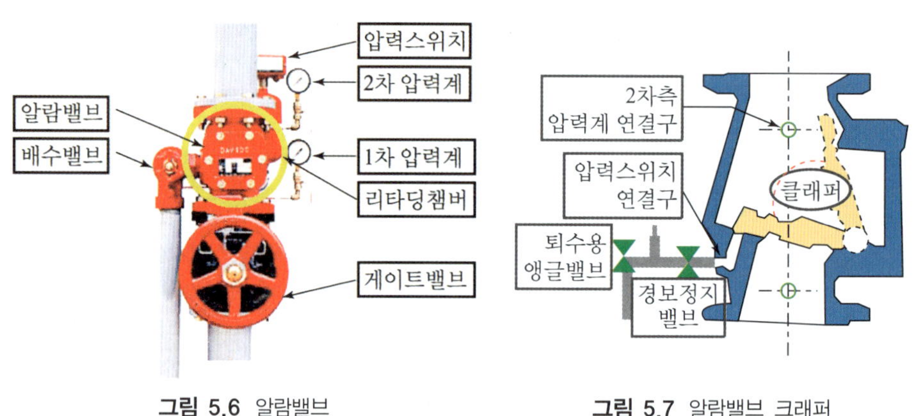


**그림 5.6** 알람밸브

**그림 5.7** 알람밸브 크래퍼

## 8.2 알람밸브의 작동원리

1) 평상시에는 1차 측과 2차 측이 가압수에 의해 평형상태 유지하며, 클래퍼의 폐쇄로 압력스위치로 가는 통로를 클래퍼에 의해 폐쇄상태로 유지되고 있다
2) 화재가 발생하면 2차 측 헤드의 용융으로 헤드가 개방된다.
3) 2차 측의 압력저하로 클래퍼가 개방된다.
4) 클러퍼의 개방에 의해 압력스위치로 가압수가 가해져 압력스위치가 작동하며 수신기에 있는 음향장치가 작동하며 소화펌프가 가동된다.

## 8.3 알람밸브 세팅 방법

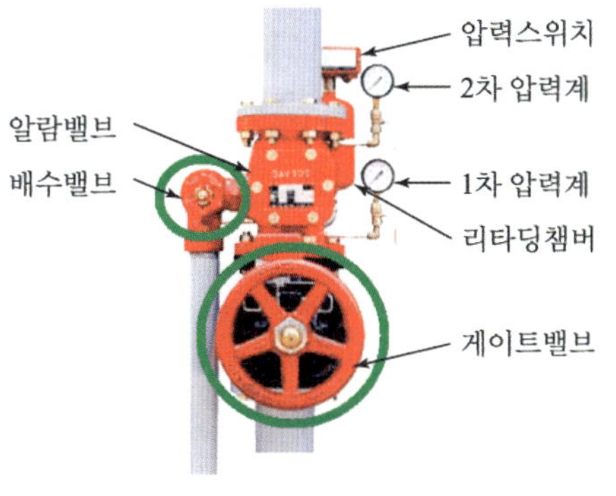


1. 게이트 밸브(개폐밸브 또는 버터플라이밸브), 경보용 압력스위치 밸브, 배수밸브 및 배관말단의 시험밸브를 모두 닫는다.

2. 가압펌프를 수동으로 작동시킨다.

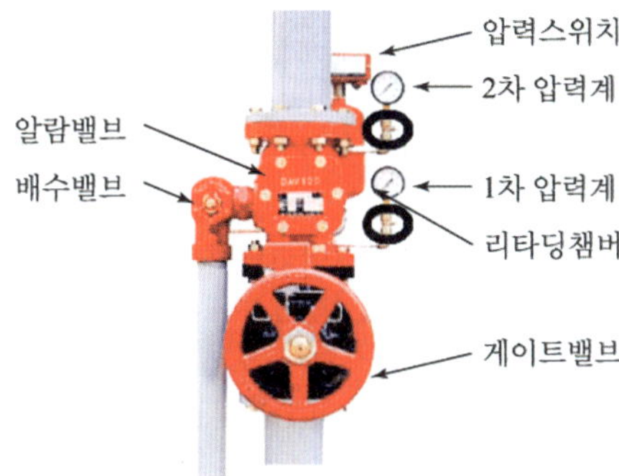


3. 1차 측과 2차 측 압력계의 볼밸브를 연다.

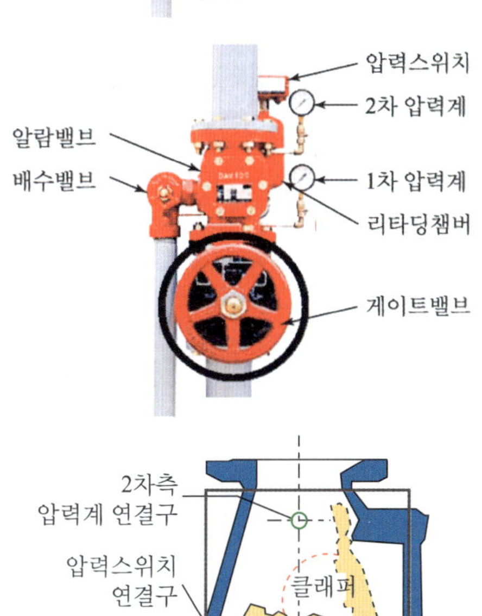


4. 게이트 밸브 또는 버터프라이 밸브를 서서히 개방시키면서 클래퍼가 개방된 후 배관 내 압력이 가압되어 1차 측과 2차 측의 압력이 같아지면 클래퍼가 자동으로 닫히게 된다.

5. 1, 2차 측 압력계가 동일한 압력으로 설정되는지를 확인한 후 알람밸브 뒤쪽에 있는 경보용 압력스위치밸브를 열어둔다.

6. 클래퍼의 개방이나 경보가 발생하지 않으면 세팅이 정상적으로 완료된 것이다.

### 가. 알람밸브 압력스위치 오동작 원인

1) 압력스위치의 고장
2) 압력스위치 선로의 단락
3) 압력스위치와 드레인 배관과 연결된 관의 오리피스가 막힌다.(펌프의 순간적 기동 등에 의해 클래퍼가 개방되면 오동작 하는데 이런 오동작을 방지하기 위해 압력스위치로 유입되는 작은 압력을 배출하기 위해 오리피스를 설치한다.)
4) 알람밸브 클래퍼와 밸브 시트사이 이물질로 인한 오동작 발생

### 나. 알람밸브 압력스위치 오동작시 조치방법

대부분이 압력스위치가 오작동하는 원인은 오리피스의 막힘 또는 알람밸브 시트부분의 이물질에 의한 오동작이 많다.

1) 오리피스가 막혔을 경우 조치방법
   오리피스가 막혔을 경우에는 경보정지 밸브를 폐쇄하고 압력스위치를 동관과 분리하여 오리피스를 클립 등을 이용하여 오피스가 막힌 부분을 뚫어 깨끗하게 청소해 준다.

2) 클래퍼 디스크부분의 이물질로 인한 오동작시 조치방법
   클래퍼 디스크부분의 이물질로 인한 오동작하게 되는 경우에는 오동작의 방지를 위해 경보정지밸브를 폐쇄하고 드레인 밸브를 개방하여 가압수를 방출하면 이물질이 제거된다.

Chapter 6

# P형 수신기 점검

1. 자동화재 탐지설비 설치기준
2. 수신기의 역할

자동화재탐지 설비는 화재시 발생하는 열 및 연기 그리고 불꽃을 초기에 감지하여 소방대상물의 관계자에게 화재가 발생한 것을 알려주는 설비로서, 건물 내 인명을 초기에 피난하게 하고, 소화활동 등을 실시하여 인명 및 재산피해를 막아주는 목적이 있는 중요한 경보설비이다.

자동화재탐지 설비의 구성 요소 중 수신기에 대해서 살펴보기로 하자. 수신기의 종류에는 P[16]형과 R[17]형이 있지만 보편적으로 많이 설치된 P형 수신기를 중심으로, 수신기의 기능 스위치 설명, 시험방법 등 유지관리상 필요한 사항들에 대해서 알아보자.

- **자동화재 탐지설비의 구성요소**

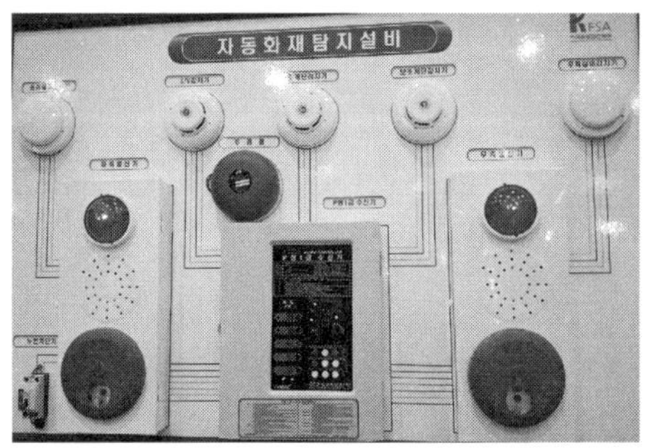


1) 감지기 : 화재를 감지하는 센서
2) 발신기 : 화재 발생시 사람이 직접 눌러 화재경보를 알림
3) 경종 : 일종의 타종식 벨
4) 수신기 : 감지기에 전원을 공급하고, 감지기가 화재를 감지하면 수신기로 신호를 보내고 수신기는 화재가 난 지역을 시각적으로 표현하는 동시에 화재가 발생한 지역의 경종과 수신기가 설치된 지역의 경종을 울려 주변의 사람들이 화재로부터 대피하도록 알려주는 역할을 한다.

---

16) P형 수신기의 영어 약자는 proprietary이다.

17) R형 수신기(record)-고유신호-감지기 또는 발신기로부터 발하여지는 신호를 직접 또는 중계기를 통하여 고유신호로서 수신하여 화재의 발생을 당해 소방대상물의 관계자에게 경보하여 주는 것을 말한다.

# 1. 자동화재 탐지설비 설치기준

(1) 자동화재탐지설비 설치장소

| 소방시설 | 소방 대상물 | 설치 기준 |
|---|---|---|
| 자동화재 탐지시설 | (1) 근린생활시설<br>(2) 위락시설<br>(3) 숙박시설<br>(4) 의료시설 | ▶ 연면적 600 [$m^2$] 이상 (일반 목욕장 1,000 [$m^2$] 이상) |
| | (1) 문화집회/운동시설<br>(2) 판매/영업시설<br>(3) 공동주택<br>(4) 업무시설<br>(5) 통신촬영시설<br>(6) 공장<br>(7) 창고시설<br>(8) 운수자동차시설<br>(9) 관광휴게시설 | ▶ 연면적 1,000 [$m^2$] 이상 |
| | 노유자시설 | ▶ 연면적 400 [$m^2$] 이상 |
| | (1) 교육연구시설<br>(2) 동식물관련시설<br>(3) 위생관련시설<br>(4) 교정시설 | ▶ 연면적 2,000 [$m^2$] 이상<br>(▶ 청소년 시설 100인 이상) |
| | 위험물저장/처리시설 | - |
| | 지하가 | ▶ 1,000[m]이상의 터널 |
| | 지하구 | ▶ 지하구<br>▶ 통합감시시설(국토계획 및 이용법 제2조 9호의 공동구) |
| | 문화재 | - |
| | 복합건축물 | ▶ 연면적 600 [$m^2$] 이상 |
| | 특수가연물 | 500 배 |
| 단독 경보 감지기 | 특정소방대상물 | ▶ 연면적 600 [$m^2$] 미만 숙박시설<br>▶ 연면적 1,000 [$m^2$] 미만의 아파트, 기숙사<br>▶ 교육연구시설 내에 있는 합숙소 또는 기숙사로 연면적 2,000 [$m^2$] 미만 |

(2) 자동화재탐지설비 설치기준

| 소방시설 | 설치기준 |
|---|---|
| 경계구역 | ① 자동화재탐지설비의 경계구역은 다음 각호의 기준에 따라 설정하여야 한다. 다만, 감지기의 형식승인 시 감지거리, 감지면적 등에 대한 성능을 별도로 인정받은 경우에는 그 성능인정범위를 경계구역으로 할 수 있다.<br>1. 하나의 경계구역이 둘 이상의 건축물에 미치지 아니하도록 할 것<br>2. 하나의 경계구역이 둘 이상의 층에 미치지 아니하도록 할 것<br>3. 하나의 경계구역의 면적은 600 [$m^2$] 이하로 하고 한변의 길이는 50 [m] 이하로 할 것<br>② 계단(직통계단외의 것에 있어서는 떨어져 있는 상하계단의 상호간의 수평거리가 5 [m] 이하로서 서로 간에 구획되지 아니한 것에 한한다. 이하 같다)·경사로(에스컬레이터경사로 포함)·엘리베이터 승강로(권상기실이 있는 경우에는 권상기실)·린넨슈트·파이프 피트 및 덕트 기타 이와 유사한 부분에 대하여는 별도로 경계구역을 설정하되, 하나의 경계구역은 높이 45 [m] 이하(계단 및 경사로에 한한다)로 하고, 지하층의 계단 및 경사로(지하층의 층수가 1일 경우는 제외한다)는 별도로 하나의 경계구역으로 하여야 한다.<br>③ 외기에 면하여 상시 개방된 부분이 있는 차고·주차장·창고 등에 있어서는 외기에 면하는 각 부분으로부터 5 [m] 미만의 범위 안에 있는 부분은 경계구역의 면적에 산입하지 아니한다.<br>④ 스프링클러설비·물분무등소화설비 또는 제연설비의 화재감지장치로서 화재감지기를 설치한 경우의 경계구역은 해당 소화설비의 방호구역 또는 제연구역과 동일하게 설정할 수 있다. |
| 수신기 | ① 자동화재탐지설비의 수신기는 다음 각 호의 기준에 적합한 것으로 설치하여야 한다.<br>1. 해당 특정소방대상물의 경계구역을 각각 표시할 수 있는 회선수 이상의 수신기를 설치할 것<br>2. 해당 특정소방대상물에 가스누설탐지설비가 설치된 경우에는 가스누설탐지설비로부터 가스누설신호를 수신하여 가스누설경보를 할 수 있는 수신기를 설치할 것<br>② 자동화재탐지설비의 수신기는 특정소방대상물 또는 그 부분이 지하층·무창층 등으로서 환기가 잘되지 아니하거나 실내면적이 40 [$m^2$] 미만인 장소, 감지기의 부착면과 실내바닥과의 거리가 2.3 [m] 이하인 장소로서 일시적으로 발생한 열·연기 또는 먼지 등으로 인하여 감지기가 화재신호를 발신할 우려가 있는 때에는 축적기능 등이 있는 것(축적형감지기가 설치된 장소에는 감지기회로의 감시전류를 단속적으로 차단시켜 화재를 판단하는 방식외의 것을 말한다)으로 설치하여야 한다.<br>③ 수신기는 다음 각 호의 기준에 따라 설치해야 한다.<br>1. 수위실 등 상시 사람이 근무하는 장소에 설치할 것<br>2. 수신기가 설치된 장소에는 경계구역 일람도를 비치할 것<br>3. 수신기의 음향기구는 그 음량 및 음색이 다른 기기의 소음 등과 명확히 구별될 |

| | |
|---|---|
| | 수 있는 것으로 할 것<br>4. 수신기는 감지기·중계기 또는 발신기가 작동하는 경계구역을 표시할 수 있는 것으로 할 것<br>5. 화재·가스 전기등에 대한 종합방재반을 설치한 경우에는 해당 조작반에 수신기의 작동과 연동하여 감지기·중계기 또는 발신기가 작동하는 경계구역을 표시할 수 있는 것으로 할 것<br>6. 하나의 경계구역은 하나의 표시등 또는 하나의 문자로 표시되도록 할 것<br>7. 수신기의 조작 스위치는 바닥으로부터의 높이가 0.8 [m] 이상 1.5 [m] 이하인 장소에 설치할 것<br>8. 하나의 특정소방대상물에 둘 이상의 수신기를 설치하는 경우에는 수신기를 상호간 연동하여 화재발생 상황을 각 수신기마다 확인할 수 있도록 할 것<br>9. 화재로 인하여 하나의 층의 지구음향장치 또는 배선이 단락되어도 다른 층의 화재통보에 지장이 없도록 각 층 배선 상에 유효한 조치를 할 것 |
| 중계기 | 자동화재탐지설비의 중계기는 다음 각 호의 기준에 따라 설치해야 한다.<br>1. 수신기에서 직접 감지기회로의 도통시험을 하지 않는 것에 있어서는 수신기와 감지기 사이에 설치할 것<br>2. 조작 및 점검에 편리하고 화재 및 침수 등의 재해로 인한 피해를 받을 우려가 없는 장소에 설치할 것<br>3. 수신기에 따라 감시되지 않는 배선을 통하여 전력을 공급받는 것에 있어서는 전원입력측의 배선에 과전류 차단기를 설치하고 해당 전원의 정전이 즉시 수신기에 표시되는 것으로 하며, 상용전원 및 예비전원의 시험을 할 수 있도록 할 것 |
| 감지기 | ① 자동화재탐지설비의 감지기는 부착 높이에 따라 다음 표에 따른 감지기를 설치하여야 한다. 다만, 지하층·무창층 등으로서 환기가 잘되지 아니하거나 실내면적이 40 [$m^2$] 미만인 장소, 감지기의 부착면과 실내바닥과의 거리가 2.3 [m] 이하인 곳으로서 일시적으로 발생한 열·연기 또는 먼지 등으로 인하여 화재신호를 발신할 우려가 있는 장소(제5조 제2항 본문에 따른 수신기를 설치한 장소를 제외한다)에는 다음 각 호에서 정한 감지기 중 적응성 있는 감지기를 설치하여야 한다. |

| 부착 높이 | 감지기의 종류 |
|---|---|
| 4 [m] 미만 | 차동식(스포트형, 분포형)<br>보상식 스포트형<br>정온식 (스포트형, 감지선형)<br>이온화식 또는 광전식(스포트형, 분리형, 공기흡입형)<br>열 복합형<br>연기복합형<br>열연기 복합형<br>불꽃 감지기 |
| 4 [m] 이상<br>8 [m] 미만 | 차동식(스포트형, 분포형)<br>보상식 스포트형<br>정온식 (스포트형, 감지선형) 특종 또는 1종<br>이온화식 1종 또는 2종<br>광전식(스포트형, 분리형, 공기흡입형) 1종 또는 2종<br>열 복합형<br>연기복합형<br>열연기 복합형<br>불꽃 감지기 |
| 8 [m] 이상<br>15 [m] 미만 | 차동식 분포형<br>이온화식 1종 또는 2종<br>광전식(스포트형, 분리형, 공기흡입형) 1종 또는 2종<br>연기복합형<br>불꽃 감지기 |
| 15 [m] 이상<br>20 [m] 미만 | 이온화식 1종<br>광전식(스포트형, 분리형, 공기흡입형) 1종<br>연기복합형<br>불꽃 감지기 |
| 20 [m] 이상 | 광전식(분리형, 공기흡입형) 중 아날로그 방식<br>불꽃 감지기 |

비고
1) 감지기별 부착 높이 등에 대하여 별도로 형식승인을 받은 경우에는 그 성능인정 범위 내에서 사용할 수 있다.
2) 부착 높이 20 [m] 이상에 설치되는 광전식중 아날로그 방식의 감지기는 공창감지농도 하한값이 감광율 5 [%/m] 미만인 것으로 한다.

② 계단·경사로·복도·엘리베이터 승강로 또는 이와 유사한 장소 및 특정소방대상물의 취침·숙박·입원 등 이와 유사한 용도로 사용되는 거실에는 연기감지기를 설치해야 한다.

③ 감지기는 다음 각 호의 기준에 따라 설치해야 한다. 다만, 교차회로방식에 사용되는 감지기, 급속한 연소 확대가 우려되는 장소에 사용되는 감지기 및 축적기능이 있는 수신기에 연결하여 사용하는 감지기는 축적기능이 없는 것으로 설치하여야 한다.

1. 감지기(차동식분포형의 것을 제외한다)는 실내로의 공기유입구로부터 1.5 [m] 이상 떨어진 위치에 설치할 것

2. 감지기는 천장 또는 반자의 옥내에 면하는 부분에 설치할 것
3. 보상식스포트형감지기는 정온점이 감지기 주위의 평상시 최고온도보다 일정 온도 이상 높은 것으로 설치할 것
4. 정온식감지기는 주방·보일러실 등으로서 다량의 화기를 취급하는 장소에 설치하되, 공칭작동온도가 최고 주위온도보다 일정 온도 이상 높은 것으로 설치할 것
5. 차동식스포트형·보상식스포트형 및 정온식스포트형 감지기는 그 부착 높이 및 특정소방대상물에 따라 다음 표에 따른 바닥면적마다 1개 이상을 설치할 것

| 부착높이 및 특정소방대상물의 구분 | | 감지기 종류 | | | | | | |
|---|---|---|---|---|---|---|---|---|
| | | 차동식 스포트형 | | 보상식 스포트형 | | 정온식 스포트형 | | |
| | | 1종 | 2종 | 1종 | 2종 | 특종 | 1종 | 2종 |
| 4[m]미만 | 주요구조부가 내화구조로 된 특정소방대상물 또는 그 부분 | 90 | 70 | 90 | 70 | 70 | 60 | 20 |
| | 기타 구조의 특정소방대상물 또는 그 구분 | 50 | 40 | 50 | 40 | 40 | 30 | 15 |
| 4[m]이상 8[m]미만 | 주요구조부가 내화구조로 된 특정소방대상물 또는 그 부분 | 45 | 35 | 45 | 35 | 35 | 30 | - |
| | 기타 구조의 특정소방대상물 또는 그 구분 | 35 | 25 | 35 | 25 | 25 | 15 | - |

6. 스포트형감지기는 45도 이상 경사되지 아니하도록 부착할 것
7. 공기관식 차동식분포형감지기는 다음의 기준에 따를 것
   가. 공기관의 노출부분은 감지구역마다 20 [m] 이상이 되도록 할 것
   나. 공기관과 감지구역의 각 변과의 수평거리는 1.5 [m] 이하가 되도록 하고, 공기관 상호간의 거리는 6 [m](주요구조부를 내화구조로 한 특정소방대상물 또는 그 부분에 있어서는 9[m]) 이하가 되도록 할 것
   다. 공기관은 도중에서 분기하지 아니하도록 할 것
   라. 하나의 검출부분에 접속하는 공기관의 길이는 100 [m] 이하로 할 것
   마. 검출부는 5도 이상 경사되지 아니하도록 부착할 것
   바. 검출부는 바닥으로부터 0.8 [m] 이상 1.5 [m] 이하의 위치에 설치할 것
8. 열전대식 차동식분포형감지기는 다음의 기준에 따를 것
   가. 열전대부는 감지구역의 바닥면적 18 [$m^2$](주요구조부가 내화구조로 된 특정소방대상물에 있어서는 22 [$m^2$])마다 1개 이상으로 할 것. 다만, 바닥면적이 72 [$m^2$](주요구조부가 내화구조로 된 특정소방대상물에 있어서는 88 [$m^2$]) 이하인 특정소방대상물에 있어서는 4개 이상으로 하여야 한다.
   나. 하나의 검출부에 접속하는 열전대부는 20개 이하로 할 것
9. 열반도체식 차동식분포형감지기는 다음의 기준에 따를 것
   가. 감지부는 그 부착높이 및 특정소방대상물에 따라 다음 표에 따른 바닥면적마다 1개 이상으로 할 것. 다만, 바닥면적이 다음 표에 따른 면적의 2배 이하인 경우에는 2개(부착높이가 8 미만이고, 바닥면적이 다음 표에 따른 면적 이하

인 경우에는 1개) 이상으로 하여야 한다.

| 부착높이 및 특정소방대상물의 구분 | | 감지기 종류 | |
|---|---|---|---|
| | | 1종 | 2종 |
| 8[m]미만 | 주요구조부가 내화구조로 된 특정소방대상물 또는 그 부분 | 65 | 36 |
| | 기타 구조의 특정소방대상물 또는 그 구분 | 40 | 23 |
| 8[m]이상 15[m]미만 | 주요구조부가 내화구조로 된 특정소방대상물 또는 그 부분 | 50 | 36 |
| | 기타 구조의 특정소방대상물 또는 그 구분 | 30 | 23 |

나. 하나의 검출기에 접속하는 감지부는 2개 이상 15개 이하가 되도록 할 것. 다만, 각각의 감지부에 대한 작동여부를 검출기에서 표시할 수 있는 것(주소형)은 형식승인 받은 성능인정범위내의 수량으로 설치할 수 있다.

10. 연기감지기는 다음의 기준에 따라 설치할 것

가. 감지기의 부착높이에 따라 다음 표에 따른 바닥면적마다 1개 이상으로 할 것

| 부착높이 | 감지기 종류 | |
|---|---|---|
| | 1종 | 2종 |
| 4 [m] 미만 | 150 | 50 |
| 4 [m] 이상 20 [m] 미만 | 75 | - |

나. 감지기는 복도 및 통로에 있어서는 보행거리 30 [m] (3종에 있어서는 20 [m]) 마다, 계단 및 경사로에 있어서는 수직거리 15 [m] (3종에 있어서는 10 [m]) 마다 1개 이상으로 할 것

다. 천장 또는 반자가 낮은 실내 또는 좁은 실내에 있어서는 출입구의 가까운 부분에 설치할 것

라. 천장 또는 반자부근에 배기구가 있는 경우에는 그 부근에 설치할 것

마. 감지기는 벽 또는 보로부터 0.6 [m] 이상 떨어진 곳에 설치할 것

11. 열복합형감지기의 설치에 관하여는 제3호 및 제9호를, 연기복합형감지기의 설치에 관하여는 제10호를, 열연기복합형감지기의 설치에 관하여는 제5호 및 제10호를 준용하여 설치할 것

12. 정온식감지선형감지기는 다음의 기준에 따라 설치할 것

가. 보조선이나 고정금구를 사용하여 감지선이 늘어지지 않도록 설치할 것

나. 단자부와 마감 고정금구와의 설치간격은 10 [cm] 이내로 설치할 것

다. 감지선형 감지기의 굴곡반경은 5 [cm] 이상으로 할 것

라. 감지기와 감지구역의 각부분과의 수평거리가 내화구조의 경우 1종 4.5 [m] 이하, 2종 3 [m] 이하로 할 것. 기타 구조의 경우 1종 3 [m] 이하, 2종 1 [m] 이하로 할 것

마. 케이블트레이에 감지기를 설치하는 경우에는 케이블트레이 받침대에 마감금구를 사용하여 설치할 것

바. 지하구나 창고의 천장 등에 지지물이 적당하지 않는 장소에서는 보조선을 설치하고 그 보조선에 설치할 것

사. 분전반 내부에 설치하는 경우 접착제를 이용하여 돌기를 바닥에 고정시키고 그 곳에 감지기를 설치할 것

아. 그 밖의 설치방법은 형식승인 내용에 따르며 형식승인 사항이 아닌 것은 제조사의 시방(示方)에 따라 설치할 것

13. 불꽃감지기는 다음의 기준에 따라 설치할 것

가. 공칭감시거리 및 공칭시야각은 형식승인 내용에 따를 것

나. 감지기는 공칭감시거리와 공칭시야각을 기준으로 감시구역이 모두 포용될 수 있도록 설치할 것

다. 감지기는 화재감지를 유효하게 감지할 수 있는 모서리 또는 벽 등에 설치할 것

라. 감지기를 천장에 설치하는 경우에는 감지기는 바닥을 향하여 설치할 것

마. 수분이 많이 발생할 우려가 있는 장소에는 방수형으로 설치할 것

바. 그 밖의 설치기준은 형식승인 내용에 따르며 형식승인 사항이 아닌 것은 제조사의 시방에 따라 설치할 것

14. 아날로그방식의 감지기는 공칭감지온도범위 및 공칭감지농도범위에 적합한 장소에, 다신호방식의 감지기는 화재신호를 발신하는 감도에 적합한 장소에 설치할 것

15. 광전식분리형감지기는 다음의 기준에 따라 설치할 것

가. 감지기의 수광면은 햇빛을 직접 받지 않도록 설치할 것

나. 광축(송광면과 수광면의 중심을 연결한 선)은 나란한 벽으로부터 0.6 [m] 이상 이격하여 설치할 것

다. 감지기의 송광부와 수광부는 설치된 뒷벽으로부터 1 [m] 이내 위치에 설치할 것

라. 광축의 높이는 천장 등(천장의 실내에 면한 부분 또는 상층의 바닥하부면을 말한다) 높이의 80 [%] 이상일 것

마. 감지기의 광축의 길이는 공칭감시거리 범위이내 일 것

바. 그 밖의 설치기준은 형식승인 내용에 따르며 형식승인 사항이 아닌 것은 제조사의 시방에 따라 설치할 것

④ 제3항에도 불구하고 화학공장·격납고·제련소와 전산실 또는 반도체 공장 등의 장소에는 각각 광전식분리형감지기 또는 불꽃감지기를 설치하거나 광전식공기흡입형 감지기 등을 설치할 수 있다.

⑤ 화재발생을 유효하게 감지할 수 없는 장소 또는 감지기의 기능이 정지되기 쉽거나 화재발생의 위험이 적은 장소로서 감지기의 유지관리가 어려운 장소 등에는 감지기를 설치하지 않을 수 있다.

⑥ 제1항의 단서에도 불구하고 일시적으로 발생한 열·연기 또는 먼지 등으로 인하여 화재신호를 발신할 우려가 있는 장소에는 해당 장소에 적응성 있는 감지기를 설치할 수 있다.

| | |
|---|---|
| 음향장치 | 1. 주음향장치는 수신기의 내부 또는 그 직근에 설치할 것<br>2. 층수가 11층(공동주택의 경우에는 16층) 이상의 특정소방대상물은 발화층에 따라 경보하는 층을 달리하여 경보를 발할 수 있도록 할 것<br>3. 지구음향장치는 특정소방대상물의 층마다 설치하되, 해당 특정소방대상물의 각 부분으로부터 하나의 음향장치까지의 수평거리가 25 [m] 이하가 되도록 하고, 해당층의 각부분에 유효하게 경보를 발할 수 있도록 설치할 것<br>4. 음향장치는 다음 각 목의 기준에 따른 구조 및 성능의 것으로 하여야 한다.<br>가. 정격전압의 80 [%]의 전압에서 음향을 발할 수 있는 것으로 할 것. 다만, 건전지를 주전원으로 사용하는 음향장치는 그러하지 아니하다<br>나. 음량은 부착된 음향장치의 중심으로부터 1 [m] 떨어진 위치에서 90 [데시벨] 이상이 되는 것으로 할 것<br>다. 감지기 및 발신기의 작동과 연동하여 작동할 수 있는 것으로 할 것<br>5. 제3호에도 불구하고 제3호의 기준을 초과하는 경우로서 기둥 또는 벽이 설치되지 아니한 대형공간의 경우 지구음향장치는 설치 대상 장소의 가장 가까운 장소의 벽 또는 기둥 등에 설치 할 것 |
| 시각<br>경보장치 | 1. 복도·통로·청각장애인용 객실 및 공용으로 사용하는 거실(로비, 회의실, 강의실, 식당, 휴게실, 오락실, 대기실, 체력단련실, 접객실, 안내실, 전시실, 기타 이와 유사한 장소를 말한다)에 설치하며, 각 부분으로부터 유효하게 경보를 발할 수 있는 위치에 설치할 것<br>2. 공연장·집회장·관람장 또는 이와 유사한 장소에 설치하는 경우에는 시선이 집중되는 무대부 부분 등에 설치할 것<br>3. 설치높이는 바닥으로부터 2 [m] 이상 2.5 [m] 이하의 장소에 설치할 것 다만, 천장의 높이가 2 [m] 이하인 경우에는 천장으로부터 0.15 [m] 이내의 장소에 설치해야 한다.<br>4. 시각경보장치의 광원은 전용의 축전지설비 또는 전기저장장치(외부 전기에너지를 저장해 두었다가 필요한 때 전기를 공급하는 장치)에 의하여 점등되도록 할 것. 다만, 시각경보기에 작동전원을 공급할 수 있도록 형식승인을 얻은 수신기를 설치한 경우에는 그렇지 않다. |
| 발신기 | ① 자동화재탐지설비의 발신기는 다음 각 호의 기준에 따라 설치해야 한다.<br>1. 조작이 쉬운 장소에 설치하고, 스위치는 바닥으로부터 0.8 [m] 이상 1.5 [m] 이하의 높이에 설치할 것<br>2. 특정소방대상물의 층마다 설치하되, 해당 특정소방대상물의 각 부분으로부터 하나의 발신기까지의 수평거리가 25 [m] 이하가 되도록 할 것. 다만, 복도 또는 별도로 구획된 실로서 보행거리가 40 [m] 이상일 경우에는 추가로 설치하여야 한다.<br>3. 제2호에도 불구하고 제2호의 기준을 초과하는 경우로서 기둥 또는 벽이 설치되지 아니한 대형공간의 경우 발신기는 설치 대상 장소의 가장 가까운 장소의 벽 또는 기둥 등에 설치 할 것<br>② 발신기의 위치를 표시하는 표시등은 함의 상부에 설치하되, 그 불빛은 부착면으로부터 15도 이상의 범위 안에서 부착지점으로부터 10 [m] 이내의 어느 곳에서도 쉽게 식별할 수 있는 적색등으로 하여야 한다. |

# 2. 수신기의 역할

수신기란 화재 발생시 각 경계구역마다 배치된 감지기의 동작 또는 발신기의 조작에 의해 발생한 화재경보신호 또는 가스누설검지기에서 발신한 가스누설신호를 직접 수신하거나 중계기를 경유하여 수신하고 화재발생 또는 가스누설발생을 소방대상물의 관계자에게 통보하는 것을 말한다.

**표 6.1** 수신기의 비교

| | P형 수신기 | R형 수신기 |
|---|---|---|
| 신호종류 | 전회로 공통신호 | 회로별 고유신호 |
| 신호전달방식 | 개별신호방식 | 다중전송방식 |
| 중계기 유무 | 중계기 불필요 | 중계기 필요 |
| 표시방식 | 램프점등방식 | 디지털 표시방식 |
| 선로수 | 선로수 많다 | 선로수 적다. |
| 자기진단 기능 | 자기진단 기능 없음 | 자기진단 기능이 있음 |

## 2.1 P형 수신기의 종류

P형 수신기는 회로수의 규모에 따라 1급 수신기와 2급 수신기로 구분된다. P형 1급 수신기는 회로수의 제한이 없으나 P형 2급 수신기는 회로수가 5 이하로 제한된다.

| 수신기 종류 | 회로수 |
|---|---|
| P형 1급 수신기 | 회로수 무제한 |
| P형 2급 수신기 | 회로수 5회로 이하 |

## 2.2 P-1급 수신기의 외형

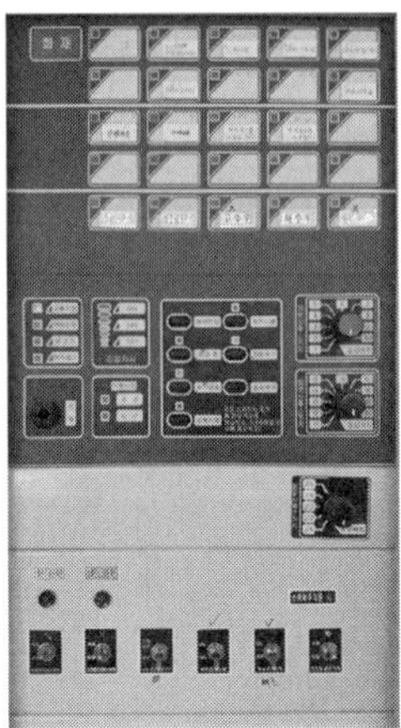

### 가. P-1급 수신기 기능스위치의 기능설명

1) 화재등 : 수신기의 전면 상단에 설치된 것으로 화재가 발생되었을 경우 적색으로 표시되며 경계구역 구분없이 지구표시등과 함께 점등된다.

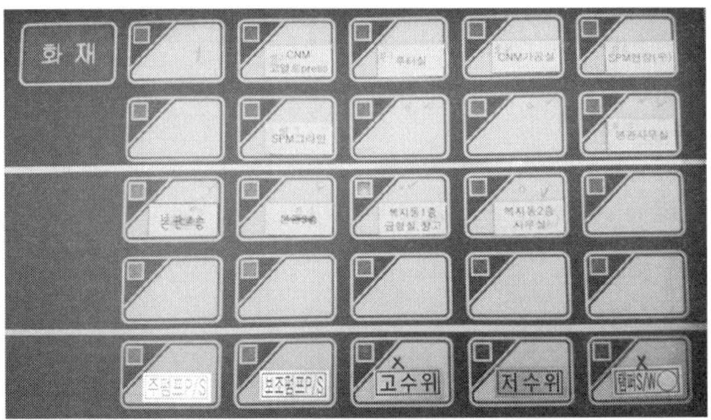


2) 지구표시등 : 화재신호가 발생된 각 경계구역을 나타내는 표시등으로서, 창구식과 지도판식이 있다.

3) 전압계 : 수신기의 공급전압을 표시한다.

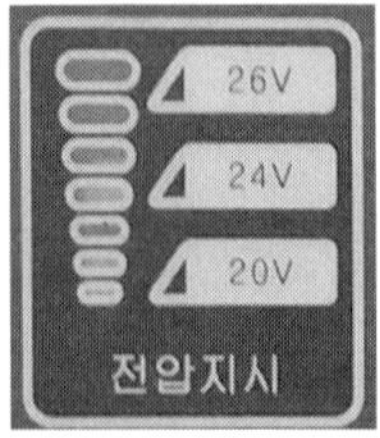

4) 예비전원 감시등(축전지 이상 등) : 예비전원의 이상 유무를 확인하여 주는 표시등으로서, 이 표시등이 점등되어 있으면 예비전원 충전이 완료되지 않았거나 예비전원을 연결하는 전선의 일부분이 단선된 상태 또는 예비전원이 불량하여 충전이 되지 않고 있음을 나타낸다.

5) 발신기 응답등(작동등) : 수신기에 수신된 화재신호가 발신기의 조작에 의한 신호인지, 감지기의 작동에 의한 신호인지의 여부를 식별해주는 표시장치로서, 이 표시등이 점등되면 해당구역의 발신기의 누름버튼이 눌러진 상태이다.

6) 스위치 주의등 : 각 조작스위치가 정상위치에 있지 않을 경우 점멸과 점등을 반복한다. 즉, 시험 중 시험을 종료한 후 또는 평상시 스위치를 정상위치에 놓지 않았을 시 스위치 주의등이 깜박거려서 스위치가 정상위치에 있지 않음을 알려준다.

7) 도통 시험등 : 수신기와 발신기, 감지기간의 선로 도통 상태를 검사하는 도통시험에서 해당회로의 불량(황색등 점등)과 정상(녹색등 점등)여부를 쉽게 판별할 수 있는 표시등이다.

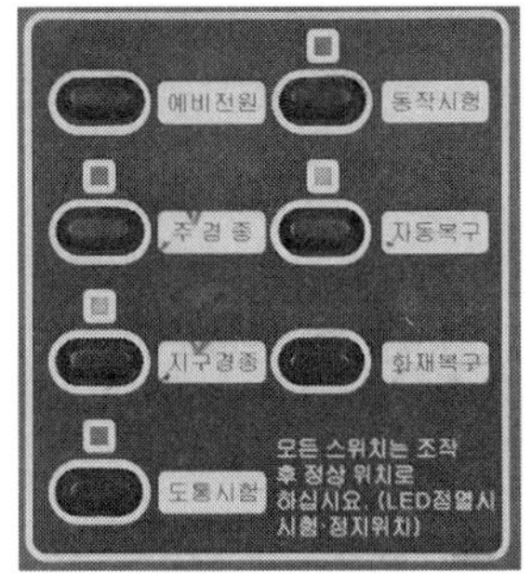


8) 예비전원 시험 스위치 : 예비전원의 배터리 충전상태 점검에 사용한다.

9) 주경종 정지스위치 : 수신기 옆 또는 내부에 있는 주경종의 울림을 정지할 때 사용한다.

10) 지구경종 정지스위치 : 지구경종은 자동화재 탐지설비의 건물 내 곳곳에 설치되는 음향장치로 화재발생시 자동적으로 울려 화재발생을 건물 내에 알려주는 역할을 한다. 화재발생시 또는 동작시험시 지구경종 정지 스위치를 누르면 현장에는 경종이 울리지 않는다. 즉 지구경종의 울림을 정지할 때 사용하는 스위치이다.

11) 동작시험 스위치 : 수신기에 화재신호를 수동으로 입력하여 수신기가 정상적으로 동작되는지를 점검하는 시험스위치로서 동작시험시에는 1회선마다 복구하면서 모든 회선을 시험한다.

12) 도통시험 스위치 : 도통시험 스위치를 누르고 회로선택스위치를 회전시켜, 선택된 회로의 결선상태를 확인할 때 사용한다.

13) 회로선택 스위치 : 스위치 주위에 회로번호가 표시되어 있으며 동작시험이나 회로도통시험을 실시할 때 필요한 회로를 선택하기 위하여 사용하는 스위치이다.

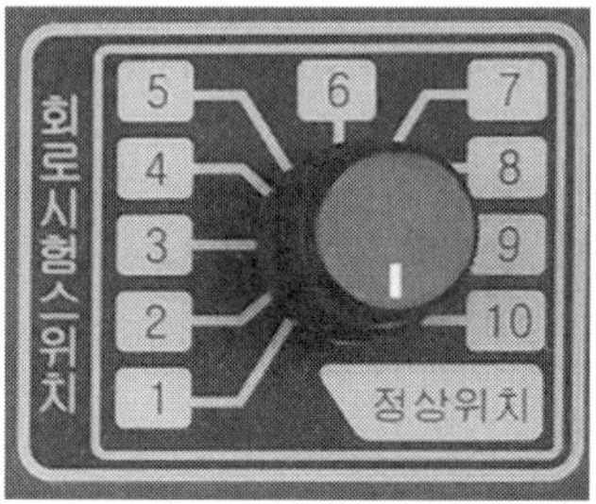

14) 자동복구 스위치 : 스위치가 시험위치에 놓여 있을 때에는 감지기의 복구에 따라 수신기의 동작상태가 자동복구 된다.

15) 복구 스위치 : 수신기의 동작상태를 정상으로 복구할 때 사용된다. 지구회로의 단락 또는 감지기, 발신기가 계속 동작중일 경우는 복구되지 않는다.

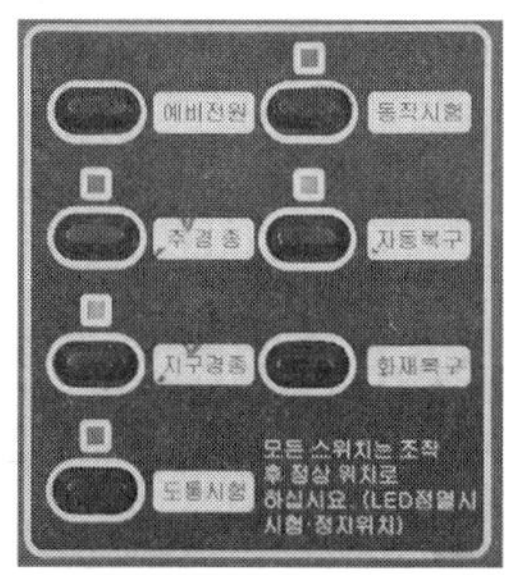


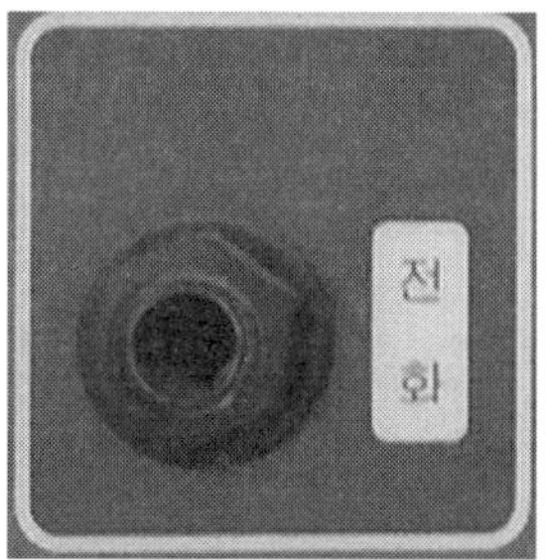


16) 부저 : 발신기의 전화잭에 송수화기를 연결시 사용한다.

17) 전화잭 : 발신기의 상단에 부착된 전화 잭에 송수화기 플러그를 삽입하면 수신기 내부의 부저가 울리고, 이때 수신기에 부착된 전화 잭에 송수화기 플러그를 삽입하면 수신기의 부저는 정지하고, 발신자와 통화가 가능하다.

18) 비상방송 정지스위치 : 비상방송 연동을 정지시킨다.

## 2.3 수신기의 평상시 및 화재 발생시 상태

### 가. 평상시 수신기의 상태

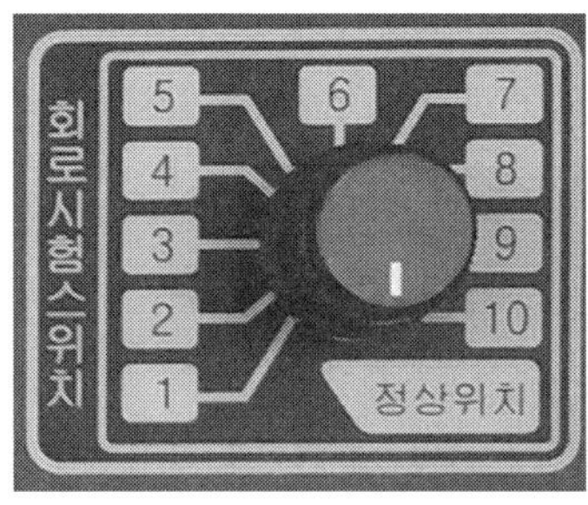

1) 수신기 내부전원 스위치를 ON 위치에 놓아야 한다.
2) 교류전원등(녹색)이 점등되어 있어야 한다.
3) 모든 기능스위치를 정상위치에 놓아야 한다(정위치가 아닐 경우 시험부의 스위치 주의등이 점멸한다.).
4) 회로선택스위치의 손잡이 위치를 OFF 상태로 놓아야 한다.
5) 전압계는 24 [V] 부근을 지시한다. 작동시에는 24 [V] 이하로 약간 강하된다.

### 나. 화재 발생시 수신기의 상태

1) 화재가 발생했을 경우에는 해당지구의 감지기가 동작하면 수신기에 화재신호가 전송된다.
2) 화재등 및 지구화재표시등이 점등된다. 그림에서 보는바와 같이 화재가 발생하면 화재등 및 화재가 발생한 지역을 표시하는 지구화재표시등이 동시에 점등된다.

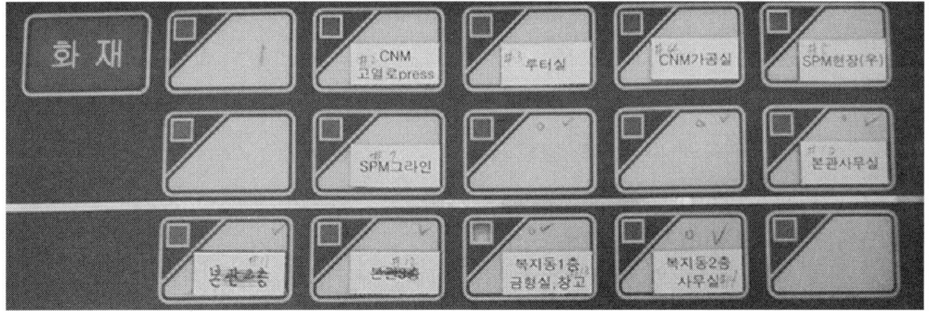


3) 주경종 및 지구경종이 울린다.
4) "발신기 응답등"이 점등되면 감지기 동작이 아닌 현장의 발신기를 수동으로 동작한 것을 의미한다.
5) 부수신기가 있을 경우 부수신기로 화재신호를 보내준다.

## 2.4 수신기의 기능시험방법 및 판정기준

### 가. 화재표시 동작시험

각 회선마다 화재 발생시와 동일한 조건으로 시험을 하여 수신기내 화재표시등, 기타 표시장치의 작동 및 유지기능을 시험하고 이와 함께 감지기 회로 또는 부속기기 회로와의 결선 접속 상태를 확인하기 위한 시험이다.

#### 1) 시험방법(1회선마다 복구하고 모든 회선을 시험한다)

오동작방지기능이 내장된 축적형 수신기의 경우 : 축적, 비축적 선택스위치를 비축적 위치로 놓고 시험한다.

- 회로선택스위치로 실행하는 방법
  - 동작시험스위치를 누른다.
  - 회로선택스위치를 차례로 회전시켜 시험한다.

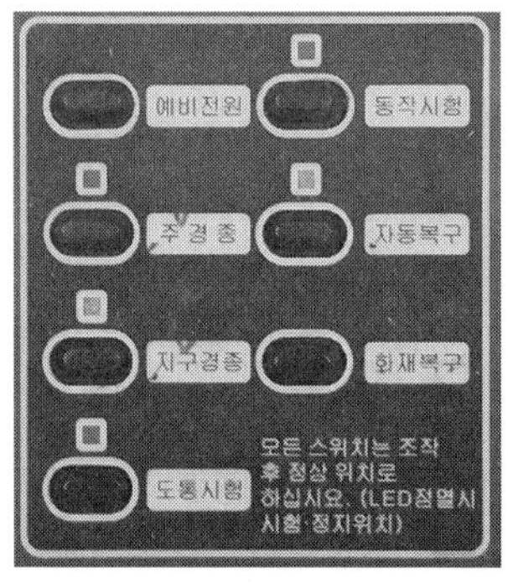

- 감지기 또는 발신기의 작동시험과 함께 행하는 방법
  - 감지기 또는 발신기를 차례로 작동시킨다.
  - 경계구역과 수신기의 표시 상태를 확인한다.

#### 2) 적합여부 판정방법

각 릴레이의 작동, 화재표시등, 지구표시등, 기타 표시장치의 점등, 음향장치의 작동확인, 감지기 회로 또는 부속기기 회로와의 연결접속이 정상이어야 한다. 동작시험을 하여, 위와 같은 기능이 발휘되지 못하는 회로는 고장이므로 즉시 수리를 해야 한다.

### 나. 회로 도통시험

수신기에서 감지기간 회로의 단선 유무와 기기 등의 접속 상황을 확인하기 위한 시험이다.

#### 1) 시험방법

- 도통시험 스위치를 누른다.
- 회로선택 스위치를 차례로 회전시킨다. 일부 수신기에서 지구화재 표시창에 회로 선택 스위치가 설치된 것도 있다.
- 각 회선의 전압계의 지시등을 조사한다(도통시험 확인등이 있는 경우는 정상, 단선램프 점등 확인).
- 종단저항 등의 접속 상황을 확인한다.

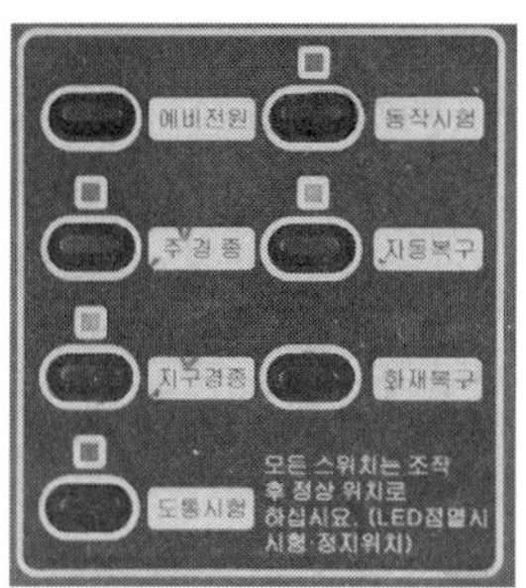

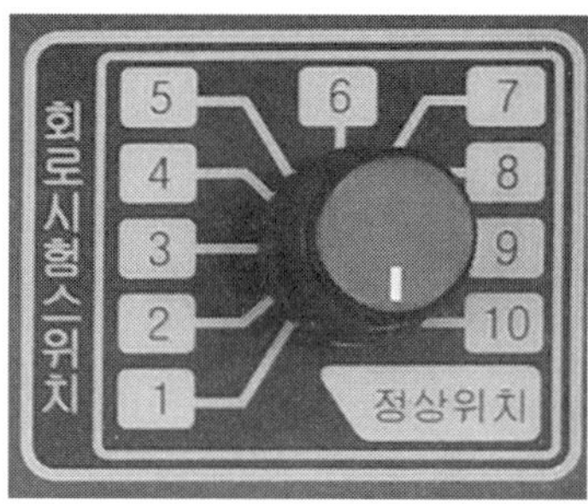

#### 2) 적합여부 판정기준

- 전압계가 있는 경우
  - 각 회선의 시험용 계기의 지시상황이 지정대로 일 것
  - 정상 : 전압계의 지시치가 4∼8 [V] 사이면 정상(문자판에서는 적정치를 녹색으로 구별한다)
  - 단선 : 전압계의 지시치가 0 [V]를 나타낸다.
  - 단락 : 그 회선은 화재경보상태이다.
  - 종단저항을 미 부착 한 경우: 전압계가 0 [V]에서 미세하게 움직인다.

- 전압계가 없고, 도통시험 확인등이 있는 경우
  - 정상 : 녹색 확인등 점등
  - 단선 : 황색 확인등 점등

    단선시는 종단저항 미설치, 접속불량, 선로의 단선 등에 문제이므로 해당회로를 점검, 보수하여야 한다.

### 다. 예비전원 시험

상용전원이 사고 등으로 정전된 경우 자동적으로 예비전원으로 바뀌며 또한 복구시에는 자동적으로 상용전원으로 바뀌는지의 여부와 상용전원이 정전되었을 때 화재가 발생하여도 수신기가 정상적으로 동작할 수 있는 전압을 가지고 있는가를 검사하는 시험이다.

- 시험방법
  - 예비전원 시험스위치를 누른다(스위치를 누르고 있을 때만 시험이 가능하다).
  - 전압계의 지시치가 적색선의 범위(19～29 [V]) 내에 있는 것을 확인한다.
  - 교류전원을 OPEN 하고 자동절환 릴레이의 작동상황을 조사한다.

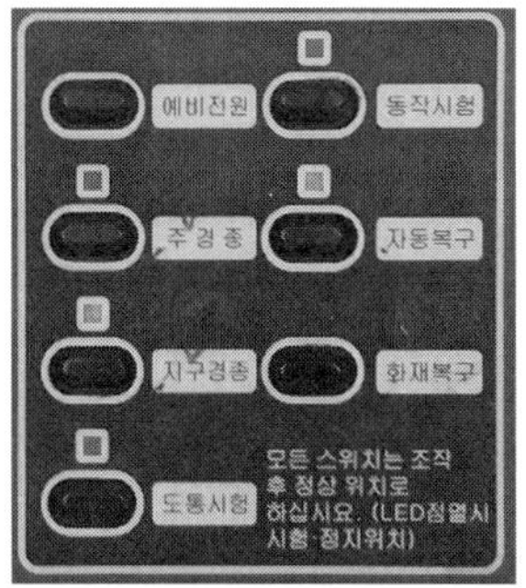

- 적합여부 판정기준

  예비전원의 전압, 용량, 절환상황 및 복구작동이 정상일 것

### 라. 공통선 시험

공통선이 담당하고 있는 경계구역의 적정여부를 확인하는 시험이다.

- 시험방법
  - 수신기내 접속단자에서 공통선 1선을 제거한다.
  - 회로도통시험에 따라 회로선택스위치를 차례로 회전시킨다.
  - 시험용 계기의 지시가 단선을 지시한 경계 구역수를 조사한다.

- 적합여부 판정기준

  공통선이 담당하고 있는 경계구역의 수가 7개 이하일 것

### 마. 동시작동시험(1회선의 것은 제외한다)

감지기가 동시에 여러 회선이 동작하더라도 주 전원에 의해 수신기의 기능에 이상이 없는가를 시험하는 것

- 시험방법
  - 각 회로의 화재 작동을 복구시키지 않고, 계속해서 5회선을 작동시킨다.
  - 상기의 경우 주 음향장치 및 지구음향장치가 울린다.
  - 부수신기, 표시기를 설치한 것에는 이들 모두 다 작동상태로 놓고 실시한다.
- 적합여부 판정기준

  각 회로를 동시 작동시켰을 때 수신기, 부수신기, 표시기, 음향장치 등의 기능에 이상이 없고 동시에 유효하게 화재 작동을 지속할 것

### 바. 지구음향장치의 작동시험

감지기의 작동과 연동하여 지구음향장치가 정상적으로 작동하는지의 여부를 시험하는 것

- 시험방법

  각 회로마다 감지기 또는 발신기를 순차적로 작동시킨다.
- 적합여부 판정방법

  감지기 또는 발신기를 작동시켰을 때 수신기에 연결된 당해 지구음향장치가 작동하고 음량이 정상일 것

### 사. 회로저항시험

감지기 회로의 1회로의 선로저항치가 수신기의 기능에 이상을 가져오는지를 확인하기 위해서 시험하는 것

- 시험방법
  - 전류, 전압측정기(일명 "테스터기"라 한다)를 사용하여 배선의 길이가 가장 긴 감지기 회로의 공통선과 회로선 사이의 전로에 대해 저항을 측정한다.
  - 감지기 회로의 말단에 설치된 종단저항을 단락한 후 측정한다.
  - 상시 개방회로인 것은 회로말단을 도통 상태로 놓고 측정한다.
- 적합여부 판정방법

  하나의 감지기 회로의 합성저항치가 50 [$\Omega$] 이하일 것. 감지기 회로의 전로저항치가 50 [$\Omega$] 이상이 되면, 전로에서의 전압강하로 화재발생시에 수신기가 유효하게 작동하지 않을 우려가 있다.

## 2.5 P형 수신기의 고장 진단

| 고장증상 | 확인점검사항 |
|---|---|
| 1. 교류전원 감시등 소등 | 1. 정전상태인지 AC(교류)입력전원을 테스터기로 확인<br>2. 전원스위치가 ON상태인지 확인<br>3. 퓨즈 단선시 전원스위치를 끄고 퓨즈 교체<br>4. 수신기 입력 전원선 확인 점검<br>5. 전원회로부 훼손여부 확인 |
| 2. 예비전원감시등이 점등된 때, 또는 전원시험스위치에 의하여 자동절환이 되지 않을 때 | 1. 퓨즈 단선이 확인되면 퓨즈를 교체한다.<br>2. 충전불량인지 충전전압 확인<br>3. 내부의 축전지가 소켓에 정확하게 연결되었는지 확인<br>4. 축전지가 완전 방전되어, 아직 만충전 상태에 도달하지 않은 때 |
| 3. 지구표시등의 소등 | 지구경종 및 주경종을 정지시키고, 회로를 동작시켜 지구회로가 동작하는지 확인 후<br>1. 램프 단선 확인 교체(표시등이 전구인 경우)<br>2. 표시부 AC 회로 퓨즈 단선 확인 교체 |
| 4. 화재표시등과 지구표시등이 점등되어 복구스위치를 눌렀으나 복구되지 않을 때 | 1. 복구스위치를 누르면 OFF, 손을 떼면 ON되는 경우 : 선로의 합선, 감지기나 수동발신기의 지속동작이므로 확인점검<br>2. 복구는 되나 다시 동작되는 경우 : 감지기의 불량이므로 현장의 오동작 감지기 확인점검<br>→ 이 경우 복구스위치를 눌렀다 떼는 순간 바로 다시 동작하면 차동식 감지기이고, 약 5～10초 후 동작하면 연기감지기이므로 착안하여 점검한다.<br>3. 문제점이 수신기 측인지, 외부 선로에 문제가 있는지 판단하는 방법 : 수신기의 자동복구스위치를 눌러 놓고, 해당 지구선로를 단자에서 분리했을 때, 지구표시등이 소등되면 외부선로에서 이상이 발생한 것이다. |
| 5. 지구경종 동작불능 | 1. 퓨즈 단선시 확인 교체<br>2. 지구 릴레이 동작 확인점검<br>3. 외부 경종선로의 점검<br>4. 지구경종 정지 스위치를 눌러놓았는지 확인<br>5. 지구경종이 불량인지 확인 |
| 6. 릴레이의 소음발생 | 1. 정류다이오드 1개 불량으로 인한 정류전압 이상인지, 정류다이오드 출력단자전압 확인(18 [V] 이하)<br>2. 릴레이의 열화인지, 릴레이 코일 양단 전압확인(18 [V] 이하)<br>3. 감지기 회로에서 유도전압이 타고 들어오지는 않는지 확인 |
| 7. 전화통화 불량 | 1. 송수화기 불량인지 확인<br>2. 송수화기 잭 접속불량일 경우도 있으므로, 플러그를 재삽입 후 회전시켜 접속확인 |

## 2.6 수신기의 관리요령

### 가. 비화재보의 정의 및 대책

1) 정의 : 자동화재 탐지설비가 정상적으로 동작하였다 하더라도 화재가 발생하지 않았는데도 작동하는 것을 비화재보라 하는데, 이 비화재보로 인하여 자동화재 탐지설비의 신뢰도가 많이 떨어지고, 유지관리 하는데 가장 큰 문제점으로 대두되고 있는 부분이다.
2) 대책 : 화재신호를 접수했을 때는 화재신호를 발신한 장소로 즉시 이동하여 화재인지 아닌지 현장을 확인하고, 감지기의 오동작일 경우는 동작한 감지기를 찾아내어 감지기 자체의 문제인지 또는 주위 환경인지를 판별한다. 감지기의 사용기간이 오래되어서 발생하는 문제일 경우는 감지기를 교체하고, 만약 주변 환경의 문제라면 적응성 있는 감지기로 교체를 하거나 주위환경을 개선하여 비화재보로 인한 근본 원인을 제거한다.

### 나. 용도 변경시 확인사항

건축물 내 용도 변경시 또는 사무실의 내부를 새롭게 공사한 경우에는 감지기 및 수신기 상태에 대하여 다음 사항을 확인점검 한다.

첫째 : 감지기의 이설, 증설시 감지기의 결선은 송배선식으로 되었는지 테스터기로 감지기 전압을 체크하고, 수신기에서 도통시험을 실시하여 이상 유무를 확인한다.
둘째 : 칸막이 등의 설치로 감지기의 미경계구역이 발생하지는 않았는지 확인한다.
셋째 : 감지기에 기능장애 요인인 페인트 도색여부와 감지기의 챔버는 탈락하지는 않았는지를 확인한다.

## 다. 수신기의 외함 점검사항

| | 점검항목 |
|---|---|
| 1 | 교류전원 표시용 LED가 항상 점등되어 있을 것 |
| 2 | 전압계는 정상전압인 DC24(+2) [V]를 항상 지침할 것 |
| 3 | 모든 시험용 스위치는 항상 정상 위치에 놓여 있을 것 |
| 4 | 스위치류는 개폐기능이 확실할 것 |
| 5 | 외함의 부식, 찌그러짐, 손상 등이 없을 것 |
| 6 | 수신기 내부에 송수화용 송수화기가 설치되어 있을 것 |
| 7 | 수신기 외함이 벽에 매립되지 아니할 것(매립형은 제외) |
| 8 | 수신기 내부에 예비전원이 부착되어 있어야 하고, 항상 수신기 회로와 연결되어 충전이 되고 있을 것 |
| 9 | 배선연결용 단자는 탈락, 풀림, 손상 등이 없을 것 |
| 10 | 퓨즈는 정격용량을 사용할 것 |
| 11 | 수신기의 내부에는 예비부품(퓨즈 등)이 비치되어 있을 것 |
| 12 | 취급설명서 및 명판이 파손되지 아니할 것 |
| 13 | 각종 단자에는 해당하는 단자명판이 부착되어 있을 것 |
| 14 | A/S를 위한 회로도 및 품질보증서가 비치되어 있을 것 |
| 15 | 수신기 전원스위치 부근에는 합격증지가 부착되어 있고 예비전원은 확인증지가 부착되어 있을 것 |

Chapter 7

# 감지기의 종류 및 점검

1. 감지기
2. 화재감지기의 종류
3. 감지기의 설치기준
4. 화재감지기의 작동
5. 감지기 점검

# 1. 감지기

화재시 발생하는 열, 불꽃 또는 연기의 양적증가가 일정치 이상, 일정시간 이상 지속되면 감지기내의 회로가 연결되어 전기적 신호 또는 통신신호를 수신기에 전송하는 장치를 말한다.

## 1.1 감지기의 기능

1) 화재시 발생되는 물리적, 화학적 변화량을 검출하는 센서 기능을 한다.
2) 화재인지 아닌지를 결정하는 판단기능을 한다.
3) 화재신호를 수신기로 송출하는 발신기능이 있다.

## 1.2 감지기의 구성요소

감지기는 일반적으로 감지부가 있는 본체, 수신기와 감지기 또는 감지기와 감지기를 연결시키는 베이스, 작동표시장치로 구성된다.

1) 본체 : 본체는 감지부가 있는 부분으로 뒷면에 있는 단자와 베이스의 단자가 연결된다.

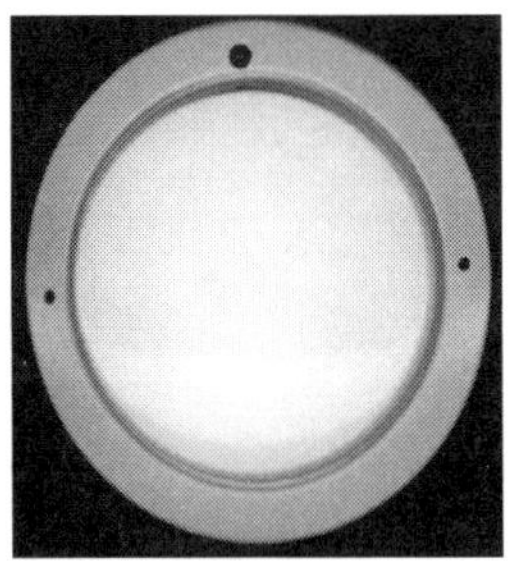

**그림 7.1** 감지기 본체 전면

**그림 7.2** 감지기 본체 후면

2) 베이스 : 베이스는 감지기를 천장이나 벽에 고정시키며 수신기와 감지기 또는 감지기와 감지기를 연결시킨다.

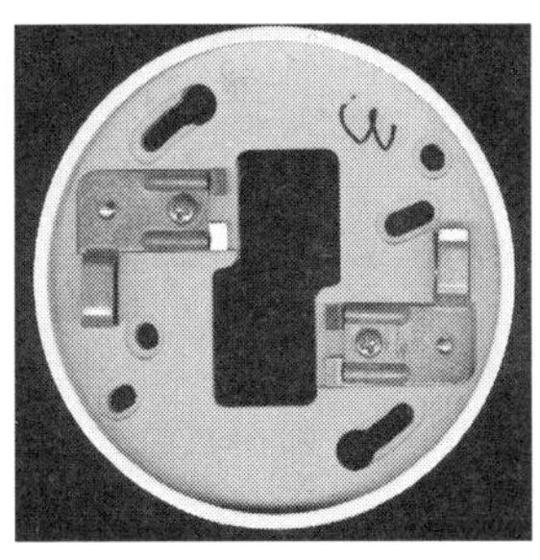

**그림 7.3** 감지기 베이스

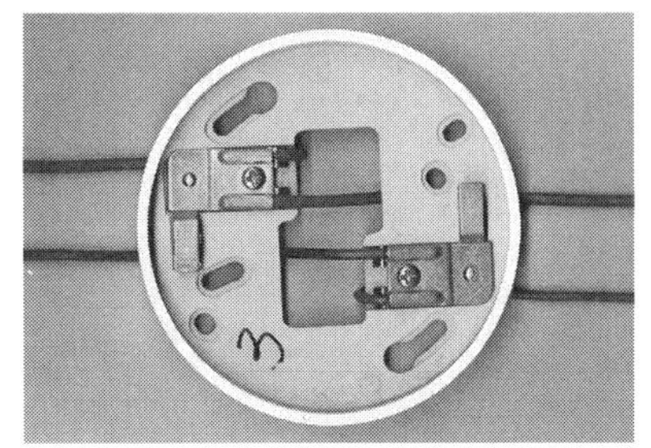

**그림 7.4** 감지기 베이스의 연결

3) 작동표시장치

감지기가 작동되었을 때 이를 표시하기 위한 작동표시장치가 있어야 하는데 대부분 작동표시등이 사용된다. 작동표시등은 감지기가 작동하면 점등되고 수신기에서 복구스위치를 누르면 소등된다.

작동표시장치는 방폭 구조인 감지기가 작동한 경우 수신기에 그 감지기가 작동한 내용이 표시되며 차동식 분포형감지기 및 정온식 감지선형감지기는 작동표시장치를 설치하지 않을 수 있다.

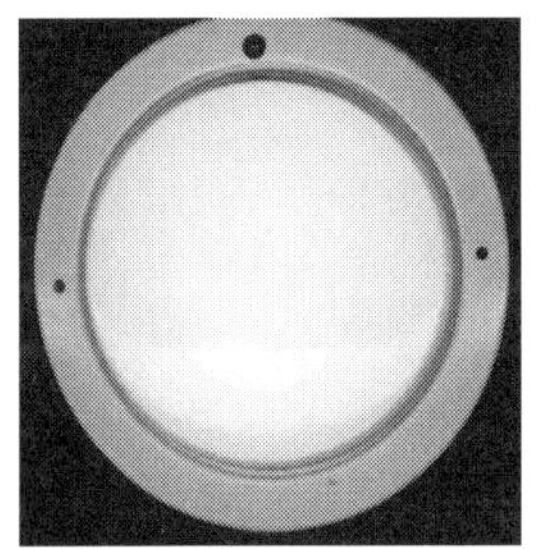

**그림 7.5** 감지기 본체 전면

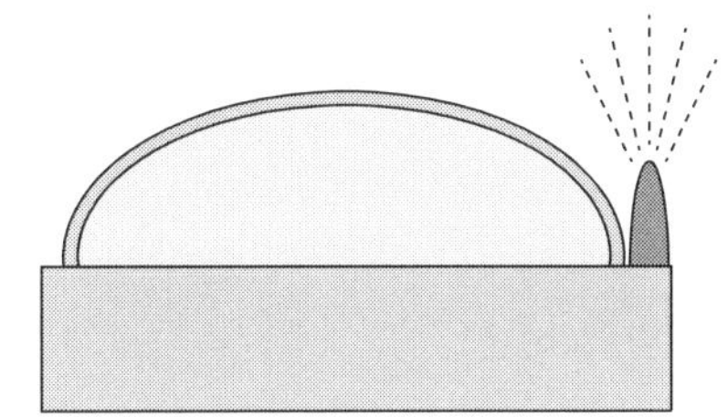

**그림 7.6** 감지기 작동표시 장치

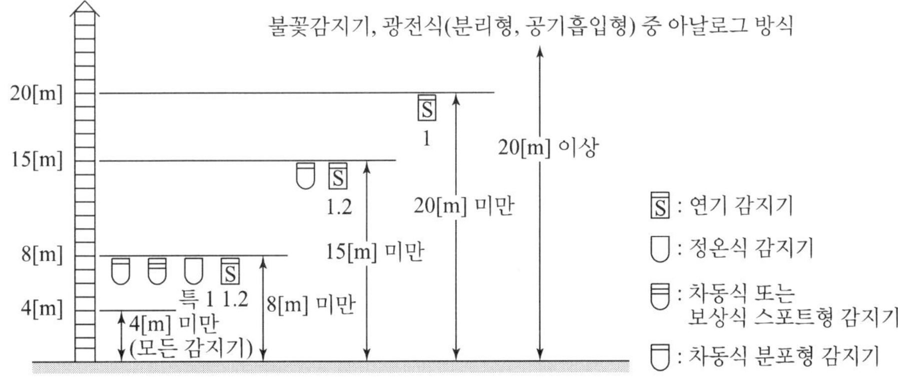


**그림 7.7** 감지기 종류별 설치 높이

## 2. 화재감지기의 종류

- 감지기
  - 열감지기
    - 차동식 (온도상승률을 감지)
      - 스포트형 (일국소의 열효과)
        - 공기식 — 1종, 2종 — 다이어프램
        - 전기식 — 1종, 2종 — 열전기식
      - 분포형 (넓은 범위의 열효과)
        - 공기관식 – 1종, 2종, 3종 — 공기관
        - 열전대식 – 1종, 2종, 3종 — 열전대
        - 열반도체식 - 1종, 2종, 3종 — 열반도체소자
    - 정온식 (일정온도를 감지)
      - 스포트형 – 특종, 1종, 2종 — 바이메탈, 반도체 (외관이 전선으로 되어있지 않음 → 일국소)
      - 감지선형 – 특종, 1종, 2종 — 바이메탈, 반도체, 가용절연물 등 (외관이 전선으로 되어있음 → 일국소)
    - 보상식 (차동식 + 정온식)
      - 스포트형 – 1종, 2종 — 다이어프램, 바이메탈
  - 연기감지기
    - 광전식 (광량의 변화를 감지)
      - 스포트형 – 산란광식
        - 비축적형 - 1종, 2종, 3종 – 발광다이오드
        - 축적형 — 1종, 2종, 3종 – 발광다이오드
      - 분리형 — 감광식 (빛의 감소 이용)
        - 비축적형 - 1종, 2종, 3종 – 발광다이오드
        - 축적형 — 1종, 2종, 3종 – 발광다이오드
      - 공기흡입형 — 1종, 2종, 3종 – 응결액
    - 이온화식 (이온전류 변화량 감지)
      - 스포트형
        - 비축적형 – 1종, 2종, 3종 – 아메리슘241
        - 축적형 — 1종, 2종, 3종 – 아메리슘241
  - 복합감지기
    - 열복합형 — 스포트형(다신호)
    - 연기복합형 — 스포트형(다신호)
    - 열·연기복합형 — 스포트형(다신호)
  - 불꽃감지기
    - 자외선식(UV)
    - 적외선식(IR)
    - 자외선·적외선복합식(UV/IR)

## 2.1 열 감지기: 열을 감지하는 감지기

### 1) 차동식 감지기

열에 의한 공기의 팽창을 이용한 감지기로 주위온도의 급격한 변화를 이용한 감지기이다. 차동식 감지기는 보편적으로 가장 많이 설치되어 있는 감지기이다.

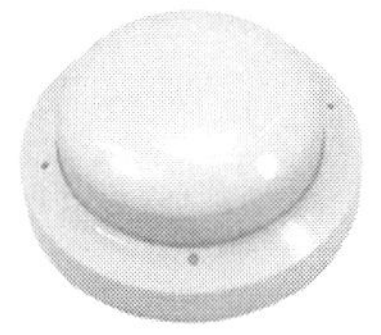
차동식스포트형

차동식분포형

### 2) 정온식 감지기

서로 다른 두 금속으로 된 합금체가 열에 의해 변형되는 원리를 이용한 감지기로 일정한 온도가 상승되면 동작되는 것으로 우리 주변에서는 아파트의 주방에 설치된 감지기이다.

정온식감지선형

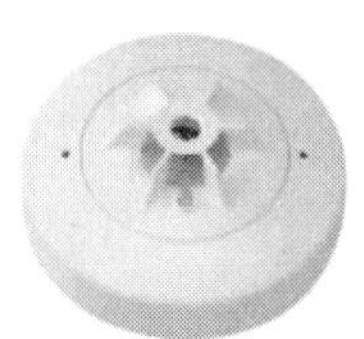
정온식스포트형
(아날로그식)

정온식스포트형
(방폭형)

정온식스포트형

### 3) 기타 감지기

기타 감지기에는 광전식과 불꽃 감지기가 널리 사용된다.

광전식(아날로그식)

불꽃감지기

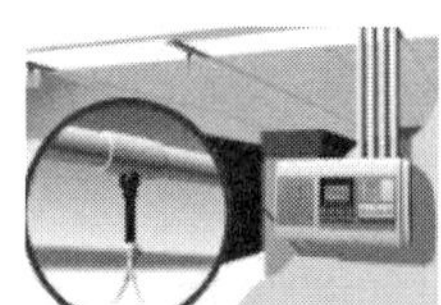
공기흡입식

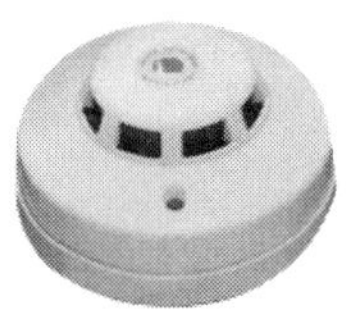
광전식

이온화식

광전식분리형

### 2.1.1 차동식 스포트형

#### 1) 공기의 팽창을 이용한 것

- 구성요소 : 감열실, 다이어프램[18], 리크구멍[19], 접점, 작동표시 장치

| 감열실 | 열을 유효하게 받는 부분 |
|---|---|
| 다이어프램 | 신축성이 있는 황동 등으로 된 얇은 금속판 |
| 리크구멍 | 완만한 온도 상승시 열의 조정 구멍 |
| 접점 | 전기접점으로 백금, 금, 은, 동의 합금체로 구성 |
| 작동표시 장치 | 감지기의 동작 상태를 표시 |

- 작동원리 : 화재 발생시 감열부의 공기가 팽창하여 다이어프램을 밀어 올려서 보조 접점과 주 접점이 접촉하여 전기적 신호를 수신기에 보낸다.

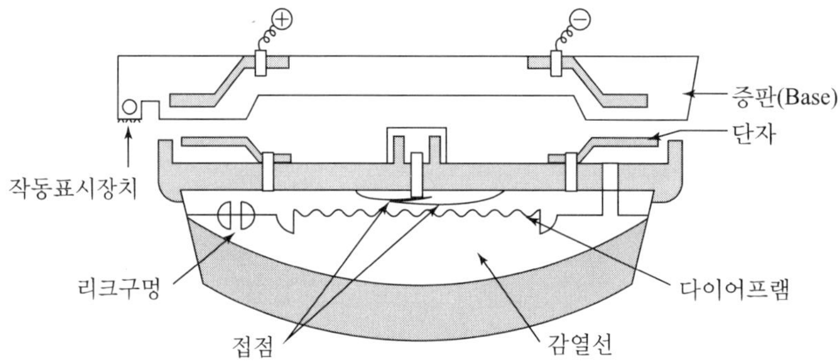


**그림 7.8** 공기 팽창을 이용한 차동식 스포트형 감지기

- 외부온도가 급격히 상승 → 감열실 내의 공기팽창 → 다이어프램 동작 → 접점동작
- 먼지가 많은 제지공장, 펄프공장에서는 먼지가 리크구멍을 폐쇄하여 오동작이 발생하는 경우가 있다.
- 적용 장소 : 일반사무실

#### 2) 열기전력을 이용한 것

- 구성요소 : 감열실, 반도체 열전대, 고감도 릴레이, 온접점, 냉접점
- 작동원리 : 화재 발생시 반도체 열전대가 가열되면서 열기전력을 발생하여 고감도 릴레이[20]를 작동시켜 수신기에 화재 신호를 보낸다.

---

18) 압력 작용에 따라서 변위를 일으키는 막(膜)을 말한다. 기포(基布) 양면에 내유(耐油), 내열성의 고무를 코팅하고 기밀(氣密) 또는 유밀(油密)기능을 유지하면서 유연성을 가지게 한다.

19) 오보를 방지하기 위한 열의 조절구멍

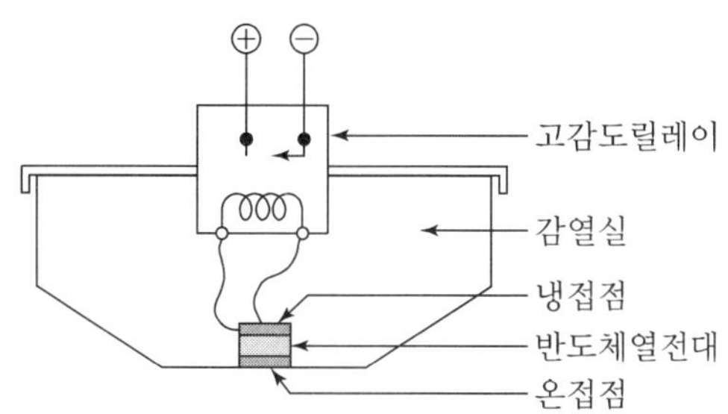


**그림 7.9** 열기전력을 이용한 차동식 스포트형 감지기

### 2.1.2 차동식 분포형

- 차동식 스포트형과 동작원리는 같으나 광범위한 열의 누적으로 동작되며, 수열부와 검출부로 구성된다.
- 수열부는 공기관, 열전대, 열반도체 등을 이용한다.
- 공기관식에 사용되는 공기관의 길이는 20～100 [m], 천장면을 설치하며 공기관 상호간 거리 9 [m] 이내로 설치한다.
- 적용장소 : 공장설비 또는 부식성 가스가 많은 장소에 주로 설치한다.

#### 1) 공기관식

- 구성요소 : 공기관(두께 0.3 [mm] 이상, 바깥지름 1.9 [mm] 이상), 다이어프램, 리크구멍, 접점, 시험장치
- 작동원리 : 화재 발생시 공기관 내의 공기가 팽창하여 다이어프램을 밀어 접점을 붙게 하여 수신기에 신호를 보낸다.

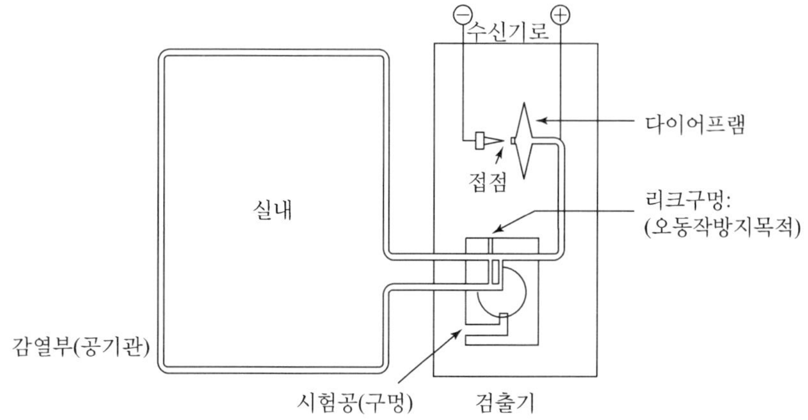


**그림 7.10** 공기관식 차동식 분포형 감지기

---

20) 미세한 전압으로도 동작하는 계전기

### 2) 열전대식

- 구성요소 : 열전대, 미터릴레이
- 작동원리 : 화재 발생시 열전대부분이 가열되면서 제어백 효과[21]에 의해 열기전력이 발생하여 미터릴레이에 전류가 흘러서 접점을 붙게 하여 수신기에 신호를 보낸다.
- 슬리브에 삽입 후 압착하여 열전대부가 접속하게 된다.

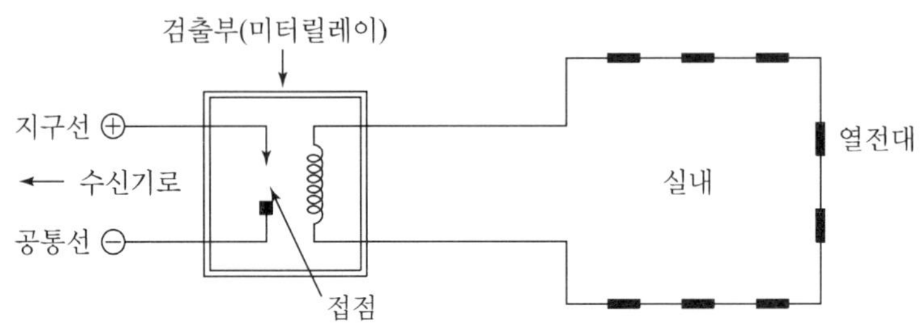


**그림 7.11** 열전대식 차동식 분포형 감지기

## 2.1.3 정온식 스포트형

### 1) 바이메탈의 특성을 이용한 것

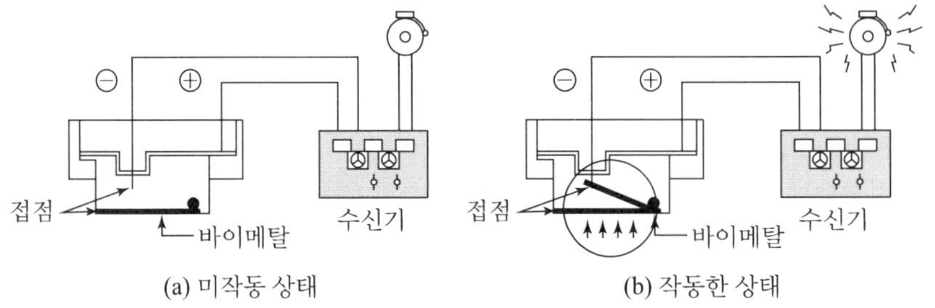


**그림 7.12** 바이메탈의 특성을 이용한 정온식 스포트형 감지기

### 2) 금속의 팽창계수 차이를 이용한 것

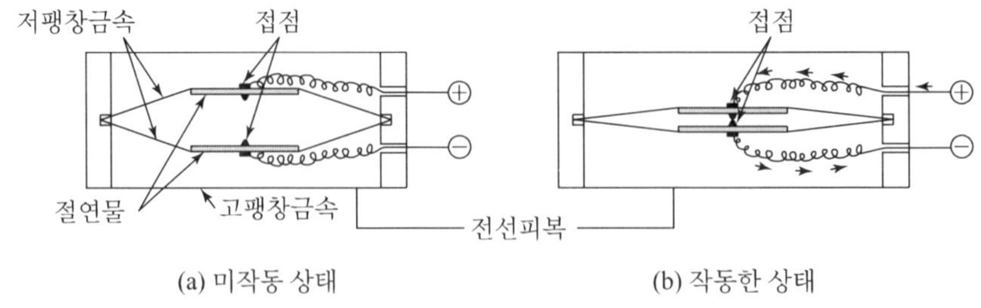


**그림 7.13** 금속의 팽창계수 차이를 이용한 정온식 스포트형 감지기

---

21) 다른 종류의 금속에 온도차를 주었을 때 전기가 발생하는 효과

### 3) 액체(기체)의 팽창을 이용한 것

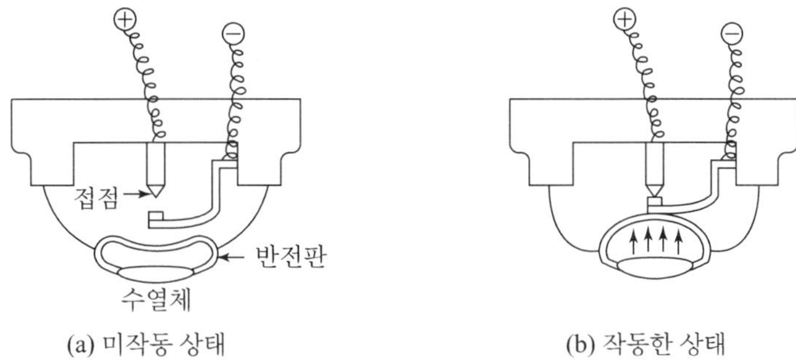


**그림 7.14** 액체의 팽창을 이용한 정온식 스포트형 감지기

### 4) 가용 절연물을 이용한 것

- 구성요소 : 바이메탈[22], 감열판, 접점 등으로 구성
- 작동원리 : 화재 발생시 감열판에 열이 전달되어 바이메탈이 휘어짐으로 가동접점으로 이동하여 접점이 붙음으로서 수신기에 신호를 보낸다.
- 주위온도가 평상시 최고온도보다 20 [℃] 이상 높을 때 동작하는 감지기를 설치하도록 법으로 규정되어 있다.
- 적용장소 : 주방, 보일러실에 설치

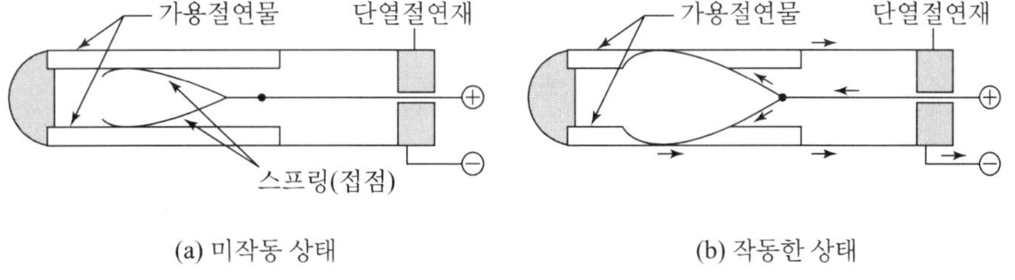


**그림 7.15** 가용 절연물을 이용한 정온식 스포트형 감지기

## 2.1.4 정온식 감지선형

1) 화재로 온도가 상승하면 특수물질이 녹아 관내의 전선이 접촉하여 동작한다.
2) 재사용이 불가능하다.
3) 적용장소 : 제조설비의 기름탱크, 공동구 내의 케이블(Cable) 위에 설치한다.
4) 종류 : ① 선 전체가 감열부분으로 되어 있는 것 ② 감열부가 띄엄띄엄 존재하는 것

---

22) 팽창계수가 다른 금속을 서로 붙여서 열에 의해 어느 한쪽으로 휘어지게 만든 금속 재료

5) 고정방법
   - 직선부분 : 50 [cm] 이내
   - 단자부분 : 10 [cm] 이내
   - 굴곡부분 : 10 [cm] 이내
   - 굴곡반경 : 5 [cm] 이내

6) 감지선은 단자를 사용하여 접속한다.

### 2.1.5 보상식 스포트형

차동식과 정온식의 기능을 동시에 가지고 있는 감지기이다.

1) 구성요소 : 감열실, 다이어프램, 리크구멍, 고팽창금속, 저팽창금속, 접점 등으로 구성되어 있다.

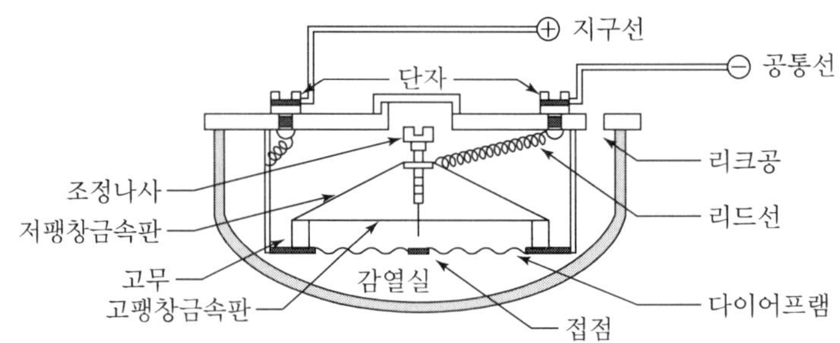


**그림 7.16** 보상식 스포트 감지기

2) 작동원리
   - 차동식으로 동작 : 화재발생시 주위의 온도가 급격하게 상승하여 다이어프램을 밀어 올려 수신기에 신호를 보낸다.
   - 정온식으로 동작 : 화재 발생시 감열판에 열이 전달되어 바이메탈이 휘어짐으로 가동 접점으로 이동하여 접점이 붙음으로서 수신기에 신호를 보낸다.

### 2.1.6 아날로그식

1) 주위온도를 상시 검지하여 수신기로 온도값을 송출하며 수신기의 Program에 의하여 단계적 경보를 발생한다.
2) 비화재보를 극소화할 수 있는 장점이 있다.

# 3. 감지기의 설치기준

다음 각 호의 장소에는 연기감지기를 설치하여야 한다. 다만, 교차회로방식에 따른 감지기가 설치된 장소 또는 제1항 단서에 따른 감지기가 설치된 장소에는 그러하지 아니하다.

1) 계단·경사로 및 에스컬레이터 경사로
2) 복도(30 [m] 미만의 것을 제외한다)
3) 엘리베이터 승강로(권상기실이 있는 경우에는 권상기실)·린넨슈트·파이프 피트 및 덕트 기타 이와 유사한 장소
4) 천장 또는 반자의 높이가 15 [m] 이상 20 [m] 미만의 장소
5) 다음 각 목의 어느 하나에 해당하는 특정소방대상물의 취침·숙박·입원 등 이와 유사한 용도로 사용되는 거실
   - 공동주택·오피스텔·숙박시설·노유자 시설·수련시설
   - 교육연구시설 중 합숙소
   - 의료시설, 근린생활시설 중 입원실이 있는 의원·조산원
   - 교정 및 군사시설
   - 근린생활시설 중 고시원

다만, 교차회로방식에 사용되는 감지기, 급속한 연소 확대가 우려되는 장소에 사용되는 감지기 및 축적기능이 있는 수신기에 연결하여 사용하는 감지기는 축적기능이 없는 것으로 사용하여야 한다.

1) 감지기(차동식 분포형의 것은 제외)는 실내로의 공기유입구로부터 1.5 [m] 이상 떨어진 위치에 설치할 것
2) 감지기는 천장 또는 반자의 옥내에 면하는 부분에 설치할 것
3) 보상식 스포트형 감지기는 정온점이 감지기 주위의 평상시 최고온도보다 20 [℃] 이상 높은 것으로 설치할 것

**[공칭작동 온도(정온점)]**

**① 정온식 또는 보상식 감지기가 작동하도록 세팅시켜 놓는 온도, 즉 감지기가 작동하는 온도로서 주위의 최고온도보다 20 [℃] 이상 높게 한다.**

② **공칭작동온도는 60~150 [℃]이며 50~80 [℃] 사이는 5 [℃] 간격, 80~150 [℃] 사이는 10 [℃] 간격으로 되어 있다.**

4) 정온식 감지기는 주방, 보일러실, 탕비실 등으로서 다량의 화기를 취급하는 장소에 설치하되, 공칭작동온도가 최고주의온도보다 20 [℃] 이상 높은 것으로 설치할 것
5) 차동식 스포트형, 보상식 스포트형 및 정온식 스포트형 감지기는 그 부착 높이 및 소방대상물에 따라 다음 표에 따른 바닥 면적마다 1개 이상을 설치할 것

**[ 부착높이별 감지기의 설치기준 ($m^2$/개) ]**

| 부착높이 및 소방대상물의 구분 | | 감지기 종류 | | | | | | |
|---|---|---|---|---|---|---|---|---|
| | | 차동식 스포트형 | | 보상식 스포트형 | | 정온식 스포트형 | | |
| | | 1종 | 2종 | 1종 | 2종 | 특종 | 1종 | 2종 |
| 4 [m] 미만 | 내화구조 | 90 | 70 | 90 | 70 | 70 | 60 | 20 |
| | 기타구조 | 50 | 40 | 50 | 40 | 40 | 30 | 15 |
| 4 [m] 이상 8 [m] 미만 | 내화구조 | 45 | 35 | 45 | 35 | 35 | 30 | - |
| | 기타구조 | 30 | 25 | 30 | 25 | 25 | 15 | - |

**교차회로 배선**

- 개요 : 하나의 감지구역에 2회로 이상의 감지기 회로를 설치하고 인접한 2개 이상의 감지기가 화재를 감지하는 경우 연동소화설비가 작동하는 회로방식
- 설치대상 : 준비작동식 스프링클러, $CO_2$, 할론, 분말, 할로겐화물 및 불활성기체
  → 화재 감지기와 연동
- 설치목적 : 감지기 오동작으로 인한 연동소화설비의 오동작 방지

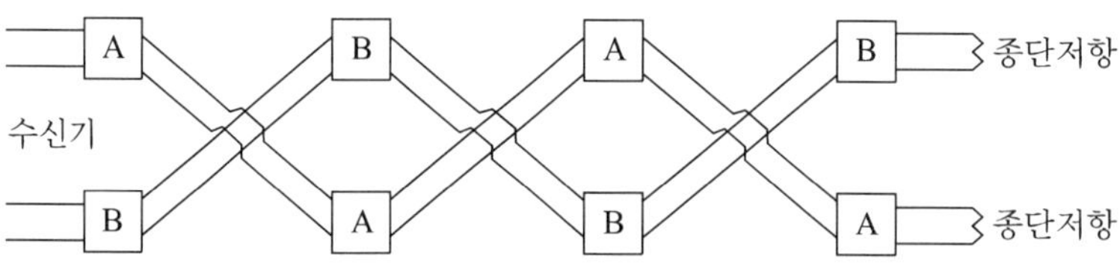


6) 스포트형 감지기는 45° 이상 경사되지 아니하도록 부착할 것
7) 기관식 차동식 분포형 감지기의 설치기준
   - 공기관의 노출부분은 감지구역마다 20 [m] 이상이 되도록 할 것
   - 공기관과 감지구역의 각 변과의 수평거리는 1.5 [m] 이하가 되도록 하고, 공기관 상호 간의 거리는 6 [m] (주요 구조부를 내화구조로 한 소방대상물 또는 그 부분에 있어서는 9 [m]) 이하가 되도록 할 것
   - 공기관은 도중에 분기하지 않는다.

- 하나의 검출부분에 접속하는 공기관의 길이는 100 [m] 이하로 할 것
- 검출부는 5° 이상 경사되지 아니하도록 부착할 것
- 검출부는 바닥으로부터 0.8 [m] 이상 1.5 [m] 이하의 위치에 설치

8) 열전대식 차동식 분포형 감지기의 설치기준
- 열전대부는 감지구역의 바닥 면적 18 [$m^2$] (주요구조부가 내화구조로 된 소방대상물에 있어서는 22 [$m^2$])마다 1개 이상으로 할 것. 다만 바닥 면적이 72 [$m^2$] (주요구조부가 내화구조로 된 소방대상물에 있어서는 88 [$m^2$]) 이하인 소방대상물에 있어서는 4개 이상으로 한다.
- 하나의 검출부에 접속하는 열전대부는 20개 이하로 할 것

[감지기의 설치기준]

<table>
<tr><th>감지기</th><th>설치기준</th></tr>
<tr><td>연기감지기</td><td>
<table>
<tr><th rowspan="2">부착높이</th><th colspan="2">감지기 종류</th></tr>
<tr><th>1종 및 2종</th><th>3종</th></tr>
<tr><td>4 [m] 미만</td><td>150 [$m^2$/개]</td><td>50 [$m^2$/개]</td></tr>
<tr><td>4 [m] 이상 20 [m] 미만</td><td>75 [$m^2$/개]</td><td>-</td></tr>
</table>
① 감지기는 복도 및 통로에 있어서는 보행거리 30 [m] (3종에 있어서는 20 [m]) 마다, 계단 및 경사로에 있어서는 수직거리 15 [m] (3종에 있어서는 10 [m])마다 1개 이상으로 설치할 것<br>
② 천장 또는 반자가 낮은 실내 또는 좁은 실내에 있어서는 출입구의 가까운 부분에 설치할 것<br>
③ 천장 또는 반자부근에 배기구가 있는 경우에는 그 부근에 설치할 것<br>
④ 감지기는 벽 또는 보로부터 0.6 [m] 이상 떨어진 곳에 설치할 것</td></tr>
<tr><td>정온식 감지선형 감지기</td><td>① 보조선이나 고정금구를 사용하여 감지선이 늘어지지 않도록 설치할 것<br>
② 단자부와 마감 고정금구와의 설치간격은 10 [cm] 이내로 설치할 것<br>
③ 감지선형 감지기의 굴곡반경은 5 [cm] 이상으로 할 것<br>
④ 감지기와 감지구역의 각 부분과의 수평거리가 내화구조의 경우 1종 4.5 [m] 이하, 2종 3 [m] 이하로 할 것. 기타 구조의 경우 1종 3 [m] 이하, 2종 1 [m] 이하로 할 것<br>
⑤ 케이블트레이에 감지기를 설치하는 경우에는 케이블트레이 받침대에 마감금구를 사용하여 설치할 것<br>
⑥ 지하구나 창고의 천장 등에 지지물이 적당하지 않는 장소에서는 보조선을 설치하고 그 보조선에 설치할 것</td></tr>
</table>

| | |
|---|---|
| | ⑦ 분전반 내부에 설치하는 경우 접착제를 이용하여 돌기를 바닥에 고정시키고 그 곳에 감지기를 설치할 것<br>⑧ 그 밖의 설치방법은 형식승인 내용에 따르며 형식승인 사항이 아닌 것은 제조사의 시방에 따라 설치할 것 |
| 불꽃감지기 | ① 공칭감시거리 및 공칭시야각은 형식승인 내용에 따를 것<br>② 감지기는 공칭감시거리와 공칭시야각을 기준으로 감시구역이 모두 포용될 수 있도록 설치할 것<br>③ 감지기는 화재감지를 유효하게 감지할 수 있는 모서리 또는 벽 등에 설치할 것<br>④ 감지기를 천장에 설치하는 경우에는 감지기는 바닥을 향하여 설치할 것<br>⑤ 수분이 많이 발생할 우려가 있는 장소에는 방수형으로 설치할 것<br>⑥ 그 밖의 설치기준은 형식승인 내용에 따르며 형식승인 사항이 아닌 것은 제조사의 시방에 따라 설치할 것 |
| 광전식 분리형 감지기 | ① 감지기의 수광면은 햇빛을 직접 받지 않도록 설치할 것<br>② 광축(송광면과 수광면의 중심을 연결한 선)은 나란한 벽으로부터 0.6 [m] 이상 이격하여 설치할 것<br>③ 감지기의 송광부와 수광부는 설치된 뒷벽으로부터 1 [m] 이내 위치에 설치할 것<br>④ 광축의 높이는 천장 등(천장의 실내에 면한 부분 또는 상층의 바닥 하부면) 높이의 80[%] 이상일 것<br>⑤ 감지기의 광축의 길이는 공칭감시거리 범위 이내일 것 |
| 광전식 분리형 감지기, 불꽃감지기 또는 광전식 공기흡입형 감지기 설치장소 | ① 화학공장, 격납고, 제련소 등 : 광전식 분리형 감지기 또는 불꽃감지기를 설치한다. 이 경우 각 감지기의 공칭 감시거리 및 공칭시야각 등의 감지기의 성능을 고려하여야 한다.<br>② 전산실 또는 반도체 공장 등 : 광전식 공기흡입형 감지기를 설치한다. 이 경우 설치장소 감지면적 및 공기흡입관의 이격거리 등은 형식승인 내용에 따르며 형식승인 사항이 아닌 것은 제조사의 시방에 따라 설치하여야 한다. |
| 감지기 설치제외 장소 | ① 천장 또는 반자의 높이가 20 [m] 이상인 장소, 다만 제 1항 단서 각 호의 감지기(축적기능이 있는 감지기)로서 부착높이에 따라 적응성이 있는 장소는 제외한다.<br>② 헛간 등 외부와 기류가 통하는 장소로서 감지기에 따라 화재발생을 유효하게 감지할 수 없는 장소<br>③ 부식성 가스가 체류하고 있는 장소<br>④ 고온도 및 저온도로서 감지기의 기능이 정지되기 쉽거나 감지기의 유지관리가 어려운 장소<br>⑤ 목욕실, 욕조나 샤워시설이 있는 화장실, 기타 이와 유사한 장소(공용화장실 및 장애인 화장실 등은 설치)<br>⑥ 파이프 덕트 등 그 밖의 이와 비슷한 것으로서 2개 층마다 방화구획된 것이나 수평단면적이 5 [$m^2$] 이하인 것 |

⑦ 먼지, 가루 또는 수증기가 다량으로 체류하는 장소 또는 주방 등 평상시에 연기가 발생하는 장소(연기감지기에 한함)
⑧ 실내의 용적이 20 [$m^3$] 이하인 장소
⑨ 프레스공장, 주조공장 등 화재발생의 위험이 적은 장소로서 감지기의 유지관리가 어려운 장소
⑩ 지하구에 설치하는 감지기 : 비화재보방지 기능이 있는 감지기로서 먼지, 습기 등의 영향을 받지 아니하고 발화지점을 확인할 수 있는 감지기를 설치하여야 한다.

## 3.1 부착 높이에 따른 감지기의 설치기준

1) 자동화재탐지 설비의 감지기는 부착높이에 따라 다음 표에 따른 감지기를 설치하여야 한다.(국가화재안전기준(NFSC)203 제7조)

[부착높이에 따른 감지기의 설치기준]

| 부착높이 | 감지기 종류 |
|---|---|
| 4 [m] 미만 | – 차동식 스포트형[23], 차동식 분포형[24]<br>– 보상식 스포트형<br>– 정온식(스포트형, 감지선형)<br>– 이온화식[25] 또는 광전식[26](스포트형, 분리형, 공기흡입형)<br>– 열복합형, 연기복합형, 열연기복합형, 불꽃감지기 |
| 4 [m] 이상<br>8 [m] 미만 | – 차동식(스포트형, 분포형), 보상식 스포트형<br>– 정온식(스포트형, 감지선형) 특종 또는 1종<br>– 이온화식 1종 또는 2종<br>– 광전식(스포트형, 분리형, 공기흡입형) 1종 또는 2종<br>– 열복합형, 연기복합형, 열연기복합형, 불꽃감지기 |
| 8 [m] 이상<br>15 [m] 미만 | – 차동식 분포형, 이온화식 1종 또는 2종<br>– 광전식(스포트형, 분리형, 공기흡입형) 1종 또는 2종<br>– 연기복합형, 불꽃감지기 |
| 15 [m] 이상<br>20 [m] 미만 | – 이온화식 1종, 광전식(스포트형, 분리형, 공기흡입형) 1종<br>– 연기복합형, 불꽃감지기 |
| 20 [m] 이상 | – 불꽃감지기<br>– 광전식(분리형, 공기흡입형) 중 아날로그방식 |

23) 일국소(정해진 좁은 범위)에서의 열효과에 의하여 작동

2) 지하층·무창층 등으로서 환기가 잘되지 않거나 실내면적이 40 [$m^2$] 미만인 장소, 감지기의 부착면과 실내바닥과의 거리가 2.3 [m] 이하인 곳으로서 일시적으로 발생한 열·연기 또는 먼지 등으로 인하여 화재신호를 발신할 우려가 있는 장소에는 다음 각 호에서 정한 감지기 중 적응성 있는 감지기를 설치하여야 한다.

- 불꽃감지기
- 정온식 감지선형 감지기
- 분포형 감지기
- 복합형 감지기
- 광전식 분리형 감지기
- 아날로그방식의 감지기
- 다신호방식의 감지기
- 축적방식의 감지기

## 3.2 배선

1) 전원회로의 배선은 내화배선에 따르고, 그 밖의 배선(감지기 상호간 또는 감지기로 부터 수신기에 이르는 감지기 회로의 배선은 제외)은 내화배선 또는 내열배선에 따라 설치할 것
2) 감지기 상호 간 또는 감지기로부터 수신기에 이르는 감지기 회로의 배선은 다음 각 기준에 따라 설치할 것. 다만, 감지기 상호 간의 배선은 600 [V] 비닐절연전선(IV)으로 설치할 수 있다.(원칙적으로는 HIV, 즉 600 [V] 2종 비닐절연 전선을 설치)
   - 아날로그식, 다신호식 감지기나 R형 수신기용으로 사용되는 것은 전자파 방해를 방지하기 위하여 쉴드선 등을 사용할 것, 다만 전자파 방해를 받지 아니하는 방식의 경우에는 그러하지 아니한다.
   - 일반배선을 사용할 때는 내화배선 또는 내열배선으로 사용할 것

## 3.3 감지기 회로의 도통시험을 위한 종단저항의 설치기준(도통시험: 단선유무측정)

1) 점검 및 관리가 쉬운 장소에 설치할 것
2) 전용함을 설치하는 경우 그 설치 높이는 바닥으로부터 1.5 [m] 이내로 할 것
3) 감지기 회로의 끝부분에 설치하며, 종단감지기에 설치할 경우에는 구별이 쉽도록 해당 감지기의 기판 등에 별도의 표시를 할 것
4) 감지기 사이의 회로의 배선은 송배전식으로 할 것
5) 전원회로의 전로와 대지 사이 및 배선 상호간의 절연저항은 '전기사업법 제 67조의규

24) 넓은 범위에서의 열효과에 의하여 작동
25) 이온전류가 변화하여 작동
26) 광량의 변화로 작동

정'에 따른 기술기준이 정하는 바에 의하고, 감지기 회로 및 부속회로의 전로와 대지 사이 및 배선 상호 간의 절연저항은 1경계구역마다 직류 250 [V]의 절연저항측정기를 사용하여 측정한 절연저항이 0.1 [m$\Omega$] 이상이 되도록 할 것

6) 자동화재탐지설비의 배선은 다른 전선과 별도의 관, 덕트(절연효력이 있는 것으로 구획한 때에는 그 구획된 부분은 별개의 덕트로 본다.), 몰드 또는 풀박스 등에 설치할 것. 다만, 60 [V] 미만의 약 전류회로에 사용하는 전선으로서 각각의 전압이 같을 때에는 그러지 아니한다.

7) P형 수신기 및 GP형 수신기의 감지기 회로의 배선에 있어서 하나의 공통선에 접속할 수 있는 경계구역은 7개 이하로 할 것

8) 자동화재탐지설비의 감지기 회로의 전로저항은 50 [$\Omega$] 이하가 되도록 하여야 하며, 수신기의 각 회로별 종단에 설치되는 감지기에 접속되는 배선의 전압은 감지기 정격전압의 80 [%] 이상이어야 할 것.

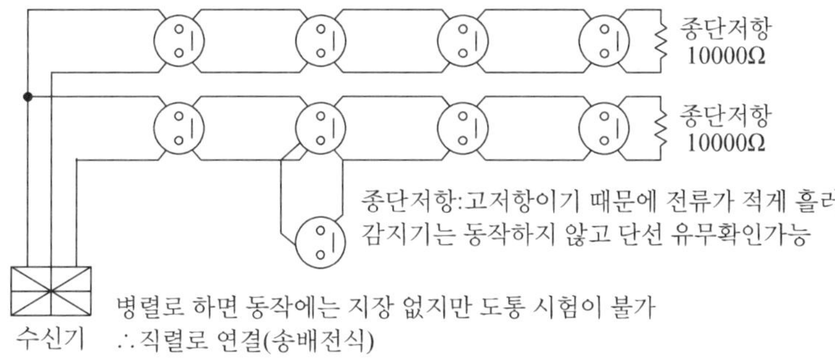


## 3.4 시각경보기

1) 복도, 통로, 청각장애인용 객실 및 공용으로 사용하는 거실(로비, 회의실 강의실, 식당, 휴게실 등)에 설치하며, 각 부분으로부터 유효하게 경보를 발할 수 있는 위치에 설치한다.

2) 공연장, 집회장, 관람장 또는 이와 유사한 장소에 설치하는 경우에는 시선이 집중되는 무대부 부분 등에 설치한다.

3) 설치높이는 바닥으로부터 2 [m] 이상 2.5 [m] 이하의 장소에 설치한다.
(다만, 천장의 높이가 2 [m] 이하인 경우 그로부터 0.15 [m] 이내의 장소에 설치)

4) 시각경보장치의 광원은 전용의 축전지설비에 의하여 점등되도록 할 것. 다만, 시각경보기에 작동전원을 공급할 수 있도록 형식 승인을 얻은 수신기를 설치한 경우에는 그러하지 아니하다.

# 4. 화재감지기의 작동

화재감지기의 작동에 대해서 교육기관을 예로 살펴보면 다음과 같다.

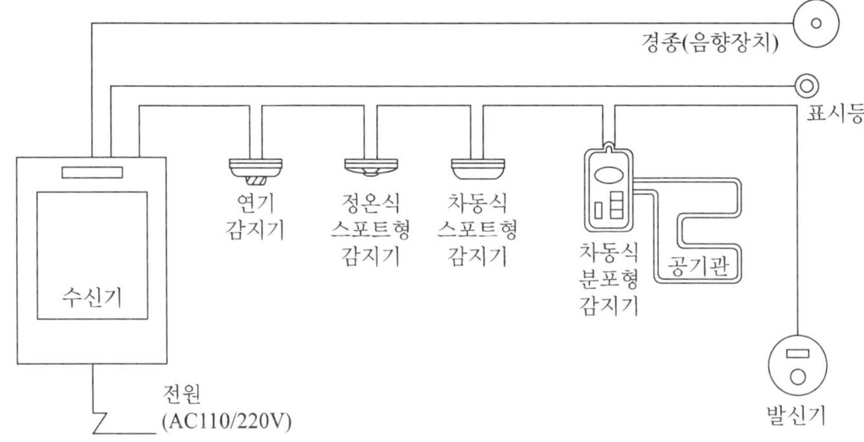


1) 학교 교실 내에는 차동식 스포트형 감지기(열감지기)가 설치되어 있을 것이다. 또한 복도에는 발신기 및 소화전이 있다는 표시등과 발신기 그리고 경종이 설치되어 있다.
2) 교실 내에 불을 났다면 초기화재를 감지하기 위해서는 열감지기 중 차동식 감지기가 설치되어있기 때문에 열에 의한 공기팽창으로 감지기가 동작할 것이다.
3) 이 신호(화재신호)는 수신기로 통보되고 수신기는 화재표시를 시각적으로 표현하는 동시에 자체경종을 울리고, 복도에 설치된 경종이 울린다.

# 5. 감지기 점검

감지기 점검 전에 수신기에서 소방대상물에서 경종의 작동에 따른 소음을 줄이기 위해서 주 경종을 정지시키고 작업하는 것이 일반적인 방법이다. 감지기를 이용하여 점검시 경종 소리가 울리면 정상 작동상태이다. 경종소리 정지방법은 주 경종 버튼, 지구경종 버튼을 누르면 경종 소리가 멈추게 된다. 다음은 복구 버튼을 눌러 원상태로 복구 시킨다.

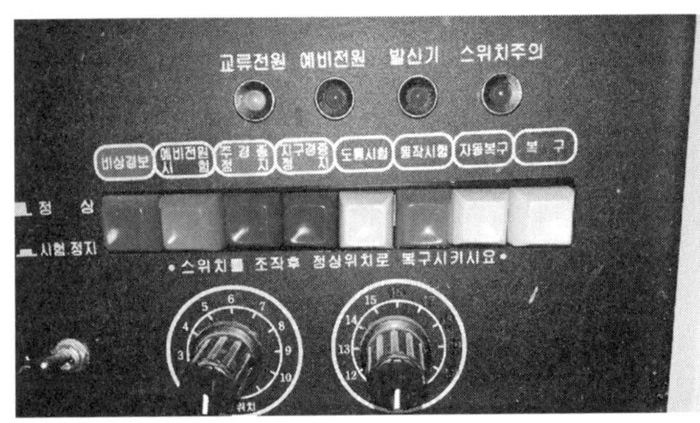


① 소방시설에 대한 도면에서 감지기 및 수신기와 관련된 도면을 찾아 해당 발신기와 감지기의 위치를 확인하여 점검한다. 감지기 동작시 표시 램프에 적색의 불이 들어온다.

② 표시 램프가 들어온 감지기를 찾으면서 불량인 감지기를 교체하면 감지기의 점검이 완료된다. 하지만 점등된 감지기가 없을 경우 설치된 감지기를 하나씩 체크하면서 이상 유무를 확인하여야 한다.

③ 발신기 감지기 회로 라인에서 전원을 체크하는 경우 정상일 경우 24 [V], 감지기 동작시 약 8 [V]로 체크된다.

④ 일반적인 소방 시설의 작동 검사를 실시하는 경우 도면을 보고 구획을 나눠 감지기부터 점검하는 것이 편리하다.

⑤ 감지기를 제거하고 베이스에 결선된 여러 개의 선중에서 1선씩 분리한다.

⑥ 전압을 체크한다. 전압값이 8 [V] 나오는 선의 배관을 보고 다음에 연결된 감지기도 동일하게 확인하며 모든 감지기를 이런 방식으로 구획을 나누고 하나씩 확인한다.

1) 감지기 점검 포인트
- 감지기 표시 램프 확인
- 노후된 감지기 교체
- 누수, 결로, 수증기 발생 위주로 확인
- 최근 공사 및 작업구역

## 5.1 연기감지기의 점검

① 점검용 가스를 감지기 부근에 대고 분사시킨다.

② 감지기가 정상적으로 작동하면 감지기 표시 램프에 불이 들어오면서 수신기에 표시가 된다.

③ 수신기에 표시가 되어 감지기가 정상적으로 작동되는 것을 확인하였으면 수신기를 복구하여 감지기 작동 점검을 종료한다.

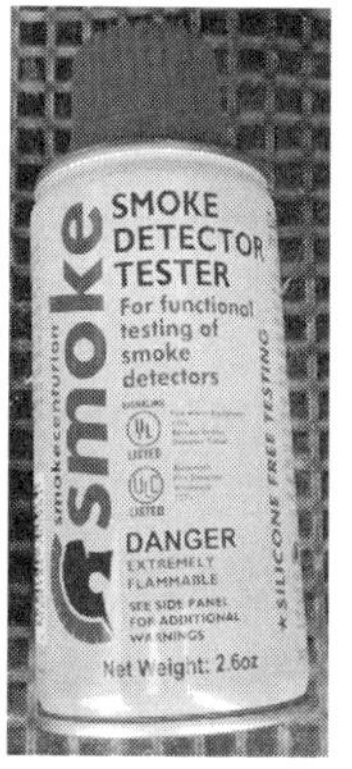


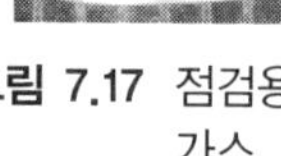
**그림 7.17** 점검용 가스

**그림 7.18** 연기감지기 점검

## 5.2 열감지기 점검

**그림 7.19** 열감지기 헤드

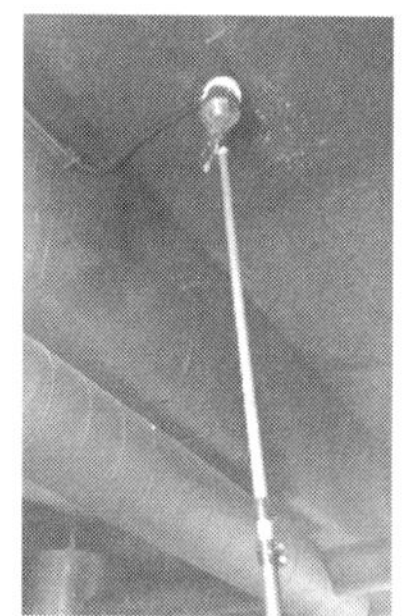
**그림 7.20** 열감지기 점검

**그림 7.21** P형 수신기

① 열감지기 내부 점화부에 솜을 넣는다.

② 여기에 연료로 벤질이나 화이트 가솔린[27)]을 넣는다.

27) 석유에서 추출한, 휘발성과 가연성이 있는 액체 탄화수소

③ 연료를 점화하여 감지기 시험기의 온도를 일정수준으로 가열한다.

④ 감지기 시험기의 헤드 부분을 열감지기에 부착하여 감지기의 작동 여부를 점검한다.

⑤ 감지기가 정상적으로 작동하면 감지기 표시 램프[28)]에 불이 들어오면서 수신기에 표시가 된다.

⑥ 수신기에 표시가 되어 감지기가 정상적으로 작동되는 것을 확인하였으면 수신기를 복구하여 감지기 작동 점검을 종료한다.

## 5.3 차동식 분포형 공기관식 감지기

차동식 분포형 감지기는 화재발생시 감지기 주위온도가 일정상승율 이상 되는 경우에 작동하는 것으로 열 효과의 누적에 의해서 작동하는 감지기이다.
이러한 차동식 분포형 감지기에는 공기관식과 열전대식 열반도체식이 있다.

### 가. 공기관식 감지기 구조

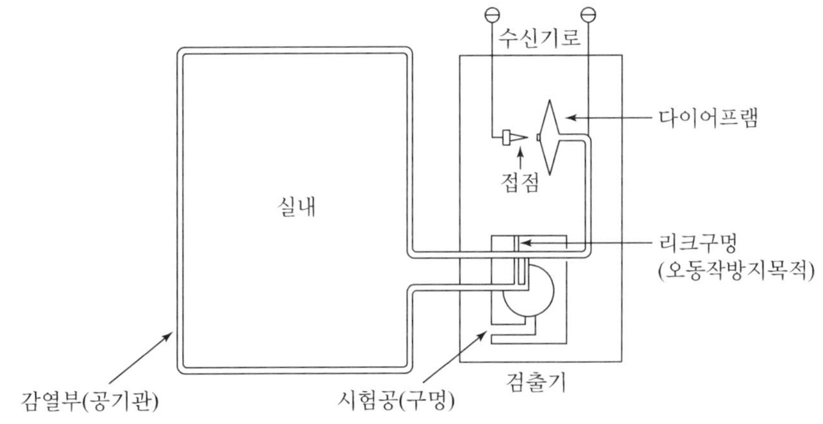


**그림 7.22** 공기관식 감지기

### 나. 공기관식 감지기 설치 기준

① 공기관의 노출부분은 감지구역마다 20 [m] 이상 100 [m] 이하가 되도록 할 것
공기관의 노출 부분이 20 [m]보다 작은 경우에는 감지동작이 빨라서 오동작의 우려가 있으며, 노출부분이 100 [m]보다 긴 경우에는 반대로 감지 동작이 늦어져서 화재 발생 경보의 지연 우려가 있다.

28) 감지기가 작동되었을 때 이를 표시하기 위한 작동표시장치가 있어야 하는데 대부분 작동표시등이 사용된다. 작동표시등은 감지기가 작동하면 점등되고 수신기에서 복구스위치를 누르면 소등된다.

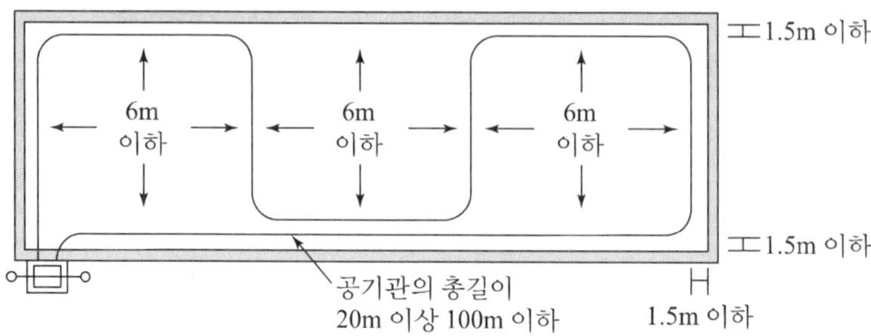


그림 7.23 공기관식 감지기 설치 기준

면적이 작은 사무실등과 같은 곳에 공기관식 감지기를 설치하는 경우 부착면의 각 변에 공기관을 부설하여도 20 [m] 이상의 공기관 노출 부분이 확보되지 못하는 경우에는 감지기로서의 기능을 유지하기 위해서 2중 또는 3중의 코일 감기 형식으로 최소 20 [m] 이상을 유지하여야 한다.

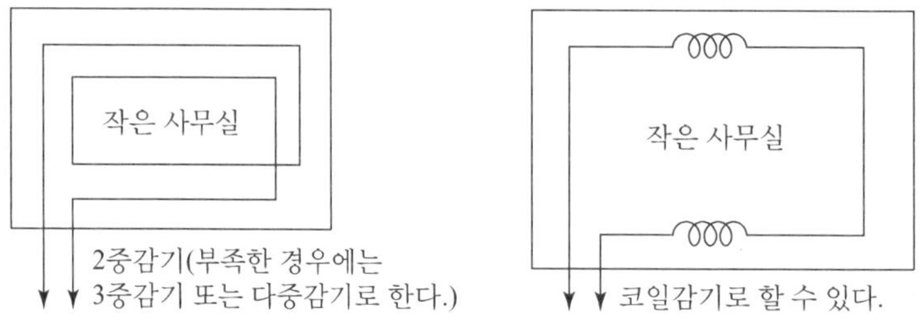


② 공기관과 감지구역의 각 벽과의 수평거리는 1.5 [m] 이하가 되도록 하고, 천장면 아래쪽 30 [cm] 이내에 설치한다.

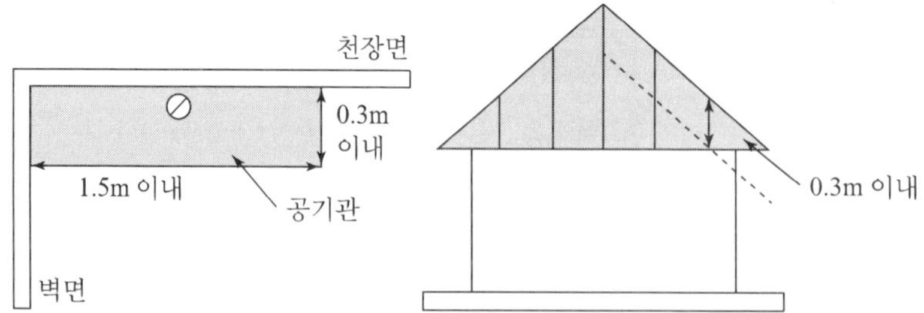


③ 공기관 상호간의 거리는 6 [m](주요구조부를 내화구조로 한 소방대상물 또는 그 부분에 있어서는 9 [m] 이하가 되도록 한다.) 이하가 되도록 한다.

④ 공기관은 도중에서 분기하지 아니하도록 한다.

⑤ 검출부는 5° 이상 경사되지 아니하도록 부착하며, 바닥으로부터 0.8 [m] 이상 1.5 [m] 이

하의 위치에 설치한다.

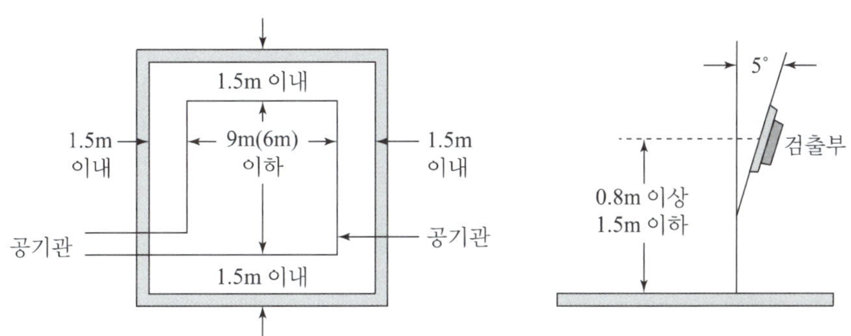


### 다. 공기관식 감지기 점검

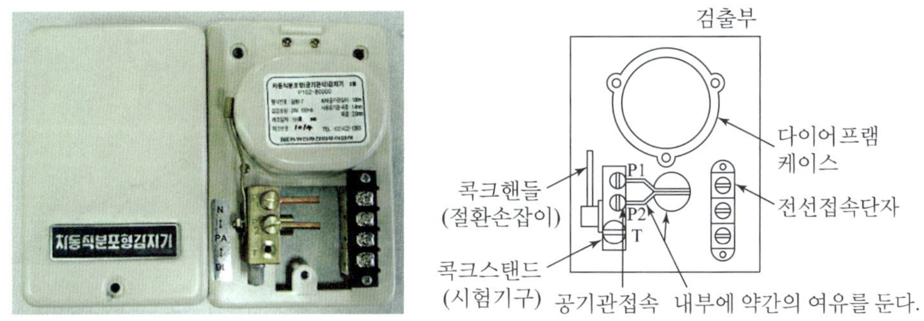


**그림 7.24** 공기관식 감지기 구조

감지기의 설치(공기관 및 검출기) 후 절환 콕크는 항상 정상 위치에 놓는다. 단, T는 완전히 막힌 상태이다. 공기관 설치 후 검출기에 공기관을 접속하고 분포형 감지기 전체 성능을 시험하는 것이다. 절환 손잡이를 P2 위치에 세워 놓고 T를 통하여 동작시험 수치표에 의한 공기를 주입시키면 동작시간 내에 동작되며 동작된 상태가 동작지속시간까지 동작하게 된다.

**표 7.1** 동작시험(펌프시험) 수치표

| 공기관 길이 | 공기주입량(cc) | | | 시간(초) | |
|---|---|---|---|---|---|
| | 1종 | 2종 | 3종 | 동작시간 | 동작지속시간 |
| 60 [m] 미만 | 0.6 | 1.2 | 2.4 | 6초 이내 | 4～42초 |
| 60～80 [m] 미만 | 0.8 | 1.6 | 3.2 | 10초 이내 | 6～56초 |
| 80～100 [m] 미만 | 1.0 | 2.0 | 4.0 | 15초 이내 | 10～72초 |

수치표에 의한 공기주입 후 동작시간 내에 동작하지 않으면 공기관이 누설된 것이며 공기

가 주입되지 않으면 공기관이 막힌 것이므로 점검이 필요하다.
검출기의 성능을 시험할 시 현장에서 측정은 측정용 시험기를 부설 후 행할 수 있다.

① 리크저항 시험시는 P2의 동관단자비스를 풀어내고 P2에 공기주입구를 접속하여 공기를 주입시키면 리크저항기를 통하여 공기는 서서히 누설되게 된다.
② 다이어프램의 접점간격 시험은 P1의 동관단자비스를 풀어내고 공기를 주입시키면 접점의 접속을 확인할 수 있다.

### 가. 차동식 분포형 공기관식 감지기의 화재작동시험(공기주입시험)

1) 시험방법
   ① 검출부의 시험구멍에 공기주입시험기를 접속한다.
   ② 시험코크 또는 열쇠를 조작해서 시험위치에 놓는다.
   ③ 검출부에 표시된 공기량을 공기관에 투입한다(공기관 길이에 따라 공기량이 다르다.)
   ④ 공기를 투입한 후 작동시간을 측정한다.

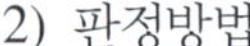

2) 판정방법
   ① 작동시간은 제원표 수치범위 이내일 것
   ② 경계구역 표시가 적정할 것

### 나. 차동식 분포형 공기관식 감지기의 동작에 이상이 있는 경우

1) 기준치 이상인 경우
   ① 리크 저항치가 규정치보다 작다(리크구멍이 크다).
   ② 접점 수고값이 규정치보다 높다(힘 또는 간격이 크다).
   ③ 공기관의 누설, 폐쇄, 편형
   ④ 공기관의 길이가 너무 길다.
   ⑤ 공기관의 접점의 접촉 불량

2) 기준치 미달인 경우
   ① 리크 저항치가 규정치보다 크다
   ② 접점 수고값이 규정치보다 낮다
   ③ 공기관의 길이가 주입량에 비해 짧다.

Chapter 8

# 이산화탄소 소화설비 점검

1. 가스계 소화설비 설치기준
2. 가스계 소화설비 배관 설치기준
3. 이산화탄소($CO_2$)의 성상 및 인체위험성
4. 이산화탄소($CO_2$) 소화설비의 개요
5. 이산화탄소 소화설비의 작동순서
6. 이산화탄소 소화설비의 점검·유지관리 방법
7. 이산화탄소 방출시 대처방안

# 1. 가스계 소화설비 설치기준

(1) 가스계 소화설비 설치장소

| 소방시설 | 소방 대상물 | 설치 기준 |
|---|---|---|
| 가스계 소화설비 | 특정소방 대상물 | ▶ 항공기 격납고<br>▶ 주차용 건물 연면적 800 [m$^2$] 이상<br>▶ 차고 · 주차장(건물 내부에 설치된 것) 바닥면적 200 [m$^2$] 이상<br>▶ 기계식 주차시설 20대 이상<br>▶ 전기 · 발전실 · 변전실 · 축전지실 · 통신기기실 · 전산실 등 바닥면적 300 [m$^2$] 이상 |
| | 특수가연물 | 1,000 배 |

(2) 가스계 소화설비 설치기준

| 소방시설 | 설치기준 |
|---|---|
| | **이산화탄소 소화설비** |
| 소화약제의 저장용기 | ① 이산화탄소 소화약제의 저장용기는 방호구역 외의 장소로서 방화구획된 실에 설치해야 한다.<br>② 이산화탄소 소화약제의 저장용기는 다음 각 호의 기준에 적합해야 한다.<br>1. 저장용기는 고압식은 25 [MPa] 이상, 저압식은 3.5 [MPa] 이상의 내압시험압력에 합격한 것으로 할 것<br>2. 저압식 저장용기에는 안전밸브, 봉판, 액면계, 압력계, 압력경보장치 및 자동냉동장치 등의 안전장치를 설치할 것<br>3. 저장용기의 충전비는 고압식은 1.5 이상 1.9 이하, 저압식은 1.1 이상 1.4 이하로 할 것<br>③ 이산화탄소 소화약제 저장용기의 개방밸브는 전기식 · 가스압력식 또는 기계식에 따라 자동으로 개방되고 수동으로도 개방되는 것으로서 안전장치가 부착된 것으로 해야 한다.<br>④ 이산화탄소 소화약제 저장용기와 집합관을 연결하는 연결배관에는 체크밸브를 설치하고, 선택밸브(또는 개폐밸브)와의 사이에는 과압방지를 위한 안전장치를 설치해야 한다. |

소화약제 양

1. 표면화재 방호대상물의 전역방출방식은 다음 각 목의 기준에 따른다.

가. 방호구역의 체적(불연재료나 내열성의 재료로 밀폐된 구조물이 있는 경우에는 그 체적을 감한 체적) 1 [$m^3$]에 대하여 다음 표에 따른 양. 다만, 다음 표에 따라 산출한 양이 동표에 따른 저장량의 최저한도의 양 미만이 될 경우에는 그 최저한도의 양으로 한다.

| 방호구역체적 | 방호구역의 체적 1$m^3$ 에 대한 소화약제의 양 | 소화약제 저장량의 최저한도의 양 |
|---|---|---|
| 45 [$m^3$] 미만 | 1.00 [kg] | 45 [kg] |
| 45 [$m^3$] 이상 150 [$m^3$] 미만 | 0.90 [kg] | |
| 150 [$m^3$] 이상 1450 [$m^3$] 미만 | 0.80 [kg] | 1.35 [kg] |
| 1450 [$m^3$] 이상 | 0.75 [kg] | 1.125 [kg] |

나. 필요한 설계농도가 34 [%] 이상인 방호대상물의 소화약제량은 가목의 기준에 따라 산출한 소화약제량에 다음 표에 따른 보정계수를 곱하여 산출한다.

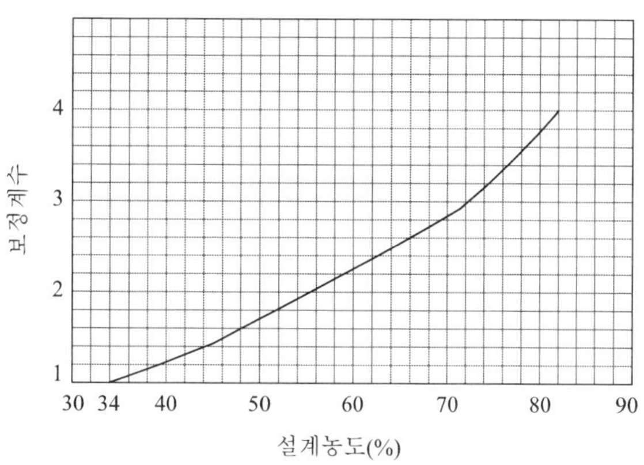


다. 방호구역의 개구부에 자동폐쇄장치를 설치하지 아니한 경우에는 가목 및 나목의 기준에 따라 산출한 양에 개구부면적 1 [$m^2$]당 5 [kg]을 가산한다. 이 경우 개구부의 면적은 방호구역 전체 표면적의 3 [%] 이하로 한다.

2. 심부화재 방호대상물의 전역방출방식은 다음 각 목의 기준에 따른다.

가. 방호구역의 체적(불연재료나 내열성의 재료로 밀폐된 구조물이 있는 경우에는 그 체적을 감한 체적) 1 [$m^3$]에 대하여 다음 표에 따른 양 이상으로 한다.

| 방호 대상물 | 방호구역의 체적 1 $m^3$ 에 대한 소화약제의 양 | 설계 농도(%) |
|---|---|---|
| 유압기기를 제외한 전기시설·케이블실 | 1.3 [kg] | 50 |
| 체적 55 [$m^3$] 미만의 전기시설 | 1.6 [kg] | 50 |
| 서고, 전자제품창고, 목재가공품 창고, 박물관 | 2.0 [kg] | 65 |
| 고무류·면화류창고, 모피창고, 석탄창고, 집진설비 | 2.7 [kg] | 75 |

| | |
|---|---|
| | 나. 방호구역의 개구부에 자동폐쇄장치를 설치하지 아니한 경우에는 가목의 기준에 따라 산출한 양에 개구부 면적 1 [$m^2$]당 10 [kg]을 가산한다. 이 경우 개구부의 면적은 방호구역 전체 표면적의 3 [%] 이하로 한다.<br><br>3. 국소방출방식은 다음 각 목의 기준에 따라 산출한 양에 고압식은 1.4, 저압식은 1.1을 각각 곱하여 얻은 양 이상으로 할 것<br>가. 윗면이 개방된 용기에 저장하는 경우와 화재시 연소면이 한정되고 가연물이 비산할 우려가 없는 경우에는 방호대상물의 표면적 1 [$m^2$]에 대하여 13 [kg]<br>나. 가목 외의 경우에는 방호공간(방호대상물의 각부분으로부터 0.6 [m]의 거리에 따라 둘러싸인 공간을 말한다. 이하 같다)의 체적 1 [$m^3$]에 대하여 다음의 식에 따라 산출한 양<br>$$Q = 8 - 6\frac{a}{A}$$<br>$Q$ : 방호공간 1 [$m^2$]에 대한 이산화탄소 소화약제의 양 [$kg/m^2$]<br>$a$ : 방호대상물 주위에 설치된 벽 면적의 합계 [$m^2$]<br>$A$ : 방호공간의 벽 면적(벽이 없는 경우에는 벽이 있는 것으로 가정한 당해 부분의 면적)의 합계 [$m^2$]<br><br>4. 호스릴이산화탄소소화설비는 하나의 노즐에 대하여 90 [kg] 이상으로 할 것 |
| 기동장치 | ① 이산화탄소소화설비의 수동식 기동장치는 조작, 피난 및 유지관리가 용이한 장소에 설치하되, 전역방출방식은 방호구역마다, 국소방출방식은 방호대상물마다 설치해야 한다. 이 경우 수동식 기동장치의 부근에는 소화약제의 방출을 지연시킬 수 있는 방출지연스위치를 설치해야 한다.<br>② 이산화탄소소화설비의 자동식 기동장치는 자동화재탐지설비의 감지기의 작동과 연동하는 것으로서 수동으로도 기동할 수 있는 구조로 설치해야 한다.<br>③ 이산화탄소소화설비가 설치된 부분의 출입구 등의 보기 쉬운 곳에 소화약제의 방출을 표시하는 표시등을 설치해야 한다. |
| 분사헤드 | ① 전역방출방식의 이산화탄소소화설비의 분사헤드는 다음 각 호의 기준에 따라 설치해야 한다.<br>1. 방출된 소화약제가 방호구역의 전역에 균일하고 신속하게 확산할 수 있도록 할 것<br>2. 분사헤드의 방출압력이 2.1 [MPa](저압식은 1.05 [MPa]) 이상의 것으로 할 것<br>3. 특정소방대상물 또는 그 부분에 설치된 이산화탄소소화설비의 소화약제의 저장량은 제8조제2항제1호 및 제2호의 기준에서 정한 시간 이내에 방출할 수 있는 것으로 할 것<br>② 국소방출방식의 이산화탄소소화설비의 분사헤드는 다음 각 호의 기준에 따라 설치해야 한다.<br>1. 소화약제의 방출에 따라 가연물이 비산하지 않는 장소에 설치할 것<br>2. 이산화탄소 소화약제의 저장량은 30초 이내에 방출할 수 있는 것으로 할 것<br>3. 성능 및 방출압력이 제1항제1호 및 제2호의 기준에 적합한 것으로 할 것 |

<table>
<tr><td></td><td>③ 화재 시 현저하게 연기가 찰 우려가 없는 장소로서 다음 각 호의 어느 하나에 해당하는 장소(차고 또는 주차의 용도로 사용되는 부분 제외)에는 호스릴이산화탄소소화설비를 설치할 수 있다.<br>1. 지상 1층 및 피난층에 있는 부분으로서 지상에서 수동 또는 원격조작에 따라 개방할 수 있는 개구부의 유효면적의 합계가 바닥면적의 15 [%] 이상이 되는 부분<br>2. 전기설비가 설치되어 있는 부분 또는 다량의 화기를 사용하는 부분(해당 설비의 주위 5[m] 이내의 부분을 포함한다)의 바닥면적이 해당 설비가 설치되어 있는 구획의 바닥면적의 5분의 1 미만이 되는 부분<br>④ 호스릴이산화탄소소화설비는 다음 각 호의 기준에 따라 설치해야 한다.<br>1. 방호대상물의 각 부분으로부터 하나의 호스접결구까지의 수평거리가 15 [m] 이하가 되도록 할 것<br>2. 노즐은 섭씨 20 [℃]에서 하나의 노즐마다 분당 60 [kg] 이상의 소화약제를 방사할 수 있는 것으로 할 것<br>3. 소화약제 저장용기는 호스릴을 설치하는 장소마다 설치할 것<br>4. 소화약제 저장용기의 개방밸브는 호스의 설치장소에서 수동으로 개폐할 수 있는 것으로 할 것<br>5. 소화약제 저장용기의 가장 가까운 곳의 보기 쉬운 곳에 표시등을 설치하고, 호스릴이산화탄소소화설비가 있다는 뜻을 표시한 표지를 할 것<br>⑤ 이산화탄소소화설비의 분사헤드의 오리피스구경 등은 다음 각 호의 기준에 적합해야 한다.<br>1. 분사헤드에는 부식방지조치를 해야 하며 오리피스의 크기, 제조일자, 제조업체가 표시되도록 할 것<br>2. 분사헤드의 개수는 방호구역에 방출 시간이 충족되도록 설치할 것<br>3. 분사헤드의 방출률 및 방출압력은 제조업체에서 정한 값으로 할 것<br>4. 분사헤드의 오리피스의 면적은 분사헤드가 연결되는 배관구경면적의 70 [%]이하가 되도록 할 것</td></tr>
<tr><td>음향 경보장치</td><td>① 이산화탄소소화설비의 음향경보장치는 다음 각 호의 기준에 따라 설치해야 한다.<br>1. 수동식 기동장치를 설치한 것은 그 기동장치의 조작과정에서, 자동식 기동장치를 설치한 것은 화재감지기와 연동하여 자동으로 경보를 발하는 것으로 할 것<br>2. 소화약제의 방출개시 후 1분 이상 경보를 계속할 수 있는 것으로 할 것<br>3. 방호구역 또는 방호대상물이 있는 구획 안에 있는 자에게 유효하게 경보할 수 있는 것으로 할 것<br>② 방송에 따른 경보장치를 설치할 경우에는 다음 각 호의 기준에 따라야 한다.<br>1. 증폭기 재생장치는 화재 시 연소의 우려가 없고, 유지관리가 쉬운 장소에 설치할 것<br>2. 방호구역 또는 방호대상물이 있는 구획의 각 부분으로부터 하나의 확성기까지의 수평거리는 25 [m] 이하가 되도록 할 것</td></tr>
</table>

**할론소화설비**

**저장용기**

① 할론소화약제의 저장용기는 방호구역 외의 장소로서 방화구획된 실에 설치해야 한다.
② 할론소화약제의 저장용기는 다음 각 호의 기준에 적합해야 한다.
  1. 축압식 저장용기의 축압용 가스는 질소가스로 할 것
  2. 저장용기의 충전비는 소화약제의 종류에 따를 것
  3. 동일 집합관에 접속되는 저장용기의 소화약제 충전량은 동일 충전비의 것으로 할 것
③ 가압용 가스용기는 질소가스가 충전된 것으로 해야 한다.
④ 할론소화약제 저장용기의 개방밸브는 전기식, 가스압력식 또는 기계식에 따라 자동으로 개방되고 수동으로도 개방되는 것으로서 안전장치가 부착된 것으로 해야 한다.
⑤ 저장용기와 집합관을 연결하는 연결배관에는 체크밸브를 설치할 것
⑥ 가압식 저장용기에는 압력조정장치를 설치해야 한다.
⑦ 하나의 구역을 담당하는 소화약제 저장용기의 소화약제량의 체적합계보다 그 소화약제 방출시 방출경로가 되는 배관(집합관 포함)의 내용적이 1.5배 이상일 경우에는 해당 방호구역에 대한 설비는 별도 독립방식으로 한다.

**소화약제**

1. 전역방출방식은 다음 각 목의 기준에 따라 산출한 양 이상으로 할 것
  가. 방호구역의 체적(불연재료나 내열성의 재료로 밀폐된 구조물이 있는 경우에는 그 체적을 제외한다) 1 [$m^3$]에 대하여 다음 표에 따른 양

<table>
<tr><th colspan="2">특정소방대상물 또는 그 부분</th><th>소화약제의 종류</th><th>방호구역 체적 1 [$m^3$]당 소화약제의 양</th></tr>
<tr><td colspan="2">차고, 주차장, 전기실, 통신기기실, 전산실 기타 이와 유사한 전기설비가 설치되어 있는 부분</td><td>할론 1301</td><td>0.32 [kg] 이상 0.64 [kg] 이하</td></tr>
<tr><td rowspan="5">화재의 예방 및 안전관리에 관한 법률 시행령 별표 2의 특수가연물을 저장, 취급하는 특정소방대상물 또는 그 부분</td><td rowspan="3">가연성고체류, 가연성액체류</td><td>할론 2402</td><td>0.40 [kg] 이상 1.1 [kg] 이하</td></tr>
<tr><td>할론 1211</td><td>0.36 [kg] 이상 0.71 [kg] 이하</td></tr>
<tr><td>할론 1301</td><td>0.32 [kg] 이상 0.64 [kg] 이하</td></tr>
<tr><td>면화류, 나무껍질 및 대팻밥, 넝마 및 종이 부스러기, 사류, 면류, 볏집류, 목재가공품 및 나무 부스러기를 저장 취급하는 것</td><td>할론 1211<br>할론 1301</td><td>0.60 [kg] 이상 0.71 [kg] 이하<br>0.52 [kg] 이상 0.64 [kg] 이하</td></tr>
<tr><td>합성수지류를 저장, 취급하는 것</td><td>할론 1211<br>할론 1301</td><td>0.36 [kg] 이상 0.71 [kg] 이하<br>0.32 [kg] 이상 0.64 [kg] 이하</td></tr>
</table>

  나. 방호구역의 개구부에 자동폐쇄장치를 설치하지 아니한 경우에는 "가"목에 따라 산출한 양에 다음 표에 따라 산출한 양을 가산한 양

<table>
<tr><th colspan="2">특정소방대상물 또는 그 부분</th><th>소화약제의 종류</th><th>가산량(개구부의 면적 1[$m^2$]당 소화약제의 양)</th></tr>
<tr><td colspan="2">차고, 주차장, 전기실, 통신기기실, 전산실 기타 이와 유사한 전기설비가 설치되어 있는 부분</td><td>할론 1301</td><td>2.4 kg</td></tr>
<tr><td rowspan="5">화재의 예방 및 안전관리에 관한 법률 시행령 별표 2의 특수가연물을 저장, 취급하는 특정소방대상물 또는 그 부분</td><td rowspan="3">가연성고체류, 가연성액체류</td><td>할론 2402</td><td>3.0 kg</td></tr>
<tr><td>할론 1211</td><td>2.7 kg</td></tr>
<tr><td>할론 1301</td><td>2.4 kg</td></tr>
<tr><td>면화류, 나무껍질 및 대팻밥, 넝마 및 종이 부스러기, 사류, 면류, 볏집류, 목재가공품 및 나무 부스러기를 저장 취급하는 것</td><td>할론 1211<br>할론 1301</td><td>4.5 kg<br>3.9 kg</td></tr>
<tr><td>합성수지류를 저장, 취급하는 것</td><td>할론 1211<br>할론 1301</td><td>2.7 kg<br>2.4 kg</td></tr>
</table>

2. 국소방출방식은 다음 각 목의 기준에 따라 산출한 양에 할론 2402 또는 할론 1211은 1.1을, 할론 1301은 1.25를 각각 곱하여 얻은 양 이상으로 할 것

가. 윗면이 개방된 용기에 저장하는 경우와 화재시 연소면이 1면에 한정되고 가연물이 비산할 우려가 없는 경우에는 다음 표에 따른 양

| 소화약제의 종류 | 방호대상물의 표면적 1[$m^2$]에 대한 소화약제의 양 |
|---|---|
| 할론 2402 | 8.8 kg |
| 할론 1211 | 7.6 kg |
| 할론 1301 | 6.8 kg |

나. 가목외의 경우에는 방호공간(방호대상물의 각부분으로부터 0.6 [m]의 거리에 따라 둘러싸인 공간을 말한다. 이하 같다)의 체적 1 [$m^3$]에 대하여 다음의 식에 따라 산출한 양

$$Q = X - Y \frac{a}{A}$$

$Q$ : 방호공간 1 [$m^3$]에 대한 할론소화약제의 양 (kg/$m^3$)

$a$ : 방호대상물의 주위에 설치된 벽 면적의 합계 ($m^2$)

$A$ : 방호공간의 벽 면적(벽이 없는 경우에는 벽이 있는 것으로 가정한 당해 부분의 면적)의 합계 ($m^2$)

$X$ 및 $Y$ : 다음 표의 수치

| 소화약제의 종류 | $X$의 수치 | $Y$의 수치 |
|---|---|---|
| 할론 2402 | 5.2 | 3.9 |
| 할론 1211 | 4.4 | 3.3 |
| 할론 1301 | 4.0 | 3.0 |

3. 호스릴할론소화설비는 하나의 노즐에 대하여 50 [kg](할론 1301은 45 [kg]) 이상으로 할 것

<table>
<tr><td>기동장치</td><td>① 할론소화설비의 수동식 기동장치는 조작, 피난 및 유지관리가 용이한 장소에 설치하되 전역방출방식은 방호구역마다, 국소방출방식은 방호대상물마다 설치해야 한다. 이 경우 수동식 기동장치의 부근에는 소화약제의 방출을 지연시킬 수 있는 방출지연스위치를 설치해야 한다.<br>② 할론소화설비의 자동식 기동장치는 자동화재탐지설비의 감지기의 작동과 연동하는 것으로서 수동으로도 기동할 수 있는 구조로 설치해야 한다.<br>③ 할론소화설비가 설치된 부분의 출입구 등의 보기 쉬운 곳에 소화약제의 방출을 표시하는 표시등을 설치해야 한다.</td></tr>
<tr><td>분사헤드</td><td>① 전역방출방식의 할론소화설비의 분사헤드는 다음 각 호의 기준에 따라 설치해야 한다.<br>1. 방출된 소화약제가 방호구역의 전역에 균일하고 신속하게 확산할 수 있도록 할 것<br>2. 할론 2402를 방출하는 분사헤드는 해당 소화약제가 무상으로 분무되는 것으로 할 것<br>3. 분사헤드의 방출압력은 0.1 [MPa](할론 1211을 방출하는 것은 0.2 [MPa], 할론 1301을 방출하는 것은 0.9 [MPa]) 이상으로 할 것<br>4. 제5조에 따른 기준저장량의 소화약제를 10초 이내에 방출할 수 있는 것으로 할 것<br>② 국소방출방식의 할론소화설비의 분사헤드는 다음 각 호의 기준에 따라 설치해야 한다.<br>1. 소화약제의 방출에 따라 가연물이 비산하지 않는 장소에 설치할 것<br>2. 할론 2402를 방출하는 분사헤드는 해당 소화약제가 무상으로 분무되는 것으로 할 것<br>3. 분사헤드의 방출압력은 0.1 [MPa](할론 1211을 방출하는 것은 0.2 [MPa], 할론 1301을 방출하는 것은 0.9 [MPa]) 이상으로 할 것<br>4. 제5조에 따른 기준저장량의 소화약제를 10초 이내에 방출할 수 있는 것으로 할 것<br>③ 화재 시 현저하게 연기가 찰 우려가 없는 장소로서 다음 각 호의 어느 하나에 해당하는 장소는 호스릴할론소화설비를 설치할 수 있다.<br>1. 지상 1층 및 피난층에 있는 부분으로서 지상에서 수동 또는 원격조작에 따라 개방할 수 있는 개구부의 유효면적의 합계가 바닥면적의 15 [%] 이상이 되는 부분<br>2. 전기설비가 설치되어 있는 부분 또는 다량의 화기를 사용하는 부분(해당 설비의 주위 5 [m] 이내의 부분을 포함한다)의 바닥면적이 해당 설비가 설치되어 있는 구획의 바닥면적의 5분의 1 미만이 되는 부분<br>④ 호스릴할론소화설비는 다음 각 호의 기준에 따라 설치해야 한다.<br>1. 방호대상물의 각 부분으로부터 하나의 호스접결구까지의 수평거리는 20 [m] 이하가 되도록 할 것<br>2. 소화약제의 저장용기의 개방밸브는 호스릴의 설치장소에서 수동으로 개폐할 수 있는 것으로 할 것<br>3. 소화약제의 저장용기는 호스릴을 설치하는 장소마다 설치할 것<br>4. 노즐은 20 [℃]에서 하나의 노즐마다 분당 45 [kg](할론 1211은 40 [kg], 할론 1301은 35 [kg]) 이상의 소화약제를 방사할 수 있는 것으로 할 것</td></tr>
</table>

5. 소화약제 저장용기의 가장 가까운 곳의 보기 쉬운 곳에 표시등을 설치하고, 호스릴이산화탄소소화설비가 있다는 뜻을 표시한 표지를 할 것

⑤ 할론소화설비의 분사헤드의 오리피스구경 등은 다음 각 호의 기준에 적합해야 한다.
1. 분사헤드에는 부식방지조치를 해야 하며 오리피스의 크기, 제조일자, 제조업체가 표시되도록 할 것
2. 분사헤드의 개수는 방호구역에 방출 시간이 충족되도록 설치할 것
3. 분사헤드의 방출률 및 방출압력은 제조업체에서 정한 값으로 할 것
4. 분사헤드의 오리피스의 면적은 분사헤드가 연결되는 배관구경 면적의 70 [%] 이하가 되도록 할 것

## 할로겐화합물 및 불활성기체소화설비

**종류**

소화설비에 적용되는 할로겐화합물 및 불활성기체소화약제는 다음 표에서 정하는 것에 한한다.

| 소화약제 | | 화학식 |
|---|---|---|
| 퍼플루오로부탄 | FC-3-1-10 | $C_4F_{10}$ |
| 하이드로클로로플루오로카본혼화제 | HCFC BLEND A | |
| 클로로테트라플루오르에탄 | HCFC-124 | $CHClFCF_3$ |
| 펜타플루오로에탄 | HCFC-125 | $CHF_2CF_3$ |
| 헵타플루오로프로판 | HFC-227ea | $CF_3CHFCF_3$ |
| 트리플루오로메탄 | HFC-23 | $CHF_3$ |
| 헥사플루오로프로판 | HFC-236fa | $CF_3CH_2CF_3$ |
| 트리플루오로이오다이드 | FIC-1311 | $CF_3I$ |
| 불연성·불활성기체혼합가스 | IG-01 | Ar |
| 불연성·불활성기체혼합가스 | IG-100 | $N_2$ |
| 불연성·불활성기체혼합가스 | IG-541 | $N_2$;52%, Ar;40%, $CO_2$;8% |
| 불연성·불활성기체혼합가스 | IG-55 | $N_2$;50%, Ar;50% |
| 도데카플루오르-2메틸펜탄-3-원 | FK-5-1-12 | $CF_3CF_2C(O)CF(CF_3)_2$ |

**저장용기**

① 할로겐화합물 및 불활성기체소화약제의 저장용기는 방호구역 외의 장소로서 방화구획된 실에 설치해야 한다.

② 할로겐화합물 및 불활성기체소화약제의 저장용기는 다음 각 호의 기준에 적합해야 한다.
1. 저장용기의 충전밀도 및 충전압력은 할로겐화합물 및 불활성기체소화약제의 종류에 따라 적용할 것
2. 동일 집합관에 접속되는 저장용기는 동일한 내용적을 가진 것으로 충전량 및 충전압력이 같도록 할 것
3. 저장용기의 약제량 손실이 5 [%]를 초과하거나 압력손실이 10 [%]를 초과할 경우에는 재충전하거나 저장용기를 교체할 것. 다만, 불활성기체 소화약제 저장용

기의 경우에는 압력손실이 5 [%]를 초과할 경우 재충전하거나 저장용기를 교체해야 한다.

③ 하나의 방호구역을 담당하는 저장용기의 소화약제의 체적 합계보다 소화약제의 방출 시 방출경로가 되는 배관(집합관을 포함한다)의 내용적의 비율이 할로겐화합물 및 불활성기체소화약제 제조업체(이하 "제조업체"라 한다)의 설계기준에서 정한 값 이상일 경우에는 해당 방호구역에 대한 설비는 별도 독립방식으로 해야 한다.

**약제량 산정**

① 소화약제의 저장량은 다음 각 호의 기준에 따른다.

1. 할로겐화합물소화약제의 경우, 방호구역의 체적, 소화약제별 선형상수, 소화약제의 설계농도 등을 고려하여 다음 공식에 따라 산출한 양 이상으로 할 것

$$W = \frac{V}{S} \times \left[\frac{C}{100 - C}\right]$$

$W$ : 소화약제의 무게 (kg)

$V$ : 방호구역의 체적 ($m^3$)

$S$ : 소화약제별 선형상수 ($(K_1 + K_2 \times t)$ ($m^3/kg$)

$C$ : 설계에 따른 소화약제 설계 농도 (%)

$t$ : 방호구역의 최소 예상 온도 (℃)

| 소화약제 | $K_1$ | $K_2$ |
|---|---|---|
| FC-3-1-10 | 0.094104 | 0.00034455 |
| HCFC BLEND A | 0.2413 | 0.00088 |
| HCFC-124 | 0.1575 | 0.0006 |
| HFC-125 | 0.1825 | 0.0007 |
| HFC-227ea | 0.1269 | 0.0005 |
| HFC-23 | 0.3164 | 0.0012 |
| HFC-236fa | 0.1413 | 0.0006 |
| FIC-1311 | 0.1138 | 0.0005 |
| FK-5-1-12 | 0.0664 | 0.0002741 |

2. 불활성기체소화약제의 경우, 소화약제의 비체적, 소화약제별 선형상수, 소화약제의 설계농도 등을 고려하여 다음 공식에 따라 산출한 양 이상으로 할 것

$$X = 2.303\frac{V_s}{S} \times \log\left[\frac{100}{100 - C}\right]$$

$X$ : 공간 체적당 더해진 소화약제의 부피 ($m^3/m^3$)

$V$ : 방호구역의 체적 ($m^3$)

$S$ : 소화약제별 선형상수 $(K_1 + K_2 \times t)$ ($m^3/kg$)

$C$ : 체적에 따른 소화약제 설계 농도 (%)

$V_s$ : 20℃에서 소화약제의 비체적 ($m^3/kg$)

$t$ : 방호구역의 최소 예상 온도 (℃)

| 소화약제 | $K_1$ | $K_2$ |
|---|---|---|
| IG-01 | 0.5685 | 0.00208 |
| IG-100 | 0.7997 | 0.00293 |
| IG-541 | 0.65799 | 0.00293 |
| IG-55 | 0.6598 | 0.00242 |

3. 체적에 따른 소화약제의 설계농도(%)는 상온에서 제조업체의 설계기준에서 정한 실험수치를 적용한다. 이 경우 설계농도는 소화농도(%)에 A · B · C급 화재별 안전계수를 곱한 값으로 할 것

② 제1항의 기준에 의해 산출한 소화약제량은 사람이 상주하는 곳에서는 소화약제의 종류에 따른 최대허용 설계농도를 초과할 수 없다.

③ 방호구역이 둘 이상인 장소의 소화설비가 제6조 제3항의 기준에 해당하지 않는 경우에 한하여 가장 큰 방호구역에 대하여 제1항의 기준에 의해 산출한 양 이상이 되도록 해야 한다.

**분사헤드**

① 할로겐화합물 및 불활성기체소화설비의 분사헤드는 다음 각 호의 기준에 따라야 한다.

1. 분사헤드의 설치높이는 방호구역의 바닥으로부터 최소 0.2 [m] 이상 최대 3.7 [m] 이하로 하며 천장높이가 3.7 [m]를 초과할 경우에는 추가로 다른 열의 분사헤드를 설치할 것
2. 분사헤드의 개수는 방호구역에 제10조 제3항을 충족되도록 설치할 것
3. 분사헤드에는 부식방지조치를 해야 하며 오리피스의 크기, 제조일자, 제조업체가 표시되도록 할 것

② 분사헤드의 방출율 및 방출압력은 제조업체에서 정한 값으로 한다.

③ 분사헤드의 오리피스의 면적은 분사헤드가 연결되는 배관구경 면적의 70 [%] 이하가 되도록 할 것

**기동장치**

① 할로겐화합물 및 불활성기체소화설비의 수동식 기동장치는 방호구역마다 설치하되, 조작, 피난 및 유지관리가 용이한 장소에 설치해야 한다. 이 경우 수동식 기동장치의 부근에는 소화약제의 방출을 지연시킬 수 있는 방출지연스위치를 설치해야 한다.

② 할로겐화합물 및 불활성기체소화설비의 자동식 기동장치는 자동화재탐지설비의 감지기의 작동과 연동하는 것으로서 수동식 기동장치를 함께 설치해야 한다.

③ 할로겐화합물 및 불활성기체소화설비가 설치된 부분의 출입구 등의 보기 쉬운 곳에 소화약제의 방출을 표시하는 표시등을 설치해야 한다.

## 2. 가스계 소화설비 배관 설치기준

| 소방시설 | 배관의 설치기준 |
|---|---|
| 이산화탄소 소화설비 | ① 이산화탄소소화설비의 배관은 다음 각 호의 기준에 따라 설치해야 한다.<br>1. 배관은 전용으로 할 것<br>2. 강관을 사용하는 경우의 배관은 압력 배관용 탄소 강관(KS D 3562) 중 스케줄 80(저압식은 스케줄 40) 이상의 것 또는 이와 동등 이상의 강도를 가진 것으로 아연도금 등으로 방식 처리된 것을 사용할 것<br>3. 동관을 사용하는 경우의 배관은 이음매 없는 구리 및 구리합금관(KS D 5301)으로서 고압식은 16.5 [MPa] 이상, 저압식은 3.75 [MPa] 이상의 압력에 견딜 수 있는 것을 사용할 것<br>4. 고압식의 경우 개폐밸브 또는 선택밸브의 2차측 배관부속은 호칭압력 2.0 [MPa] 이상의 것을 사용하며, 1차측 배관부속은 호칭압력 4.0 [MPa] 이상의 것을 사용하고, 저압식의 경우에는 2.0 [MPa]의 압력에 견딜 수 있는 배관부속을 사용할 것<br>② 배관의 구경은 이산화탄소 소화약제의 소요량이 다음 각 호의 기준에 따른 시간 내에 방출될 수 있는 것으로 해야 한다.<br>1. 전역방출방식에 있어서 가연성액체 또는 가연성가스 등 표면화재 방호대상물의 경우에는 1분<br>2. 전역방출방식에 있어서 종이, 목재, 석탄, 섬유류, 합성수지류 등 심부화재 방호대상물의 경우에는 7분. 이 경우 2분 이내에 설계농도의 30 [%]에 도달해야 한다.<br>3. 국소방출방식의 경우에는 30초<br>③ 소화약제의 저장용기와 선택밸브 사이의 집합배관에는 수동잠금밸브를 설치하되 선택밸브 직전에 설치할 것 |
| 할론소화설비 | 할론소화설비의 배관은 다음 각 호의 기준에 따라 설치해야 한다.<br>1. 배관은 전용으로 할 것<br>2. 강관을 사용하는 경우의 배관은 압력 배관용 탄소 강관(KS D 3562) 중 스케줄 80(저압식은 스케줄 40) 이상의 것 또는 이와 동등 이상의 강도를 가진 것으로 아연도금 등으로 방식 처리된 것을 사용할 것<br>3. 동관을 사용하는 경우의 배관은 이음이 없는 구리 및 구리합금관(KS D 5301)으로서 고압식은 16.5 [MPa] 이상, 저압식은 3.75 [MPa] 이상의 압력에 견딜 수 |

| | |
|---|---|
| | 있는 것을 사용할 것<br>4. 배관부속 및 밸브류는 강관 또는 동관과 동등 이상의 강도 및 내식성이 있는 것으로 할 것 |
| 할로겐화합물 및 불활성기체 소화설비 | ① 할로겐화합물 및 불활성기체소화설비의 배관은 다음 각 호의 기준에 따라 설치해야 한다.<br>1. 배관은 전용으로 할 것<br>2. 배관·배관부속 및 밸브류는 저장용기의 방출내압을 견딜 수 있어야 하며 다음 각 목의 기준에 적합할 것. 이 경우 설계내압은 최소사용설계압력 이상으로 한다.<br>가. 강관을 사용하는 경우의 배관은 압력 배관용 탄소 강관(KS D 3562) 또는 이와 동등 이상의 강도를 가진 것으로서 아연도금 등에 따라 방식처리된 것을 사용할 것<br>나. 동관을 사용하는 경우의 배관은 이음이 없는 구리 및 구리합금관(KS D 5301)의 것을 사용할 것<br>다. 배관의 두께는 다음의 계산식에서 구한 값($t$) 이상일 것 다만, 방출헤드 설치부는 제외한다.<br>관의 두께 $t = \frac{PD}{2SE} + A$<br>$t$ : 배관의 두께 [mm]<br>$P$ : 최대허용압력 [kPa]<br>$D$ : 배관의 바깥지름 [mm]<br>$SE$ : 최대허용응력 [kPa]<br>$A$ : 나사 이음, 홈이음 등의 허용값 [mm] [헤드 설치 부분은 제외한다]<br>· 나사이음 : 나사의 높이<br>· 절단홈이음 : 홈의 길이<br>· 용접이음 : 0<br>* 배관 이음 효율<br>· 이음매 없는 배관 : 1.0<br>· 전기저항 용접배관 : 0.85<br>· 가열 맞대기 용접 배관 ; 0.60<br>3. 배관부속 및 밸브류는 강관 또는 동관과 동등 이상의 강도 및 내식성이 있는 것으로 할 것<br>② 배관과 배관, 배관과 배관 부속 및 밸브류의 접속은 나사접합, 용접접합, 압축접합 또는 플랜지접합 등의 방법을 사용해야 한다.<br>③ 배관의 구경은 해당 방호구역에 할로겐화합물소화약제는 10초 이내에, 불활성기체소화약제는 A·C급 화재 2분, B급 화재 1분 이내에 방호구역 각 부분에 최소설계농도의 95 [%] 이상에 해당하는 약제량이 방출되도록 해야 한다. |

# 3. 이산화탄소($CO_2$)의 성상 및 인체위험성

## 3.1 $CO_2$의 성상

1) 무색, 무취, 무독성 가스
2) 비중은 1.529, 밀도는 1.976 [g/ℓ], 승화점은 −78.5 [℃]
3) 20 [℃]에서 50기압으로 압축하면 무색의 액체가 된다.(임계점 31.35 [℃])
4) 질식 및 냉각소화효과
   - 표준설계농도 : 34 [%] (산소농도를 21 [%] → 15 [%]로 낮춘다)
   - 액체탄산방출온도 : −83 [℃]
5) 기체팽창률(액체에서 기화시 체적비는 539배) 및 기화잠열이 크다.
6) 자체증기압이 높다(증기압 60 [$kg_f/cm^2$] at 20 [℃]).

## 3.2 인체에 대한 $CO_2$ 위험성

1) 방사후의 산소농도가 14∼16 [%]로 저하되면서 질식의 위험과 이산화탄소 농도가 증가함에 따라 아래 표와 같은 생리적 위험성이 있다.
2) 액화탄산가스가 기화하면서 −83 [℃]까지 하강하면서 동상의 위험이 있다.

**표 8.1** 이산화탄소 농도와 생리적 반응

| 공기 중의 $CO_2$ 농도 | 인체에 미치는 영향 |
|---|---|
| 2 [%] | 불쾌감이 있다 |
| 4 [%] | 눈의 자극, 두통, 귀울림, 현기증, 혈압상승 |
| 8 [%] | 호흡 곤란 |
| 9 [%] | 구토, 감정 둔화 |
| 10 [%] | 시력장애, 1분 이내 의식상실, 장기간 노출시 사망 |
| 20 [%] | 중추신경 마비, 단시간 내 사망 |

# 4. 이산화탄소($CO_2$) 소화설비의 개요

## 4.1 이산화탄소소화설비란

이산화탄소소화설비는 질식 및 냉각효과에 의한 소화를 목적으로 이산화탄소를 일정한 고압 용기에 저장해 두었다가 화재시 수동 또는 자동으로 분사하도록 한 고정식 또는 이동식 소화설비이다.

## 4.2 적응 및 비적응 대상

### 가. 적응대상

1) 인화성액체(4류 위험물)에 의한 화재
2) 변압기·스위치·회로차단기·발전기 등의 전기설비의 화재
3) 고체위험물의 화재
4) 일반가연물의 화재

### 나. 비적응대상(방출헤드 설치제외대상, NFSC106 제11조)

1) 방재실·제어실 등 사람이 상시 근무하는 장소
2) 니트로셀룰로오스, 셀룰로이드 제품 등 자기연소성 물질(5류 위험물)을 저장·취급하는 장소
3) 나트륨 및 칼륨 등 활성 금속 물질(3류 위험물)을 저장·취급하는 장소
4) 전시장 등의 관람을 위하여 다수인이 출입·통행하는 통로 및 전시실 등

## 4.3 소화약제로서 $CO_2$ 특성

1) 질식소화를 주로하며, 냉각효과가 부수적인 소화효과이다.
2) 장·단점
   ① 장점
      - 소화 후 약제 잔존물이 없다.

- 방사 체적이 큰 관계로 기화잠열로 인한 냉각작용이 우수하다.
- 전기에 대해 비전도성으로 C급 화재에 매우 효과적이다.
- 공기보다 비중(1.53)이 크며 가스상태로 심부까지 침투가 용이하다.
- 약제 수명이 반영구적이며 가격이 저렴하다.

② 단점

- 질식의 위험이 있어 용도에 따라 사용이 제한적이다.
- 시스템에 사용하는 배관, 밸브 등이 고압설비이다.
- 기화시 온도가 급랭하여 동결의 위험이 있는 관계로 정밀기기에 손상우려가 있다.
- 방사시 소음이 매우 심하며 드라이아이스 생성으로 시야 장해를 초래한다.
- 대표적인 온실가스로서 GWP(지구온난화지수)가 제일 높은 물질이다.

## 4.4 계통도 [전역방출방식 (가스압력개방식)]

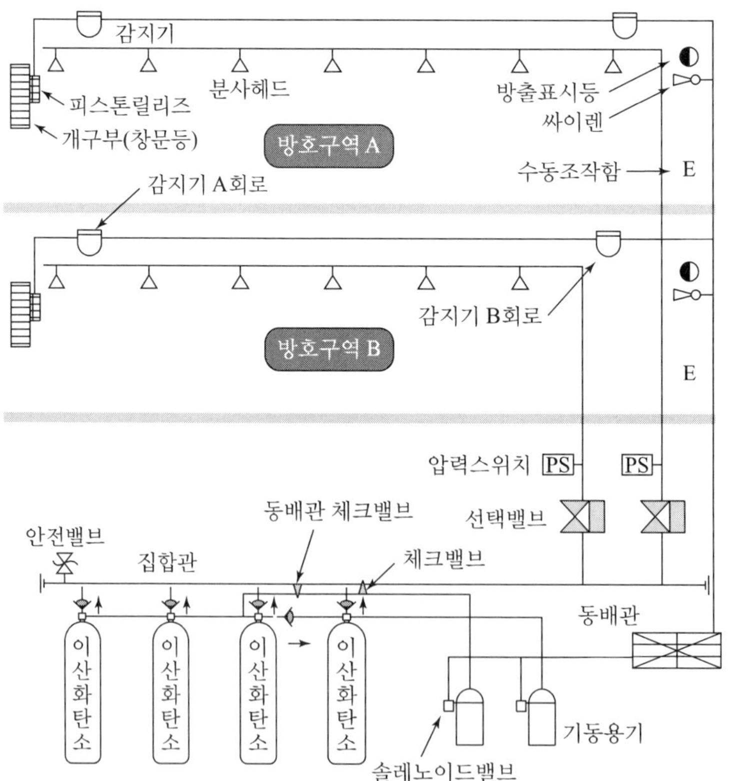

# 5. 이산화탄소 소화설비의 작동순서

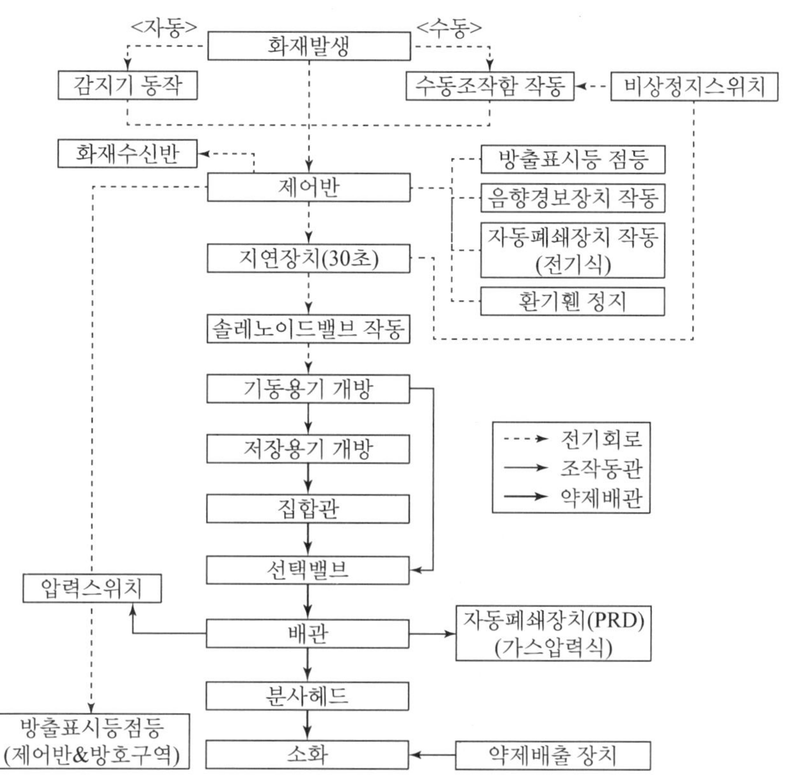


**그림 8.1** 작동 다이어그램

1) 화재 발생
2) 감지기 1개(1회로)가 작동 : 사이렌 작동
3) 감지기가 2개회로(교차회로) 감지, 수동 조작함 조작스위치 또는 제어반 수동 작동
4) 제어반에서 화재표시등, 지구표시등이 점등 및 대피 피난방송
5) 제어반 지연타이머 작동
6) 지연시간 이후 솔레노이드 밸브 작동
7) 기동용기 가스 방출
8) 기동용기의 가스가 동관으로 이동하여
   - 해당 방호구역의 선택밸브 개방
   - 저장용기밸브 개방
   - 피스톤릴리즈 작동
9) 압력스위치 작동 및 방출표시등 점등
10) 헤드로 소화가스 방출

# 6. 이산화탄소 소화설비의 점검·유지관리 방법

## 6.1 점검 전 안전조치 사항

1) 제어반의 솔레노이드 밸브의 연동을 정지시킨다.
2) 저장용기 및 선택밸브에 연결된 조작동관을 분리한다.
3) 솔레노이드 밸브에 안전핀을 체결 후 분리시키며, 안전핀 제거 후 작동 가능상태로 전환시킨다.

솔레노이드 밸브 연동정지 조작동관 분리 안전핀 체결 후 분리

## 6.2 점검방법(가스압력개방식의 경우)

1) 기동용기의 솔레노이드 밸브 작동시험

- 기동용기와 솔레노이드 밸브 분리

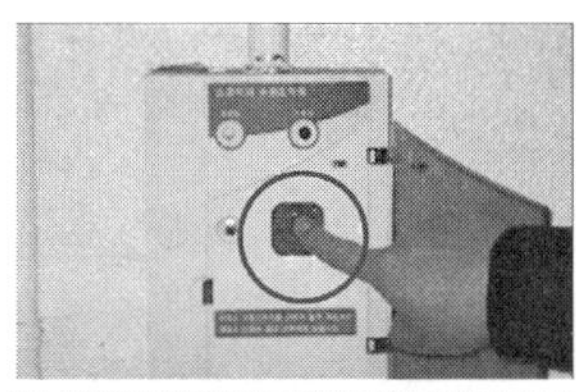

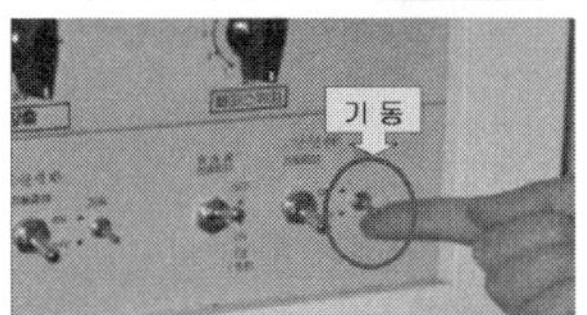


〈수동조작에 의한 작동시험 모습〉

- 작동시험 실시
- 수동조작함의 기동스위치를 작동시킨다.
- 감지기 교차회로(2개 회로 이상)를 작동시킨다.
- 제어반에서 솔레노이드 밸브의 기동스위치를 작동시킨다.
- 제어반에서 감지기의 교차회로를 동작시킨다.

〈솔레노이드 밸브 작동 모습〉

- 작동상태 확인
- 화재경보(사이렌)가 나오는지 확인한다.
- 해당 방호구역의 기동용기 솔레노이드 밸브가 작동하여 공이가 튀어 나오는지 확인한다.
- 제어반에서 화재표시등, 지구표시등의 점등 여부를 확인한다.

2) 방출표시등 점등시험

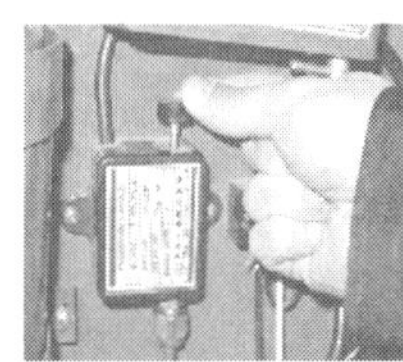

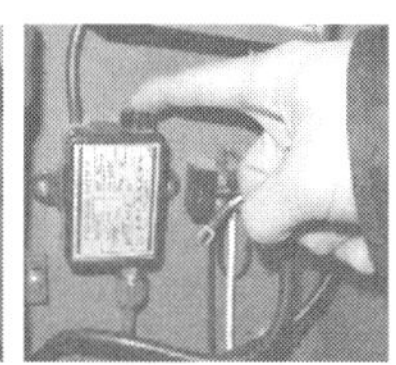

〈방출표시등 작동 및 복구 모습〉

1. 압력스위치의 점검핀을 뽑는다.
2. 해당 방호구역의 출입구 문 밖에 설치된 방출표시등, 수동조작함의 방출표시등, 수신반의 방출표시창의 점등여부를 확인한다.
3. 압력스위치의 점검핀을 눌러 원상태로 복구시킨다.

## 6.3 복구방법

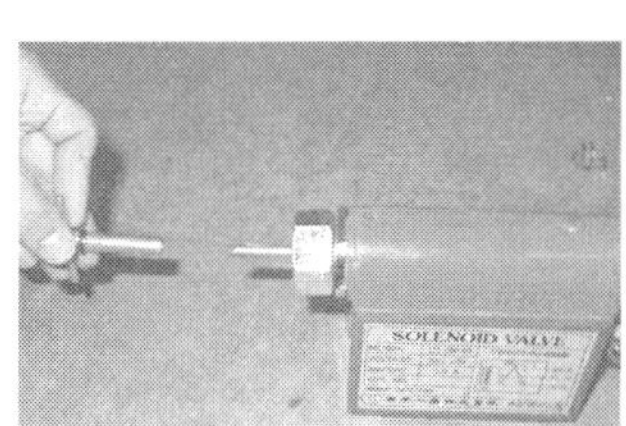

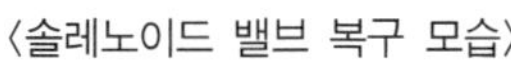

〈솔레노이드 밸브 복구 모습〉

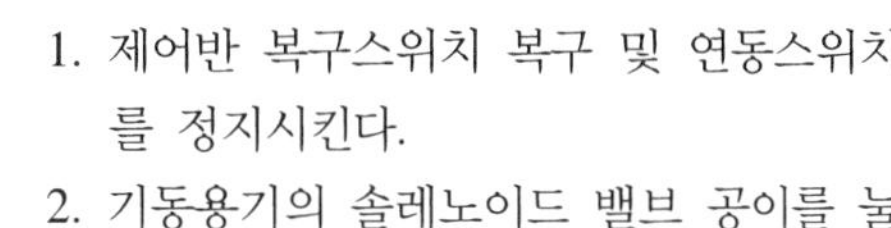

1. 제어반 복구스위치 복구 및 연동스위치를 정지시킨다.
2. 기동용기의 솔레노이드 밸브 공이를 눌러서 원래의 상태로 복구시킨다.
3. 솔레노이드 밸브를 기동용기에 장착시킨다.
4. 안전핀을 분리한다.
5. 조작동관을 재결합시킨다.

# 7. 이산화탄소 방출시 대처방안

## 7.1 감지기 등 설비작동 후 소화약제 방출 전

1) 방호구역 외 안전한 곳으로 대피한다.
2) 관계인을 포함하여 방호구역 내 출입을 금지시킨다.
3) 방호구역 내 재실자가 있는 경우 비상정지스위치를 작동시킨다.

## 7.2 소화약제 방출 후

1) 배출설비(배기팬) 작동 및 안전한 장소에 약제를 방출하는지 확인한다.
   지하층, 무창층 및 밀폐된 거실 등에 이산화탄소소화설비를 설치한 경우에는 소화약제의 농도를 희석시키기 위한 배출설비를 갖추어야 한다.
   (이산화탄소소화설비 화재안전기준 제16조)
2) 일정량 이상 배기 후 출입구를 개방한다.
3) 이산화탄소 농도측정 후 방호구역 내에 진입한다.
4) 기동용 및 저장용 및 가스용기를 교환한다.
5) 선택밸브 및 제어반 등 작동설비를 복구한다.

## 7.3 기타 오작동으로 인한 가스 약제 방출 사례

1) 제3자의 수동조작함 조작
2) 점검시 솔레노이드 밸브 분리 및 체결시 작동
3) 보수공사시 회로 오결선으로 인한 사고
4) 제어반에서 조작 미흡으로 인한 방출
5) 수동조작함 내 빗물의 침투로 인한 방출
6) 솔레노이드 밸브 결함으로 인한 방출
7) 솔레노이드 밸브 완전 미 복구시 약간의 충격으로 개방된 사례
8) 점검 후 연기감지기의 잔류 스프레이로 인한 동작 방출
9) 방역소독시 감지기의 오동작으로 인한 방출

Chapter 9

# 공동주택 작동 및 세대점검

1. 소방시설물 개요
2. 아파트 세대별 점검
3. 아파트 작동 점검

# 1. 소방시설물 개요

## 1.1 소방시설물의 개요

| | | |
|---|---|---|
| 소방 대상물 | 소재지 | ●●도 ○○시 ○○동 |
| | 명칭 | □□ 아파트 |
| | 용도 | 공동주택[29](아파트) |
| | 건물구조 | 철근콘크리트조[30] 경사지붕[31], 지상 15층 지하 2층<br>연면적 113,919.511 [$m^2$], 아파트 14개동, 부속동 12개동 |
| 소방 시설의 종류 | 소화기구 | 1. 소화기구 2. 옥내소화전 설비 3. 스프링클러 설비 |
| | 경보설비 | 1. 자동화재탐지 설비 2. 비상방송 설비 |
| | 피난설비 | 1. 유도등 2. 유도표지 3. 피난기구 4. 비상조명등 |
| | 소화용수설비 | 1. 상수도 소화용수 설비 |
| | 소화활동설비 | 1. 연결송수관 설비 2. 비상콘센트 설비 3. 무선통신보조 설비 |

## 1.2 공동주택의 소방시설적용 기준에 따른 소방시설물

29) 주택건설촉진법에서 규정하고 있는 법률상의 용어로서, "대지 및 건물의 벽·복도·계단 기타 설비 등의 전부 또는 일부를 공동으로 사용하는 각 세대가 하나의 건축물 안에서 각각 독립된 주거생활을 영위할 수 있는 구조로 된 주택" 이며, 그 종류와 범위는 대통령령으로 정하고 있다. 공동주택의 종류와 범위는 다음과 같다.

① 아파트 : 주택으로 쓰이는 층수가 5개 층 이상인 주택
② 연립주택 : 주택으로 쓰이는 1개 동의 연면적(지하 주차장 면적을 제외한다)이 660 [$m^2$]를 초과하고 층수가 4개 층 이하인 주택
③ 다세대주택 : 주택으로 쓰이는 1개 동의 연면적(지하 주차장 면적을 제외한다)이 660 [$m^2$] 이하이고, 층수가 4개 층 이하인 주택
④ 기숙사 : 학교 또는 공장 등의 학생 또는 종업원 등을 위하여 사용되는 것으로서 공동취사 등을 할 수 있는 구조이되, 독립된 주거의 형태를 갖추지 아니한 것

30) 기둥, 바닥, 보, 지붕 등의 건물의 주요 구조부를 압축력이 강한 콘크리트와 인장력이 강한 철근을 사용하여 구성한 습식 구조.(reinforced concrete structure)

31) 비스듬하거나 가파르게 경사진 지붕

**표 9.1** 소방시설 적용기준(공동주택)

<table>
<tr><th colspan="2">소방시설</th><th colspan="3">적용기준</th></tr>
<tr><td rowspan="9">소화설비</td><td rowspan="2">소화기구</td><td colspan="3">연면적 33 [m²] 이상인 것은 수동식 소화기 또는 간이소화용구를 설치</td></tr>
<tr><td colspan="3">아파트에는 자동식 소화기를 설치</td></tr>
<tr><td rowspan="3">옥내소화전설비</td><td colspan="2">연면적 3,000 [m²] 이상이거나 지하층·무창층 또는 층수가 4층 이상인 것 중 바닥 면적이 600 [m²] 이상인 층이 있는 것은 전 층</td><td rowspan="3">옥내소화전설비 설치대상인 아파트의 경우 호스를 옥내소화전설비로 설치 가능</td></tr>
<tr><td colspan="2">복합건축물로서 연면적 1,500 [m²] 이상이거나 지하층·무창층 또는 층수가 4층 이상인 층 중 바닥 면적이 300 [m²] 이상인 층이 있는 것은 전 층</td></tr>
<tr><td colspan="2">건축물의 옥상에 설치된 차고 또는 주차장으로서 차고 또는 주차의 용도로 사용되는 부분의 면적이 200 [m²] 이상인 것</td></tr>
<tr><td rowspan="3">스프링클러설비</td><td colspan="3">층수가 11층 이상인 특정소방대상물의 경우에는 전 층</td></tr>
<tr><td colspan="3">특정소방대상물(냉동 창고를 제외한다)의 지하층·무창층 또는 층수가 4층 이상인 층으로서 바닥 면적이 1,000 [m²] 이상인 층</td></tr>
<tr><td colspan="3">복합건축물 내에 있는 학생 수용을 위한 기숙사로서 연면적 5,000 [m²] 이상인 경우에는 전 층</td></tr>
<tr style="display:none"></tr>
<tr><td rowspan="5">경보설비</td><td rowspan="3">비상방송설비</td><td colspan="3">연면적 3,500 [m²] 이상인 것</td></tr>
<tr><td colspan="3">지하층을 제외한 층수가 11층 이상인 것</td></tr>
<tr><td colspan="3">지하층의 층수가 3개 층 이상인 것</td></tr>
<tr><td rowspan="2">자동화재탐지설비</td><td colspan="3">복합건축물로서 연면적 600 [m²] 이상인 것</td></tr>
<tr><td colspan="3">연면적 1,000 [m²] 이상인 것</td></tr>
<tr><td rowspan="5">피난설비</td><td rowspan="2">피난기구</td><td>적용</td><td colspan="2">모든 층에 화재안전기준에 적합한 피난기구 설치</td></tr>
<tr><td>제외</td><td colspan="2">피난층, 지상 1층, 지상 2층 및 층수가 11층 이상의 층</td></tr>
<tr><td colspan="2">피난유도등, 통로유도등 및 유도표지</td><td colspan="2">(전체)</td></tr>
<tr><td rowspan="2">비상조명등</td><td colspan="2">지하층을 포함하는 층수가 5층 이상인 건축물로서 연면적 3,000 [m²] 이상인 것</td><td rowspan="2">가스시설 또는 창고와 이와 비슷한 것은 제외</td></tr>
<tr><td colspan="2">지하층 또는 무창층의 바닥 면적이 450 [m²] 이상인 경우에는 그 지하층 또는 무창층</td></tr>
<tr><td colspan="2">소화용수설비</td><td colspan="2">상수도 소화용수설비</td><td>연면적 5,000 [m²] 이상인 것</td></tr>
<tr><td rowspan="6">소화활동설비</td><td rowspan="3">연결송수관설비</td><td colspan="3">층수가 5층 이상으로서 연면적 6,000 [m²] 이상인 것</td></tr>
<tr><td colspan="3">지하층을 포함하는 층수가 7층 이상인 것</td></tr>
<tr><td colspan="3">지하층의 층수가 3개 층 이상이고 지하층의 바닥 면적의 합계가 1,000 [m²] 이상인 것</td></tr>
<tr><td rowspan="2">비상콘센트설비</td><td colspan="3">지하층을 포함하는 층수가 11층 이상인 특정소방대상물의 경우에는 지하로부터 11층 이상의 층</td></tr>
<tr><td colspan="3">지하층의 층수가 3개 층 이상이고 지하층의 바닥 면적의 합계가 1,000 [m²] 이상인 것은 지하층의 전 층</td></tr>
<tr><td>무선통신보조설비</td><td colspan="3">지하층의 바닥 면적의 합계가 3,000 [m²] 이상인 것 또는 지하층의 층수가 3개 층 이상이고 지하층의 바닥 면적의 합계가 1,000 [m²] 이상인 것은 지하층의 전 층</td></tr>
</table>

# 2. 아파트 세대별 점검

## 2.1 아파트 세대 점검시 주요 점검 사항

2005년 1월부터 건축 허가를 받는 신축 아파트의 모든 세대에는 스프링클러 설비가 갖춰져야 하며 각 주방에는 자동식 소화기가 의무적으로 설치된다.

### 1) 아파트 스프링클러 설비 설치의 강화

- 2004년 이전 : 종전에는 16층 이상 층에 설치
- 2005년 이후 : 11층 이상 아파트의 경우 모든 층에 설치

| 층수 | 1999년 7월에 입주한 20층 아파트 복도에 설치된 공용 소화설비 | | | | | | |
|---|---|---|---|---|---|---|---|
| 20층 | 소화기 | 발신기 | 감지기 | 유도등 | 방수구 | | 프리액션밸브 |
| 19층 | 소화기 | 발신기 | 감지기 | 유도등 | 방수구 | | |
| 18층 | 소화기 | 발신기 | 감지기 | 유도등 | 방수구 | 방수용기구함 | 프리액션밸브 |
| 17층 | 소화기 | 발신기 | 감지기 | 유도등 | 방수구 | | |
| 16층 | 소화기 | 발신기 | 감지기 | 유도등 | 방수구 | | 프리액션밸브 |
| 15층 | 소화기 | 발신기 | 감지기 | 유도등 | 소화전(방수구) | 방수용기구함 | |
| 14층 | 소화기 | 발신기 | 감지기 | 유도등 | 소화전(방수구) | | |
| 13층 | 소화기 | 발신기 | 감지기 | 유도등 | 소화전(방수구) | | |
| 12층 | 소화기 | 발신기 | 감지기 | 유도등 | 소화전(방수구) | 방수용기구함 | |
| 11층 | 소화기 | 발신기 | 감지기 | 유도등 | 소화전(방수구) | | |
| 10층 | 소화기 | 발신기 | 감지기 | 유도등 | 소화전(방수구) | | |
| 9층 | 소화기 | 발신기 | 감지기 | 유도등 | 소화전(방수구) | 방수용기구함 | |
| 8층 | 소화기 | 발신기 | 감지기 | 유도등 | 소화전(방수구) | | |
| 7층 | 소화기 | 발신기 | 감지기 | 유도등 | 소화전(방수구) | | |
| 6층 | 소화기 | 발신기 | 감지기 | 유도등 | 소화전(방수구) | 방수용기구함 | |
| 5층 | 소화기 | 발신기 | 감지기 | 유도등 | 소화전(방수구) | | |
| 4층 | 소화기 | 발신기 | 감지기 | 유도등 | 소화전(방수구) | | |
| 3층 | 소화기 | 발신기 | 감지기 | 유도등 | 소화전(방수구) | 방수용기구함 | |
| 2층 | 소화기 | 발신기 | 감지기 | 유도등 | 소화전(방수구) | | |
| 1층 | 소화기 | 발신기 | 감지기 | 유도등 | 소화전 | | |

### 2) 아파트 자동식 소화기 설치 강화

- 2004년 이전 : 11층 이상 아파트는 6층 이상의 층
- 2005년 이후 : 건축허가를 신청하는 주택으로 사용되는 층수가 5층 이상인 공동주택(다가구·다세대·아파트 등)은 모든 층의 주방에 자동식 소화기 설치

**표 9.2** 공동주택 소방시설 설치기준

| 소방시설 | | 설치기준 | 비고 |
|---|---|---|---|
| 소화설비 | 수동식 소화기 | • 각 세대별 설치 | |
| | 자동식 소화기 | • 각 세대별 주방 설치<br>(2004년 이전공동주택 스프링클러 설치한 경우 제외) | |
| | 옥내소화전 설비 | • 연면적 3,000 [m$^2$] 이상 층별 설치 | |
| | 스프링클러 설비 | • 11층 이상인 경우 전 층<br>(2005년 이전 16층 이상 층만 설치) | |
| 피난설비 | 완강기 등 | • 10층 이하 층 설치 | |

**표 9.3** 건축법령상 피난시설(설비) 종류

| 피난시설(설비)종류 | 설치 기준 | 비고(면제기준) |
|---|---|---|
| 일반피난계단 | • 전체대상<br>– 내화구조의 벽으로 구획[32) ] 실내마감 불연재료 | |
| 특별피난계단<br>(비상용 승강기 포함) | • 16층 이상<br>– 내화구조의 벽으로 구획, 마감재료 불연재로 하고 전실 내 화염과 연기침투 보호 | |
| 경량칸막이 | • 3층 이상 공동주택으로서 인접세대로 대피 | 대피공간 및 복도형으로서 계단 2개소 이상, 하향식 피난기구 설치대상 |
| 대피 공간 | • 4층 이상<br>– 면적 2~3 [m$^2$]<br>– 갑종방화문 및 조명설비 설치 | 경량칸막이 설치 및 복도형으로서 계단 2개소 이상 하향식 피난기구 설치대상 |
| 하향식 피난기구 | • 4층 이상 공동주택 발코니 | 경량칸막이, 대피공간 설치 면제(건축법 시행령 제47조) |

32) 경계를 갈라 정한다.

## 2.2 소화기구

1) 수동식 소화기 설치대상: 연면적 33 [m$^2$] 이상
2) 자동식 소화기 : 11층 이상 아파트는 6층 이상의 층 <2004년 이전 기준>
3) 수동식 소화기 설치기준 : 각층마다 설치, 보행거리 소형 20 [m], 대형 30 [m] 이내마다 설치
4) 소화기 검사요령 : 통행 및 피난의 지장여부, 충약 상태, 심한 변형, 부식, 파손, 도장상태, 부품 탈락 여부 등

| 소화기 비치 사례 | 소화기 점검시 발생하는 사항 |
|---|---|
|  | 1. 아파트 거주자들이 소화기의 위치에 대해서 인지를 못하고 있는 경우가 다수 발생<br>2. 소화기가 생활에 불편하다는 이유로 신발장 등 눈에 보이지 않는 곳으로 치워져 있음.<br>3. 소화기 설치 후 사용하지 않아서 충약 상태가 불량한 경우가 다수 발생 |

## 2.3 감지기

### 가. 아파트 감지기 설치 기준: NFSC 203 제7조(감지기)

1) 자동화재 탐지설비의 감지기는 부착높이에 따라 다음 표에 따른 감지기를 설치하여야 한다.
2) 다음 각 호의 장소에는 연기감지기를 설치하여야 한다. 다만, 교차회로방식[33]에 따른 감지기가 설치된 장소 또는 제1항 단서에 따른 감지기가 설치된 장소에는 그러하지 아니하다.
   ① 계단·경사로 및 에스컬레이터 경사로
   ② 복도(30 [m] 미만의 것을 제외한다)
   ③ 엘리베이터 승강로(권상기[34]실이 있는 경우에는 권상기실)·린넨슈트[35]·파이프 피트 및 덕트 기타 이와 유사한 장소

33) 하나의 방호구역 안에 2 이상의 화재감지기 회로를 설치하고 2 이상의 화재감지기 회로가 작동하면 소화설비가 작동하는 방식으로 오동작을 방지하기 위해서 2개 이상의 감지기가 동시에 감지시 설비가 동작되는 방식
34) 와이어로프를 드럼에 감아올리거나 내리는 방식으로 무거운 물체나 기계를 이동하는 데 쓰는 기계
35) 주로 병원, 호텔 등에서 세탁물을 세탁실로 보내는데 사용하는 통로

3) 감지기는 다음 각 호의 기준에 따라 설치하여야 한다. 다만, 교차회로방식에 사용되는 감지기, 급속한 연소 확대가 우려되는 장소에 사용되는 감지기 및 축적기능[36]이 있는 수신기에 연결하여 사용하는 감지기는 축적기능이 없는 것으로 설치하여야 한다.
   ① 감지기(차동식 분포형의 것을 제외한다)는 실내로의 공기유입구로부터 1.5 [m] 이상 떨어진 위치에 설치할 것
   ② 감지기는 천장 또는 반자의 옥내에 면하는 부분에 설치할 것
   ③ 보상식[37] 스포트형 감지기는 정온점이 감지기 주위의 평상시 최고온도보다 20 [℃] 이상 높은 것으로 설치할 것
   ④ 정온식 감지기는 주방·보일러실 등으로서 다량의 화기를 취급하는 장소에 설치하되, 공칭 작동온도가 최고주위온도보다 20 [℃] 이상 높은 것으로 설치할 것
   ⑤ 연기감지기는 다음의 기준에 따라 설치할 것
   - 감지기의 부착높이에 따라 다음 표에 따른 바닥 면적마다 1개 이상으로 할 것

| 부착높이 | 감지기 종류 | |
|---|---|---|
| | 1종 및 2종 | 3종 |
| 4 [m] 미만 | 150 [$m^2$] | 500 [$m^2$] |
| 4 [m] 이상 20 [m] 미만 | 750 [$m^2$] | |

   - 감지기는 복도 및 통로에 있어서는 보행거리 30 [m] (3종에 있어서는 20 [m])마다, 계단 및 경사로에 있어서는 수직거리 15 [m] (3종에 있어서는 10 [m])마다 1개 이상으로 할 것
   - 천장 또는 반자[38]가 낮은 실내 또는 좁은 실내에 있어서는 출입구의 가까운 부분에 설치할 것
   - 천장 또는 반자부근에 배기구가 있는 경우에는 그 부근에 설치할 것
   - 감지기는 벽 또는 보[39]로부터 0.6 [m] 이상 떨어진 곳에 설치할 것

4) 다음 장소에는 감지기를 설치하지 아니한다.
   ① 천장 또는 반자의 높이가 20 [m] 이상인 장소. 다만, 제1항 단서 각호의 감지기로서 부착높이에 따라 적응성이 있는 장소는 제외한다.
   ② 헛간 등 외부와 기류가 통하는 장소로서 감지기에 따라 화재발생을 유효하게 감지할 수 없는 장소

---

36) 화재신호를 받은 경우에도 곧바로 화재를 표시하지 않고 5~60초 이내에 감지가 재차 화재신호를 발하는 경우에만 화재를 표시하는 기능
37) 화재 발생시, 특정 온도 이상이 되었을 때 작동하는 방식의 감지기
38) 지붕 밑을 바르거나 막아서 평평하게 만든 천장.
39) 적당한 방법으로 지지되고, 길이가 횡단면의 단면 2차 반경에 비하여, 충분히 큰 봉상의 부재로, 횡하중 및 휨모멘트를 감당하는 것을 말한다.

③ 부식성가스가 체류하고 있는 장소
④ 고온도 및 저온도로서 감지기의 기능이 정지되기 쉽거나 감지기의 유지관리가 어려운 장소
⑤ 목욕실·욕조나 샤워시설이 있는 화장실·기타 이와 유사한 장소
⑥ 파이프 덕트 등 그 밖의 이와 비슷한 것으로서 2개 층마다 방화구획된 것이나 수평단면적이 5 [$m^2$] 이하인 것
⑦ 먼지·가루 또는 수증기가 다량으로 체류하는 장소 또는 주방 등 평시에 연기가 발생하는 장소(연기감지기에 한한다)
⑧ 프레스공장·주조공장 등 화재발생의 위험이 적은 장소로서 감지기의 유지관리가 어려운 장소

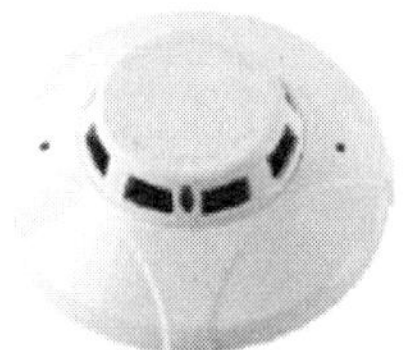
[연기감지기]

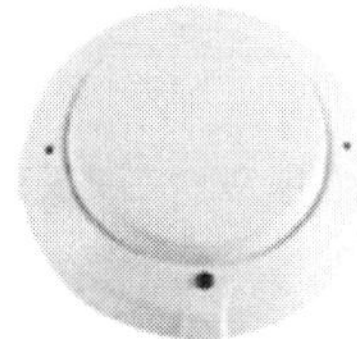
[차동식 열감지기]

[정온식 열감지기]

[감지기 점검에서 팁]

- 감지구역의 적정 및 구역 내 배치상태의 적정성을 점검한다.
- 장식품, 커텐 등 그 외의 것으로 화재감지에 장애가 되는지 여부를 점검한다.
- 감지기는 공기 유입구에서 1.5 [m] 이상 떨어져 있는지를 확인한다.
- 스포트형 감지기는 45도 이상 경사져 있지 않는지를 확인한다.
- 설치면 높이가 15～20 [m] 미만 장소에 연기감지기를 설치하고 있는가를 점검한다.
- 연기감지기는 벽, 보 등에서 0.6 [m] 이상 떨어져 설치하였는가를 확인한다.

| 감지기 점검 | 감지기 점검시 발생하는 사항 |
|---|---|
|  | 1. 감지기와 외부에 설치된 발신기가 연동되어 감지기 검사시 경종이 울리는 관계로 민원제기가 발생할 수 있다.<br>2. 감지기와 연동하여 실내에 설치된 비상방송설비에서 화재에 따른 경보 방송이 송출 |

- 페인트, 도장, 장식품 등에 의해 기능의 현저한 감소 여부를 확인하다.
- 20 [$m^2$]의 룸에는 1개 이상의 감지기가 설치되어 있는지를 점검한다.
  (욕실제외/20 [$m^2$] 이하의 룸 제외)
- 화기를 사용하는 주방과 보일러실엔 열감지기로 설치되었는지를 점검한다.
- 내부 인테리어시공으로 감지기가 제거되었거나 천장에 함몰되었는지를 확인한다.

## 2.4 피난 경계벽

| 피난 경계벽 | 피난 경계벽 점검시 발생하는 사항 |
|---|---|
| | 1. 발코니 피난 경계벽 주위에 피난에 장애가 되는 적치물은 없는가를 확인한다.<br>2. 피난 경계벽의 시공이 쉽게 파괴할 수 있는 구조로 되어 있는가를 확인한다. |

## 2.5 완강기

### 가. 완강기의 우수품질인증 기술기준

**제4조(일반구조)** 완강기 구조 및 성능은 다음 각 호에 적합하여야 한다.

1. 속도조절기, 속도조절기의 연결부, 로프, 연결금속구 및 벨트로 구성되어야 한다.
2. 강하시 사용자를 심하게 선회시키지 아니하여야 한다.
3. 속도조절기는 다음 각 목에 적합하여야한다.
   가. 견고하고 내구성이 있어야 한다.
   나. 평상시에 분해 청소 등을 하지 아니하여도 작동할 수 있어야 한다.
   다. 강하시 발생하는 열에 의하여 기능에 이상이 생기지 아니하여야 한다.
   라. 속도조절기는 사용 중에 분해, 손상, 변형되지 아니하여야 하며, 속도조절기의 이탈이 생기지 아니하도록 덮개를 하여야 한다.
   마. 강하시 로프가 손상되지 아니하여야 한다.
   바. 속도조절기의 풀리[40] 등으로부터 로프가 노출되지 아니하는 구조이어야 한다.

40) 벨트를 거는 원통형의 바퀴. 벨트바퀴라고도 한다.

4. 기능에 이상이 생길 수 있는 모래나 기타의 이물질이 쉽게 들어가지 아니하도록 견고한 덮개로 덮어져 있어야 한다.
5. 로프는 와이어 로프여야 하며 다음 각 목에 적합하여야 한다.
   가. 와이어 로프의 지름은 3 [mm] 이상이어야 하며 전체 길이에 걸쳐 균일한 구조이어야 한다.
   나. 와이어 로프에 외장을 하는 경우에는 파라계 아라미드섬유 또는 동등 이상의 강도 및 내열성이 있어야 하며, 전체 길이에 걸쳐 균일하게 외장을 하여야 한다.
6. 벨트는 다음 각 목에 적합하여야 한다.
   가. 쉽게 착용하고 쉽게 벗을 수 있을 것
   나. 사용할 때 벗겨지거나 풀어지지 아니하고 또한 벨트가 꼬이지 않아야 한다.
   다. 벨트의 두께는 (2～3) [mm], 너비는 45 [mm] 이상이어야 하고 벨트의 최소원주길이는 55 [cm] 이상 65 [cm] 이하이어야 하며, 최대원주길이는 160 [cm] 이상 180 [cm] 이하이어야 하고 최소원주길이 부분과 벨트 연결금속구에는 너비 100 [mm] 두께 10 [mm] 이상의 충격보호재를 덧씌워야 한다.
   라. 강하시 사용자가 감시하거나 동작하는데 지장이 생기지 아니하여야 한다.
   마. 사용자의 가슴둘레에 맞도록 벨트길이를 조정할 수 있는 고리가 있어야 하며 최대원주길이 벨트의 중앙이 고리에 고정되어야 하고 최소원주길이벨트의 고리는 원형이 되어야 한다.
   바. 표면은 매끄럽고 감촉이 좋으며, 조직의 얼룩·흠 등이 없고, 끝에는 올풀림 방지처리를 하여야 한다.
   사. 충격보호재의 표면에는 벨트착용법을 표시하여야 한다.
   아. 충격보호재를 씌우지 않은 벨트부분에는 망을 사용하여 감싸야한다.
   자. 벨트의 최소원주길이 부분은 원형을 유지할 수 있는 구조이어야 한다.
   차. 벨트(망 포함)는 버너의 불꽃길이를 38 [mm]로 하여 불꽃이 시험편 하단 중앙에 닿게 한 다음 12초 동안 가열하는 경우 잔염시간은 2초 이내, 탄화길이는 10 [cm] 이내이어야 하며 용융 또는 적하가 발생하지 아니하여야 한다.
7. 연결금속구는 각 목에 적합하여야 한다.
   가. 연결금속구는 사용 중 분해, 손상 또는 변형이 생기지 아니하여야 하며, 사용 중 흔들림·충격 등으로 연결후크가 풀리지 않도록 풀림방지조치를 하여야 한다.
   나. 사용하는 리벳이나 부품 그 밖의 이와 유사한 것은 사용자를 다치게 하여서는 아니된다.
   다. 지지대에 거치하고자 사용되는 연결금속구는 장축 150 [mm], 단축 50 [mm] 이상 타원형 모양으로 자동 잠금 방식을 포함한 이중 잠금 구조이며, 속도조절기와 결합

되어 분리되지 아니하여야 한다.

라. 로프, 벨트에 사용되는 연결금속구는 가공버를 제거하여야 하며 그 접촉부위에는 연질재로 보호조치를 하여야 한다.

마. 벨트연결에 사용되는 연결금속구의 단면은 원형이외의 형상이어야 한다.

8. 부품 및 덮개를 나사로 체결할 경우 풀림방지조치를 하여야 한다.

**제5조(강도)** 완강기의 강도는 다음 각 호에 적합하여야 한다.

1. 완강기의 강도(벨트의 강도를 제외한다)는 12000 [N]의 정하중을 3분 동안 가하는 시험에서 다음 각목에 적합하여야 한다.

   가. 속도조절기, 속도조절기의 연결부 및 연결금속구는 분해·파손 또는 현저한 변형이 생기지 아니하여야 한다.

   나. 로프는 파단 또는 현저한 변형이 생기지 아니하여야 한다.

2. 벨트의 강도는 늘어뜨린 방향으로 1개에 대하여 6500 [N]의 인장하중을 가하는 시험에서 끊어지거나 현저한 변형이 생기지 아니하여야 한다.

**제7조(충격강하시험)** 완강기는 속도조절기로부터 강하측의 로프를 1 [m] 인출하여 벨트에 최대사용하중에 상당하는 모형을 설치하고 강하방향과 정반대 방향으로 1 [m] 위로 당겨 올려 충격강하시험을 2회 반복하는 경우 기능 또는 구조에 이상이 생기지 아니하여야 하며, 제9조제1호의 기준에 적합하여야 한다.

**제8조(표시)** 완강기는 다음 사항을 보기 쉬운 부위에 글씨크기(가로×세로)를 3.2 [mm] 이상으로 표시하여야 한다. 다만, 제7호는 그림문자형태로 표시하여야 하며, 제9호와 제10호는 보관함 또는 취급설명서에 표시할 수 있다.

1. 품명 및 형식
2. 형식승인번호
3. 제조연월 및 제조번호
4. 제조업체명 또는 상호
5. 길이
6. 최소/최대사용하중
7. 사용방법
8. 최대사용자수
9. 설치 및 취급상의 주의사항
10. 품질보증에 관한 사항(보증기간, 보증내용, A/S방법, 자체검사필증 등)

**제9조(강하속도)** 로프의 길이를 최대한으로 사용하는 높이(로프의 길이가 15 [m]를 초과하는 것은 15 [m]의 높이)에 완강기를 설치하고 강하시험을 하는 경우 완강기의 강하속도는 다음 각 호에 적합하여야 하며, 주위온도 시험조건은 (−20~50) [℃]의 상태에서 하여야 한다. 다만, 제5호의 시험조건은 (25 ± 5) [℃]의 상태에서 하여야 한다.

1. 최소사용하중, 250 [N], 750 [N], 1500 [N]의 하중, 최대사용자수에 750 [N]을 곱하여 얻은 값의 하중, 최대사용하중에 상당하는 하중으로 좌우 교대하여 각각 1회 연속 강하

시키는 경우 각각의 강하속도는 25 [cm/s] 이상 150 [cm/s] 미만이어야 한다.

2. 완강기는 최대사용자수에 750 [N]을 곱하여 얻은 값의 하중으로 좌우 교대하여 각각 10회 연속 강하시키는 시험을 하는 경우 각각의 강하속도는 어느 경우에나 20회 평균 강하속도의 85 [%] 이상 115 [%] 이하이어야 한다.
3. 로프를 물에 1시간 담근 직후에 제2호의 규정에 의한 하중으로 좌우 교대하여 각각 1회 연속 강하시키는 시험을 하는 경우 각각의 강하속도는 어느 경우에나 제2호에서 규정하는 평균 강하속도의 85 [%] 이상 115 [%] 이하이어야 한다. 다만, 외장이 되어 있지 아니한 구조의 로프는 그러하지 아니하다.
4. 최대사용하중으로 좌우 교대하여, 각각 10(로프의 최대길이가 15 [m]를 초과하는 것에 있어서는 로프의 길이를 15 [m]로 나누어 얻어진 값에 10을 곱하여 얻어진 수치(소수점 첫째자리에서 절상))회 강하시키는 것을 1회로 하여, 5회 반복하는 시험을 하는 경우, 사용자에 의해 만져지는 속도조절기의 표면온도는 48 [℃] 이하이어야 하며, 제1호에 적합하여야 한다.

**제10조(저·고온 강하시험)** 완강기는 항온조에서 (−35 ± 2)[℃], (80 ± 2)[℃]로 각각 8시간 방치하는 경우, 제9조제1호에 적합하여야 한다.

**제11조(침수기능시험)** 완강기는 다음의 각 호에 따라 각각 시험한 후 제9조제1호에 적합하여야 한다.

1. (20 ± 2) [℃]의 깨끗한 물에 8시간 담근 후에, 15분간 배수할 것
2. (20 ± 2) [℃]의 깨끗한 물에 8시간 담근 후에 15분간 배수하고, 8시간동안 (−35 ± 2) [℃]의 항온조에 보존할 것

**제12조(내후성시험)** 크세논 아크원을 사용하여 자외선에 102분간을 노출하고 물에 18분간 노출하는 것을 1사이클로 하여 500사이클 동안 노화시킨 후에 제9조제1호 및 제5조제1호에 적합하여야 한다.

| 완강기 | 완강기 점검시 발생하는 사항 |
|---|---|
| | 1. 생활에 거추장스럽다는 이유로 발코니에 설치된 완강기를 제거하고 사용하는 세대가 다수 있다.<br>2. 거주자들이 실제적인 완강기 사용법을 숙지하지 못하는 경우가 많아서 유사시 사용도가 낮을 것으로 판단되는 경우가 있다. |

# 3. 아파트 작동 점검

## 3.1 아파트 소방 작동 점검시 점검 사항

가. 아파트 공용 소방 작동 절차의 실제 예

1) 옥상 EV실 감지기 점검

**그림 9.1** 옥상 EV실 감지기 점검

2) 복도 및 계단에 설치된 감지기 작동 점검

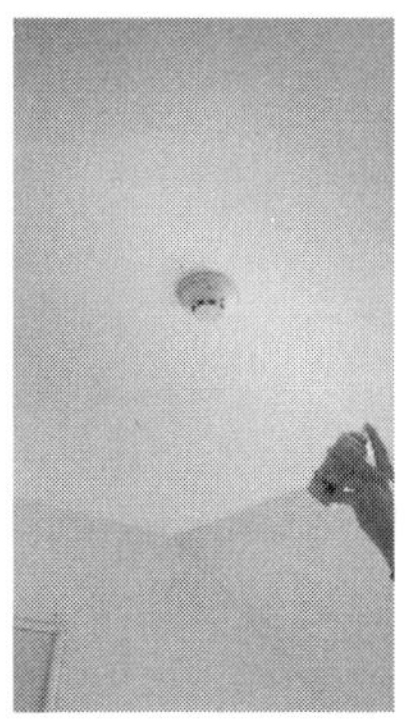
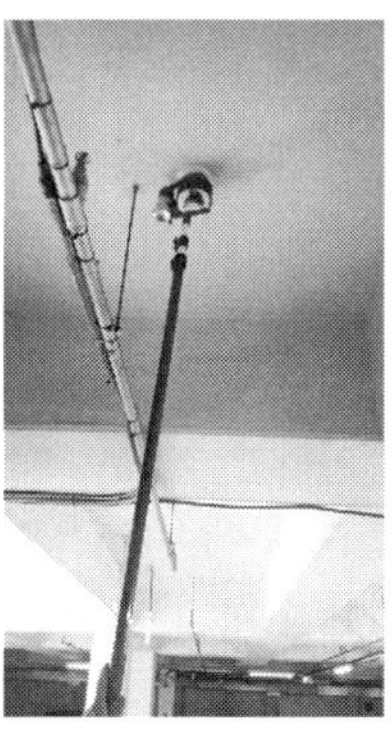

**그림 9.2** 감지기 작동 점검

### 3) 비상문 개폐 여부 확인

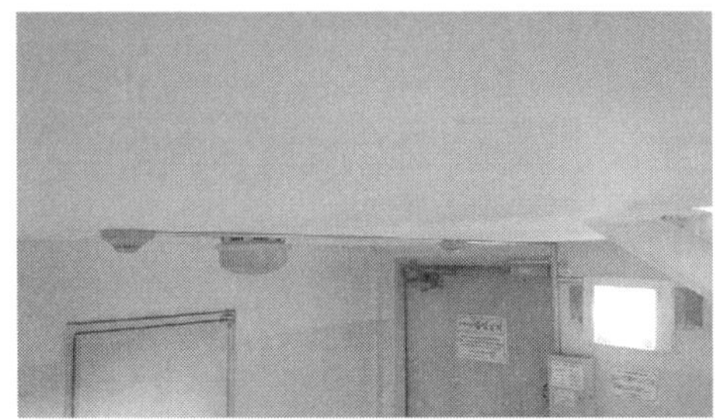

**그림 9.3** 비상문 개폐 여부 확인

### 4) 소화전 발신기 작동 여부 점검

**그림 9.4** 소화전 발신기 작동 여부 점검

**발신기 설치기준**

1. 자동화재탐지설비의 발신기는 다음 각 호의 기준에 따라 설치하여야 한다. 다만, 지하구[41)]의 경우에는 발신기를 설치하지 아니할 수 있다.
   - 조작이 쉬운 장소에 설치하고, 스위치는 바닥으로부터 0.8 [m] 이상 1.5 [m] 이하의 높이에 설치할 것.
   - 특정소방대상물의 층마다 설치하되, 해당 특정소방대상물의 각 부분으로부터 하나의 발신기까지의 수평거리가 25 [m] 이하가 되도록 할 것. 다만, 복도 또는 별도로 구획된 실로서 보행거리가 40 [m] 이상일 경우에는 추가로 설치하여야 한다.
   - 제2호에도 불구하고 제2호의 기준을 초과하는 경우로서 기둥 또는 벽이 설치되지 아니한 대형공간의 경우 발신기는 설치 대상 장소의 가장 가까운 장소의 벽 또는 기둥 등에 설치할 것
2. 발신기의 위치를 표시하는 표시등은 함의 상부에 설치하되, 그 불빛은 부착면으로부터 15° 이상의 범위 안에서 부착지점으로부터 10 [m] 이내의 어느 곳에서도 쉽게 식별할 수 있는 적색등으로 하여야 한다.

### 5) 옥내소화전 내부와 호스 점검

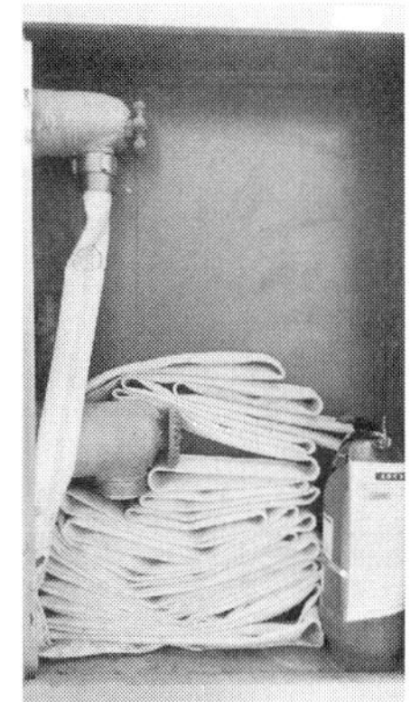

**그림 9.5** 옥내소화전 내부와 호스 점검

### 6) 소화기 약제 충압 상태 점검

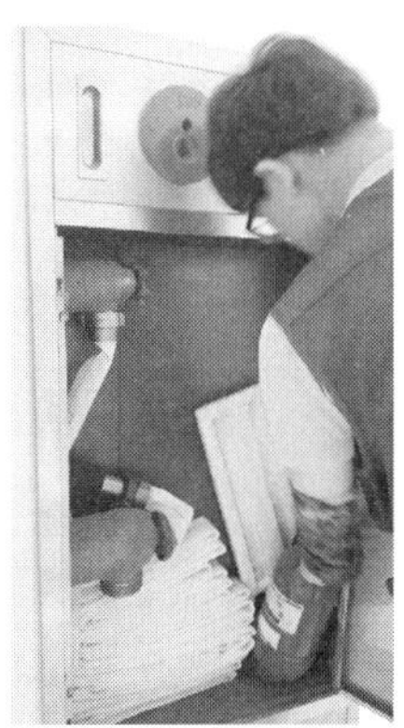
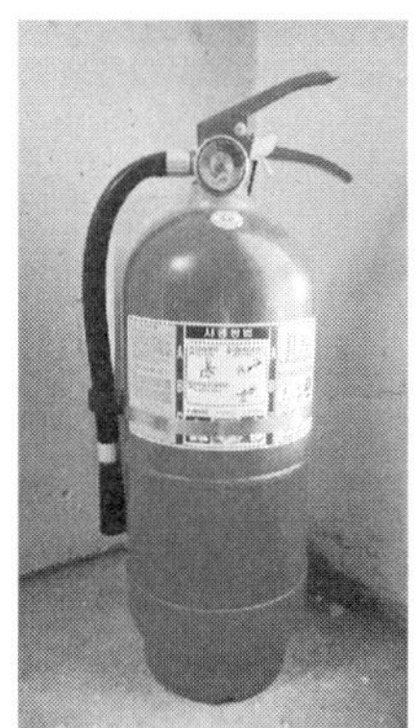

**그림 9.6** 소화기 약제 충압 상태 점검

### 7) 계단 유도등 점검

| 계단 유도등 설치기준 |
| --- |
| 각층의 경사로 참 또는 계단참[42]마다(1개 층에 경사로 참 또는 계단참이 2 이상 있는 경우에는 2개의 참마다) 설치 할 것. |

41) 전력·통신용의 전선이나 가스·냉난방용의 배관 또는 이와 비슷한 것을 집합수용하기 위하여 설치한 지하공작물로서 사람이 점검 또는 보수하기 위하여 출입이 가능한 것 중 폭 1.8 [m] 이상이고 높이가 2 [m] 이상이며 50 [m] 이상(전력 또는 통신사업용인 것은 500 [m] 이상)인 것.

42) 계단의 중간에 조금 넓게 만들어 놓은 곳

**그림 9.7** 계단 유도등 점검

[유도등 및 유도표지의 종류]

특정소방대상물의 용도별로 설치하여야 할 유도등 및 유도표지는 다음 표에 따라 그에 적응하는 종류의 것으로 설치하여야 한다.

| 설치장소 | 유도등 및 유도표지의 종류 |
|---|---|
| 1. 공연장·집회장(종교집회장 포함)·관람장·운동시설 | • 대형 피난구 유도등[43]<br>• 통로유도등[44]<br>• 객석유도등 |
| 2. 유흥주점영업시설(「식품위생법 시행령」제21조 제8호 라목의 유흥주점영업 중 손님이 춤을 출 수 있는 무대가 설치된 카바레, 나이트클럽 또는 그밖에 이와 비슷한 영업시설만 해당한다) | |
| 3. 위락시설·판매시설·운수시설·「관광진흥법」제3조제1항제2호에 따른 관광숙박업·의료시설·장례시설·방송통신시설·전시장·지하상가·지하철역사 | • 대형 피난구 유도등<br>• 통로유도등 |
| 4. 숙박시설(제3호의 관광숙박업 외의 것을 말한다)·오피스텔 | • 중형 피난구 유도등[45]<br>• 통로유도등 |
| 5. 제1호부터 제3호까지 외의 건축물로서 지하층·무창층[46] 또는 층수가 11층 이상인 특정소방대상물 | |
| 6. 제1호부터 제5호까지 외의 건축물로서 근린생활시설·노유자 시설·업무시설·발전시설·종교시설(집회장 용도로 사용하는 부분 제외)·교육연구시설·수련시설·공장·창고시설·교정 및 군사시설(국방·군사시설 제외)·기숙사·자동차정비공장·운전학원 및 정비학원·다중이용업소[47]·복합건축물[48]·아파트 | • 소형 피난구 유도등[49]<br>• 통로유도등 |
| 7. 그 밖의 것 | • 피난구유도표지<br>• 통로유도표지 |

※ 비고 :

1. 소방서장은 특정소방대상물의 위치·구조 및 설비의 상황을 판단하여 대형피난구유도등을 설치하여야 할 장소에 중형피난구유도등 또는 소형피난구유도등을 중형피난구유도등을 설치하여야 할 장소에 소형피난구유도등을 설치하게 할 수 있다.
2. 복합건축물과 아파트의 경우, 주택의 세대 내에는 유도등을 설치하지 아니할 수 있다.

### 8) 방수용기구함 점검

① 방수용기구함은 방수구가 가장 많이 설치된 층을 기준하여 3개 층마다 설치하되, 그 층의 방수구마다 보행거리 5 [m] 이내에 설치할 것.

② 방수용기구함에는 길이 15 [m]의 호스와 방사형 관창을 다음 각목의 기준에 따라 비치할 것

- 호스는 방수구에 연결하였을 때 그 방수구가 담당하는 구역의 각 부분에 유효하게 물이 뿌려질 수 있는 개수 이상을 비치할 것. 이 경우 쌍구형 방수구는 단구형 방수구의 2배 이상의 개수를 설치하여야 한다.
- 방사형 관창은 단구형 방수구의 경우에는 1개, 쌍구형 방수구의 경우에는 2개 이상 비치할 것

③ 방수용기구함에는 "방수용기구함"이라고 표시한 표지를 할 것

---

43) 250 [m] 이상×200 [mm] 이상, 최소면적 0.1 [$m^2$], 상용점등시 평균휘도 320 이상 800 미만[$cd/m^2$]

44) 대형:400 [mm] 이상×200 [mm] 이상, 최소면적 0.16 [$m^2$], 상용점등시 평균휘도 500 이상 1000 미만 [$cd/m^2$]
중형: 200 [mm] 이상×110 [mm] 이상, 최소면적 0.036 [$m^2$], 상용점등시 평균휘도 350 이상 1000 미만 [$cd/m^2$]
소형: 130 [mm] 이상×85 [mm] 이상, 최소면적 0.022 [$m^2$], 상용점등시 평균휘도 300 이상 1000 미만 [$cd/m^2$]

45) 200 [mm] 이상×140 [mm] 이상, 최소면적 0.07 [$m^2$], 상용점등시 평균휘도 250 이상 800 미만[$cd/m^2$]

46) "무창층(무창층)"이라 함은 지상층 중 다음 각 목의 요건을 모두 갖춘 개구부(건축물에서 채광·환기·통풍 또는 출입 등을 위하여 만든 창·출입구 그 밖에 이와 비슷한 것을 말한다)의 면적의 합계가 당해 층의 바닥 면적의 30분의 1 이하가 되는 층을 말한다.
가. 개구부의 크기가 지름 50cm 이상의 원이 내접할 수 있을 것
나. 해당 층의 바닥면으로부터 개구부 밑 부분까지의 높이가 1.2m 이내일 것
다. 개구부는 도로 또는 차량이 진입할 수 있는 빈터를 향할 것
라. 화재시 건축물로부터 쉽게 피난할 수 있도록 개구부에 창살 그 밖의 장애물이 설치되지 아니할 것
마. 내부 또는 외부에서 쉽게 파괴 또는 개방할 수 있을 것

47) 다중이용업소란 휴게음식점, 단란주점영업, 유흥주점영업, 비디오물 소극장업, 복합영상물 제공업 등 불특정 다수인이 이용하는 영업 중 화재 등 재난 발생시 생명·신체·재산상의 피해가 발생할 우려가 높은 것으로서 다중이용업소의 안전관리에 관한 특별법 시행령 제2조(다중이용업)에서 정의한 영업을 말한다.

48) 하나의 건축물 안에 제1호내지 제 20호의 것 중 2 이상의 용도로 사용되는 것. 다만, 다음 각목의 1에 해당하는 경우에는 복합건축물로 보지 아니한다.
가. 관계법령에서 주된 용도의 부수시설로서 그 설치를 의무화하고 있는 용도 또는 시설
나. 주택법 제 21조 제1항 제2호 및 제 3호의 규정에 의하여 주택대지 안에 설치하는 부대 시설 또는 복리시설이 설치되는 특정소방대상물
다. 건축물의 주된 용도의 기능에 필수적인 용도로서 다음의 1에 해당하는 용도
(1) 건축물의 설비. 대피 및 위생 그 밖에 이와 비슷한 시설의 용도.
(2) 사무. 작업. 집회. 물품저장. 주차 그 밖에 이와 비슷한 시설의 용도
(3) 구내식당, 구내세탁소, 구내운동시설 등 종업원후생복리시설 및 구내소각시설 그 밖의 이와 비슷한 시설의 용도.

49) 100 [mm] 이상×110 [mm] 이상, 최소면적 0.036 [$m^2$], 상용점등시 평균휘도 150 이상 800 미만[$cd/m^2$]

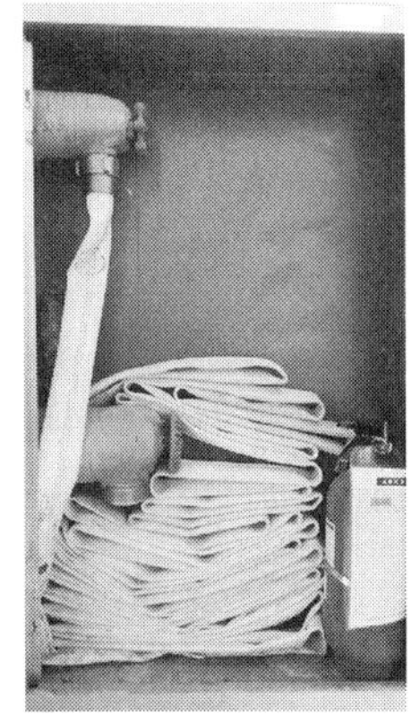

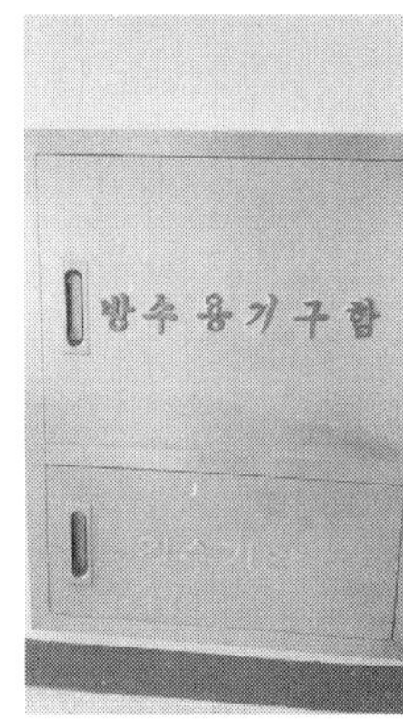


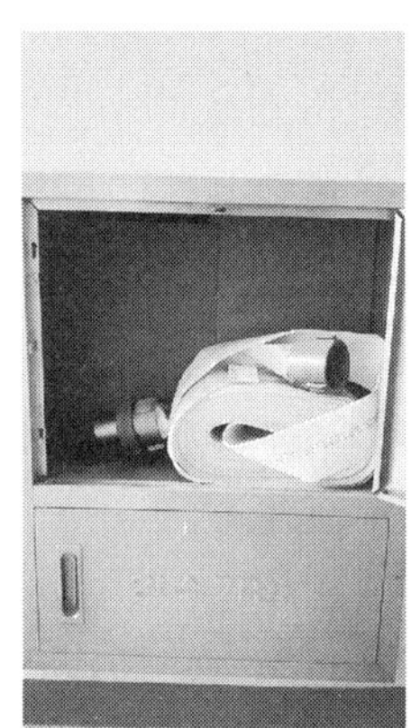

**그림 9.8** 방수용기구함 점검

### 방수구 및 방수용기구함 설치기준

연결송수관설비의 방수구는 다음 각 호의 기준에 따라 설치하여야 한다.

1. 연결송수관설비의 방수구는 그 특정소방대상물의 층마다 설치할 것. 다만, 다음 각목의 어느 하나에 해당하는 층에는 설치하지 아니할 수 있다.
   가. 아파트의 1층 및 2층
   나. 소방차의 접근이 가능하고 소방대원이 소방차로부터 각 부분에 쉽게 도달할 수 있는 피난층
   다. 송수구가 부설된 옥내소화전을 설치한 특정소방대상물(집회장·관람장·백화점·도매시장·소매시장·판매시설·공장·창고시설 또는 지하가를 제외한다)로서 다음의 어느 하나에 해당하는 층
      (1) 지하층을 제외한 층수가 4층 이하이고 연면적이 6,000 [$m^2$] 미만인 특정소방대상물의 지상층
      (2) 지하층의 층수가 2 이하인 특정소방대상물의 지하층

2. 방수구는 아파트 또는 바닥 면적이 1,000 [$m^2$] 미만인 층에 있어서는 계단(계단의 부속실을 포함하며 계단이 2 이상 있는 경우에는 그 중 1개의 계단을 말한다)으로부터 5 [m] 이내에, 바닥 면적 1,000 [$m^2$] 이상인 층(아파트를 제외한다)에 있어서는 각 계단(계단의 부속실을 포함하며 계단이 3 이상 있는 층의 경우에는 그 중 2개의 계단을 말한다)으로부터 5 [m] 이내에 설치하되, 그 방수구로부터 그 층의 각 부분까지의 거리가 다음 각목의 기준을 초과하는 경우에는 그 기준 이하가 되도록 방수구를 추가하여 설치할 것
   가. 지하가[50)](터널은 제외한다) 또는 지하층의 바닥 면적의 합계가 3,000 [$m^2$] 이상인 것은 수평거리 25 [m]
   나. 가목에 해당하지 아니하는 것은 수평거리 50 [m]

3. 11층 이상의 부분에 설치하는 방수구는 쌍구형으로 할 것. 다만, 다음 각목의 어느 하나에

해당하는 층에는 단구형으로 설치할 수 있다.

가. 아파트의 용도로 사용되는 층

나. 스프링클러 설비가 유효하게 설치되어 있고 방수구가 2개소 이상 설치된 층

4. 방수구의 호스접결구는 바닥으로부터 높이 0.5 [m] 이상 1 [m] 이하의 위치에 설치할 것
5. 방수구는 연결송수관설비의 전용방수구 또는 옥내소화전방수구로서 구경 65 [mm]의 것으로 설치할 것
6. 방수구의 위치표시는 표시등 또는 축광식[51)]표지로 하되 다음 각 목의 기준에 따라 설치할 것

가. 표시등을 설치하는 경우에는 함의 상부에 설치하되, 소방청장이 고시한 「표시등의 성능인증 및 제품검사의 기술기준」에 적합한 것으로 설치하여야 한다.

나. 축광식표지를 설치하는 경우에는 소방청장이 고시한 「축광표지의 성능인증 및 제품검사의 기술기준」에 적합한 것으로 설치하여야 한다.

7. 방수구는 개폐기능을 가진 것으로 설치하여야 하며, 평상시 닫힌 상태를 유지할 것

---

50) 지하의 공작물 안에 설치되어 있는 점포·사무실 그 밖에 이와 비슷한 시설로서 연속하여 지하도에 면하여 설치된 것과 그 지하도를 합한 것

가. 지하상가

나. 터널 : 지하·해저 또는 산을 뚫어서 차량(궤도차량용을 제외한다) 등의 통행을 목적으로 만든 것

51) 외부에서 빛을 비추면 빛을 내는 방식

## 3.2 주요 점검 사항

### 가. 자동화재탐지설비(수신기) 체크

#### 1) 자동화재탐지설비의 설치대상

| 설치대상 | 조건 |
|---|---|
| • 청소년시설, 노유자 시설[52] | 연면적 400 [$m^2$](수용인원 100인) 이상 |
| • 근린생활시설, 위락시설[53]<br>• 숙박시설, 의료시설<br>• 복합건축물 | 연면적 600 [$m^2$] 이상 |
| • 일반목욕장, 문화집회 및 운동시설<br>• 통신촬영시설, 관광휴게시설<br>• 업무시설, 판매시설 및 영업시설<br>• 운수자동차관련시설, 공장 및 창고시설<br>• 지하가, 공동주택 | 연면적 1000 [$m^2$] 이상 |
| • 교육연구시설, 동식물관련시설<br>• 위생관련시설, 교정시설 | 연면적 2000 [$m^2$] 이상 |
| • 터널 | 길이 1000 [m] 이상 |
| • 지하구 | 전부 |
| • 특수가연물 저장 및 취급 | 지정수량 500배 이상 |

#### 2) 수신기의 기능시험방법 및 판정기준

① 화재표시 동작시험

각 회선마다 화재발생시와 동일한 조건으로 시험을 하여 수신기내 화재표시등, 기타 표시장치의 작동 및 유지기능을 시험하고 이와 함께 감지기 회로 또는 부속기기 회로와의 결선접속 상태를 확인하기 위한 시험이다.

- 시험방법(1회선마다 복구하고 모든 회선을 시험한다)

  오동작방지기능이 내장된 축적형 수신기의 경우에는 축적, 비축적 선택스위치를 비축적 위치로 놓고 시험한다.

  – 회로선택스위치로 실행하는 방법

---

52) 교육 및 복지 시설군에 속하는 시설로, 아동 관련 시설, 노인 복지 시설, 그 밖에 다른 용도로 분류되지 않은 사회 복지 시설 및 근로 복지 시설을 의미한다.

53) 지역주민들에게 위안과 안락감을 주기 위해 설치하는 시설로서 다음과 같은 것이 있다.
1. 일반유흥음식점, 2. 무도·유흥음식점, 3. 특수목욕탕, 4. 유기장업법에 의한 유기·기원 기타 이와 유사한 것으로서 근린생활시설에 해당하지 아니한 것, 5. 투전기업소

· 동작시험스위치를 누른다.

· 회로선택스위치를 차례로 회전시켜 시험한다.

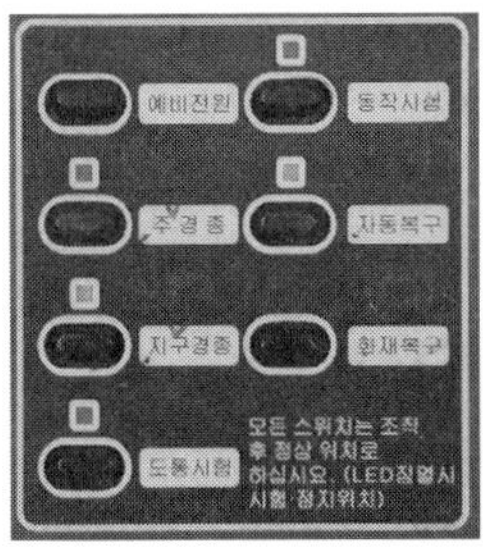


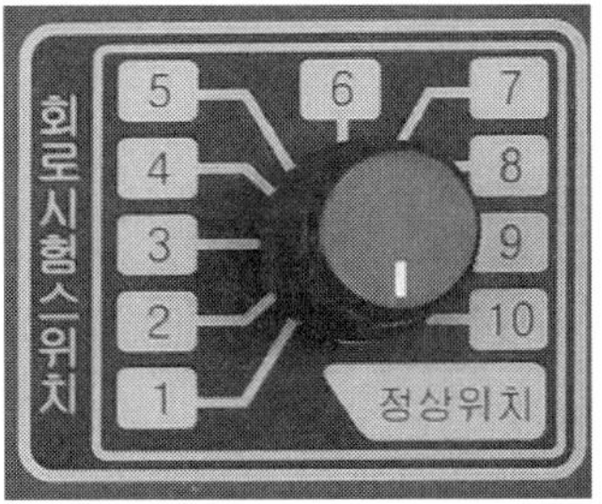


– 감지기 또는 발신기의 작동시험과 함께 행하는 방법

· 감지기 또는 발신기를 차례로 작동시킨다.

· 경계구역과 수신기의 표시 상태를 확인할 것.

● 적합여부 판정방법

화재표시등, 지구표시등, 기타 표시장치의 점등, 음향장치의 작동확인, 감지기 회로 또는 부속기기 회로와의 연결접속이 정상이어야 한다. 동작시험을 하여, 상기와 같은 기능이 발휘되지 못하는 회로는 고장이므로 즉시 수리를 해야 한다.

② 회로 도통시험

수신기에서 감지기간 회로의 단선 유무와 기기 등의 접속 상황을 확인하기 위한 시험이다.

● 시험방법

– 도통시험스위치를 누른다.

– 회로선택스위치를 차례로 회전시킨다.

– 각 회선의 전압계의 지시등을 조사한다.
(도통시험 확인등이 있는 경우는 정상, 단선램프 점등 확인)

– 종단저항 등의 접속 상황을 조사한다.

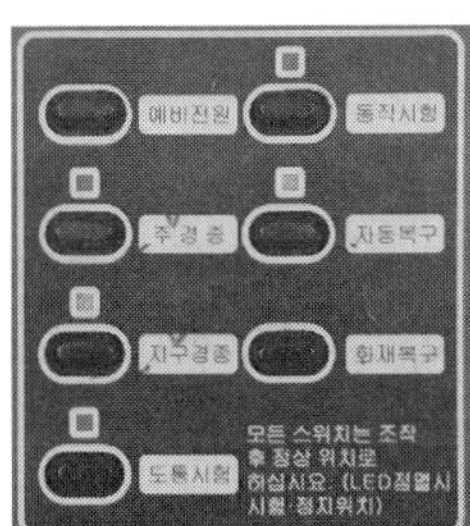

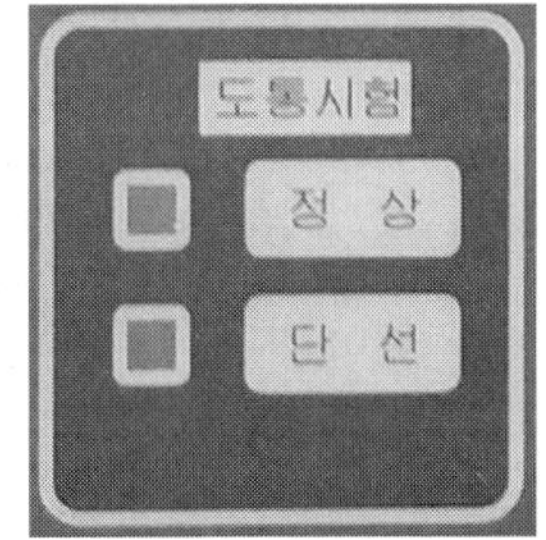

- 적합여부 판정기준
  - 전압계가 있는 경우
    - · 각 회선의 시험용 계기의 지시상황이 지정대로 일 것
    - · 정상이면 전압계의 지시치가 4～8 [V] 사이이다.
      (문자판에서는 적정치를 녹색으로 구별한다)
    - · 단선이면 전압계의 지시치가 0 [V]를 나타낸다.
    - · 단락이면 그 회선은 화재경보상태이다.
    - · 종단저항을 미 부착 한 경우에는 전압계가 0 [V]에서 미세하게 움직인다.
  - 전압계가 없고, 도통시험 확인등이 있는 경우
    - · 정상 : 녹색 확인등 점등
    - · 단선 : 황색 확인등 점등
      단선시에는 종단저항 미설치, 접속불량, 선로의 단선 등에 문제이므로 해당회로를 점검, 보수하여야 한다.

③ 예비전원 시험

상용전원이 사고 등으로 정전된 경우 자동적으로 예비전원으로 절환[54]이 되며 또한 복구시에는 자동적으로 상용전원으로 절환되는 지의 여부와 상용전원이 정전되었을 때 화재가 발생하여도 수신기가 정상적으로 동작할 수 있는 전압을 가지고 있는가를 검사하는 시험을 예비전원 시험이라고 한다.

- 시험방법
  - 예비전원 시험스위치를 누른다.(스위치를 누르고 있을 때만 시험이 가능하다)
  - 전압계의 지시치가 적색선의 범위(19～29 [V])내에 있는 것을 확인한다.
  - 교류전원을 개로(OPEN)하고 자동절환 릴레이의 작동상황을 조사한다.

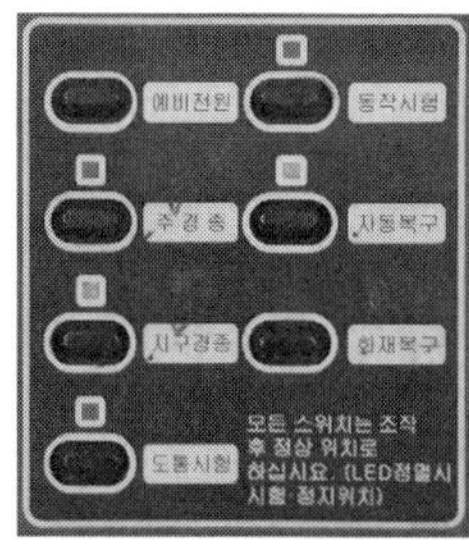

54) 조절하는 극의 신호에 따라 변환하여 작동한다. 또는 그렇게 작동하는 일.

- 적합여부 판정기준

  예비전원의 전압, 용량, 절환상황 및 복구 작동이 정상일 것

④ 공통선 시험

공통선이 담당하고 있는 경계구역의 적정여부를 확인하는 시험이다.

- 시험방법
  - 수신기내 접속단자에서 공통선 1선을 제거한다.
  - 회로도통시험에 따라 회로선택스위치를 차례로 회전시킨다.
  - 시험용 계기의 지시가 단선을 지시한 경계 구역수를 조사한다.
- 적합여부 판정기준

  공통선이 담당하고 있는 경계구역의 수가 7개 이하일 것

⑤ 동시작동시험(1회선의 것은 제외한다)

감지기가 동시에 여러 회선이 동작하더라도 수신기의 기능에 이상이 없는가를 시험하는 것을 동시동작시험이라 한다.

- 시험방법
  - 각 회로의 화재 작동을 복구시키지 않고, 계속해서 5회선을 작동시킨다.
  - 상기의 경우 주음향장치 및 지구음향장치가 울린다.
  - 부수신기, 표시기를 설치한 것에는 이들 모두 다 작동상태로 놓고 실시한다.
- 적합여부 판정기준

  각 회로를 동시 작동시켰을 때 수신기, 부수신기, 표시기, 음향장치 등의 기능에 이상이 없고 동시에 유효하게 화재 작동을 지속할 것.

⑥ 지구음향장치의 작동시험

감지기의 작동과 연동하여 지구음향장치가 정상적으로 작동하는지의 여부를 시험하는 것을 의미한다.

- 시험방법

  각 회로마다 감지기 또는 발신기를 순차적으로 작동시킨다.
- 적합여부 판정방법

  감지기 또는 발신기를 작동시켰을 때 수신기에 연결된 당해 지구음향장치가 작동하고 음량이 정상일 것.

## 나. 화재감지기의 점검

### 1) 화재감지기의 작동원리

- 아파트 복도 및 개별 주거공간에는 감지기(열감지기)가 설치되어 있다. 또한 복도에는 발신기 및 소화전이 있다는 표시등과 발신기 그리고 경종이 설치되어 있다.
- 화재가 발생하는 경우 초기화재를 감지하기 위해서는 감지기가 동작한다.
- 화재신호는 수신기로 통보되고 수신기는 화재표시를 시각적으로 표현하는 동시에 자체경종을 울리고, 복도에 설치된 경종을 울린다.

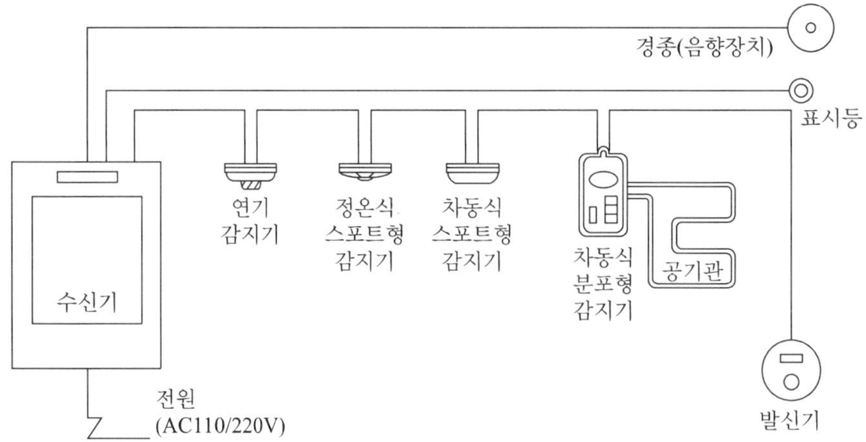


### 2) 연기감지기 점검

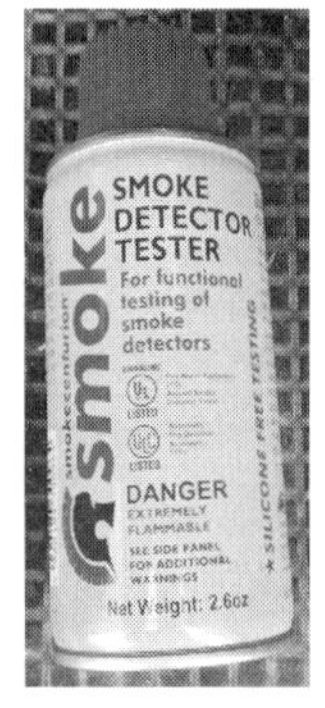

감지기 점검용 가스

연기감지기 점검

수신기

**그림 9.9** 연기감지기 점검

- 점검용 가스를 감지기 부근에 대고 분사시킨다.
- 감지기가 정상적으로 작동하면 감지기 표시 램프에 불이 들어오면서 수신기에 표시

가 된다.

- 수신기에 표시가 되어 감지기가 정상적으로 작동되는 것을 확인하였으면 수신기를 복구하여 감지기 작동 점검을 종료한다.

### 3) 열감지기 점검

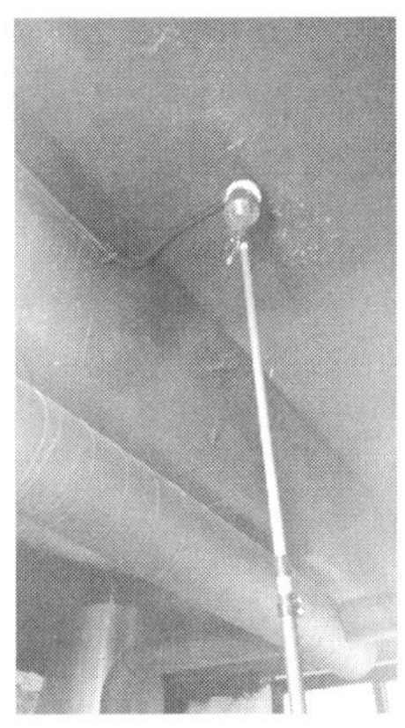

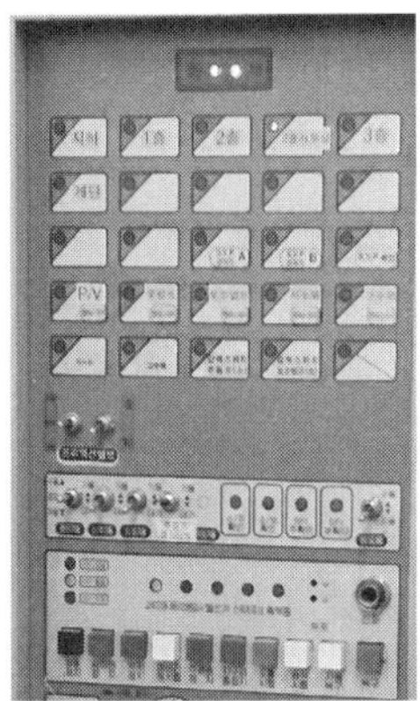

열감지기 헤드 열감지기 점검 수신기

**그림 9.10** 열감지기 점검

① 열감지기 내부 점화부에 솜을 넣는다.

② 여기에 연료로 벤질이나 화이트 가솔린[55]을 넣는다.

③ 연료를 점화하여 감지기 시험기의 온도를 일정수준으로 가열한다.

④ 감지기 시험기의 헤드 부분을 열감지기에 부착하여 감지기의 작동 여부를 점검한다.

⑤ 감지기가 정상적으로 작동하면 감지기 표시 램프[56]에 불이 들어오면서 수신기에 표시가 된다.

⑥ 수신기에 표시가 되어 감지기가 정상적으로 작동되는 것을 확인하였으면 수신기를 복구하여 감지기 작동 점검을 종료한다.

55) 석유에서 추출한 휘발성과 가연성이 있는 액체 탄화수소

56) 감지기가 작동되었을 때 이를 표시하기 위한 작동표시장치가 있어야 하는데 대부분 작동표시등이 사용된다. 작동표시등은 감지기가 작동하면 점등되고 수신기에서 복구스위치를 누르면 소등된다.

## 다. 발신기 및 옥내소화전 점검

### 1) 옥내소화전 점검

① 제어반 확인

- 수신기에서 이상 표시등이 점등되어 있지 않아야 한다.
- 저수위감시등 / 압력스위치감시등 / 화재표시등을 점검한다.
- 자동기동방식인 경우 펌프의 기동상태는 자동 상태로 되어 있어야 한다.
- 전원은 공급된 상태이어야 하고 전원표시등(보통 녹색등)으로 확인한다.

② 소화전 시험방수

- 가장 멀고 높은 곳에 있는 소화전에서 수관을 연장하여 시험 방수한다.
- 시험방수시 펌프의 기동(자동 또는 수동)에 의해 방수압력 1.7 [$kg_f/cm^2$] 이상이 되는지 확인한다.(방수거리 대략 10 [m])
- 펌프의 작동은 수동으로 하는 대상물(학교, 공장, 아파트, 종교시설, 전시시설, 창고, 업무시설)에서는 함에 기동스위치를 눌러 기동하고 그 외 장소는 모두 자동으로 기동된다.
- 방수압력은 피토게이지 또는 방수압력측정기로 확인한다.

③ 펌프가압송수장치 외관 및 기능점검

- 배관 관부속품(밸브 압력계 등) 펌프에서 누수 및 부식 파손 등이 없는지 확인한다.
- 펌프를 수동 및 자동으로 기동 시험을 한다.
- 펌프성능시험을 통해 유량을 측정한다.
- 체절운전[57)]을 통해 릴리프 밸브가 체절압력[58)] 미만에서 작동하는지 확인한다.
- 물올림장치의 감수경보 기능을 확인한다.
- 물올림 컵을 통해 펌프토출측 체크밸브와 후드밸브의 누수를 확인한다.

④ 수조의 확인

- 유효수량이 확보되어 있는지, 수질은 깨끗한지 확인한다.
- 보온조치는 적절하고 사다리, 조명장치, 맨홀, 감수경보장치, 청소구 등이 적절하게 설치되어 있는지 확인한다.

⑤ 각 층별 소화전을 확인한다.

- 소화전의 함에는 표지(소화전)가 되어 있고 사용법이 부착되어 있는지 확인한다.

---

57) 펌프의 성능시험을 목적으로 펌프 토출측의 개폐밸브를 닫은 상태에서 펌프를 운전하는 것

58) 펌프 토출측 밸브를 잠그고 펌프를 수동으로 작동시키는 것으로 1.1~1.4 배정도 압력이 올라간다.

- 함 속에 40 [mm] 이상의 관창 1개와 호스(유효하게 방수 가능한 수량)는 비치되어 있고 호스는 접는 수관(아코디언식) 형태로 수납되어 있는지 확인한다.
- 소화전 표시등은 점등되어 있으며 기동표시등은 펌프 기동시 점등 되는가를 확인한다.
- 소화전 주변에 상품진열 등 사용상 지장이 없는지 확인한다.

⑥ 수평거리 확인

소방대상물의 증축 등으로 인해 유효 반경(방수구에서 수평거리 25 [m])이 확보되는지 확인한다.

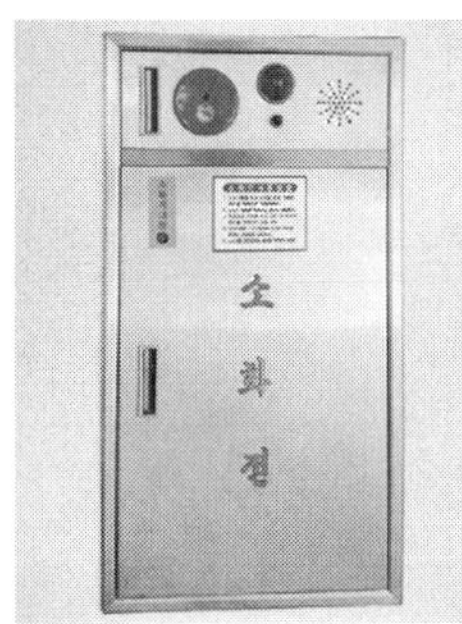

**그림 9.11** 옥내소화전함 점검

### 2) 옥내소화전 설비의 점검

① 외관점검

설비 등의 기기의 적정한 배치, 손상, 누수 등의 유무, 표시의 유무, 그 외 중요한 것으로 외관에서 판단할 수 있는 사항을 확인하는 것을 외관점검이라 한다. 외관점검의 내용은 다음과 같다.

| 항목 | 외관점검내용 | 대책·보충 사항 등 |
|---|---|---|
| 시동 장치 | 시동조작 스위치류에 변형, 손상여부 | 변형, 손상이 있는 경우는 교체한다. |
| | 압력스위치에 변형, 손상여부 | 압력계의 지시값은 정상인지 확인한다. |
| | 압력탱크에 변형, 손상, 누수 및 현저한 부식여부 | 부식 등이 있다면, 필요에 따라 수리한다. |
| 수원 | 저수조의 변형, 손상, 부식여부 및 물 및 공기가 새는지에 대한 확인 | 필요에 따라 수리한다. |
| | 규정수량의 확보여부 | 수량이 확보되어 있지 않은 경우는 확보할 수 있도록 한다. |
| | 수위계, 압력계에 변형, 손상이 없고, 지시값의 적정여부 | 변형, 손상이 있으면, 교체하고 수리한다. |

| 항목 | 외관점검내용 | 대책·보충 사항 등 |
|---|---|---|
| | 밸브류에 변형, 손상여부 | 표시에 따라 정상적으로 작동되는지 확인한다. |
| 전동기의 제어장치 | 제어반에 변형 및 손상여부 | 주위에 조작상 지장이 없는지 확인한다. |
| | 전압계에 변형 및 손상여부 | 전압계의 지시 값은 소정의 범위에 있는지 확인한다. |
| | 스위치류에 변형, 손상 및 탈락여부 | 개폐위치가 정상인지 확인한다. |
| | 퓨즈의 손상여부 | 손상, 녹아서 끊어진 것이 있으면 교체한다. |
| | 결선접속에 느슨함이 없는지, 배선에 단선이 없는지, 단자와의 접속여부 | 수리한다. |
| 가압 송수 장치 | 변형, 손상, 현저한 부식여부 | 명판이 붙어 있는지 확인한다. |
| | 축이음이 느슨한지, 그랜드부의 현저한 누수여부 | 느슨함 및 현저한 누수가 있는 경우는 수리한다. |
| 물올림 장치 | 변형, 손상, 누수 및 현저한 부식이 없고, 수량의 규정량여부 | 밸브류는 개폐표시 및 정상적으로 개폐 되고 있는지 확인한다. |
| 배관 | 관 및 관이음에 누수, 변형 및 손상여부 | 물건을 지지하고, 매달리는 것 등에 이용되고 있는지 확인한다. |
| | 지지금속물 및 미터계는 금속물이 떨어지거나 구부러져 있는지에 대한 여부 | 누수가 있다면 수리한다. |
| | 밸브류에 변형, 손상 및 누수여부 | 개폐표시 및 개폐위치가 정상적인지 확인한다. |
| 소화전함 | 개폐가 되는지, 변형 및 손상 등의 여부 | 주위에 사용상 장애물이 있는지 확인한다. |
| | 표시는 현저한 손상, 탈락 등이 없고 보기 쉬운지 확인 | 손상, 탈락이 있다면 교체한다. |
| | 호스 및 노즐에 변형, 손상이 없는지, 필요한 수만큼의 수가 설치되어있는지 여부 | 변형, 손상이 있다면 교체한다. |
| | 소화전의 개·폐변에 변형, 손상, 누수가 없는지 여부 | 누수 등이 있다면 수리한다. |
| | 기동조작부에 변형, 손상이 없고, 표식이 설치되어 있는지 여부 | 변형, 손상 등이 있다면, 교체 또는 수리한다. |
| | 표시등에 변형, 손상, 탈락 및 전구의 끊어짐 여부 | 전구가 끊어져 있는 경우는 전구를 교체한다. |

② 기능점검

설비의 일부를 작동시켜서 기기의 기능 상태를 확인하는 것을 기능점검이라 한다. 기능 점검의 내용은 다음과 같다.

| 항목 | 외관점검내용 | 대책·보충 사항 등 |
|---|---|---|
| 수원 | 저장한 물에 현저한 부패, 부유물, 침전물 여부 | 부유물을 제거하고, 현저한 부패가 발생한 경우는 저장한 물을 새 물로 교환한다. |
| | 급수장치의 급수 시동 및 정지여부 | 밸브의 개폐조작이 용이한지 확인한다. |
| 전동기의 제어장치 | 개폐기 및 스위치류는 발열되고 있는지, 또는 정상적 개폐 여부 | 정상적이지 않은 경우에는 교체 및 수리한다. |
| | 계전기의 정상인 작동여부 | 정상적이지 않은 경우에는 교체 및 수리한다. |
| | 표시등의 정상적인 점등여부 | 이상시 교체한다. |
| 시동장치 | 가압송수장치의 기동여부 | 펌프가 작동되는지 확인한다. |
| 가압 송수 장치 | 윤활유의 오염, 변형, 이물질의 혼입여부 | 윤활유는 늘 규정량이 있는지 확인하고, 변질된 경우 교체한다. |
| | 펌프의 회전이 원활하고 회전방향의 정상여부 | 불규칙적인 잡음 등이 있는 경우는 수리한다. |
| | 연성계 및 압력계가 적정하게 작동되고 있는지 확인 | 이상시 교체한다. |
| | 정격부하운전시의 토출압 및 토출량이 적절한지 확인 | 성능시험에서 토출압력 및 토출량이 얻어지지 않는 경우는 수리한다. |
| 물올림 장치 | 수량이 줄어들면 자동급수가 확실하게 되면서 경보음이 나는지 확인한다. | 자동급수장치가 작동되지 않는 경우에는 밸브류를 수리한다. |
| 소화전함 | 호스 및 노즐을 붙이고 떼는 것이 용이한지 확인한다. | 용이하지 않은 경우에는 수리한다. |
| | 소화전의 개폐밸브를 용이하게 조작 할 수 있는 지 확인한다. | 개폐밸브의 조작이 용이하지 않은 것은 수리 또는 교체한다. |

③ 종합점검

설비의 일부 또는 전부를 작동시키거나 설비 등을 사용해 보는 것으로 설비 등의 종합적인 기능을 확인하는 것을 종합점검이라 한다. 종합 점검의 내용은 다음과 같다.

| 항목 | 종합점검내용 | 대책·보충 사항 등 |
|---|---|---|
| 방수 시험 | 노즐의 선단에서 노즐구경의 1/2 떨어진 위치에 피트관의 선단의 중심선과 방수류가 일치되는 위치에 피트관의 선단이 오도록 하여 방수압력을 측정하여 소정의 압력(1.7～7.0 [$kg_f/cm^2$])을 확보하고 있는지 확인한다. | 소정의 압력이 얻어지지 않는 경우는 원인을 조사하여 수리한다. |

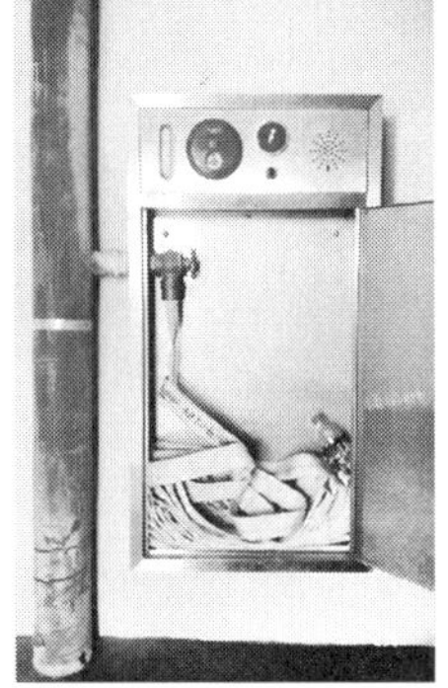

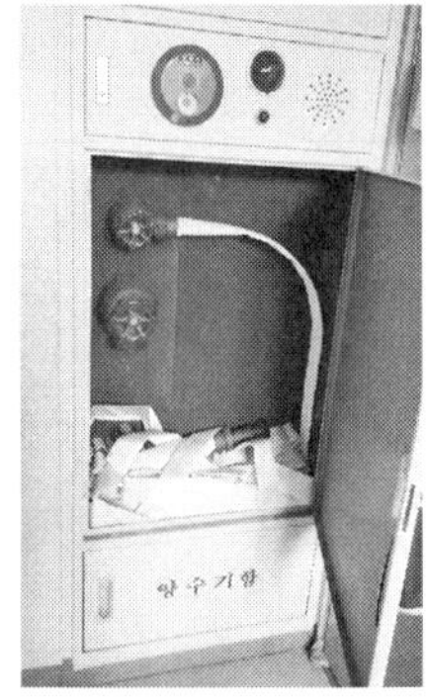

**그림 9.12** 소화전함 및 방수용기구함 내부 점검

## 3.3 소방용 펌프의 점검

### 가. 압력챔버 작동 시험방법

#### 1) 압력챔버 압력스위치 세팅 방법

- 전기결선 :

압력챔버에 부착된 압력스위치(PS)를 세팅하기 위해서는 압력챔버의 PS와 소방펌프와의 전기결선에 대한 확인을 우선 실시하여야 한다.

압력스위치 전면 볼트를 풀면 보호 커버와 스위치 커버가 분리된다.

**그림 9.13** 압력챔버 압력스위치

결선은 ①번과 ⑤번 단자에 연결하고 소방펌프를 구동시키는 MCC[59] 패널에 연결(ON, OFF 단자가 있을 경우 ON단자는 점프하고, OFF단자에 연결)한다.

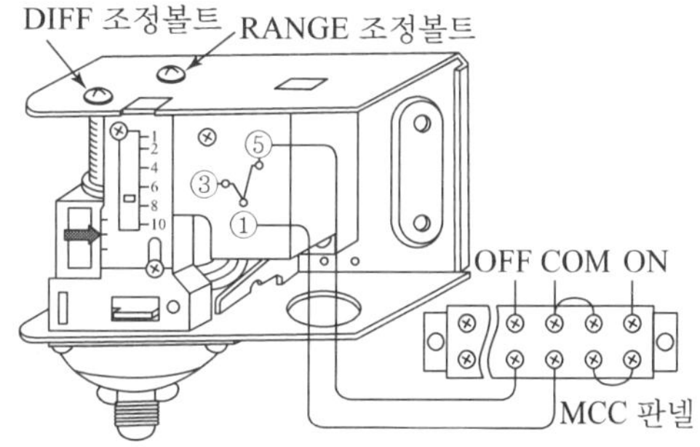


**그림 9.14** 압력챔버 압력스위치 상세도

- 펌프기동 :

  압력스위치(PS) 하단부에 있는 펌프작동스위치를 눌러 PS와 연결된 펌프를 확인하고 DIFF와 RANGE를 조정한다. RANGE는 펌프의 전양점으로 펌프에 부착된 규격표를 통해서 확인할 수 있다.

  RANGE 10 [$kg_f/cm^2$]일 때 DIFF를 3 [$kg_f/cm^2$]로 세팅하면 (10－3＝7) 펌프가 압력이 7 [$kg_f/cm^2$]에서 가동되고, 10 [$kg_f/cm^2$]에서 가동이 중지된다.

- 작동확인 :

  압력세팅이 끝나면 펌프 전원 스위치를 자동으로 한 다음 압력탱크 배수밸브로 소량의 물을 흘려 설정된 압력에서 펌프가 가동 및 중단하는지 확인한다.

59) motor control center(전동기 제어판)

## 나. 압력챔버 압력스위치 작동 점검 방법

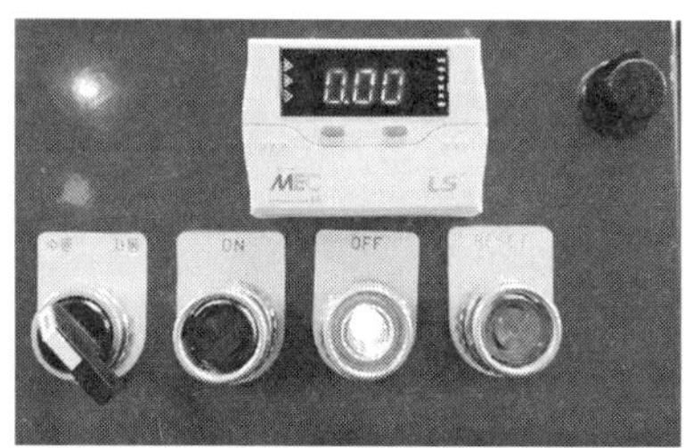


1) MCC 패널을 수동으로 전환한다.

2) ①~⑤번 단자선 중에서 ⑤번 단자선을 분리한다.

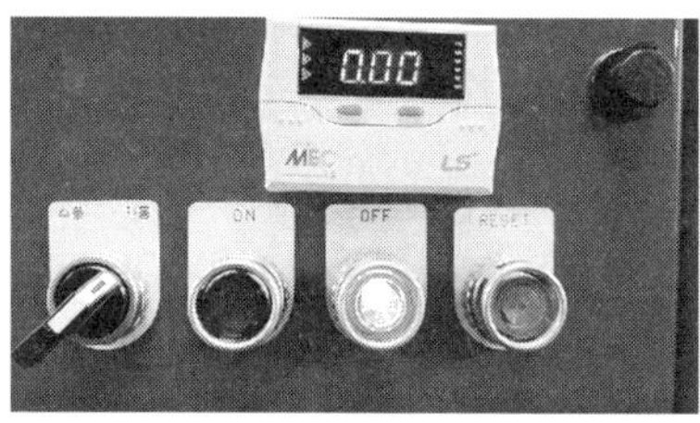


3) MCC 패널을 자동으로 전환한다.

4) 비화재시 MCC 자동 상태에서 펌프가 작동하면 MCC 결선 불량 및 MCC 불량이다. (압력스위치의 역할은 ON-OFF 역할만 한다.)

**그림 9.15** 압력챔버 압력스위치 작동 점검

## 다. 압력챔버 압력 점검 방법

압력챔버 하단에는 물이 들어 있으며, 상단에는 압축공기가 들어있어서 압력값을 나타낸다.

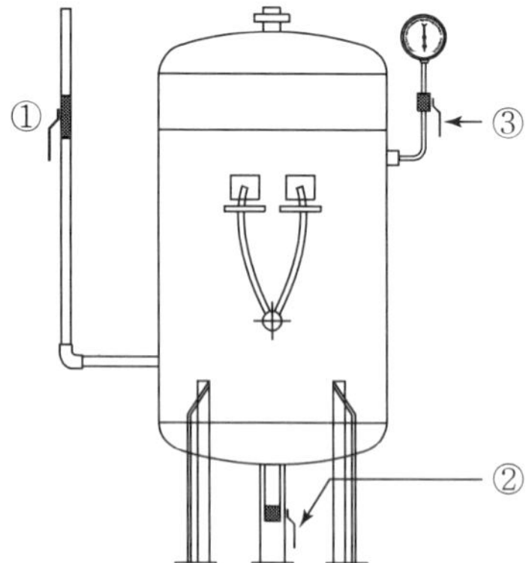


**그림 9.16** 압력챔버

1) 압력챔버가 수격현상으로 작동될 경우 MCC패널에서 주펌프 및 충압펌프 스위치를 OFF시킨 후 ①번 급수밸브를 잠근다.

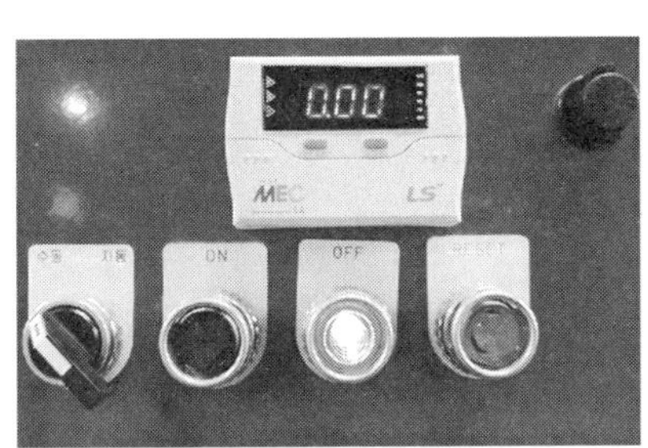

2) ②번 배수 밸브를 개방하고 ③번 밸브에 게이지를 분리한 후 외부공기를 주입시키면서 완전히 드레인 시킨다.

3) 복구 방법은 역순으로 하되 ①번 밸브는 서서히 열어 챔버 내 가압수를 주입시킨다.
4) 이때 상부 1/3은 자동적으로 공기가 채워진다.

### 라. 압력챔버 압력스위치 사용시 주의 사항

- 압력스위치에 사용하고자 하는 압력을 세팅할 때에는 주펌프 및 충압펌프의 양정과 자연압력을 필히 확인해야 한다(펌프의 양정값은 펌프에 부착된 규격표에 표기되어 있다).
- 자연압력은 고가수조의 높이에 의해 발생되는 압력으로 압력탱크 우측의 압력계에 표시된다.
- 주펌프는 소화용이고 충압펌프는 배관내부의 압력 유지용이다. 충압펌프의 가동 중단점은 주펌프의 세팅범위 내에 있어야 한다.

- 자연압보다 펌프의 기동압력의 수치가 낮은 경우에는 펌프가 기동이 안 된다.

## 마. 릴리프 밸브[60]의 세팅 방법

### 1) 릴리프 밸브의 역할

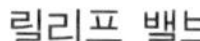

릴리프 밸브

안전밸브

**그림 9.17** 밸브의 비교

- 릴리프 밸브는 배관의 체절압력을 배관 밖으로 배출하기 위해서 배관에 설치된 밸브이다.
- 릴리프 밸브는 스프링클러 시스템 등의 급수펌프 토출 측에 설치되는 안전밸브이다.
- 급수압력의 부하가 발생하여 펌프 임펠러[61]나 밸브, 배관 등의 손상위험 수치까지 도달하기 전에 설정압력 범위 내에서 정확하게 압력을 조절해준다.
- 압력챔버의 안전밸브[62]로도 사용되며 설정압력의 범위(1～1.3배) 내에서 정확하게 압력을 조절시켜 시스템(배관)을 보호해준다.
- 릴리프 밸브 상단의 캡을 열고 조절볼트를 조작(시계방향 승압, 반시계방향 감압)하여 요구되는 다양한 압력설정과 미세한 조정이 가능하다.

### 2) 릴리프 밸브의 조정

- 소방펌프의 주 배관에 있는 주밸브(개폐표시형 개폐밸브)를 잠근다(그림 9.18의 ①).
- 시험 배관 내에 있는 밸브를 잠근다(그림 9.18의 ②).
- 소방펌프를 작동시킨다.
- 릴리프 밸브가 설치되어 있는 배관에서(그림 9.18의 ③) 유니온 밸브를 풀어 소방용수

60) 압력이 설정된 압력 이상으로 되면 밸브가 열리고, 잉여유체를 흘려서 회로내의 압력을 설정치로 유지하는 압력제어밸브

61) 펌프에서 원심력에 의하여 유체의 속도와 압력을 높여주는 날개달린 회전체

62) 압력용기나 관로를 과대한 압력으로부터 보호하기 위해 최고압력을 제한하는 밸브

가 흐를 때까지 릴리프 밸브를 조정하여 개방시킨다(그림 9.18의 ④).

- 체절압력보다 조금 낮은 압력에서 릴리프 밸브가 열려 가압수가 나오도록 조정한다. 체절압력이 12 [$kg_f/cm^2$]인 경우 릴리프 밸브의 작동(개방)압력은 11 [$kg_f/cm^2$] 정도면 적절하다.

**그림 9.18** 릴리프 밸브 세팅 방법

## 바. 소방펌프의 성능시험 방법

**그림 9.19** 소방펌프의 성능시험 배관

1) 그림에서 보는 바와 같이 소방용수가 배출되어 수손피해를 예방하기 위하여 주배관의 개폐표시형 개폐밸브(OSY밸브)를 폐쇄한다.

2) MCC(모터컨트롤패널)에서 충압펌프의 구동을 중지시킨다.

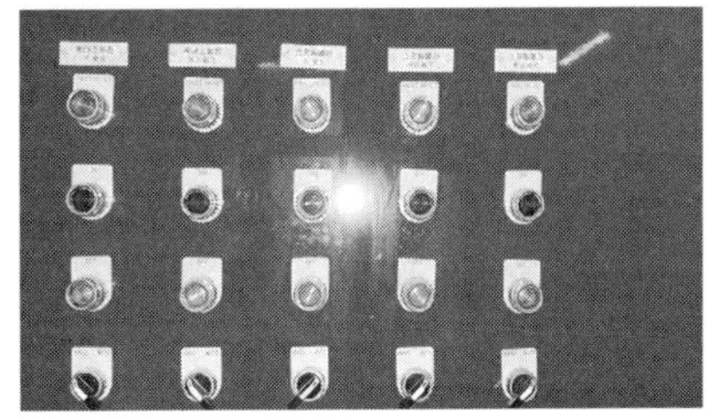

3) 성능시험배관의 2차 측 밸브(유량조절밸브)를 폐쇄하고 1차 측 밸브(개폐밸브)를 개방한다.

4) 주펌프를 수동으로 기동한다.

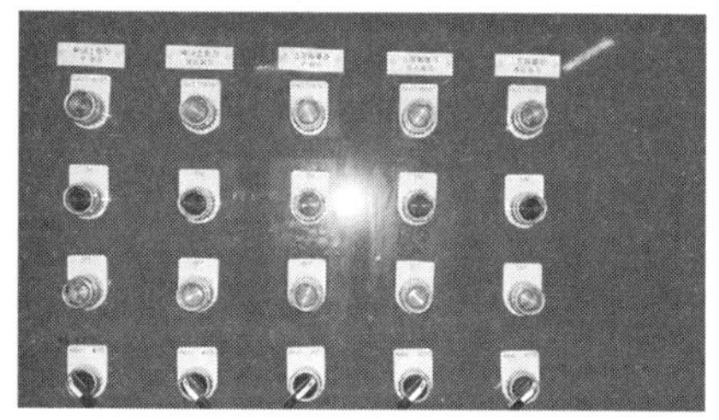

5) 펌프의 체절운전에서의 체절압력을 읽고, 성능시험배관의 2차 측 밸브(유량조절밸브)를 서서히 개방하면서 유량계와 압력계를 확인한다. 즉, 성능시험배관상의 2차 측 밸브인 유량조절 밸브를 서서히 개방하면서 유량이 정격토출유량의 150 [%]가 될 때 펌프 토출 측 압력계의 압력이 정격토출압력의 65 [%] 이상인지 확인한다.

6) 펌프의 성능시험측정 후 주배관의 개폐표시형 개폐밸브(OSY밸브)를 개방하고 성능시험 1차 측 밸브(개폐밸브)를 폐쇄하고, 주펌프와 충압펌프를 수동에서 자동으로 전환한다.

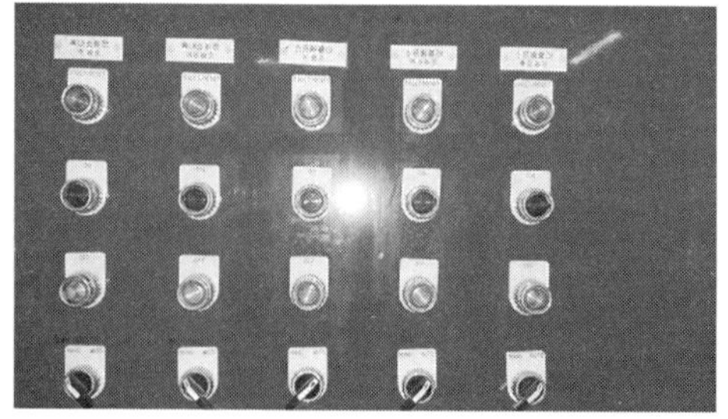

### 사. 소방펌프의 압력스위치 조정 방법

소방펌프를 구동시키는 역할을 하는 압력스위치(PS)는 압력챔버에 부착되어 있다.

#### 1) 압력스위치(Pressure Switch) 표시 구분

① RANGE :

㉠ 펌프의 정지압력 눈금으로 소방시설의 배관내부의 압력이 설정된 RANGE의 압력만큼 올라가면 펌프는 정지한다.

㉡ RANGE 값은 총양정의 1/10의 값이 적절하므로 일반적으로 현장에서는 1/10 값보다 약간 높게 설정한다. 그 이유는 물의 높이로 10 [m]는 압력 값으로 약 1 [$kg_f/cm^2$]이라는 것을 의미하는 것이다.

② DIFF(DIFFerence) :

㉠ 펌프의 정지압력과 기동압력의 차이 눈금을 의미한다.

㉡ 설정된 DIFF 값만큼 압력이 떨어지면 펌프가 다시 기동하게 된다.

㉢ 펌프가 기동하다가 설정된 RANGE 값에 도달하면 펌프는 작동을 정지한다.

㉣ 압력챔버에는 주펌프의 압력스위치와 충압펌프의 압력스위치가 설치되어 있다.

㉤ 설치된 압력스위치의 펌프작동스위치를 눌러서 작동하는 펌프의 종류를 확인한다. (펌프작동 스위치를 누르면 해당하는 펌프가 작동한다.)

㉥ 압력스위치 상단에 위치한 RANGE 조정용 나사와 DIFF 조정용 나사는 드라이버로 좌우로 돌리면서 조정시침을 조정한다.

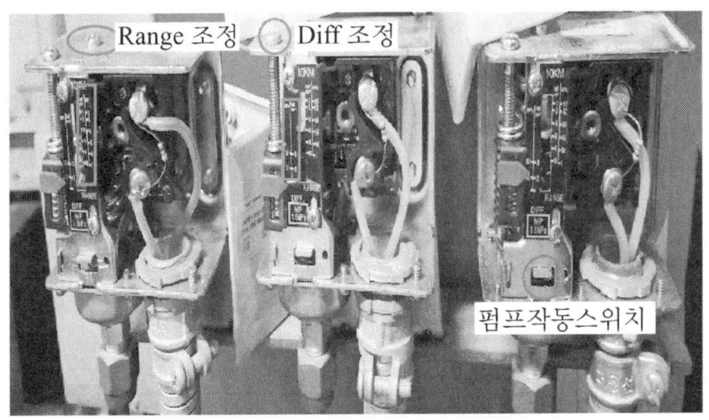


**그림 9.20** 압력챔버 압력스위치

### 2) 펌프 압력스위치 조정의 기준

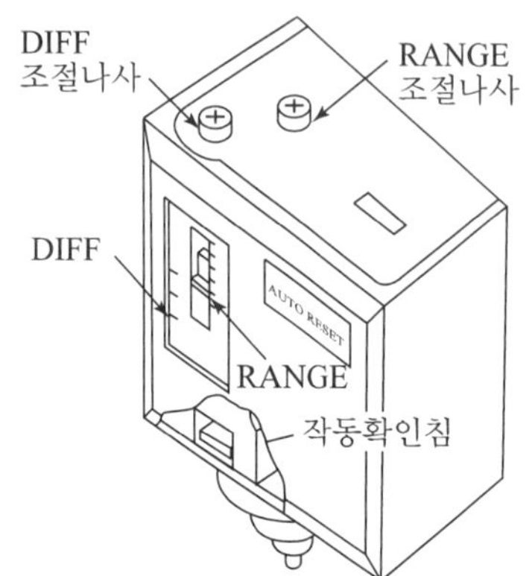

**그림 9.21** 압력스위치 조정 방법

① 주펌프, 충압펌프의 기동압력은 자연 낙차압보다 높아야 한다.

② 주펌프의 기동압력은 자연 낙차압+K로 하고

㉠ 옥내소화전의 경우 K=2 [$kg_f/cm^2$]

㉡ 스프링클러의 경우 K=1.5 [$kg_f/cm^2$]로 설정한다.

③ 정지압력은 주펌프의 양정값으로 설정한다.

④ 충압펌프는 주펌프의 기동 및 정지압력 범위 내에 있도록 설정한다.

⑤ 주펌프와 충압펌프와의 기동점 간격은 최소 0.5 [$kg_f/cm^2$] 이상 차이를 둔다.

- 표시구분
  - RANGE : 펌프의 기동정지점을 의미한다.
  - DIFF : 펌프 정지점과 기동점의 차이로 DIFF 만큼 압력이 떨어지면 펌프는 다시 기동한다.

    ※ RANGE 및 DIFF 눈금은 압력스위치 상단부의 조절나사를 좌우로 돌려서 눈금을 조절한다.

- 압력 확인침 : 압력이 상승하여 펌프가 정지하면 상단에 위치한다.

## 3.4 준비작동식 유수검지 장치 복구 방법

1. 1차 측 밸브를 닫는다.

2. 2차 측 밸브를 개방한다.

3. 배수밸브를 개방하여 2차 측의 소화수를 뺀다.

4. 소화수가 완전히 빠지면 배수밸브를 닫는다.

5. 솔레노이드 밸브를 닫는다.

6. 세팅밸브를 개방한 후 세팅이 완료되면 닫아준다.

7. 1차 측을 서서히 개방한다.

여기서 압력계의 지시침이 1차 측은 설정압력이 있어야 하고 2차 측은 0이 되어 있어야 정상상태이다.

**그림 9.22** 준비작동식 밸브 복구방법

### 가. 준비작동 밸브에서 주요 확인사항

1) 감지기가 1개만 작동시 주요 확인사항

- 화재 표시등, 감지기 지구 표시등을 점검한다.
- 경종 또는 사이렌 경보를 점검한다.

2) 감지기가 2개 작동시 주요 확인사항

- 전자밸브의 작동여부에 대해서 점검한다.
- 준비작동식 밸브 개방으로 배수밸브로 배수한다.
- 밸브 개방 표시등 점등 여부를 확인한다.
- 사이렌 경보를 확인한다.

### 나. 아파트에 설치된 준비작동 밸브의 점검 방법

준비작동 밸브실 외부

준비작동 밸브실 내부 모습

**그림 9.23** 준비작동 밸브실

| 전 | 후 | 설명 |
|---|---|---|
| | | 1. 1차 측 밸브를 잠근다. |
| | | 2. 조작판의 작동 스위치를 누른다. |

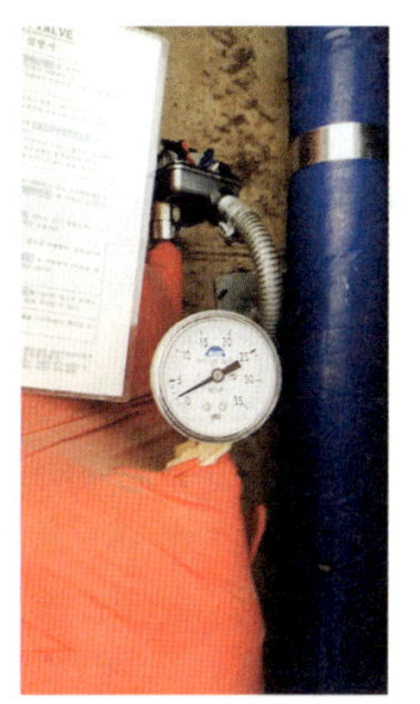

3. 1차 측 압력게이지의 압력이 0으로 변화한다.

4. 세팅 밸브를 개방 하였다가 다시 잠그면 1차 측 압력이 원 상태로 복귀한다.

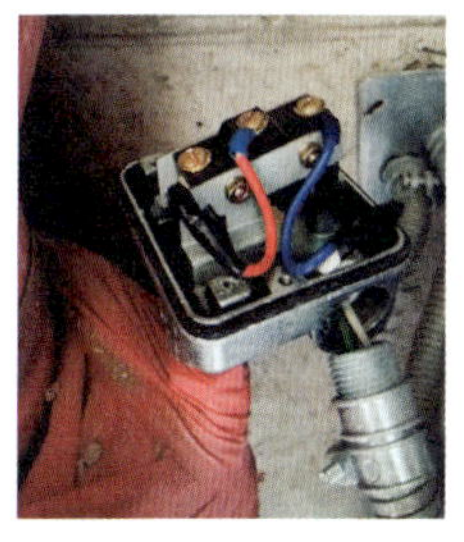

5. 압력스위치를 확인하면 스프링클러 조작판 밸브개방 부분이 점등된다.

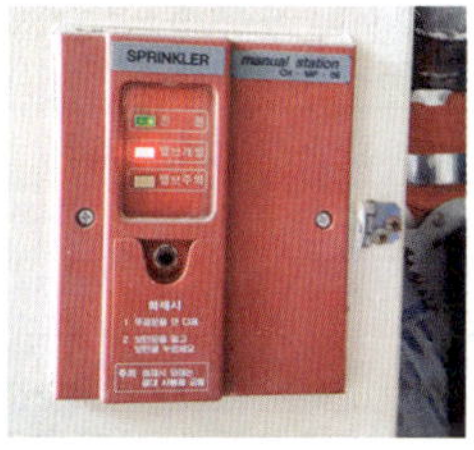


6. 스프링클러 조작판 밸브개방 부분이 점등된 후에 경종이 발령된다.

## 3.5 소화활동 설비의 점검

소화활동설비의 주요 설치기준

<table>
<tr><th colspan="2">경보설비</th><th>설치기준</th></tr>
<tr><td rowspan="2">제연설비</td><td>제연설비</td><td>① 제연설비의 설치장소는 다음 각 호에 따른 제연구역으로 구획해야 한다.<br>1. 하나의 제연구역의 면적은 1,000 [$m^2$] 이내로 할 것<br>2. 거실과 통로(복도를 포함한다. 이하 같다)는 각각 제연구획 할 것<br>3. 통로상의 제연구역은 보행중심선의 길이가 60 [m]를 초과하지 않을 것<br>4. 하나의 제연구역은 직경 60 [m] 원내에 들어갈 수 있을 것<br>5. 하나의 제연구역은 둘 이상의 층에 미치지 않도록 할 것. 다만, 층의 구분이 불분명한 부분은 그 부분을 다른 부분과 별도로 제연구획 해야 한다.<br>② 제연구역의 구획은 보·제연경계벽(이하 "제연경계"라 한다) 및 벽(화재 시 자동으로 구획되는 가동벽·방화셔터·방화문을 포함한다. 이하 같다)으로 하되, 다음 각호의 기준에 적합해야 한다.<br>1. 재질은 내화재료, 불연재료 또는 제연경계벽으로 성능을 인정받은 것으로서 화재 시 쉽게 변형·파괴되지 아니하고 연기가 누설되지 않는 기밀성 있는 재료로 할 것<br>2. 제연경계는 제연경계의 폭이 0.6 [m] 이상이고, 수직거리는 2 [m] 이내일 것<br>3. 제연경계벽은 배연 시 기류에 따라 그 하단이 쉽게 흔들리지 않고, 가동식의 경우에는 급속히 하강하여 인명에 위해를 주지 않는 구조일 것</td></tr>
<tr><td>배출량<br>및<br>배출방식</td><td>① 거실의 바닥면적이 400 [$m^2$] 미만으로 구획(제연경계에 따른 구획을 제외한다. 다만, 거실과 통로와의 구획은 그렇지 않다)된 예상제연구역에 대한 배출량은 다음 각 호의 기준에 따른다.<br>1. 바닥면적 1 [$m^2$]에 분당 1 [$m^3$] 이상으로 하되, 예상제연구역 전체에 대한 최저 배출량은 시간당 5,000 [$m^3$] 이상으로 할 것<br>2. 제5조제2항에 따라 바닥면적이 50 [$m^2$] 미만인 예상제연구역을 통로배출방식으로 하는 경우에는 통로보행중심선의 길이 및 수직거리에 따라 다음 표에서 정하는 기준량 이상으로 할 것
<table>
<tr><th>통로보행<br>중심선의 길이</th><th>수직거리</th><th>배출량</th><th>비고</th></tr>
<tr><td rowspan="4">40 [m] 이하</td><td>2 [m] 이하</td><td>25,000 [$m^3/h$] 이상</td><td rowspan="4">벽으로<br>구획된<br>경우를<br>포함한다.</td></tr>
<tr><td>2 [m] 초과 2.5 [m] 이하</td><td>30,000 [$m^3/h$] 이상</td></tr>
<tr><td>2.5 [m] 초과 3.0 [m] 이하</td><td>35,000 [$m^3/h$] 이상</td></tr>
<tr><td>3 [m] 초과</td><td>45,000 [$m^3/h$] 이상</td></tr>
<tr><td rowspan="4">40 [m] 초과<br>60 [m] 이하</td><td>2 [m] 이하</td><td>30,000 [$m^3/h$] 이상</td><td rowspan="4">벽으로<br>구획된<br>경우를<br>포함한다.</td></tr>
<tr><td>2 [m] 초과 2.5 [m] 이하</td><td>35,000 [$m^3/h$] 이상</td></tr>
<tr><td>2.5 [m] 초과 3.0 [m] 이하</td><td>45,000 [$m^3/h$] 이상</td></tr>
<tr><td>3 [m] 초과</td><td>50,000 [$m^3/h$] 이상</td></tr>
</table></td></tr>
</table>

② 바닥면적 400 [$m^2$] 이상인 거실의 예상제연구역의 배출량은 다음 각 호의 기준에 적합해야 한다.

1. 예상제연구역이 직경 40 [m]인 원의 범위 안에 있을 경우에는 배출량이 시간당 40,000 [$m^3$] 이상으로 할 것. 다만, 예상제연구역이 제연경계로 구획된 경우에는 그 수직거리에 따라 배출량은 다음 표에 따른다.

| 수직거리 | 배출량 |
|---|---|
| 2 [m] 이하 | 40,000 [$m^3$/h] 이상 |
| 2 [m] 초과 2.5 [m] 이하 | 45,000 [$m^3$/h] 이상 |
| 2.5 [m] 초과 3.0 [m] 이하 | 50,000 [$m^3$/h] 이상 |
| 3 [m] 초과 | 60,000 [$m^3$/h] 이상 |

2. 예상제연구역이 직경 40 [m]인 원의 범위를 초과할 경우에는 배출량이 시간당 45,000 [$m^3$] 이상으로 할 것. 다만, 예상제연구역이 제연경계로 구획된 경우에는 그 수직거리에 따라 배출량은 다음 표에 따른다.

| 수직거리 | 배출량 |
|---|---|
| 2 [m] 이하 | 40,000 [$m^3$/h] 이상 |
| 2 [m] 초과 2.5 [m] 이하 | 45,000 [$m^3$/h] 이상 |
| 2.5 [m] 초과 3.0 [m] 이하 | 50,000 [$m^3$/h] 이상 |
| 3 [m] 초과 | 60,000 [$m^3$/h] 이상 |

③ 예상제연구역이 통로인 경우의 배출량은 시간당 45,000 [$m^3$] 이상으로 해야 한다. 다만, 예상제연구역이 제연경계로 구획된 경우에는 그 수직거리에 따라 배출량은 제2항제2호의 표에 따른다.

④ 배출은 각 예상제연구역별로 제1항부터 제3항에 따른 배출량 이상을 배출하되, 두 개 이상의 예상제연구역이 설치된 특정소방대상물에서 배출을 각 예상지역별로 구분하지 아니하고 공동예상제연구역을 동시에 배출하고자 할 때의 배출량은 다음 각 호에 따라야 한다. 다만, 거실과 통로는 공동예상제연구역으로 할 수 없다.

1. 공동예상제연구역 안에 설치된 예상제연구역이 각각 벽으로 구획된 경우(제연구역의 구획 중 출입구만을 제연경계로 구획한 경우를 포함한다)에는 각 예상제연구역의 배출량을 합한 것 이상으로 할 것. 다만, 예상제연구역의 바닥면적이 400 [$m^2$] 미만인 경우 배출량은 바닥면적 1 [$m^2$]에 분당 1 [$m^3$] 이상으로 하고 공동예상구역 전체배출량은 시간당 5,000 [$m^3$] 이상으로 할 것
2. 공동예상제연구역 안에 설치된 예상제연구역이 각각 제연경계로 구획된 경우(예상제연구역의 구획 중 일부가 제연경계로 구획된 경우를 포함하나 출입구 부분만을 제연경계로 구획한 경우를 제외한다)에 배출량은 각 예상제연구역의 배출량 중 최대의 것으로 할 것. 이 경우 공동제연예상구역이 거실일 때에는 그 바닥면적이 1,000 [$m^2$] 이하이며, 직경 40 [m] 원 안에 들어가야 하고, 공동제연예상구역이 통로일 때에는 보행중심선의 길이를 40[m] 이하로 하여야 한다.

| | |
|---|---|
| | ⑤ 수직거리가 구획 부분에 따라 다른 경우는 수직거리가 긴 것을 기준으로 한다. |
| 배출구 | ① 예상제연구역에 대한 배출구의 설치는 다음 각 호의 기준에 따라야 한다.<br>1. 바닥면적이 400 [$m^2$] 미만인 예상제연구역(통로인 예상제연구역을 제외한다)에 대한 배출구의 설치는 다음 각 목의 기준에 적합할 것<br>가. 예상제연구역이 벽으로 구획되어있는 경우의 배출구는 천장 또는 반자와 바닥사이의 중간 윗부분에 설치할 것<br>나. 예상제연구역 중 어느 한 부분이 제연경계로 구획되어있는 경우에는 천장·반자 또는 이에 가까운 벽의 부분에 설치할 것. 다만, 배출구를 벽에 설치하는 경우에는 배출구의 하단이 해당 예상제연구역에서 제연경계의 폭이 가장 짧은 제연경계의 하단보다 높이 되도록 하여야 한다.<br>2. 통로인 예상제연구역과 바닥면적이 400 [$m^2$] 이상인 통로 외의 예상제연구역에 대한 배출구의 위치는 다음 각 목의 기준에 적합하여야 한다.<br>가. 예상제연구역이 벽으로 구획되어 있는 경우의 배출구는 천장·반자 또는 이에 가까운 벽의 부분에 설치할 것. 다만, 배출구를 벽에 설치한 경우에는 배출구의 하단과 바닥간의 최단거리가 2 [m] 이상이어야 한다.<br>나. 예상제연구역 중 어느 한 부분이 제연경계로 구획되어 있을 경우에는 천장·반자 또는 이에 가까운 벽의 부분(제연경계를 포함한다)에 설치할 것. 다만, 배출구를 벽 또는 제연경계에 설치하는 경우에는 배출구의 하단이 해당 예상제연구역에서 제연경계의 폭이 가장 짧은 제연경계의 하단보다 높이 되도록 설치하여야 한다.<br>② 예상제연구역의 각 부분으로부터 하나의 배출구까지의 수평거리는 10 [m] 이내가 되도록 하여야 한다. |
| 공기유입 방식 및 유입구 | ① 예상제연구역에 대한 공기유입은 유입풍도를 경유한 강제유입 또는 자연유입방식으로 하거나, 인접한 제연구역 또는 통로에 유입되는 공기(가압의 결과를 일으키는 경우를 포함한다. 이하 같다)가 해당구역으로 유입되는 방식으로 할 수 있다.<br>② 예상제연구역에 설치되는 공기유입구는 다음 각 호의 기준에 적합하여야 한다.<br>1. 바닥면적 400 [$m^2$] 미만의 거실인 예상제연구역(제연경계에 따른 구획을 제외한다. 다만, 거실과 통로와의 구획은 그러하지 아니하다)에 대해서는 공기유입구와 배출구간의 직선거리는 5 [m] 이상 또는 구획된 실의 장변의 2분의 1 이상으로 할 것. 다만, 공연장·집회장·위락시설의 용도로 사용되는 부분의 바닥면적이 200 [$m^2$]를 초과하는 경우의 공기유입구는 제2호의 기준에 따른다.<br>2. 바닥면적이 400 [$m^2$] 이상의 거실인 예상제연구역(제연경계에 따른 구획을 제외한다. 다만, 거실과 통로와의 구획은 그러하지 아니하다)에 대하여는 바닥으로부터 1.5 [m] 이하의 높이에 설치하고 그 주변은 공기의 유입에 장애가 없도록 할 것<br>3. 제1호와 제2호에 해당하는 것 외의 예상제연구역(통로인 예상제연구역을 포함한다)에 대한 유입구는 다음 각 목에 따를 것. 다만, 제연경계로 인접하는 구역의 유입공기가 당해예상제연구역으로 유입되게 한 때에는 그러하지 아니 |

| | |
|---|---|
| | 하다.<br>가. 유입구를 벽에 설치할 경우에는 제2호의 기준에 따를 것<br>나. 유입구를 벽 외의 장소에 설치할 경우에는 유입구 상단이 천장 또는 반자와 바닥사이의 중간 아랫부분보다 낮게 되도록 하고, 수직거리가 가장 짧은 제연경계 하단보다 낮게 되도록 설치할 것<br>③ 공동예상제연구역에 설치되는 공기 유입구는 다음 각 호의 기준에 적합하게 설치해야 한다.<br>1. 공동예상제연구역 안에 설치된 각 예상제연구역이 벽으로 구획되어 있을 때에는 각 예상제연구역의 바닥면적에 따라 제2항제1호 및 제2호에 따라 설치할 것<br>2. 공동예상제연구역 안에 설치된 각 예상제연구역의 일부 또는 전부가 제연경계로 구획되어 있을 때에는 공동예상제연구역 안의 1개 이상의 장소에 제2항제3호에 따라 설치할 것<br>④ 인접한 제연구역 또는 통로로부터 유입되는 공기를 해당 예상제연구역에 대한 공기유입으로 하는 경우로서 공기 유입구가 제연경계 하단보다 높은 경우에는 그 인접한 제연구역 또는 통로의 화재 시 각 유입구 및 해당 구역 내에 설치된 유입풍도의 댐퍼는 자동폐쇄되도록 해야 한다.<br>⑤ 예상제연구역에 공기가 유입되는 순간의 풍속은 초속 5 [m] 이하가 되도록 하고, 제2항부터 제4항까지의 유입구의 구조는 유입공기를 상향으로 분출하지 않도록 설치해야 한다.<br>⑥ 예상제연구역에 대한 공기유입구의 크기는 해당 예상제연구역 배출량 분당 1 [$m^3$]에 대하여 35 [$cm^3$] 이상으로 해야 한다.<br>⑦ 예상제연구역에 대한 공기유입량은제6조제1항부터 제4항까지에 따른 배출량의 배출에 지장이 없는 양으로 해야 한다. |
| 배출기 및 배출풍도 | ① 배출기의 배출 능력은제6조제1항부터 제4항까지의 배출량 이상이 되도록 하고, 배출기 및 배출기와 배출풍도의 접속부분 등은 화열 등으로 인한 영향을 받지 않도록 설치해야 한다.<br>② 배출풍도는 다음 각 호의 기준에 따라야 한다.<br>1. 배출풍도는 아연도금강판 또는 이와 동등 이상의 내식성·내열성이 있는 것으로 하며, 「건축법 시행령」 제2조제10호에 따른 불연재료(석면재료를 제외한다)인 단열재로 풍도 외부에 유효한 단열 처리를 하고, 강판의 두께는 배출풍도의 크기에 따라 다음 표에 따른 기준 이상으로 할 것 |

| 풍도단면의 긴변 또는 직경의 크기 | 450[㎜]이하 | 450[㎜]초과 750[㎜]이하 | 750[㎜]초과 1500[㎜]이하 | 1500[㎜]초과 2250[㎜]이하 | 2250[㎜]초과 |
|---|---|---|---|---|---|
| 강관 두께 | 0.5 [mm] | 0.5 [mm] | 0.8 [mm] | 1.0 [mm] | 1.2 [mm] |

2. 배출기의 흡입측 풍도안의 풍속은 초속 15 [m] 이하로 하고 배출측 풍속은 초속 20 [m] 이하로 할 것

| | | |
|---|---|---|
| 연결송수관설비 | 송수구 | 연결송수관설비의 송수구는 다음 각 호의 기준에 따라 설치하여야 한다.<br>1. 송수구는 송수 및 그 밖의 소화작업에 지장을 주지 않도록 설치할 것<br>2. 지면으로부터 높이가 0.5 [m] 이상 1 [m] 이하의 위치에 설치할 것<br>3. 송수구로부터 연결송수관설비의 주배관에 이르는 연결배관에 개폐밸브를 설치한 때에는 그 개폐상태를 쉽게 확인 및 조작할 수 있는 옥외 또는 기계실 등의 장소에 설치하고, 그 밸브의 개폐상태를 감시제어반에서 확인할 수 있도록 급수개폐밸브 작동표시 스위치를 설치할 것<br>4. 구경 65 [mm]의 쌍구형으로 할 것<br>5. 송수구에는 그 가까운 곳의 보기 쉬운 곳에 송수압력범위를 표시한 표지를 할 것<br>6. 송수구는 연결송수관의 수직배관마다 한 개 이상을 설치할 것<br>7. 송수구의 가까운 부분에 자동배수밸브 및 체크밸브를 설치할 것<br>8. 송수구에는 가까운 곳의 보기 쉬운 곳에 "연결송수관설비송수구"라고 표시한 표지를 설치할 것<br>9. 송수구에는 이물질을 막기 위한 마개를 씌울 것 |
| | 방수구 | 연결송수관설비의 방수구는 다음 각 호의 기준에 따라 설치해야 한다.<br>1. 연결송수관설비의 방수구는 그 특정소방대상물의 층마다 설치할 것<br>2. 방수구는 계단(아파트 또는 바닥면적이 1,000 [$m^2$] 미만인 층에 있어서는 한 개의 계단을 말하며, 바닥면적이 1,000 [$m^2$] 이상인 층에 있어서는 두 개의 계단을 말한다)으로부터 5 [m] 이내에 설치하되, 그 방수구로부터 그 층의 각 부분까지의 거리가 다음 각 목의 기준을 초과하는 경우에는 그 기준 이하가 되도록 방수구를 추가하여 설치할 것<br>가. 지하가(터널은 제외한다) 또는 지하층의 바닥면적의 합계가 3,000 [$m^2$] 이상인 것은 수평거리 25 [m]<br>나. 가목에 해당하지 않는 것은 수평거리 50 [m]<br>3. 11층 이상의 부분에 설치하는 방수구는 쌍구형으로 할 것<br>4. 방수구의 호스접결구는 바닥으로부터 높이 0.5 [m] 이상 1 [m] 이하의 위치에 설치할 것<br>5. 방수구는 연결송수관설비의 전용방수구 또는 옥내소화전방수구로서 구경 65 [mm]의 것으로 설치할 것<br>6. 방수구에는 방수구의 위치를 표시하는 표시등 또는 축광식표지를 설치할 것<br>7. 방수구는 개폐기능을 가진 것으로 설치해야 하며, 평상 시 닫힌 상태를 유지할 것 |
| | 방수 기구함 | 연결송수관설비의 방수기구함은 다음 각 호의 기준에 따라 설치해야 한다.<br>1. 방수기구함은 피난층과 가장 가까운 층을 기준으로 3개 층마다 설치하되, 그 층의 방수구마다 보행거리 5 [m] 이내에 설치할 것<br>2. 방수기구함에는 방수구에 연결하였을 때 그 방수구가 담당하는 구역의 각 부분에 유효하게 물이 뿌려질 수 있는 개수 이상의 길이 15 [m]의 호스와 방사형 관창 2개 이상(단구형 방수구의 경우에는 1개)을 비치할 것<br>3. 방수기구함에는 "방수기구함"이라고 표시한 축광식 표지를 할 것 |

| | |
|---|---|
| 가압송수 장치 | 지표면에서 최상층 방수구의 높이가 70 [m] 이상의 특정소방대상물에는 다음 각 호의 기준에 따라 연결송수관설비의 가압송수장치를 설치해야 한다.<br>1. 쉽게 접근할 수 있고 점검하기에 충분한 공간이 있는 장소로서 화재 및 침수 등의 재해로 인한 피해를 받을 우려가 없는 곳에 설치할 것<br>2. 동결방지조치를 하거나 동결의 우려가 없는 장소에 설치할 것<br>3. 펌프는 전용으로 할 것<br>4. 펌프의 토출측에는 압력계를 설치하고, 흡입측에는 연성계 또는 진공계를 설치할 것<br>5. 가압송수장치에는 정격부하운전 시 펌프의 성능을 시험하기 위한 배관을 설치할 것<br>6. 가압송수장치에는 체절운전시 수온의 상승을 방지하기 위한 순환배관을 설치할 것<br>7. 펌프의 토출량은 2,400 [L/min](계단식 아파트의 경우에는 1,200 [L/min]) 이상이 되는 것으로 할 것. 다만, 해당 층에 설치된 방수구가 3개를 초과(방수구가 5개 이상인 경우에는 5개)하는 것에 있어서는 1개마다 800 [L/min](계단식 아파트의 경우에는 400 [L/min])를 가산한 양이 되는 것으로 할 것<br>8. 펌프의 양정은 최상층에 설치된 노즐선단의 압력이 0.35 [MPa] 이상의 압력이 되도록 할 것<br>9. 가압송수장치는 방수구가 개방될 때 자동으로 기동되거나 수동스위치의 조작에 따라 기동되도록 할 것. 이 경우 수동스위치는 두 개 이상을 설치하되, 그중 한 개는 다음 각 목의 기준에 따라 송수구의 부근에 설치해야 한다.<br>가. 송수구로부터 5 [m] 이내의 보기 쉬운 장소에 바닥으로부터 높이 0.8 [m] 이상 1.5 [m] 이하로 설치할 것<br>나. 1.5 [mm] 이상의 강판함에 수납하여 설치하고 "연결송수관설비 수동스위치"라고 표시한 표지를 부착할 것. 이 경우 문짝은 불연재료로 설치할 수 있다.<br>다. 「전기사업법」 제67조에 따른 기술기준에 따라 접지하고 빗물 등이 들어가지 않는 구조로 할 것<br>10. 기동장치로는 기동용수압개폐장치 또는 이와 동등 이상의 성능이 있는 것으로 설치할 것<br>11. 수원의 수위가 펌프보다 낮은 위치에 있는 가압송수장치에는 물올림장치를 설치할 것<br>12. 기동용수압개폐장치를 기동장치로 사용할 경우에는 충압펌프를 설치할 것<br>13. 내연기관을 사용하는 경우에는 제어반에 따라 내연기관의 자동기동 및 수동기동이 가능하고 기동장치의 기동을 명시하는 적색등을 설치해야 하며 상시 충전되어 있는 축전지설비와 펌프를 20분 이상 운전할 수 있는 용량의 연료를 갖출 것<br>14. 가압송수장치에는 "연결송수관펌프"라고 표시한 표지를 할 것<br>15. 가압송수장치가 기동이 된 경우에는 자동으로 정지되지 않도록 할 것<br>16. 가압송수장치는 부식 등으로 인한 펌프의 고착을 방지할 수 있도록 부식에 강한 재질을 사용할 것 |

<table>
<tr><td rowspan="2">연결살수관설비</td><td>송수구</td><td>① 연결살수설비의 송수구는 다음 각 호의 기준에 따라 설치해야 한다.<br>1. 송수구는 송수 및 그 밖의 소화작업에 지장을 주지 않도록 설치할 것<br>2. 구경 65 [mm]의 쌍구형으로 할 것<br>3. 개방형헤드를 사용하는 송수구의 호스접결구는 각 송수구역마다 설치할 것<br>4. 지면으로부터 높이가 0.5 [m] 이상 1 [m] 이하의 위치에 설치할 것<br>5. 송수구로부터 주배관에 이르는 연결배관에는 개폐밸브를 설치하지 않을 것<br>6. 송수구의 부근에는 "연결살수설비 송수구"라고 표시한 표지와 송수구역 일람표를 설치할 것<br>7. 송수구에는 이물질을 막기 위한 마개를 씌울 것<br>② 연결살수설비의 선택밸브는 다음 각 호의 기준에 따라 설치해야 한다.<br>1. 화재 시 연소의 우려가 없는 장소로서 조작 및 점검이 쉬운 위치에 설치할 것<br>2. 선택밸브의 부근에는 송수구역 일람표를 설치할 것<br>③ 연결살수설비에는 송수구의 가까운 부분에 자동배수밸브와 체크밸브를 설치해야 한다.<br>④ 개방형헤드를 사용하는 연결살수설비에 있어서 하나의 송수구역에 설치하는 살수헤드의 수는 10개 이하가 되도록 해야 한다.</td></tr>
<tr><td>헤드</td><td>① 연결살수설비의 헤드는 연결살수설비 전용헤드 또는 스프링클러헤드로 설치해야 한다.<br>② 건축물에 설치하는 연결살수설비의 헤드는 다음 각 호의 기준에 따라 설치해야 한다.<br>1. 천장 또는 반자의 실내에 면하는 부분에 설치할 것<br>2. 천장 또는 반자의 각 부분으로부터 하나의 살수헤드까지의 수평거리가 연결살수설비 전용헤드의 경우에는 3.7 [m] 이하, 스프링클러헤드의 경우는 2.3 [m] 이하로 할 것<br>③ 폐쇄형스프링클러헤드를 설치하는 경우에는 제2항의 규정 외에 다음 각 호의 기준에 따라 설치해야 한다.<br>1. 그 설치장소의 평상시 최고 주위온도에 따라 적합한 표시온도의 것으로 설치할 것<br>2. 스프링클러헤드는 살수 및 감열에 장애가 없도록 설치할 것<br>3. 연소할 우려가 있는 개구부에는 그 상하좌우에 2.5 [m] 간격으로(개구부의 폭이 2.5 [m] 이하인 경우에는 그 중앙에) 스프링클러헤드를 설치하되, 스프링클러헤드와 개구부의 내측 면으로부터 직선거리는 15 [cm] 이하가 되도록 할 것<br>4. 습식 연결살수설비 외의 설비에는 상향식스프링클러헤드를 설치할 것<br>5. 측벽형스프링클러헤드를 설치하는 경우 긴 변의 한쪽 벽에 일렬로 설치(폭이 4.5 [m] 이상 9 [m] 이하인 실에 있어서는 긴변의 양쪽에 각각 일렬로 설치하되 마주보는 스프링클러헤드가 나란히꼴이 되도록 설치)하고 3.6 [m] 이내마다 설치할 것</td></tr>
</table>

| | |
|---|---|
| | ④ 가연성 가스의 저장·취급시설에 설치하는 연결살수설비의 헤드는 다음 각 호의 기준에 따라 설치해야 한다. 다만, 지하에 설치된 가연성가스의 저장·취급시설로서 지상에 노출된 부분이 없는 경우에는 그렇지 않다.<br>1. 연결살수설비 전용의 개방형헤드를 설치할 것<br>2. 가스저장탱크·가스홀더 및 가스발생기의 주위에 설치하되, 헤드 상호 간의 거리는 3.7 [m] 이하로 할 것<br>3. 헤드의 살수범위는 가스저장탱크·가스홀더 및 가스발생기의 몸체의 중간 윗부분의 모든 부분이 포함되도록 해야 하고 살수 된 물이 흘러내리면서 살수범위에 포함되지 않은 부분에도 모두 적셔질 수 있도록 할 것 |
| 비상콘센트<br>설비<br>설치기준 | ① 비상콘센트설비에는 다음 각 호의 기준에 따른 전원을 설치해야 한다.<br>1. 상용전원회로의 배선은 전용배선으로 하고, 상용전원의 상시공급에 지장이 없도록 할 것<br>2. 지하층을 제외한 층수가 7층 이상으로서 연면적이 2,000 [$m^2$] 이상이거나 지하층의 바닥면적의 합계가 3,000 [$m^2$] 이상인 특정소방대상물의 비상콘센트설비에는 자가발전설비, 비상전원수전설비, 축전지설비 또는 전기저장장치를 비상전원으로 설치할 것<br>3. 제2호에 따른 비상전원 중 자가발전설비, 축전지설비 또는 전기저장장치는 다음 각 목의 기준에 따라 설치하고, 비상전원수전설비는 「소방시설용 비상전원수전설비의 화재안전성능기준(NFPC 602)」에 따라 설치할 것<br>가. 점검에 편리하고 화재 및 침수 등의 재해로 인한 피해를 받을 우려가 없는 곳에 설치할 것<br>나. 비상콘센트설비를 유효하게 20분 이상 작동시킬 수 있는 용량으로 할 것<br>다. 상용전원으로부터 전력의 공급이 중단된 때에는 자동으로 비상전원으로부터 전력을 공급받을 수 있도록 할 것<br>라. 비상전원의 설치장소는 다른 장소와 방화구획 할 것<br>마. 비상전원을 실내에 설치하는 때에는 그 실내에 비상조명등을 설치할 것<br>② 비상콘센트설비의 전원회로(비상콘센트에 전력을 공급하는 회로를 말한다)는 다음 각 호의 기준에 따라 설치해야 한다.<br>1. 비상콘센트설비의 전원회로는 단상교류 220 [V]인 것으로서, 그 공급용량은 1.5 [kVA] 이상인 것으로 할 것<br>2. 전원회로는 각 층에 둘 이상이 되도록 설치할 것<br>3. 전원회로는 주배전반에서 전용회로로 할 것<br>4. 전원으로부터 각 층의 비상콘센트에 분기되는 경우에는 분기배선용 차단기를 보호함 안에 설치할 것<br>5. 콘센트마다 배선용 차단기(KS C 8321)를 설치해야 하며, 충전부가 노출되지 않도록 할 것<br>6. 개폐기에는 "비상콘센트"라고 표시한 표지를 할 것<br>7. 비상콘센트용의 풀박스 등은 방청도장을 한 것으로서, 두께 1.6 [mm] 이상의 철판으로 할 것 |

| | | |
|---|---|---|
| | | 8. 하나의 전용회로에 설치하는 비상콘센트는 10개 이하로 할 것. 이 경우 전선의 용량은 각 비상콘센트(비상콘센트가 3개 이상인 경우에는 3개)의 공급용량을 합한 용량 이상의 것으로 해야 한다.<br>③ 비상콘센트의 플러그접속기는 접지형2극 플러그접속기(KS C 8305)를 사용해야 한다.<br>④ 비상콘센트의 플러그접속기의 칼받이의 접지극에는 접지공사를 해야 한다.<br>⑤ 비상콘센트는 다음 각 호의 기준에 따라 설치해야 한다.<br>1. 바닥으로부터 높이 0.8 [m] 이상 1.5 [m] 이하의 위치에 설치할 것<br>2. 비상콘센트의 배치는 아파트 또는 바닥면적이 1,000 [$m^2$] 미만인 층은 계단의 출입구(계단의 부속실을 포함하며 계단이 2 이상 있는 경우에는 그중 1개의 계단을 말한다)로부터 5 [m] 이내에, 바닥면적 1,000 [$m^2$] 이상인 층(아파트를 제외한다)은 각 계단의 출입구 또는 계단부속실의 출입구(계단의 부속실을 포함하며 계단이 세 개 이상 있는 층의 경우에는 그중 두 개의 계단을 말한다)로부터 5 [m] 이내에 설치하되, 그 비상콘센트로부터 그 층의 각 부분까지의 거리가 다음 각 목의 기준을 초과하는 경우에는 그 기준 이하가 되도록 비상콘센트를 추가하여 설치할 것<br>가. 지하상가 또는 지하층의 바닥면적의 합계가 3,000 [$m^2$] 이상인 것은 수평거리 25 [m]<br>나. 가목에 해당하지 않는 것은 수평거리 50 [m]<br>⑥ 비상콘센트설비의 전원부와 외함 사이의 절연저항 및 절연내력은 다음 각 호의 기준에 적합해야 한다.<br>1. 절연저항은 전원부와 외함 사이를 500 [V] 절연저항계로 측정할 때 20 [MΩ] 이상일 것<br>2. 절연내력은 전원부와 외함 사이에 정격전압이 150 [V] 이하인 경우에는 1,000 [V]의 실효전압을, 정격전압이 150 [V] 이상인 경우에는 그 정격전압에 2를 곱하여 1,000을 더한 실효전압을 가하는 시험에서 1분 이상 견디는 것으로 할 것 |
| 무선통신보조설비 | 누설동축 케이블 등 | ① 무선통신보조설비의 누설동축케이블 등은 다음 각 호의 기준에 따라 설치해야 한다.<br>1. 소방전용주파수대에서 전파의 전송 또는 복사에 적합한 것으로서 소방전용의 것으로 할 것<br>2. 누설동축케이블과 이에 접속하는 안테나 또는 동축케이블과 이에 접속하는 안테나로 구성할 것<br>3. 누설동축케이블 및 동축케이블은 불연 또는 난연성의 것으로서 습기 등의 환경조건에 따라 전기의 특성이 변질되지 않는 것으로 하고, 노출하여 설치한 경우에는 피난 및 통행에 장애가 없도록 할 것<br>4. 누설동축케블 및 동축케이블은 화재에 따라 해당 케이블의 피복이 소실된 경우에 케이블 본체가 떨어지지 않도록 4 [m] 이내마다 금속제 또는 자기제 등 |

| | |
|---|---|
| | 의 지지금구로 벽·천장·기둥 등에 견고하게 고정할 것<br>5. 누설동축케이블 및 안테나는 금속판 또는 고압의 전로에 의해 그 기능에 장애가 발생되지 않는 위치에 설치할 것<br>6. 누설동축케이블의 끝부분에는 무반사 종단저항을 견고하게 설치할 것<br>② 누설동축케이블 또는 동축케이블의 임피던스는 50 [Ω]으로 하고, 이에 접속하는 안테나·분배기 기타의 장치는 해당 임피던스에 적합한 것으로 해야 한다.<br>③ 무선통신보조설비는 누설동축케이블 또는 동축케이블과 이에 접속하는 안테나가 설치된 층은 모든 부분(계단실, 승강기, 별도 구획된 실 포함)에서 유효하게 통신이 가능하도록 설치해야 한다. |
| 옥외 안테나 | 옥외안테나는 다음 각 호의 기준에 따라 설치해야 한다.<br>1. 건축물, 지하가, 터널 또는 공동구의 출입구 및 출입구 인근에서 통신이 가능한 장소에 설치할 것<br>2. 다른 용도로 사용되는 안테나로 인한 통신장애가 발생하지 않도록 설치할 것<br>3. 옥외안테나는 견고하게 파손의 우려가 없는 곳에 설치하고 그 가까운 곳의 보기 쉬운 곳에 "무선통신보조설비 안테나"라는 표시와 함께 통신 가능거리를 표시한 표지를 설치할 것<br>4. 수신기가 설치된 장소 등 사람이 상시 근무하는 장소에는 옥외 안테나의 위치가 모두 표시된 옥외안테나 위치표시도를 비치할 것 |
| 분배기등 | 분배기·분파기 및 혼합기 등은 다음 각호의 기준에 따라 설치해야 한다.<br>1. 먼지·습기 및 부식 등에 따라 기능에 이상을 가져오지 않도록 할 것<br>2. 임피던스는 50 [Ω]의 것으로 할 것<br>3. 점검에 편리하고 화재 등의 재해로 인한 피해의 우려가 없는 장소에 설치할 것 |
| 증폭기등 | 증폭기 및 무선중계기를 설치하는 경우에는 다음 각호의 기준에 따라 설치해야 한다.<br>1. 상용전원은 전기가 정상적으로 공급되는 축전지설비, 전기저장장치 또는 교류전압의 옥내 간선으로 하고, 전원까지의 배선은 전용으로 하며, 증폭기 전면에는 전원의 정상 여부를 표시할 수 있는 장치를 설치할 것<br>2. 증폭기에는 비상전원이 부착된 것으로 하고 해당 비상전원 용량은 무선통신보조설비를 유효하게 30분 이상 작동시킬 수 있는 것으로 할 것<br>3. 증폭기 및 무선중계기를 설치하는 경우에는 「전파법」 제58조의2에 따른 적합성평가를 받은 제품으로 설치하고 임의로 변경하지 않도록 할 것<br>4. 디지털 방식의 무전기를 사용하는데 지장이 없도록 설치할 것 |

| 소화활동 설비의 종류 | 1. 연결송수관 설비 2. 비상콘센트 설비 3. 무선통신보조 설비 |
|---|---|

## 가. 연결송수관 설비

[연결송수관 설비 설치 대상]

① 5층 이상 특정소방대상물로 연면적 6000 [$m^2$] 이상인 것

② ①에 해당하지 않는 특정소방대상물로 지하층을 포함하여 층수가 7층 이상인 것

③ ①, ②에 해당하지 않는 지하 3층 이상으로 지하층 바닥 면적의 합계가 1000 [$m^2$] 이상인 것

④ 길이가 1000 [m] 이상인 지하가, 터널

**그림 9.24** 송수구 설비

## 나. 비상콘센트 설비

[비상콘센트 설치 기준]

① 바닥으로부터 높이 0.8 [m] 이상 1.5 [m] 이하의 위치에 설치할 것

② 비상콘센트의 배치는 아파트 또는 바닥 면적이 1,000 [$m^2$] 미만인 층은 계단의 출입구(계단의 부속실을 포함하며 계단이 2 이상 있는 경우에는 그중 1개의 계단을 말한다)로부터 5 [m] 이내에, 바닥 면적 1,000 [$m^2$] 이상인 층(아파트를 제외한다)은 각 계단의 출입구 또는 계단부속실의 출입구(계단의 부속실을 포함하며 계단이 3 이상 있는 층의 경우에는 그 중 2개의 계단을 말한다)로부터 5 [m] 이내에 설치하되, 그 비상콘센트로부터 그 층의 각 부분까지의 거리가 다음 각 목의 기준을 초과하는 경우에는 그 기준 이하가 되도록 비상콘센트를 추가하여 설치할 것

㉠ 지하상가 또는 지하층의 바닥 면적의 합계가 3,000 [$m^2$] 이상인 것은 수평거리 25 [m]

㉡ 가목에 해당하지 아니하는 것은 수평거리 50 [m]

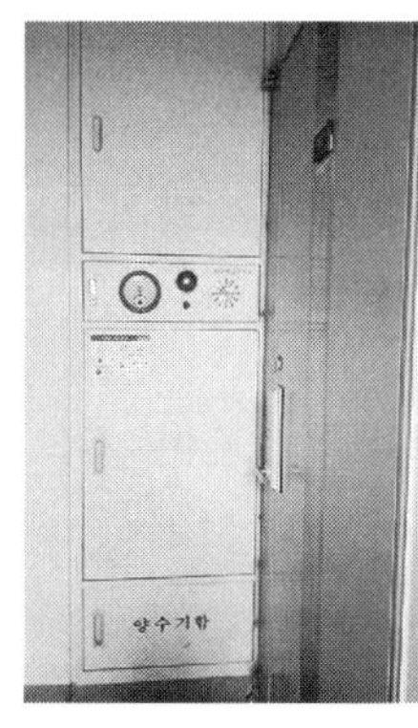

**그림 9.25** 비상콘센트 설비

## 다. 채수구 설비

**[소화수조 및 저수조의 화재안전기준(NFSC 402)]**

**제4조(소화수조 등)** ① 소화수조, 저수조의 채수구 또는 흡수관투입구는 소방차가 2 [m] 이내의 지점까지 접근할 수 있는 위치에 설치하여야 한다.

② 소화수조 또는 저수조의 저수량은 특정소방대상물의 연면적을 다음 표에 따른 기준면적으로 나누어 얻은 수(소수점 이하의 수는 1로 본다)에 20 [$m^3$]를 곱한 양 이상이 되도록 하여야 한다.

| 소방대상물의 구분 | 면적 |
|---|---|
| 1층 및 2층의 바닥 면적의 합계가 15,000 [$m^2$] 이상인 소방대상물 | 7,500 [$m^2$] |
| 그 밖의 소방대상물 | 12,500 [$m^2$] |

③ 소화수조 또는 저수조는 다음 각 호의 기준에 따라 흡수관투입구 또는 채수구를 설치하여야 한다.

1. 지하에 설치하는 소화용수설비의 흡수관투입구는 그 한 변이 0.6 [m] 이상이거나 직경이 0.6 [m] 이상인 것으로 하고, 소요수량이 80 [$m^3$] 미만인 것은 1개 이상, 80 [$m^3$] 이상인 것은 2개 이상을 설치하여야 하며, "흡관투입구"라고 표시한 표지를 할 것
2. 소화용수설비에 설치하는 채수구는 다음 각 목의 기준에 따라 설치할 것
   가. 채수구는 다음 표에 따라 소방용호스 또는 소방용흡수관에 사용하는 구경 65 [mm] 이상의 나사식 결합금속구를 설치할 것

| 소요수량 | 20 [$m^3$] 이상 40 [$m^3$] 미만 | 40 [$m^3$] 이상 100 [$m^3$] 미만 | 100 [$m^3$] 이상 |
|---|---|---|---|
| 채수구의 수 | 1개 | 2개 | 3개 |

나. 채수구는 지면으로부터의 높이가 0.5 [m] 이상 1 [m] 이하의 위치에 설치하고 "채수구"라고 표시한 표지를 할 것

④ 소화용수설비를 설치하여야 할 특정소방대상물에 있어서 유수의 양이 0.8 [$m^3$/min] 이상인 유수를 사용할 수 있는 경우에는 소화수조를 설치하지 아니할 수 있다.

**제5조(가압송수장치)** ① 소화수조 또는 저수조가 지표면으로부터의 깊이(수조 내부바닥까지의 길이를 말한다)가 4.5 [m] 이상인 지하에 있는 경우에는 다음 표에 따라 가압송수장치를 설치하여야 한다. 다만, 제4조제2항에 따른 저수량을 지표면으로부터 4.5 [m] 이하인 지하에서 확보할 수 있는 경우에는 소화수조 또는 저수조의 지표면으로부터의 깊이에 관계없이 가압송수장치를 설치하지 아니할 수 있다.

| 소요수량 | 20 [$m^3$] 이상 40 [$m^3$] 미만 | 40 [$m^3$] 이상 100 [$m^3$] 미만 | 100 [$m^3$] 이상 |
|---|---|---|---|
| 채수량 | 1100 [ℓ] 이상 | 2200 [ℓ] 이상 | 3300 [ℓ] 이상 |

② 소화수조가 옥상 또는 옥탑의 부분에 설치된 경우에는 지상에 설치된 채수구에서의 압력이 1.5 [$kg_f/cm^2$] 이상이 되도록 하여야 한다.

③ 전동기 또는 내연기관에 따른 펌프를 이용하는 가압송수장치는 다음 각 호의 기준에 따라 설치하여야 한다.

1. 쉽게 접근할 수 있고 점검하기에 충분한 공간이 있는 장소로서 화재 및 침수 등의 재해로 인한 피해를 받을 우려가 없는 곳에 설치할 것
2. 동결방지조치를 하거나 동결의 우려가 없는 장소에 설치할 것
3. 펌프는 전용으로 할 것. 다만, 다른 소화설비와 겸용하는 경우 각각의 소화설비의 성능에 지장이 없을 때에는 예외로 한다.
4. 펌프의 토출측에는 압력계를 체크밸브 이전에 펌프토출측 플랜지에서 가까운 곳에 설치하고, 흡입측에는 연성계 또는 진공계를 설치할 것. 다만, 수원의 수위가 펌프의 위치보다 높거나 수직회전축 펌프의 경우에는 연성계 또는 진공계를 설치하지 아니할 수 있다.
5. 가압송수장치에는 정격부하운전시 펌프의 성능을 시험하기 위한 배관을 설치할 것
6. 가압송수장치에는 체절운전시 수온의 상승을 방지하기 위한 순환배관을 설치할 것
7. 기동장치로는 보호판을 부착한 기동스위치를 채수구 직근에 설치할 것
8. 수원의 수위가 펌프보다 낮은 위치에 있는 가압송수장치에는 다음 각 목의 기준에 따른 물올림장치를 설치할 것

가. 물올림장치에는 전용의 탱크를 설치할 것

나. 탱크의 유효수량은 100 [ℓ] 이상으로 하되, 구경 15 [mm] 이상의 급수배관에 따

라. 해당 탱크에 물이 계속 보급되도록 할 것

9. 내연기관을 사용하는 경우에는 다음 각 목의 기준에 적합한 것으로 할 것.
   가. 내연기관의 기동은 채수구의 위치에서 원격조작으로 가능하고 기동을 명시하는 적색등을 설치할 것
   나. 제어반에 따라 내연기관의 기동이 가능하고 상시 충전되어 있는 축전지설비를 갖출 것

10. 가압송수장치에는 "소화용수설비펌프"라고 표시한 표지를 할 것. 이 경우 그 가압송수장치를 다른 설비와 겸용하는 때에는 그 겸용되는 설비의 이름을 표시한 표지를 함께하여야 한다.

**그림 9.26** 채수구 설비

Chapter 10

# 교육연구 시설 작동점검

1. 교육연구 시설의 점검에서 주요사항
2. 교육기관에 설치된 소방시설의 종류
3. 점검 교육 기관

# 1. 교육연구 시설의 점검에서 주요사항

| 항목 | 주요내용 | 위반시 벌칙 |
|---|---|---|
| 소방검사 | • 소방검사에 관한 보고 또는 자료 미제출, 허위보고, 소방검사 거부·방해·기피시 벌칙조항 신설 | 제51조(벌칙)<br>벌금 100만원<br>신설 |
| 피난시설,<br>방화시설<br>유지·관리 | • 피난시설과 방화시설에 대하여<br>– 폐쇄(잠금), 훼손하는 행위<br>– 주위에 물건 적치, 장애물을 설치하는 행위<br>– 용도에 장애, 소방활동 지장을 주는 행위<br>– 변경하는 행위를 해서는 안된다. | 제53조(과태료)<br>과태료 200만원 |
| 소방시설<br>유지관리 | • 소방대상물의 규모·용도 및 수용인원 등을 고려하여 갖추어야 하는 소방시설은 화재안전기준에 따라 설치, 유지되어야 한다.<br>(단, 위의 내용 이외의 기존 설치된 옥내소화전 및 자탐시설도 모두 포함되므로 정상작동상태로 유지하거나 철거해야한다.) | 제53조(과태료)<br>소방서 점검시<br>시설불량<br>과태료 200만원 |
| 소방시설등<br>의 점검 | • 종합정밀점검대상<br>다음 각 호의 어느 하나에 해당하는 공공기관의 장은 당해 공공기관에 대하여 연 1회 이상 한국소방안전협회 또는 소방시설관리업자로부터 종합정밀점검을 받아야 한다.<br>– 연면적 5천 [$m^2$] 이상으로서 스프링클러 설비 또는 물분무등소화설비가 설치된 공공기관<br>– 연면적 1천 [$m^2$] 이상으로서 옥내소화전설비 또는 자동화재탐지설비가 설치된 공공기관<br>• 종합정밀점검시기<br>해당 건축물(하나의 대지경계선 안에 2 이상의 건축물이 있는 경우에는 사용승인일이 가장 빠른 건축물을 말한다) 등의 사용승인일(건축물관리대장 또는 건축물의 등기부등본에 기재된 날을 말한다)이 속하는 달까지"로 한다.<br>• 연 1회 이상 점검하고 결과를 보고해야 한다.<br>• 자체소방점검계획을 수립 월1회 이상 소방점검을 실시하고 기록을 2년간 보관한다. | 제49조(벌칙)<br>징역1년<br>또는 벌금<br>1천만원 |

**표 10.1** 교육기관 소방시설 설치기준

| 소방시설 | | 적용기준 |
|---|---|---|
| 소화설비 | 소화기구 | 연면적 33 [m²] 이상인 것은 수동식 소화기 또는 간이소화용구를 설치 |
| | 옥내소화전 설비 | 연면적 3,000 [m²] 이상이거나 지하층·무창층 또는 층수가 4층 이상인 것 중 바닥 면적이 600 [m²] 이상인 층이 있는 것은 전 층 |
| | | 복합건축물로서 연면적 1,500 [m²] 이상이거나 지하층·무창층 또는 층수가 4층 이상인 층 중 바닥 면적이 300 [m²] 이상인 층이 있는 것은 전 층 |
| | | 건축물의 옥상에 설치된 차고 또는 주차장으로서 차고 또는 주차의 용도로 사용되는 부분의 면적이 200 [m²] 이상인 것 |
| | 스프링클러 설비 | 층수가 11층 이상인 특정소방대상물의 경우에는 전 층 |
| | | 특정소방대상물(냉동 창고를 제외한다)의 지하층·무창층 또는 층수가 4층 이상인 층으로서 바닥 면적이 1,000 [m²] 이상인 층 |
| | | 복합건축물 내에 있는 학생 수용을 위한 기숙사로서 연면적 5,000 [m²] 이상인 경우에는 전 층 |
| | | 교육연구시설 중 숙박이 가능한 청소년시설로서 연면적 600 [m²] 이상인 것 |
| | | 교육연구시설 내에 있는 학생 수용을 위한 기숙사로서 연면적 5,000 [m²] 이상인 경우에는 전 층 |
| | 간이 스프링클러 설비 | 근린생활시설로 사용하는 부분의 바닥 면적 합계가 1,000 [m²] 이상인 것은 전 층 |
| | | 건물을 임차하여 「출입국관리법」 제52조제2항에 따른 보호장소(외국인보호소의 경우에는 피보호자의 생활공간으로 한정한다)로 사용하는 부분 |
| | | 교육연구시설 내에 있는 합숙소로서 연면적 100 [m²] 이상인 것 |
| | 물분무등 소화설비 | 건축물 내부에 설치된 차고 또는 주차장으로서 차고 또는 주차의 용도에 사용되는 부분(「건축법시행령」 제119조제1항제3호 다목 규정의 필로티를 주차용도로 사용하는 경우를 포함한다)의 바닥 면적의 합계가 200 [m²] 이상인 것 |
| | | 「주차장법」 제2조제1호의2의 규정에 의한 기계식주차장으로서 20대 이상의 차량의 주차할 수 있는 것 |
| | | 소화수를 수집·처리하는 설비가 설치되어 있지 아니한 「원자력법시행령」 제2조제1호에 따른 중·저준위방사성폐기물의 저장시설(이산화탄소소화설비·할로겐화합물소화설비 또는 청정소화약제소화설비를 설치) |

| 소방시설 | | 적용기준 | |
|---|---|---|---|
| 소화설비 | 물분무등 소화설비 | 전기실·발전실·변전실·축전지실·통신기기실 또는 전산실로서 바닥 면적이 300 [m$^2$] 이상인 것(동일한 방화구획 내에 2 이상의 실이 설치되어 있는 경우에는 이를 1개의 실로 보아 바닥 면적을 산정) | 가연성 절연유를 사용하지 아니하는 변압기·전류차단기 등의 전기기기와 가연성 피복을 사용하지 아니한 전선 및 케이블만을 설치한 전기실·발전실 및 변전실은 제외 |
| | | | 내화구조로 된 공정제어 실내에 설치된 주조정실로서 양압 시설이 설치되고 전기기기에 220 [V] 이하인 저전압이 사용되며 종업원이 24시간 상주하는 것은 제외 |
| | 옥외 소화전 설비 | 지상 1층 및 2층의 바닥 면적의 합계가 9,000 [m$^2$] 이상인 것(이 경우 동일구내에 2 이상의 특정소방대상물이 행정안전부령이 정하는 연소우려가 있는 구조인 경우에는 이를 하나의 특정소방대상물로 본다) | |
| 경보설비 | 비상경보 설비 | 연면적 400 [m$^2$]이거나 지하층 또는 무창층의 바닥 면적이 150 [m$^2$] 이상인 것(공연장인 경우 100 [m$^2$] 이상) | |
| | | 50인 이상의 근로자가 작업하는 옥내작업장 | |
| | 비상방송 설비 | 연면적 3,500 [m$^2$] 이상인 것 | |
| | | 지하층을 제외한 층수가 11층 이상인 것 | |
| | | 지하층의 층수가 3개 층 이상인 것 | |
| | 누전 경보기 | 계약전류용량(동일 건축물에 계약종별이 다른 전기가 공급되는 경우에는 그중 최대계약전류용량을 말한다)이 100 [A]를 초과하는 특정소방대상물(내화구조가 아닌 건축물로서 벽, 바닥 또는 반자의 전부나 일부를 불연재료 또는 준불연재료가 아닌 재료에 철망을 넣어 만든 것에 한한다) | |
| | 자동화재 탐지설비 | 복합건축물로서 연면적 600 [m$^2$] 이상인 것 | |
| | | 교육연구시설 내에 있는 기숙사 및 합숙소를 포함하여 연면적 2,000 [m$^2$] 이상인 것(숙박시설이 있는 청소년시설은 제외) | |
| | | 연면적 400 [m$^2$] 이상인 노유자 시설 및 숙박시설이 있는 청소년시설로서 수용인원 100인 이상인 것 | |
| | 자동화재 속보설비 | 청소년시설(숙박시설이 있는 건축물에 한한다)로서 바닥 면적이 500 [m$^2$] 이상인 층이 있는 것 | |
| | 단독경보형 감지기 | 교육연구시설 내에 있는 합숙소 또는 기숙사로서 연면적 2,000 [m$^2$] 미만인 것 | |
| | | 연면적 400 [m$^2$] 이상인 노유자 시설 및 숙박시설이 있는 청소년시설로서 수용인원 100인 이상인 것'에 해당되지 아니하는 청소년시설로서 숙박시설이 있는 것 | |
| | 시각경보기 | 도서관으로서 자동화재탐지설비를 설치하여야 하는 것 | |
| | 가스누설 경보기 | 청소년시설 중 가스시설이 설치된 것 | |

<table>
<tr><th colspan="2">소방시설</th><th colspan="3">적용기준</th></tr>
<tr><td rowspan="6">피난 설비</td><td rowspan="2">피난기구</td><td>적용</td><td colspan="2">모든 층에 화재안전기준에 적합한 피난기구 설치</td></tr>
<tr><td>제외</td><td colspan="2">피난층, 지상 1층, 지상 2층 및 층수가 11층 이상의 층</td></tr>
<tr><td colspan="2">피난유도등, 통로유도등 및 유도표지</td><td colspan="2">(전체)</td></tr>
<tr><td rowspan="2">비상 조명등</td><td colspan="2">지하층을 포함하는 층수가 5층 이상인 건축물로서 연면적 3,000 [m$^2$] 이상인 것</td><td rowspan="2">가스시설 또는 창고와 이와 비슷한 것은 제외</td></tr>
<tr><td colspan="2">지하층 또는 무창층의 바닥 면적이 450 [m$^2$] 이상인 경우에는 그 지하층 또는 무창층</td></tr>
<tr><td rowspan="2">소화 용수 설비</td><td>상수도 소화용수 설비</td><td colspan="3">연면적 5,000 [m$^2$] 이상인 것</td></tr>
<tr><td>소화수조 또는 저수조</td><td colspan="3">상수도소화용수설비를 설치하여야 하는 특정소방대상물의 대지 경계선으로부터 180 [m] 이내에 구경 75 [mm] 이상이 상수도용 배수관이 설치되지 아니한 지역</td></tr>
<tr><td rowspan="9">소화 활동 설비</td><td>제연설비</td><td colspan="3">특별피난계단 또는 비상용승강기의 승강장</td></tr>
<tr><td rowspan="3">연결 송수관 설비</td><td colspan="3">층수가 5층 이상으로서 연면적 6,000 [m$^2$] 이상인 것</td></tr>
<tr><td colspan="3">지하층을 포함하는 층수가 7층 이상인 것</td></tr>
<tr><td colspan="3">지하층의 층수가 3개 층 이상이고 지하층의 바닥 면적의 합계가 1,000 [m$^2$] 이상인 것</td></tr>
<tr><td>연결살수 설비</td><td colspan="3">지하층으로서 바닥 면적의 합계가 150 [m$^2$] 이상인 것 및 이에 부속된 연결통로(학교의 지하층에 있어서는 700 [m$^2$] 이상인 것 및 이에 부속된 연결통로)</td></tr>
<tr><td rowspan="2">비상 콘센트 설비</td><td colspan="3">지하층을 포함하는 층수가 11층 이상인 특정소방대상물의 경우에는 지하로부터 11층 이상의 층</td></tr>
<tr><td colspan="3">지하층의 층수가 3개 층 이상이고 지하층의 바닥 면적의 합계가 1,000 [m$^2$] 이상인 것은 지하층의 전 층</td></tr>
<tr><td>무선통신 보조설비</td><td colspan="3">지하층의 바닥 면적의 합계가 3,000 [m$^2$] 이상인 것 또는 지하층의 층수가 3개 층 이상이고 지하층의 바닥 면적의 합계가 1,000 [m$^2$] 이상인 것은 지하층의 전 층</td></tr>
</table>

# 2. 교육기관에 설치된 소방시설의 종류

## 2.1 소방시설의 종류

| 소화기구 | 1. 소화기구 | 2. 옥내소화전 설비 | 3. 스프링클러 설비 | |
|---|---|---|---|---|
| 경보설비 | 1. 자동화재탐지설비 | 2. 비상방송 설비 | | |
| 피난설비 | 1. 유도등 | 2. 유도표지 | 3. 피난기구 | 4. 비상조명등 |
| 소화용수설비 | 1. 상수도 소화용수설비 | | | |
| 소화활동설비 | 1. 연결송수관 설비 | 2. 비상콘센트 설비 | 3. 무선통신보조 설비 | |

| 소화기구 | | |
|---|---|---|
| 소화기 | 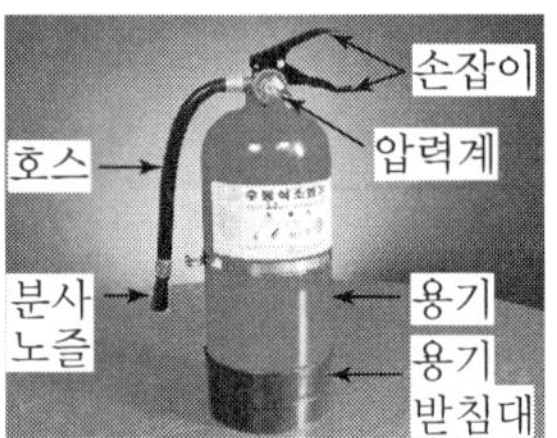 | 1. 연면적 33 [m²] 이상인 것은 수동식 소화기 또는 간이소화용구를 설치 |
| 옥내 소화전 | 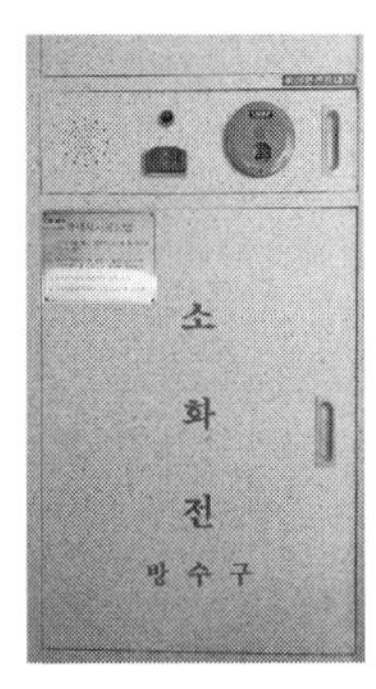 | 1. 연면적 3,000 [m²] 이상이거나 지하층·무창층 또는 층수가 4층 이상인 것 중 바닥 면적이 600 [m²] 이상인 층이 있는 것은 전 층<br>2. 복합건축물로서 연면적 1,500 [m²] 이상이거나 지하층·무창층 또는 층수가 4층 이상인 층 중 바닥 면적이 300 [m²] 이상인 층이 있는 것은 전 층<br>3. 건축물의 옥상에 설치된 차고 또는 주차장으로서 차고 또는 주차의 용도로 사용되는 부분의 면적이 200 [m²] 이상인 것 |
| 스프링 클러 |  | 1. 층수가 11층 이상인 특정소방대상물의 경우에는 전 층<br>2. 특정소방대상물(냉동 창고를 제외한다)의 지하층·무창층 또는 층수가 4층 이상인 층으로서 바닥 면적이 1,000 [m²] 이상인 층<br>3. 복합건축물 내에 있는 학생 수용을 위한 기숙사로서 연면적 5,000 [m²] 이상인 경우에는 전 층 |

<table>
<tr><th colspan="2">경보 설비</th></tr>
<tr><td>자동화재<br>탐지설비</td><td>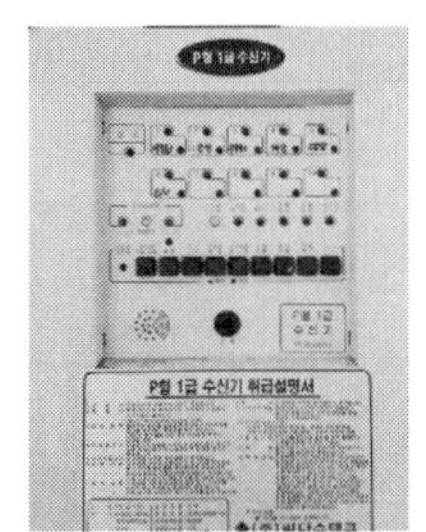<br>1. 복합건축물로서 연면적 600 [$m^2$] 이상인 것<br>2. 연면적 1,000 [$m^2$] 이상인 것</td></tr>
<tr><td>감지기</td><td>
<table>
<tr><th>부착높이</th><th>감지기의 종류</th></tr>
<tr><td>4 m] 미만</td><td>차동식(스포트형, 분포형), 보상식 스포트형<br>정온식(스포트형, 감지선형)<br>이온화식 또는 광전식(스포트형, 분리형, 공기흡입형)<br>열복합형, 연기복합형, 열연기복합형, 불꽃감지기</td></tr>
<tr><td>4 [m] 이상<br>8 [m] 미만</td><td>차동식(스포트형, 분포형), 보상식 스포트형<br>정온식(스포트형, 감지선형) 특종 또는 1종<br>이온화식 1종 또는 2종<br>광전식(스포트형, 분리형, 공기흡입형) 1종 또는 2종<br>열복합형, 연기복합형, 열연기복합형, 불꽃감지기</td></tr>
<tr><td>8 [m] 이상<br>15 [m] 미만</td><td>차동식 분포형, 이온화식 1종 또는 2종<br>광전식(스포트형, 분리형, 공기흡입형) 1종 또는 2종<br>연기복합형, 불꽃감지기</td></tr>
<tr><td>15 [m] 이상<br>20 [m] 미만</td><td>이온화식 1종, 광전식(스포트형, 분리형, 공기흡입형) 1종<br>연기복합형, 불꽃감지기</td></tr>
<tr><td>20 [m] 이상</td><td>불꽃감지기, 광전식(분리형, 공기흡입형) 중 아날로그방식</td></tr>
</table>
</td></tr>
<tr><td>비상방송<br>설비</td><td>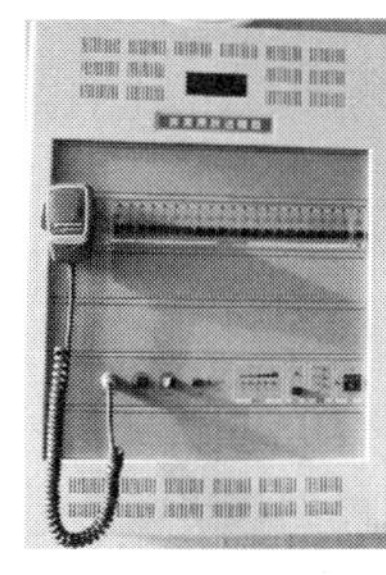<br>1. 연면적 3,500 [$m^2$] 이상인 것<br>2. 지하층을 제외한 층수가 11층 이상인 것<br>3. 지하층의 층수가 3개 층 이상인 것</td></tr>
</table>

| 피난설비 | | |
|---|---|---|
| 피난유도등 | | 1. 전체 소방시설물 |
| 통로유도등 | | 복도 통로유도등은 다음 기준에 따라 설치할 것.<br>1. 복도에 설치할 것<br>2. 구부러진 모퉁이 및 보행거리 20 [m]마다 설치할 것<br>3. 바닥으로부터 높이 1 [m] 이하의 위치에 설치할 것<br>4. 바닥에 설치하는 통로유도등은 하중에 따라 파괴되지 아니하는 강도의 것으로 할 것 |
| 비상조명등 | | 비상조명등은 소방대상물의 각 거실과 그로부터 지상에 이르는 복도·계단 및 그 밖의 통로에 설치할 것 |

| 소화활동 설비 | | |
|---|---|---|
| 연결송수관 설비 | | 소화설비에 소화용수를 보급하기 위하여 건물 외벽 또는 구조물의 외벽에 설치하는 관을 말한다.<br>1. 층수가 5층 이상으로서 연면적 6,000 [$m^2$] 이상인 것<br>2. 지하층을 포함하는 층수가 7층 이상인 것<br>3. 지하층의 층수가 3개 층 이상이고 지하층의 바닥 면적의 합계가 1,000 [$m^2$] 이상인 것 |
| 비상콘센트 설비 | | 화재시 소방대가 보유하고 있는 조명장치, 파괴기구 등을 접속하여 사용하는 전원설비로서 소화활동이 곤란한 11층 이상의 건물에 설치하여 소화활동을 용이하게 하기 위한 설비이다.<br>1. 지하층을 포함하는 층수가 11층 이상인 특정소방대상물의 경우에는 지하로부터 11층 이상의 층<br>2. 지하층의 층수가 3개 층 이상이고 지하층의 바닥 면적의 합계가 1,000 [$m^2$] 이상인 것은 지하층의 전 층 |
| 무선통신 보조설비 |  | 화재시 소방대가 건물에 침투하여 소화 및 구조 활동을 하면서 소방대간에 또는 방재센터나 관계자와 교신을 하기 위해 필요한 설비<br>1. 지하가로서 연면적 1,000 [$m^2$] 이상<br>2. 지하층의 바닥 면적 합계가 3,000 [$m^2$] 이상<br>3. 지하층의 층수가 3층 이상이고 지하층의 바닥 면적의 합계가 1,000 [$m^2$] 이상인 건물 |

# 3. 점검 교육 기관

## 3.1 소방 대상물(1)

### 가. 소방대상물 개요

| | | |
|---|---|---|
| 소방대상물 | 명칭 | ●●시 ❒❒ 초등학교 |
| | 소재지 | ●●도 ❒❒시 ❒❒읍 ❒❒로 |
| | 용도 | 교육연구시설 |
| | 사용승인일 | 2008년 3월 28일 |
| | 건물구조 | 철근콘크리트조, 일반철골구조 콘크리트 지붕<br>지하 1층 / 지상 5층, 연면적 10398.13 [$m^2$] 1개동 |

### 나. 소방대상물에 설치된 소방시설

| | | |
|---|---|---|
| 소방시설의 종류 | 소화기구 | 소화기, 자동소화장치, 간이소화용구 |
| | 소화설비 | 옥내소화전 설비, 스프링클러 설비 |
| | 경보설비 | 자동화재탐지 설비, 시각경보기, 비상방송 설비 |
| | 피난설비 | 유도등, 비상조명등 |
| | 소화용수설비 | 상수도소화용수 설비 |
| | 소화활동설비 | 연결송수관 설비 |
| | 기타설비 | 방화문, 방화셔터 |

## 다. 소방시설물의 점검 결과

### 1) 소방대상물의 개요표

① 건축물의 개요

<table>
<tr><th colspan="7">건축물의 개요</th></tr>
<tr><td>건물명</td><td colspan="2">●●시 ▢▢ 초등학교</td><td>위치</td><td colspan="3">●●도 ▢▢시 ▢▢읍 ▢▢로</td></tr>
<tr><td colspan="7">철근콘크리트조, 일반철골구조 콘크리트 지붕, 지하 1층 / 지상 5층<br>연면적 10398.13 [m²] 1개동</td></tr>
<tr><td>건축물의 구분</td><td colspan="2">1. 내화건축물[63)]<br>2. 준내화건축물<br>3. 그 밖의 건축물</td><td>주요 구조부의 구분</td><td colspan="3">1. 내화구조[64)]<br>2. 내화구조 이외의 구조</td></tr>
<tr><td>주된 용도</td><td colspan="2">교육연구시설</td><td>그 밖의 사항</td><td colspan="3"></td></tr>
<tr><td rowspan="2">층별</td><td rowspan="2">바닥 면적 (m²)</td><td rowspan="2">용도 또는 실명</td><td rowspan="2">구조 (내화구조/기타)</td><td colspan="2">내장마무리</td><td rowspan="2">비고</td></tr>
<tr><td>천정</td><td>벽</td></tr>
<tr><td>지하1층</td><td>356.46</td><td>교육연구시설</td><td>내화구조</td><td>불연재</td><td>불연재</td><td></td></tr>
<tr><td>1층</td><td>2188.21</td><td>교육연구시설</td><td>내화구조</td><td>불연재</td><td>불연재</td><td></td></tr>
<tr><td>2층</td><td>3043.02</td><td>교육연구시설</td><td>내화구조</td><td>불연재</td><td>불연재</td><td></td></tr>
<tr><td>3층</td><td>1726.86</td><td>교육연구시설</td><td>내화구조</td><td>불연재</td><td>불연재</td><td></td></tr>
<tr><td>4층</td><td>1676.79</td><td>교육연구시설</td><td>내화구조</td><td>불연재</td><td>불연재</td><td></td></tr>
<tr><td>5층</td><td>1406.79</td><td>교육연구시설</td><td></td><td></td><td></td><td></td></tr>
<tr><td>옥탑</td><td>109.98</td><td>교육연구시설</td><td></td><td></td><td></td><td></td></tr>
</table>

### 2) 소화기구 종합정밀점검표

① 설치상태 개요

63) 불에 타지 아니하고 잘 견디어 낼 수 있는 재료와 구조로 만든 건축물

64) 화재에 견딜 수 있는 성능을 가진 구조를 말한다. 주요 내화구조는 일정 두께를 갖춘 철근콘크리트, 벽돌, 석조, 콘크리트 블록 등이 있다. 문화 및 집회시설, 의료시설, 공동주택 등 다음에 해당하는 건축의 주요 구조부는 내화구조로 하여야 한다.

## 1. 소화기

| 항목 | | | | | | | | | | | | | | 결과 | | | |
|---|---|---|---|---|---|---|---|---|---|---|---|---|---|---|---|---|---|
| | | | | | | | | | | | | | | 결과 | 불량 내용 | 조치 내용 | 법적 근거 |
| 소요능력 단위의수 | ☒ 내화구조 및 불연·준불연 또는 난연내장재의 것<br>☐ 그 밖의 것 | | | | | | | | | | | | | ○ | | | |
| | • 바닥 면적: 10398.13 [m²]<br>• 산출근거: NFCS 101<br>• 필요능력단위수: 104 단위<br>• 감소 대체 소화설비: | | | | | | | | | | | | | ○ | | | |
| 부속용도의 종류 | ☐ 화기사용설비 ☒ 전기설비 ☒ 소량위험물<br>☐ 특수가연물 ☐ 가스시설 | | | | | | | | | | | | | ○ | | | |
| 소화기설치사항 | 층 | 실명 (용도포함) | 종별개수 | | | | | 적응성 | 설치장소 | 표시 | 설치높이 | 배치거리 | 긴급반출여부 | | | | |
| | | | 분말 | 이산화탄소 | 할론 | 기타 | 합계 | | | | | | | | | | |
| | 지하1층 | 교육연구시설 | 5 | 3 | | | 8 | ○ | ○ | ○ | ○ | ○ | ○ | ○ | | | |
| | 1층 | 교육연구시설 | 21 | 2 | | | 23 | ○ | ○ | ○ | ○ | ○ | ○ | ○ | | | |
| | 2층 | 교육연구시설 | 30 | 2 | | | 32 | ○ | ○ | ○ | ○ | ○ | ○ | ○ | | | |
| | 3층 | 교육연구시설 | 21 | | | | 21 | ○ | ○ | ○ | ○ | ○ | ○ | ○ | | | |
| | 4층 | 교육연구시설 | 22 | | | | 22 | ○ | ○ | ○ | ○ | ○ | ○ | ○ | | | |
| | 5층 | 교육연구시설 | 17 | | | | 17 | | | | | | | | | | |
| | 옥탑 | 교육연구시설 | 2 | | | | 2 | | | | | | | | | | |
| 합 계 | | | | | | | | | | | | | | | | | |
| 비 고 | | | | | | | | | | | | | | | | | |

## 2. 자동소화장치

| 설치수량 | | | | 항목 | | | | | | 결과 | | | |
|---|---|---|---|---|---|---|---|---|---|---|---|---|---|
| | | | | | | | | | | 결과 | 불량 내용 | 조치 내용 | 법적 근거 |
| 종류 | | 자동 확산 | 자동식 | 수신부 | 감지부 | 방출구 | 경보 차단 장치 | 차단 밸브 | 관리 상태 | | | | |
| 층 \ 계 | | | | | | | | | | | | | |
| | | | | | | | | | | | | | |
| 비고 | | | | | | | | | | | | | |

### 3) 옥내소화전설비 종합정밀점검표

① 설치상태개요

| 항목 | | | | |
|---|---|---|---|---|
| 주된 수원 | 구분 | 1차 | | 2차 (옥상수조) |
| | 종별 | ☐ 고가수조 ☐ 압력수조 ☒ 그 밖의 것: | | |
| | 위치 | • 설치장소 ☒지하 ☐ 지상 ☐옥상 ☐ 그 밖의 것:<br>• 펌프흡입방식에 의한 분류 ☐ 부압흡입방식의 저수조<br>☒ 정압흡입방식의 저수조 | | |
| | 수량 | • 총보유량: $m^3$<br>• 소화전유효수량: 13 $m^3$ ☒ 전용 ☐ 겸용 | | |
| 가압송수장치 | 설치위치 | 지하 1 층 실 | 압력조정장치 | ☒ 유 ☐ 무 |
| | 펌프방식 | 펌프 전동기 | ☐ 전용 ☒ 겸용 • 토출량: 650 ℓ / min | |
| | | | • 전양정: 60 m • 직경: 100 mm | |
| | | | • 전압: 380 V • 출력: 15 kW 20 Hp | |
| | | 물올림장치 | • 유효수량: ℓ • 급수배관구경: mm | |
| | | | • 감수경보의 종별 및 표시장소: | |
| | | 기동용수압 개폐장치 | ☒ 압력챔버 ☒ 전자식 ☐ 기계식<br>• 용량: 100 ℓ • 사용압력: 1 MPa | |
| 가압송수장치 | 고가수조방식 | • 유효낙차: m | | |
| | 압력탱크방식 | • 탱크가압압력: MPa • 용량: ℓ | | |
| | | • 에어콤푸레샤 용량: $m^3$ / min • 동력: kW | | |
| 보조용고가(또는 옥상)수조 | | • 유효수량 $m^3$ | | |
| 소화전 | • 총설치개수: 25 개 | • 가장 많이 설치된 층의 소화전수: 5 개 | | |
| 기동장치 | ☒ on/off 방식 ☐ 기동용수압개폐장치 ☐ 그 밖의 것:<br>주펌프기동 기동 MPa 정지 MPa<br>충압펌프기동 기동 MPa 정지 MPa | | | |
| 표시등 | ☐ 전용 ☒ 자동화재탐지설비와 겸용(점멸) | | | |
| 배관 | 배관 | 입상관 | ☒ 직경: 100 mm ☐ 전용 ☐ 겸용 | |
| | | 재질 | ☐ KSD 3562 ☒ KSD 3507 ☐ 그 밖의 것: | |
| | 이음 | ☒ 프랜지 ☐ 그 밖의 것: | | |
| | 밸브 | 개폐밸브 | ☒ KS: 10 K ☐ 그 밖의 것: | |
| | | 체크밸브 | ☒ KS: 10 K ☐ 그 밖의 것: | |
| | 방식조치 | ☐ 방식테이프감기 ☐ 라이닝관 ☒ 그 밖의 것: | | |
| 송수구 | ☐ 단구형: 개 ☒ 쌍구형: 1 개 ☐ 설치위치: 본동 출입구 | | | |
| 배선 | 비상전원회로 | ☐ 내화전선 ☒ 전선관매설 ☐ 그 밖의 것: | | |
| | 조작회로 | ☐ 내열전선 ☐ 전선관노출 ☒ 전선관매설 ☐ 그 밖의 것: | | |
| 비상전원 | ☒ 자가발전설비 ☐ 축전지설비 ☐ 그 밖의 것: | | | |
| 비고 | | | | |

## 라. 소방 대상물 점검 개요

### 1) 소화기구 점검

- 수동식 소화기 설치대상 : 연면적 33 [$m^2$] 이상
- 수동식 소화기 설치기준 : 각 층마다 설치, 보행거리 소형 20 [m], 대형 30 [m] 이내마다 설치
- 소화기 검사요령 : 통행 및 피난의 지장여부, 충약상태, 심한 변형, 부식, 파손, 도장상태, 부품 탈락 여부 등

① 일반 교실 및 복도의 소화기

- 복도에 설치된 소화기는 소화기함을 벽면에 매립하여 소화기를 규정에 알맞게 보관한다.
- 출입문 쪽에 소화기를 소화기 받침대를 이용하여 사용이 용이하도록 설치한다.
- 방송실이나 컴퓨터실에는 이산화탄소 소화기, 청정 소화기를 설치하였다.

소화기함

소화기함 내부

복도 소화기

- 소화기 충압 상태

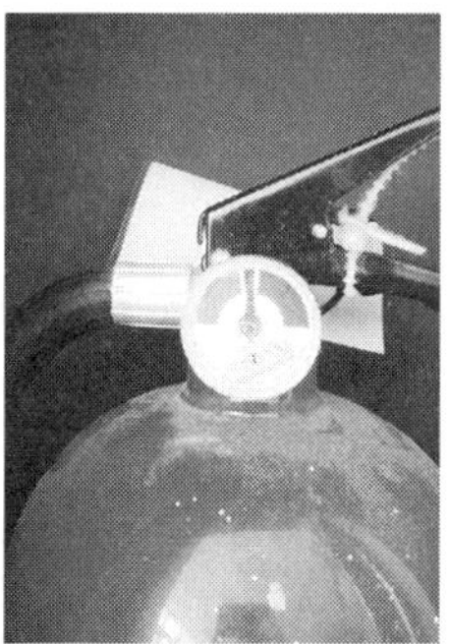
적정 상태

적정 상태

부족 상태

② 스튜디오(방송실)의 소화기

방송실

청정 소화약제

③ 컴퓨터실의 소화기

컴퓨터실

청정 소화약제

2) 옥내소화전 점검

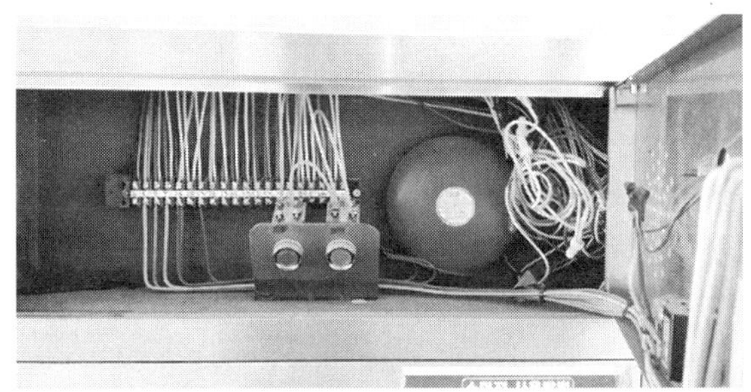

**그림 10.1** 수동기동방식 옥내소화전 표시등함 내부

소화전함(방수구 설치)

소화전함 내부(방수구함)

소화전함 내부

### 3) 감지기

**[감지기 설치 기준: NFSC 203]**

**제7조(감지기)** ① 자동화재탐지설비의 감지기는 부착높이에 따라 다른 감지기를 설치하여야 한다.

② 다음 각 호의 장소에는 연기감지기를 설치하여야 한다. 다만, 교차회로방식에 따른 감지기가 설치된 장소 또는 제1항 단서에 따른 감지기가 설치된 장소에는 그러하지 아니하다.

1. 계단·경사로 및 에스컬레이터 경사로
2. 복도(30 [m] 미만의 것을 제외한다)
3. 엘리베이터 승강로(권상기실이 있는 경우에는 권상기실)·린넨슈트·파이프 피트 및 덕트 기타 이와 유사한 장소

③ 감지기는 다음 각 호의 기준에 따라 설치하여야 한다. 다만, 교차회로방식에 사용되는 감지기, 급속한 연소 확대가 우려되는 장소에 사용되는 감지기 및 축적기능이 있는 수신기에 연결하여 사용하는 감지기는 축적기능이 없는 것으로 설치하여야 한다.

1. 감지기(차동식 분포형의 것을 제외한다)는 실내로의 공기유입구로부터 1.5 [m] 이상 떨어진 위치에 설치할 것
2. 감지기는 천장 또는 반자의 옥내에 면하는 부분에 설치할 것
3. 보상식 스포트형 감지기는 정온점이 감지기 주위의 평상시 최고온도보다 20 [℃] 이상 높은 것으로 설치할 것
4. 정온식 감지기는 주방·보일러실 등으로서 다량의 화기를 취급하는 장소에 설치하되, 공칭작동온도가 최고주위온도보다 20 [℃] 이상 높은 것으로 설치할 것
5. 연기감지기는 다음의 기준에 따라 설치할 것

가. 감지기의 부착높이에 따라 다음 표에 따른 바닥 면적마다 1개 이상으로 할 것

| 부착높이 | 감지기 종류 | |
|---|---|---|
| | 1종 및 2종 | 3종 |
| 4 [m] 미만 | 150 [$m^2$] | 50 [$m^2$] |
| 4 [m] 이상 20 [m] 미만 | 75 [$m^2$] | |

나. 감지기는 복도 및 통로에 있어서는 보행거리 30 [m](3종에 있어서는 20 [m])마다, 계단 및 경사로에 있어서는 수직거리 15 [m](3종에 있어서는 10 [m])마다 1개 이상으로 할 것

다. 천장 또는 반자가 낮은 실내 또는 좁은 실내에 있어서는 출입구의 가까운 부분에 설치할 것

라. 천장 또는 반자부근에 배기구가 있는 경우에는 그 부근에 설치할 것

마. 감지기는 벽 또는 보로부터 0.6 [m] 이상 떨어진 곳에 설치할 것

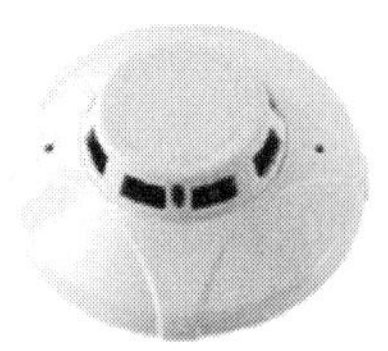

연기감지기

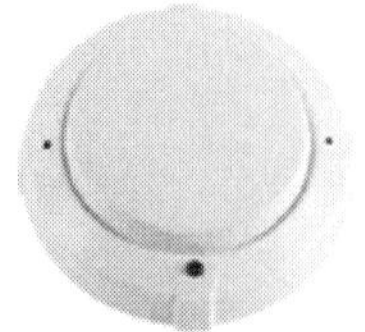
차동식 열감지기

정온식 열감지기

• 연기감지기와 열감지기의 점검

복도 점검

교실 점검

교사휴게실

**4) 비상조명등**

① 개요

화재발생시 또는 그 외의 이상사태 발생시 정전이 되어도 원활하게 피난행동이 가능하고 안전한 장소로 피난할 수 있도록 설치하는 조명등이다.

② 비상조명등의 설치

㉠ 조도 : 각 부분의 바닥에서 1룩스(Lx) 이상

㉡ 유효 작동시간 : 20분 이상

③ 비상조명등 설치 기준

㉠ 비상조명등은 다음 각 호의 기준에 따라 설치하여야 한다.

1. 소방대상물의 각 거실과 그로부터 지상에 이르는 복도·계단 및 그 밖의 통로에 설치할 것
2. 조도는 비상조명등이 설치된 장소의 각 부분의 바닥에서 1 [Lx] 이상이 되도록 할 것
3. 예비전원을 내장하는 비상조명등에는 평상시 점등여부를 확인할 수 있는 점검스위치를 설치하고 당해 조명등을 유효하게 작동시킬 수 있는 용량의 축전지와 예비전원 충전장치를 내장할 것.

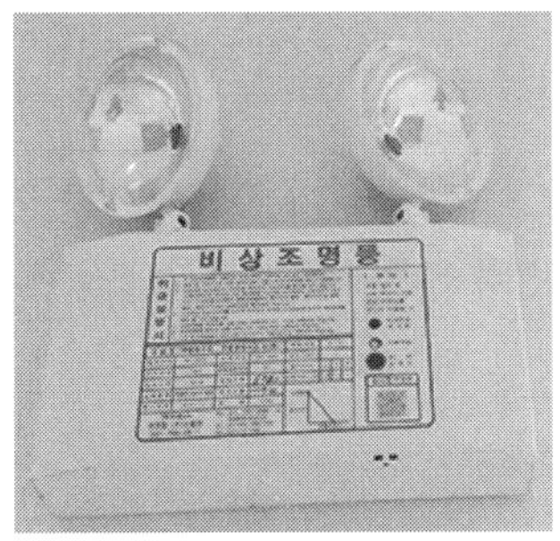

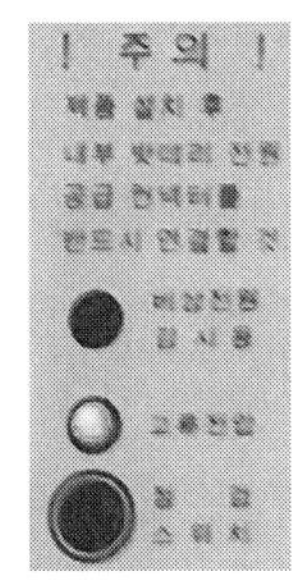


1. 상용전원 공급시에는 교류전원 표시등만 점등된다.
2. 정전시에는 자동으로 비상 점등용 램프가 점등된다.
3. 비상전원 감시등을 이용하여 축전지의 이상 유무를 확인한다.
4. 상용전원으로 48시간 이상 충전하면 비상전원감시등은 소등 상태가 정상이다.
5. 점검 스위치를 누르면 정전시의 상태로 비상 점등용 램프가 점등 상태로 된다.
6. 비상전원 감시등이 점등상태일 때는 축전지의 불량, 퓨즈 단선 및 접촉 불량, 축전지가 없는 상태이다.

**그림 10.2** 비상조명등 취급설명

4. 예비전원을 내장하지 아니하는 비상조명등의 비상전원은 자가발전설비 또는 축전지 설비를 다음 각목의 기준에 따라 설치하여야 한다.
   가. 점검에 편리하고 화재 및 침수 등의 재해로 인한 피해를 받을 우려가 없는 곳에 설치할 것
   나. 상용전원으로부터 전력의 공급이 중단된 때에는 자동으로 비상전원으로부터 전력을 공급받을 수 있도록 할 것
   다. 비상전원의 설치장소는 다른 장소와 방화구획 할 것. 이 경우 그 장소에는 비상전원의 공급에 필요한 기구나 설비외의 것(열병합발전설비에 필요한 기구나 설비는 제외한다)을 두어서는 안된다.
   라. 비상전원을 실내에 설치하는 때에는 그 실내에 비상조명등을 설치할 것
5. 제3호 및 제4호의 규정에 따른 비상전원은 비상조명등을 20분 이상 유효하게 작동시킬 수 있는 용량으로 할 것. 다만, 다음 각목의 소방대상물의 경우에는 그 부분에서 피난층에 이르는 부분의 비상조명등을 60분 이상 유효하게 작동시킬 수 있는 용량으로 하여야 한다.
   가. 지하층을 제외한 층수가 11층 이상의 층
   나. 지하층 또는 무창층으로서 용도가 도매시장·소매시장·여객자동차터미널·지하역사 또는 지하상가

㉡ 다음 각 호의 어느 하나에 해당하는 경우에는 비상조명등을 설치하지 아니한다.
1. 거실의 각 부분으로부터 하나의 출입구에 이르는 보행거리가 15 [m] 이내인 부분
2. 의원·경기장·공동주택·의료시설·학교의 거실

### 5) 스프링클러 설비

① 준비작동식 스프링클러

가압된 또는 상압의 공기를 내장하고 있는 배관설비에 부착되어있는 자동 스프링클러헤드를 사용하는 스프링클러 설비로서 스프링클러 헤드가 설치된 동일지역에 보조감지장치가 설치되어있다. 감지설비가 기동되면 밸브가 개방되어 스프링클러 배관설비로 물이 흘러들어가 개방된 스프링클러헤드를 통해 방수된다.

| 준비작동식 스프링클러 설비 작동상태 점검사항 |
|---|
| ※ 준비작동밸브의 2차 측 주밸브를 잠그고 실시할 것<br>• 수신반에서 솔레노이드 밸브를 개방한다.<br>• 준비작동밸브의 긴급해제밸브(수동기동밸브)를 작동한다.<br>• 슈퍼비조리패널의 기동스위치를 ON한다.<br>• A·B회로가 다른 두 개의 감지기를 동시에 작동한다.<br>위 4가지 중 택하여 실시하고 작동상태 기재 |

- 준비작동식밸브
  - 제조회사별로 약간의 차이가 있다.
  - 입상배관계통에 대해 가로로 설치되는 다이어프램형과 세로로 설치되는 크레퍼형으로 구분한다.

- 밸브내부에서의 물의 흐름

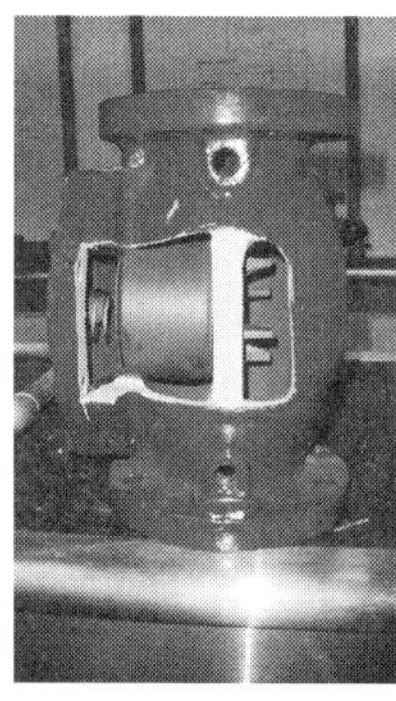

## 마. 준비작동식 스프링클러의 작동 점검 및 복구

### 1) 사전 준비 작업

- 경보로 인한 혼란을 방지하기 위해 수신반에서 경보 스위치를 정지시킨다.
- 2차 개폐밸브를 잠근다(시계방향).
- 배수 밸브를 개방시킨 상태로 점검한다.

### 2) 작동 점검법 : 준비작동식 밸브를 작동시키는 방법 5가지

- 해당 방호 구역의 감지기 2개 회로 작동
- 펌프를 제어하는 supervisory panel의 수동 조작함 스위치 작동
- 밸브 자체에 부착된 수동기동밸브(긴급해제밸브)개방
- 수신기의 준비작동식 유수검지 장치의 수동기동 스위치 작동
- 수신기에서 동작 시험 스위치 및 회로선택 스위치로 작동 → 2개 회로로 작동

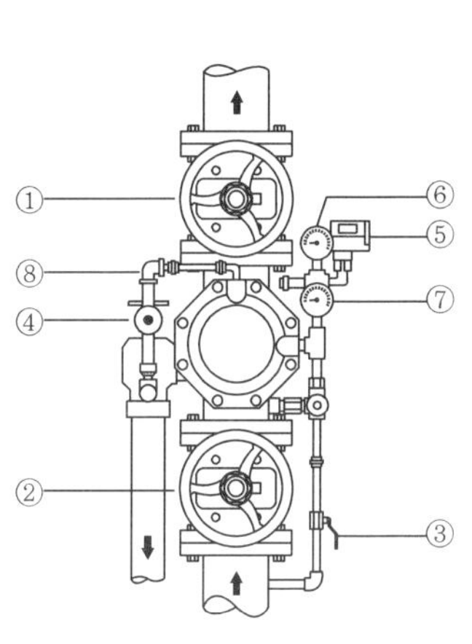


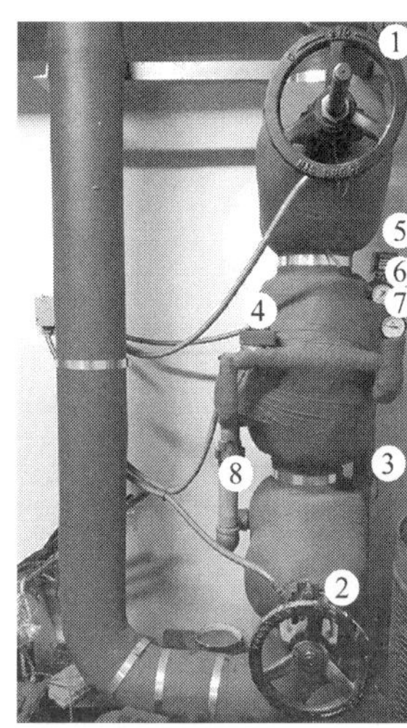


① 2차 측 밸브
② 1차 측 밸브
③ 세팅 밸브
④ 솔레노이드 밸브
⑤ 알람 스위치
⑥ 2차 측 압력계
⑦ 1차 측 압력계
⑧ 드레인 밸브

### 3) 확인할 사항 : A 감지기 그리고 B 감지기 작동시

- 전동밸브(solenoid valve) 작동
- 준비작동시 밸브 개방 표시등 점등
- 사이렌, 경종, 화재표시등, 지구표시등 점등
- 펌프 자동 기동

#### 4) 작동 점검 후 복구

- 펌프를 정지시키기 위해 1차 측 개폐밸브를 폐쇄(시계 방향)시킨다.
  ※ **2차 측 개폐밸브는 점검 사전준비 때 이미 닫아 놓은 상태이다.**
- 솔레노이드 밸브를 복구하기 위해 수신반의 복구(Reset) 스위치를 누른다.
  ※ **솔레노이드 밸브를 복구하지 않으면 준비작동시 밸브가 세팅되지 않는다.**
- 배수 밸브(드레인 밸브)를 폐쇄
- 세팅밸브를 개방하여 급수(수압 상승)
- 1차 측 압력계가 상승된 후 1차 측 개폐밸브 개방(반시계 방향)시킨다.
  ※ **2차 측 압력계는 0(제로)이 되어야 정상 복구된 것**
- 세팅 밸브를 폐쇄한다.
- 2차 측 개폐밸브를 개방한다(반시계 방향).
- 펌프를 수동으로 정지한 경우 수신반을 자동으로 놓는다. → 복구 완료

#### 5) 준비작동식 스프링클러 작동순서

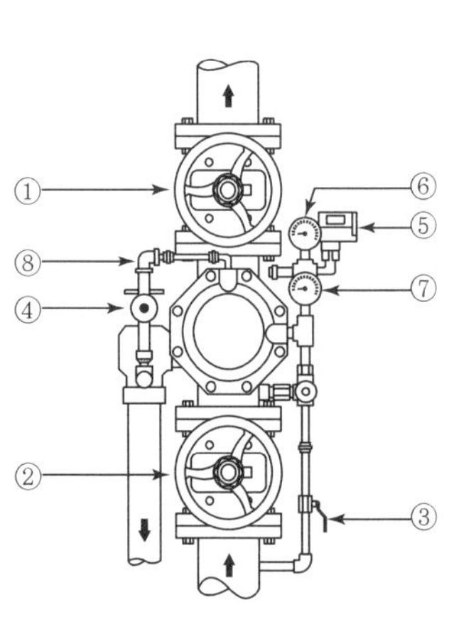


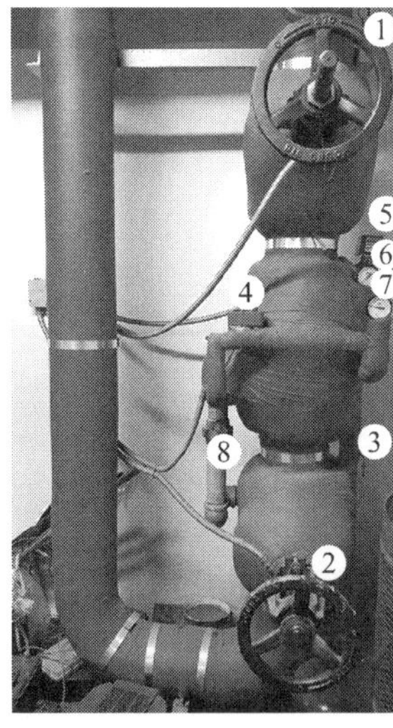


① 2차 측 밸브
② 1차 측 밸브
③ 세팅 밸브
④ 솔레노이드 밸브
⑤ 알람 스위치
⑥ 2차 측 압력계
⑦ 1차 측 압력계
⑧ 드레인 밸브

**그림 10.3** 준비 작동 밸브

① 감지기 A, B 작동
  ※ **하나의 담당구역 내에 2 이상의 화재감지기 회로를 설치하고, 인접한 2 이상의 화재 감지기가 동시에 감지되는 때에 설비가 작동하는 교차회로 방식으로 설계**

② 솔레노이드 밸브가 작동하여 클래퍼가 개방되며, 가압수가 2차 측 배관으로 흘러 들

어간다.

③ 2차 측으로 물이 이동하면서 물의 압력으로 압력스위치가 작동되면서 화재경보가 발령한다.

④ 배관 내 압력이 떨어지면 압력챔버에 설치된 압력스위치가 작동하여 펌프를 기동시킨다.

⑤ 화재열기에 의해 폐쇄형 헤드가 개방되면 개방된 헤드로 물이 방출된다.

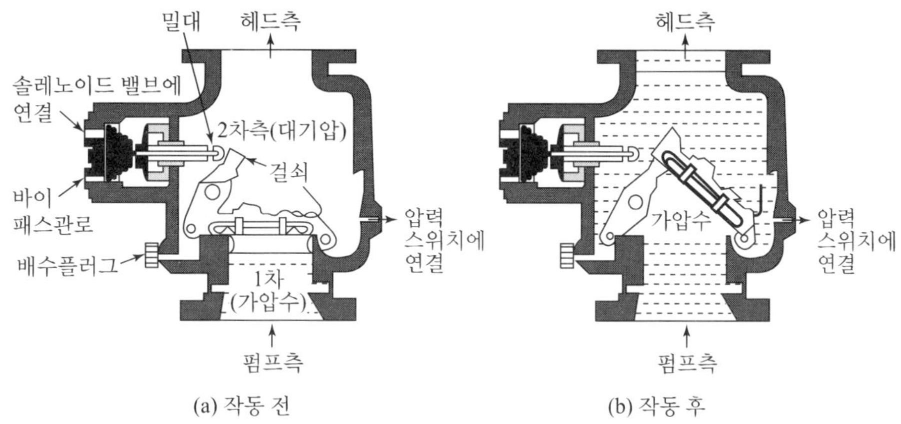

(a) 작동 전 (b) 작동 후

[점검포인트]

※ 유수검지장치의 배수밸브 개방시

- 해당 방호구역의 음향 경보 확인
- 유수검지장치의 압력스위치작동 및 수신반의 화재표시등 점등확인
- 기동용 수압개폐장치의 작동과 가압송수장치의 기동 확인

### 6) 방화 구획

① 방화구획의 구조

- 바닥 및 벽은 내화구조, 문은 갑종 방화문(자동방화셔터를 포함)의 구조이어야 한다.
- 방화구획으로 사용하는 갑종방화문은 설치 목적상 수시로 열 수 있고 언제나 닫힌 상태를 유지하거나 화재로 인한 연기, 온도의 상승에 의하여 닫히는 구조
- 급수관, 배전관이 관통시키는 그 관과 틈을 시멘트 모르터 기타 불연재료로 메울 것
- 환기, 난방, 냉방의 풍도가 방화구획을 관통하는 경우에는 그 관통 부분 또는 그 근접하는 부분에 적합한 댐퍼를 설치할 것

<table>
<tr><th>구획의 종류</th><th>구획단위</th><th>구획구분의 구조</th></tr>
<tr><td>면적별 구획</td><td>1. 10층 이하의 층은 바닥 면적 1,000 [$m^2$] 이내 마다 구획<br>2. 11층 이상은 층 내 바닥 면적 200 [$m^2$](내장재가 불연재인 경우 500 [$m^2$]) 이내 마다 구획<br>※ 스프링클러 등 자동소화설비 설치된 것은 상기 면적의 3배 이내 마다 구획</td><td rowspan="3">1. 내화구조의 바닥, 벽<br>2. 갑종방화문<br>3. 자동방화셔터</td></tr>
<tr><td>층별 구획</td><td>㉠ 3층 이상의 모든 층은 층마다 구획<br>㉡ 지하층은 층마다 구획</td></tr>
<tr><td>용도별 구획</td><td>주요 구조부를 내화구조로 하여야 하는 대상 부분과 기타 부분 사이의 구획</td></tr>
<tr><td>목조건축물 등의 방화벽</td><td>바닥 면적 1,000 [$m^2$] 이내 마다 구획</td><td>1. 방화벽<br>2. 갑종방화문</td></tr>
</table>

**방화문**

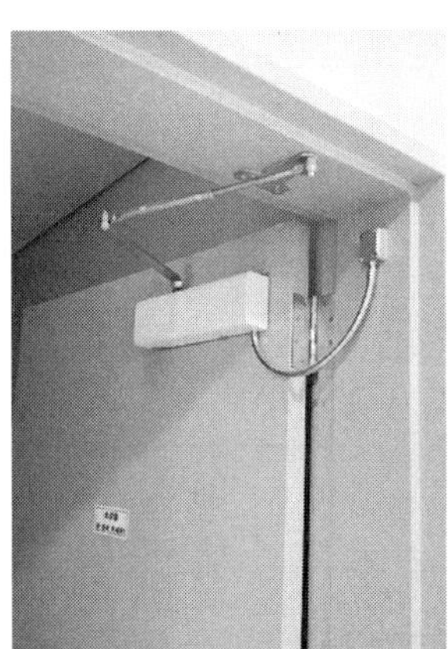

**1. 성능**

갑종방화문 및 을종방화문은 비차열 1시간 이상 및 비차열 30분 이상의 성능이 확보되어야 한다.

**2. 구조**

- 언제나 닫힌 상태를 유지
- 화재로 인한 연기의 발생 또는 온도의 상승에 의하여 자동적으로 닫히는 구조로 하여야 한다.

**3. 설치**

- 방화문이 문틀 또는 다른 방화문과 접하는 부분은 그 방화문을 닫은 경우에 방화에 지장이 있는 틈이 생기지 아니하는 구조로 하여야 하며 방화문을 달기 위한 철물은 그 방화문을 닫은 경우에 노출되지 아니하도록 하여야 한다.

**방화셔터**

1. **정의**

방화구획의 용도로 화재시 연기 및 열을 감지하여 자동 폐쇄되는 것으로서, 공항·체육관 등 넓은 공간에 부득이하게 내화구조로 된 벽을 설치하지 못하는 경우에 사용하는 방화셔터를 말한다.

2. **설치기준**

- 셔터는 건축법시행령 제46조 제1항에서 규정하는 피난상 유효한 갑종 방화문으로부터 3 [m] 이내에 별도로 설치한다.
  ※ 일체형 셔터의 경우에는 갑종 방화문을 설치하지 아니할 수 있다.
- 일체형 셔터는 시장·군수·구청장이 정하는 기준에 따라 별도의 방화문을 설치할 수 없는 부득이한 경우에 한하여 설치한다.
- 셔터는 화재발생시 연기감지기에 의한 일부폐쇄와 열감지기에 의한 완전폐쇄가 이루어질 수 있는 구조를 가진 것이어야 한다.
- 일체형 셔터의 출입구 기준
  · 계단에 의한 연소확대 방지
  · 출입구 부분은 셔터의 다른 부분과 색상을 달리하여 쉽게 구분되도록 하여야 한다.
  · 출입구의 유효너비는 0.9 [m] 이상, 유효높이는 2 [m] 이상이어야 한다.

### 7) 소방펌프 성능시험

① 소방펌프의 성능시험 방법

- 주배관의 개폐표시형 개폐밸브(OSY밸브)를 폐쇄한다.
- MCC(모터컨트롤패널)에서 충압펌프의 기동을 중지한다.
- 성능시험배관의 2차 측 밸브(유량조절밸브)를 폐쇄하고 1차 측 밸브(개폐밸브)를 개방한다.
- 주펌프를 수동으로 기동한다(자동으로 기동을 하려면 압력챔버의 배수밸브를 개방하면 주펌프가 기동되며 기동시 배수밸브를 폐쇄하면 된다.).
- 펌프의 체절운전에서의 체절압력을 읽고, 성능시험배관의 2차 측 밸브(유량조절밸

브)를 서서히 개방하면서 유량계와 압력계를 확인한다.(유량이 정격토출유량의 150 [%]가 될 때 펌프 토출측 압력계의 압력이 정격토출압력의 65 [%] 이상인지 확인한다.)

- 펌프의 성능시험측정 후 주배관의 개폐표시형 개폐밸브(OSY밸브)를 개방하고 성능시험 1차 측 밸브(개폐밸브)를 폐쇄하고, 주펌프와 충압펌프를 수동에서 자동으로 전환한다.

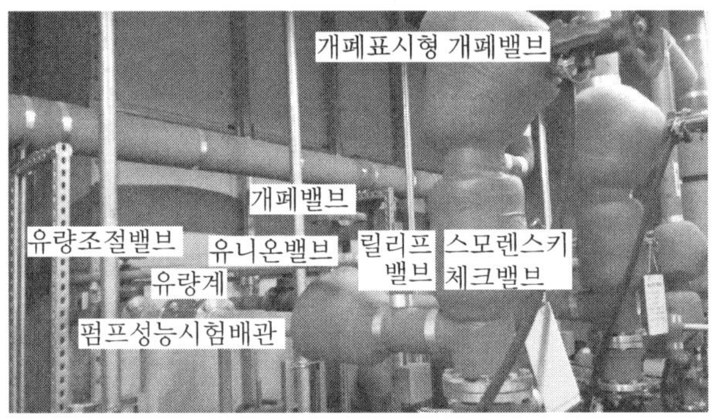


**그림 10.4** 소방펌프 성능 시험

**그림 10.5** 소방펌프

## 3.2 소방 대상물(2)

### 가. 교육시설의 개요

| | | |
|---|---|---|
| 소방시설의 개요 | 소방시설 | ●●시 ○○고등학교 |
| | 연면적 | 12,256.07 [m$^2$] |
| | 용도 | 교육연구시설 |
| | 층수 | 지하 1층 / 지상 5층(EV 설치) |
| | 사용 개시년 | 2008년 |

## 나. 각 시설별 소방시설

### 1) 방재실

| 경보 설비 | | |
|---|---|---|
| 자동화재 탐지설비 | | 1. 복합건축물로서 연면적 600 [m$^2$] 이상인 것<br>2. 연면적 1,000 [m$^2$] 이상인 것 |
| 감지기 | 4 [m] 미만 | 차동식(스포트형, 분포형), 보상식 스포트형<br>정온식(스포트형, 감지선형)<br>이온화식 또는 광전식(스포트형, 분리형, 공기흡입형)<br>열복합형, 연기복합형, 열연기복합형, 불꽃감지기 |

### 2) 체육관

비상조명등

시각경보기

차동식 분포형 감지기

소화기

체육 소화시설

소화전

| 소화기구 | |
|---|---|
| 소화기 |  1. 연면적 33 [m$^2$] 이상인 것은 수동식 소화기 또는 간이소화용구를 설치 |
| 옥내 소화전 | 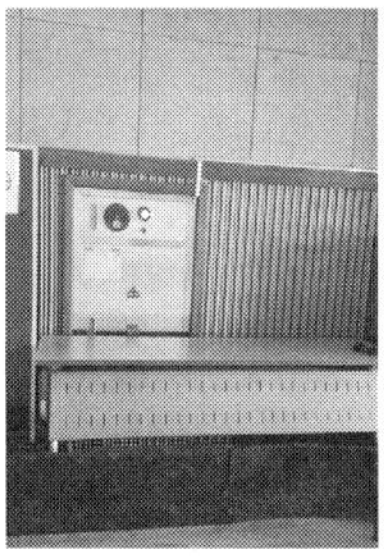 1. 연면적 3,000 [m$^2$] 이상이거나 지하층·무창층 또는 층수가 4층 이상인 것 중 바닥 면적이 600 [m$^2$] 이상인 층이 있는 것은 전 층<br>2. 복합건축물로서 연면적 1,500 [m$^2$] 이상이거나 지하층·무창층 또는 층수가 4층 이상인 층 중 바닥 면적이 300 [m$^2$] 이상인 층이 있는 것은 전 층<br>3. 건축물의 옥상에 설치된 차고 또는 주차장으로서 차고 또는 주차의 용도로 사용되는 부분의 면적이 200 [m$^2$] 이상인 것 |
| 피난 유도등 |  1. 전체 소방시설물 |
| 통로 유도등 | 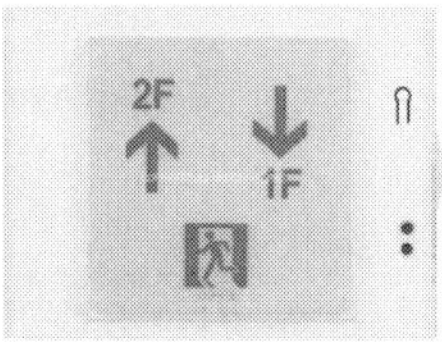 복도 통로유도등은 다음 기준에 따라 설치할 것.<br>1. 복도에 설치할 것<br>2. 구부러진 모퉁이 및 보행거리 20 [m] 마다 설치할 것<br>3. 바닥으로부터 높이 1 [m] 이하의 위치에 설치할 것<br>4. 바닥에 설치하는 통로유도등은 하중에 따라 파괴되지 아니하는 강도의 것으로 할 것 |
| 비상 조명등 | 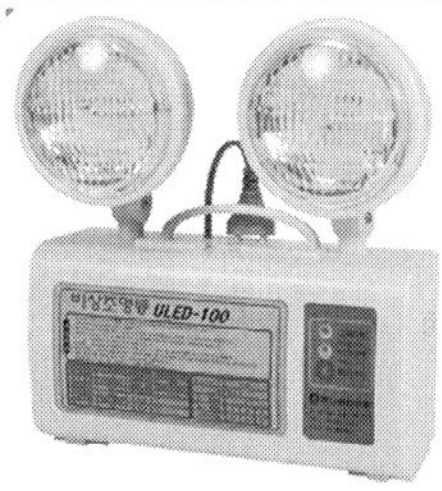 비상조명등은 소방대상물의 각 거실과 그로부터 지상에 이르는 복도·계단 및 그 밖의 통로에 설치할 것 |

### 3) 식당

| 경보설비 | | |
|---|---|---|
| 감지기 | 4 [m] 미만 | 차동식(스포트형, 분포형), 보상식 스포트형<br>정온식(스포트형, 감지선형)<br>이온화식 또는 광전식(스포트형, 분리형, 공기흡입형)<br>열복합형, 연기복합형, 열연기복합형, 불꽃감지기 |

| 소화기구 | | |
|---|---|---|
| 소화기 |  | 1. 연면적 33 [m²] 이상인 것은 수동식 소화기 또는 간이 소화용구를 설치 |
| 옥내 소화전 | | 1. 연면적 3,000 [m²] 이상이거나 지하층·무창층 또는 층수가 4층 이상인 것 중 바닥 면적이 600 [m²] 이상인 층이 있는 것은 전 층<br>2. 복합건축물로서 연면적 1,500 [m²] 이상이거나 지하층·무창층 또는 층수가 4층 이상인 층 중 바닥 면적이 300 [m²] 이상인 층이 있는 것은 전 층<br>3. 건축물의 옥상에 설치된 차고 또는 주차장으로서 차고 또는 주차의 용도로 사용되는 부분의 면적이 200 [m²] 이상인 것 |

| 피난설비 | | |
|---|---|---|
| 피난 유도등 | | 1. 전체 소방시설물 |
| 통로 유도등 | 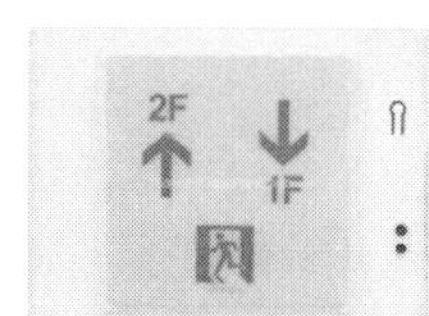 | 복도 통로유도등은 다음 기준에 따라 설치할 것.<br>1. 복도에 설치할 것<br>2. 구부러진 모퉁이 및 보행거리 20 [m] 마다 설치할 것<br>3. 바닥으로부터 높이 1 [m] 이하의 위치에 설치할 것<br>4. 바닥에 설치하는 통로유도등은 하중에 따라 파괴되지 아니하는 강도의 것으로 할 것 |
| 비상 조명등 |  | 비상조명등은 소방대상물의 각 거실과 그로부터 지상에 이르는 복도·계단 및 그 밖의 통로에 설치할 것 |

### 4) 주방

**소화기구**

자동확산 소화기 | 투척식 소화기 | 분말소화기

주방 가스렌지 등 가스에 의한 화재 방지를 위한 소화설비

**경보설비**

| | 부착높이 | 감지기의 종류 |
|---|---|---|
| 감지기 | 4 [m] 이상<br>8 [m] 미만 | 차동식 (스포트형, 분포형), 보상식 스포트형<br>정온식 (스포트형, 감지선형) 특종 또는 1종<br>이온화식 1종 또는 2종<br>광전식(스포트형, 분리형, 공기흡입형) 1종 또는 2종 열복합형<br>연기복합형, 열연기복합형, 불꽃감지기 |

**피난설비**

| 구분 | 내용 |
|---|---|
| 피난 유도등 | 1. 전체 소방시설물 |
| 통로 유도등 | 복도 통로유도등은 다음 기준에 따라 설치할 것.<br>1. 복도에 설치할 것<br>2. 구부러진 모퉁이 및 보행거리 20 [m] 마다 설치할 것<br>3. 바닥으로부터 높이 1 [m] 이하의 위치에 설치할 것<br>4. 바닥에 설치하는 통로유도등은 하중에 따라 파괴되지 아니하는 강도의 것으로 할 것 |
| 비상 조명등 | 비상조명등은 소방대상물의 각 거실과 그로부터 지상에 이르는 복도·계단 및 그 밖의 통로에 설치할 것 |

<table>
<tr><th colspan="2">도통시험 및 펌프 점검</th></tr>
<tr><td>도통시험</td><td>
수신기에서 감지기간 회로의 단선 유무와 기기 등의 접속 상황을 확인하기 위한 시험이다.<br>
1. 시험방법<br>
– 도통시험스위치를 누른다.<br>
– 회로선택스위치를 차례로 회전시킨다.<br>
– 각 회선의 전압계의 지시등을 조사한다.(도통시험 확인등이 있는 경우는 정상, 단선램프 점등 확인)<br>
– 종단저항 등의 접속 상황을 조사한다.<br>
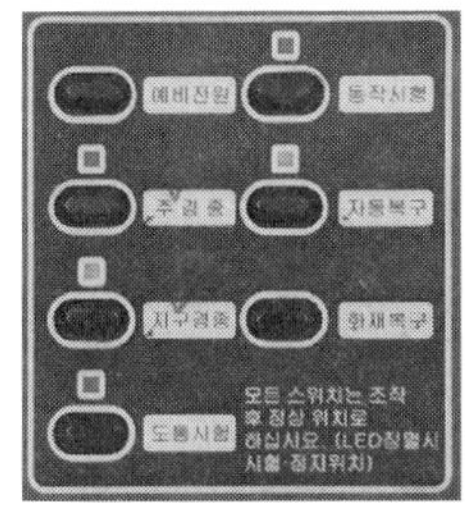

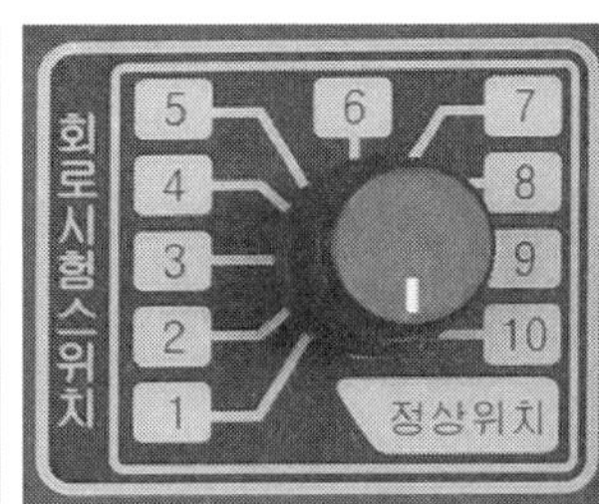

</td></tr>
<tr><td>소방펌프<br>작동점검</td><td>

1. 옥내소화전 펌프 주배관상의 개폐표시형 개폐밸브를 잠근다.<br>
2. MCC 패널 기동 조건을 자동(AUTO)에서 수동(MANU)으로 놓는다.<br>
3. 작동(ON) 스위치를 작동시킨 후 펌프의 기동을 확인하며 작동 정지(OFF)스위치를 누른다.
</td></tr>
</table>

Chapter 11

# 문화 및 집회시설 점검

1. 문화 및 집회시설 설치 소방시설
2. 소방대상물
3. 소방시설 점검

# 1. 문화 및 집회시설 설치 소방시설

## 1.1 소화설비

<table>
<tr><th>소방시설</th><th colspan="2">적용기준</th></tr>
<tr><td>소화기구</td><td colspan="2">연면적 33 [m²] 이상인 것은 수동식 소화기 또는 간이소화용구를 설치</td></tr>
<tr><td rowspan="3">옥내소화전 설비</td><td colspan="2">연면적 3,000 [m²] 이상이거나 지하층·무창층 또는 층수가 4층 이상인 것 중 바닥 면적이 600 [m²] 이상인 층이 있는 것은 전 층</td></tr>
<tr><td colspan="2">복합건축물로서 연면적 1,500 [m²] 이상이거나 지하층·무창층 또는 층수가 4층 이상인 층 중 바닥 면적이 300 [m²] 이상인 층이 있는 것은 전 층</td></tr>
<tr><td colspan="2">건축물의 옥상에 설치된 차고 또는 주차장으로서 차고 또는 주차의 용도로 사용되는 부분의 면적이 200 [m²] 이상인 것</td></tr>
<tr><td rowspan="7">스프링클러 설비</td><td colspan="2">층수가 11층 이상인 특정소방대상물의 경우에는 전 층</td></tr>
<tr><td colspan="2">특정소방대상물(냉동 창고를 제외한다)의 지하층·무창층 또는 층수가 4층 이상인 층으로서 바닥 면적이 1,000 [m²] 이상인 층</td></tr>
<tr><td colspan="2">복합건축물 내에 있는 학생 수용을 위한 기숙사로서 연면적 5,000 [m²] 이상인 경우에는 전 층</td></tr>
<tr><td>수용인원이 100인 이상인 것은 전 층 및 이에 부속된 보일러실 또는 연결통로 등</td><td rowspan="4">사찰·제실·사당 및 동식물원은 제외</td></tr>
<tr><td>영화상영관의 용도로 쓰이는 층의 바닥 면적이 지하층 또는 무창층인 경우 500 [m²] 이상, 그 밖의 층의 경우에는 1,000 [m²] 이상인 것은 전 층 및 이에 부속된 보일러실 또는 연결통로등</td></tr>
<tr><td>무대부가 지하층·무창층 또는 4층 이상의 층에 있는 경우에는 무대부의 면적이 300 [m²] 이상인 것은 전 층 및 이에 부속된 보일러실 또는 연결통로등</td></tr>
<tr><td>무대부가 지하층·무창층이 아니면 3층 이하의 층에 있는 경우에는 무대부의 면적이 500 [m²] 이상인 것은 전 층 및 이에 부속된 보일러실 또는 연결통로등</td></tr>
</table>

<table>
<tr><td rowspan="2">간이 스프링클러 설비</td><td colspan="2">근린생활시설로 사용하는 부분의 바닥 면적 합계가 1,000 [m$^2$] 이상인 것은 전 층</td></tr>
<tr><td colspan="2">건물을 임차하여 「출입국관리법」 제52조 제2항에 따른 보호장소(외국인보호소의 경우에는 피보호자의 생활공간으로 한정한다)로 사용하는 부분</td></tr>
<tr><td rowspan="5">물분무등 소화설비</td><td colspan="2">건축물 내부에 설치된 차고 또는 주차장으로서 차고 또는 주차의 용도에 사용되는 부분(「건축법시행령」 제119조 제1항 제3호 다목 규정의 필로티를 주차용도로 사용하는 경우를 포함한다)의 바닥 면적의 합계가 200 [m$^2$] 이상인 것</td></tr>
<tr><td colspan="2">「주차장법」 제2조 제1호의2의 규정에 의한 기계식주차장으로서 20대 이상의 차량의 주차할 수 있는 것</td></tr>
<tr><td colspan="2">소화수를 수집·처리하는 설비가 설치되어 있지 아니한 「원자력법시행령」 제2조 제1호에 따른 중·저준위방사성폐기물의 저장시설(이산화탄소소화설비·할로겐화합물소화설비 또는 청정소화약제소화설비를 설치)</td></tr>
<tr><td rowspan="2">전기실·발전실·변전실·축전지실·통신기기실 또는 전산실로서 바닥 면적이 300 [m$^2$] 이상인 것(동일한 방화구획 내에 2 이상의 실이 설치되어 있는 경우에는 이를 1개의 실로 보아 바닥 면적을 산정)</td><td>가연성 절연유를 사용하지 아니하는 변압기·전류차단기 등의 전기기기와 가연성 피복을 사용하지 아니한 전선 및 케이블만을 설치한 전기실·발전실 및 변전실은 제외</td></tr>
<tr><td>내화구조로 된 공정제어 실내에 설치된 주조정실로서 양압 시설이 설치되고 전기기기에 220 [V] 이하인 저전압이 사용되며 종업원이 24시간 상주하는 것은 제외</td></tr>
<tr><td>옥외소화전 설비</td><td colspan="2">지상 1층 및 2층의 바닥 면적의 합계가 9,000 [m$^2$] 이상인 것(이 경우 동일구 내에 2 이상의 특정소방대상물이 총리령이 정하는 연소우려가 있는 구조인 경우에는 이를 하나의 특정소방대상물로 본다)</td></tr>
</table>

## 1.2 경보설비

| 소방시설 | 적용기준 |
|---|---|
| 비상경보 설비 | 연면적 400 [m$^2$]이거나 지하층 또는 무창층의 바닥 면적이 150 [m$^2$] 이상인 것 (공연장인 경우 100 [m$^2$] 이상) |
| | 50인 이상의 근로자가 작업하는 옥내작업장 |
| 비상방송 설비 | 연면적 3,500 [m$^2$] 이상인 것 |
| | 지하층을 제외한 층수가 11층 이상인 것 |
| | 지하층의 층수가 3개 층 이상인 것 |
| 누전경보기 | 계약전류용량(동일 건축물에 계약종별이 다른 전기가 공급되는 경우에는 그중 최대계약전류용량을 말한다)이 100 [A]를 초과하는 특정소방대상물(내화구조가 아닌 건축물로서 벽, 바닥 또는 반자의 전부나 일부를 불연재료 또는 준불연재료가 아닌 재료에 철망을 넣어 만든 것에 한한다) |
| 자동화재 탐지설비 | 연면적 1,000 [m$^2$] 이상인 것 |
| | 복합건축물로서 연면적 600 [m$^2$] 이상인 것 |
| 시각경보기 | 자동화재탐지설비를 설치하여야 하는 것 |
| 가스누설경보기 | 가스시설이 설치된 것 |

## 1.3 피난설비

<table>
<tr><th>소방시설</th><th colspan="3">적용기준</th></tr>
<tr><td rowspan="2">피난기구</td><td>적용</td><td colspan="2">모든 층에 화재안전기준에 적합한 피난기구 설치</td></tr>
<tr><td>제외</td><td colspan="2">피난층, 지상 1층, 지상 2층 및 층수가 11층 이상의 층</td></tr>
<tr><td>인명구조기구</td><td colspan="3">수용인원 100인 이상의 영화상영관에는 인명구조용 공기호흡기(충전기 및 보조마스크를 제외)를 층마다 2대 이상 비치</td></tr>
<tr><td colspan="2">피난유도등, 통로유도등 및 유도표지, 객석유도등</td><td colspan="2">(전체)</td></tr>
<tr><td rowspan="2">비상조명등</td><td colspan="2">지하층을 포함하는 층수가 5층 이상인 건축물로서 연면적 3,000 [m$^2$] 이상인 것</td><td rowspan="2">가스시설 또는 창고와 이와 비슷한 것은 제외</td></tr>
<tr><td colspan="2">지하층 또는 무창층의 바닥 면적이 450 [m$^2$] 이상인 경우에는 그 지하층 또는 무창층</td></tr>
<tr><td>휴대용비상조명등</td><td colspan="3">수용인원 100인 이상의 영화상영관</td></tr>
</table>

## 1.4 소화용수설비

| 소방시설 | 적용기준 |
|---|---|
| 상수도 소화용수설비 | 연면적 5,000 [$m^2$] 이상인 것 |
| 소화수조 또는 저수조 | 상수도소화용수설비를 설치하여야 하는 특정소방대상물의 대지 경계선으로부터 180 [m] 이내에 구경 75 [mm] 이상인 상수도용 배수관이 설치되지 아니한 지역 |

## 1.5 소화활동설비

| 소방시설 | 적용기준 |
|---|---|
| 제연설비 | 특별피난계단 또는 비상용승강기의 승강장 |
| | 무대부의 바닥 면적이 200 [$m^2$] 이상 |
| | 영화상영관으로서 수용인원 100인 이상 |
| 연결송수관설비 | 층수가 5층 이상으로서 연면적 6,000 [$m^2$] 이상인 것 |
| | 지하층을 포함하는 층수가 7층 이상인 것 |
| | 지하층의 층수가 3개 층 이상이고 지하층의 바닥 면적의 합계가 1,000 [$m^2$] 이상인 것 |
| 연결살수설비 | 지하층으로서 바닥 면적의 합계가 150 [$m^2$] 이상인 것 및 이에 부속된 연결통로 |
| 비상콘센트설비 | 지하층을 포함하는 층수가 11층 이상인 특정소방대상물의 경우에는 지하로부터 11층 이상의 층 |
| | 지하층의 층수가 3개 층 이상이고 지하층의 바닥 면적의 합계가 1,000 [$m^2$] 이상인 것은 지하층의 전 층 |
| 무선통신보조설비 | 지하층의 바닥 면적의 합계가 3,000 [$m^2$] 이상인 것 또는 지하층의 층수가 3개 층 이상이고 지하층의 바닥 면적의 합계가 1,000 [$m^2$] 이상인 것은 지하층의 전 층 |

# 2. 소방대상물

| 소방대상물 | 명칭 | ❐❐●●◇◇ 전당 |
|---|---|---|
| | 소재지 | ●●도 ❐❐시 ❐❐면 ❐❐로 |
| | 용도 | 문화 및 집회시설 |
| | 건물구조 | 철근콘크리트조, 철근콘크리트 평슬래브 지붕<br>지하 2층 / 지상 3층, 바닥 면적 4095.35 [$m^2$] 연면적 9462.71 [$m^2$] |

## 2.1 소방대상물에 설치된 소방시설

| 소방시설의 종류 | 소화기구 | 수동식 소화기 |
|---|---|---|
| | 소화설비 | 옥내소화전 설비, 스프링클러 설비, 청정소화약제 설비 |
| | 경보설비 | 자동화재탐지 설비, 시각경보기, 비상방송 설비 |
| | 피난설비 | 피난기구, 유도등, 비상조명등, 휴대용비상조명등 |
| | 소화용수설비 | 상수도소화용수 설비 |
| | 소화활동설비 | 제연 설비, 무선통신보조 설비 |
| | 기타설비 | 방화문, 방화셔터 |

## 2.2 소방시설물 특징

1) 지하 2층 지상 3층 공연장

지하 : 체력 단련실, 에어로빅 실

1층 : 다목적실, 놀이방

2층 : 전시실

3층 : 정보교육실, 청소년 상담 복지 센터

2) 공연장 규모

개관일: 2011년 06월 17일

대공연장 1층 596석, 2층 168석으로 구성

다목적홀(소공연장) 180석(가변석)

3) 1, 2층 배치도

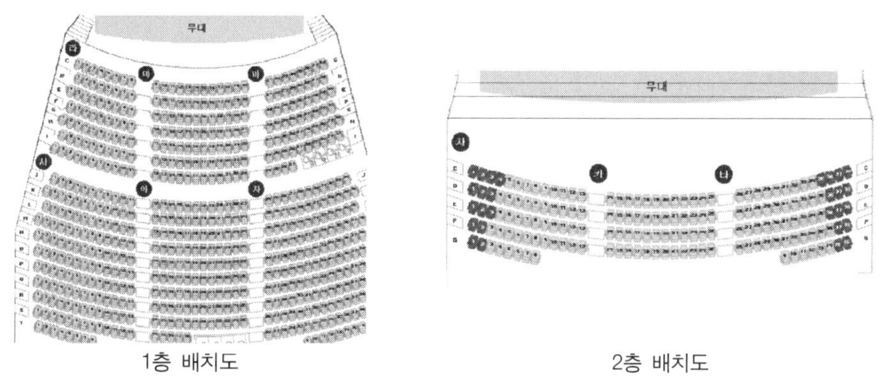


1층 배치도　　　　2층 배치도

## 2.3 소방대상물의 개요표

### 가. 건축물의 개요

| 건축물의 개요 | | | | | | |
|---|---|---|---|---|---|---|
| 건물명 | ❒❒●●◇◇ 전당 | | 위치 | ●●도 ❒❒시 ❒❒면 ❒❒로 | | |
| 철근콘크리트조, 철근콘크리트 평슬래브 지붕, 지하 2층/ 지상 3층<br>바닥 면적 4095.35 [m²], 연면적 9462.71 [m²] | | | | | | |
| 건축물의 구분 | 1 내화건축물<br>2 준내화건축물<br>3 그 밖의 건축물 | | 주요 구조부의 구분 | 1 내화구조<br>2 내화구조 이외의 구조 | | |
| 주된용도 | 문화 및 집회 시설 | | 그 밖의 사항 | | | |
| 층별 | 바닥 면적 ([m²]) | 용도 또는 실명 | 구조 (내화구조/기타) | 내장마무리 | | 비고 |
| | | | | 천정 | 벽 | |
| 지하2층 | 833.92 | 문화 및 집회시설 | 내화구조 | 불연재 | 불연재 | |
| 지하1층 | 2732.23 | 문화 및 집회시설 | 내화구조 | 불연재 | 불연재 | |
| 1층 | 3110.19 | 문화 및 집회시설 | 내화구조 | 불연재 | 불연재 | |
| 2층 | 2010.35 | 문화 및 집회시설 | 내화구조 | 불연재 | 불연재 | |
| 3층 | 776.02 | 문화 및 집회시설 | 내화구조 | 불연재 | 불연재 | |

## 2.4 소방시설물의 점검 결과

### 소방시설 종합정밀점검표

- 점검대상 : ❐❐●●◇◇전당
- 소방시설 등 점검결과

| 구분 | 해당설비 | | 점검결과 |
|---|---|---|---|
| 소화설비 | ☒ 소화기구 | ☒ 소화기 | ○ |
| | | ☐ 자동소화장치 | |
| | | ☐ 간이소화용구 | |
| | ☒ 옥내소화전설비 | | ○ |
| | ☐ 옥외소화전설비 | | |
| | ☒ 스프링클러설비 | | ○ |
| | ☐ 간이 스프링클러설비 | | |
| | ☐ 물분무소화설비 | | |
| | ☐ 포소화설비 | | |
| | ☐ 이산화탄소소화설비 | | |
| | ☐ 할로겐화합물소화설비 | | |
| | ☐ 분말소화설비 | | |
| | ☒ 청정약제소화설비 | | ○ |
| | ☐ 미분무소화설비 | | |
| | ☐ 화재조기진압용 스프링클러설비 | | |
| | ☐ 강화액소화설비 | | |
| | ☐ 기타: | | |
| 경보설비 | ☒ 자동화재탐지설비 및 시각경보기 | | ○ |
| | ☐ 통합감시시설 | | |
| | ☐ 자동화재속보설비 | | |
| | ☐ 누전경보기 | | |
| | ☐ 비상경보설비 | ☐ 비상벨설비 | |
| | | ☐ 자동식싸이렌 | |
| | | ☐ 단독경보형감지기 | |
| | | ☐ 기타: | |
| | ☒ 비상방송설비 | | ○ |
| | ☐ 가스누설경보기 | | |
| | ☐ 기타 | | |
| 기타 | ☐ 방염물품 | | |
| ☐ 소방관련 사항 | | | |

| 구분 | 해당설비 | | 점검결과 |
|---|---|---|---|
| 피난설비 | ☒ 피난기구 | ☐ 피난사다리 | |
| | | ☐ 완강기 | |
| | | ☐ 구조대 | |
| | | ☐ 승강식피난기 | |
| | | ☐ 하향식내림식 사다리 | |
| | | ☐ 미끄럼대 | |
| | | ☐ 피난로프 | |
| | | ☐ 공기안전메트 | |
| | | ☐ 간이완강기 | |
| | | ☐ 기타: | |
| | ☐ 인명구조기구 | ☐ 방열복 | |
| | | ☐ 공기호흡기 | |
| | | ☐ 인공소생기 | |
| | ☒ 유도등 | ☒ 피난구유도등 | ○ |
| | | ☒ 통로유도등 | ○ |
| | | ☒ 계단통로유도등 | ○ |
| | | ☒ 객석유도등 | ○ |
| | ☒ 유도표지 | | ○ |
| | ☒ 비상조명등 | | ○ |
| | ☒ 휴대용비상조명등 | | ○ |
| | ☐ 기타: | | |
| 소화용수설비 | ☒ 상수도소화용수설비 | | ○ |
| | ☐ 기타: | | |
| 소화활동설비 | ☒ 제연설비 | | ○ |
| | ☒ 연결송수관설비 | | ○ |
| | ☐ 연결살수설비 | | |
| | ☐ 연소방지설비 | | |
| | ☒ 무선통신보조설비 | | ○ |
| | ☐ 비상콘센트설비 | | |

비고 ※ 자동소화장치는 주방용·케비넷형·소공간 자동소화장치 및 자동확산소화장치를 말한다.
※ 소방시설란의 ☐란에는 해당 시설에 ×를 한다. 점검결과란은 양호○, 불량×, 해당없는 항목은 /표시를 한다.
※ 점검자는 자필로 서명한다.

## 2.4.1 소화기구 종합정밀점검표

### 가. 설치상태 개요

1. 소화기

<table>
<tr><th colspan="14" rowspan="2">항목</th><th colspan="4">결과</th></tr>
<tr><th>결과</th><th>불량내용</th><th>조치내용</th><th>법적근거</th></tr>
<tr><td colspan="2" rowspan="2">소요능력 단위의수</td><td colspan="12">☒ 내화구조 및 불연·준불연 또는 난연내장재의 것<br>☐ 그 밖의 것</td><td>○</td><td></td><td></td><td></td></tr>
<tr><td colspan="12">• 바닥 면적: 9462.71 [$m^2$]<br>• 산출근거: NFSC 101<br>• 필요능력단위수: 95 단위<br>• 감소 대체 소화설비:</td><td>○</td><td></td><td></td><td></td></tr>
<tr><td colspan="2">부속용도의 종류</td><td colspan="12">☒ 화기사용설비 ☒ 전기설비 ☒ 소량위험물<br>☐ 특수가연물 ☐ 가스시설</td><td>○</td><td></td><td></td><td></td></tr>
<tr><td rowspan="7">소화기설치사항</td><td rowspan="2">층</td><td rowspan="2">실명<br>(용도포함)</td><td colspan="5">종별개수</td><td rowspan="2">적응성</td><td rowspan="2">설치장소</td><td rowspan="2">표시</td><td rowspan="2">설치높이</td><td rowspan="2">배치거리</td><td rowspan="2">긴급반출여부</td><td rowspan="2"></td><td rowspan="2"></td><td rowspan="2"></td><td rowspan="2"></td></tr>
<tr><td>분말</td><td>이산화탄소</td><td>할론</td><td>기타</td><td>합계</td></tr>
<tr><td>지하 2층</td><td>기계실, 전기실 발전기실</td><td>9</td><td>9</td><td></td><td></td><td>18</td><td>○</td><td>○</td><td>○</td><td>○</td><td>○</td><td>○</td><td>○</td><td></td><td></td><td></td></tr>
<tr><td>지하 1층</td><td>무대연습실 분장실 등</td><td>33</td><td></td><td></td><td></td><td>33</td><td>○</td><td>○</td><td>○</td><td>○</td><td>○</td><td>○</td><td>○</td><td></td><td></td><td></td></tr>
<tr><td>1층</td><td>객석, 다목적홀, 전시홀 등</td><td>29</td><td>7</td><td></td><td></td><td>36</td><td>○</td><td>○</td><td>○</td><td>○</td><td>○</td><td>○</td><td>○</td><td></td><td></td><td></td></tr>
<tr><td>2층</td><td>객석, 공조실 무대감독실</td><td>26</td><td></td><td></td><td></td><td>26</td><td>○</td><td>○</td><td>○</td><td>○</td><td>○</td><td>○</td><td>○</td><td></td><td></td><td></td></tr>
<tr><td>3층</td><td>시청각실 정보교육실</td><td>12</td><td></td><td></td><td></td><td>12</td><td>○</td><td>○</td><td>○</td><td>○</td><td>○</td><td>○</td><td>○</td><td></td><td></td><td></td></tr>
<tr><td colspan="3">합 계</td><td colspan="11"></td><td></td><td></td><td></td><td></td></tr>
<tr><td colspan="3">비 고</td><td colspan="15"></td></tr>
</table>

2. 자동소화장치

<table>
<tr><th colspan="4" rowspan="2">설치수량</th><th colspan="6" rowspan="2">항목</th><th colspan="4">결과</th></tr>
<tr><th>결과</th><th>불량내용</th><th>조치내용</th><th>법적근거</th></tr>
<tr><td colspan="2">종류</td><td>자동확산</td><td>자동식</td><td rowspan="2">수신부</td><td rowspan="2">감지부</td><td rowspan="2">방출구</td><td rowspan="2">경보차단장치</td><td rowspan="2">차단밸브</td><td rowspan="2">관리상태</td><td rowspan="3"></td><td rowspan="3"></td><td rowspan="3"></td><td rowspan="3"></td></tr>
<tr><td colspan="2">층 \ 계</td><td></td><td></td></tr>
<tr><td></td><td></td><td></td><td></td><td></td><td></td><td></td><td></td><td></td><td></td></tr>
<tr><td colspan="2">비고</td><td colspan="12"></td></tr>
</table>

## 2.4.2 옥내소화전설비 종합정밀점검표

### 가. 설치상태개요

| 항목 | | | | |
|---|---|---|---|---|
| 주된 수원 | 구분 | | 1차 | 2차 (옥상수조) |
| | 종별 | | ☐ 고가수조 ☐ 압력수조 ☒ 그 밖의 것: | |
| | 위치 | | • 설치장소 ☒ 지하 ☐ 지상 ☐ 옥상 ☐ 그 밖의 것:<br>• 펌프흡입방식에 의한 분류 ☐ 부압흡입방식의 저수조<br>☒ 정압흡입방식의 저수조 | |
| | 수량 | | • 총보유량: 240 $m^3$<br>• 소화전유효수량: 93 $m^3$ ☐ 전용 ☒ 겸용 | |
| 가압 송수 장치 | 설치위치 | 지하 2 층 실 | 압력조정장치 | ☒ 유 ☐무 |
| | 펌프방식 | 펌프 전동기 | ☐ 전용 ☒ 겸용 | • 토출량: 2600 ℓ/min |
| | | | • 전양정: 80 m | • 직경: 125 mm |
| | | | • 전압: 380 V | • 출력: 75 kW 100 Hp |
| | | 물올림장치 | • 유효수량: ℓ | • 급수배관구경: mm |
| | | | • 감수경보의 종별 및 표시장소: | |
| | | 기동용수압 개폐장치 | ☒ 압력챔버 ☒ 전자식 ☐ 기계식<br>• 용량: 100 ℓ | • 사용압력: 1 MPa |
| 가압 송수 장치 | 고가수조 방식 | | • 유효낙차: m | |
| | 압력탱크 방식 | | • 탱크가압압력: MPa | • 용량: ℓ |
| | | | • 에어콤프레샤 용량: $m^3$/min | • 동력: kW |
| 보조용고가(또는 옥상)수조 | | | • 유효수량 $m^3$ | |
| 소화전 | • 총설치개수: 20 개 | | • 가장 많이 설치된 층의 소화전수: 5 개 | |
| 기동장치 | ☐ on/off 방식 ☐ 기동용수압개폐장치 ☐ 그 밖의 것:<br>주펌프기동 기동 0.55 MPa 정지 MPa<br>충압펌프기동 기동 0.65 MPa 정지 0.8 MPa | | | |
| 표시등 | ☐ 전용 ☒ 자동화재탐지설비와 겸용(점멸) | | | |
| 배관 | 배관 | 입상관 | ☒ 직경: 125 mm ☐ 전용 ☐ 겸용 | |
| | | 재질 | ☐ KSD 3562 ☒ KSD 3507 ☐ 그 밖의 것: | |
| | 이음 | ☒ 프랜지 ☐ 그 밖의 것: | | |
| | 밸브 | 개폐밸브 | ☒ KS: K ☐ 그 밖의 것: | |
| | | 체크밸브 | ☒ KS: K ☐ 그 밖의 것: | |
| | 방식조치 | ☐ 방식테이프감기 ☐ 라이닝관 ☒ 그 밖의 것: | | |
| 송수구 | ☐ 단구형: 개 ☒ 쌍구형: 2 개 ☐ 설치위치: 주 출입구 옆 | | | |
| 배선 | 비상전원회로 | ☒ 내화전선 ☐ 전선관매설 ☐ 그 밖의 것: | | |
| | 조작회로 | ☒ 내열전선 ☐ 전선관노출 ☐ 전선관매설 ☐ 그 밖의 것: | | |
| 비상전원 | ☒ 자가발전설비 ☐ 축전지설비 ☐ 그 밖의 것: | | | |
| 비고 | | | | |

| 점검결과 지적 내역서 | |
|---|---|
| 각 설비별 점검결과 | |
| 소화기구 | 양호 |
| 경보설비 | 양호 |
| 소화설비 | 양호 |
| 피난설비 | 양호 |
| 소화용수설비 | 양호 |
| 소화활동설비 | 양호 |
| 그 밖의 소방시설 등 | 양호 |

# 3. 소방시설 점검

## 3.1 소화기

객석에 설치된 소화기

복도에 설치된 이산화탄소 소화기

무대에 설치된 소화기

**그림 11.1** 소화기

## 3.2 옥내소화전 설비

객석에 설치된 소화전

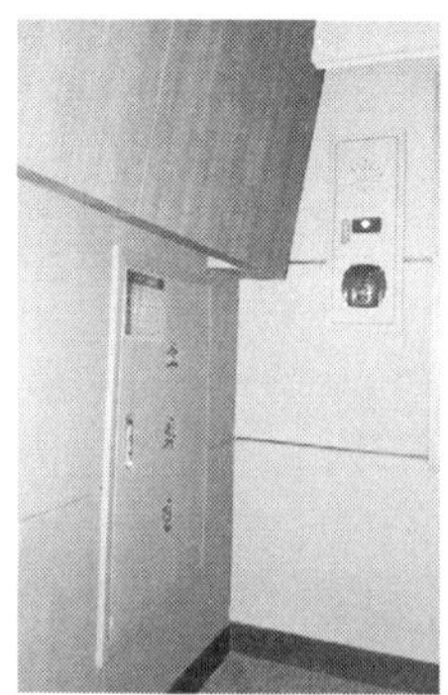

객석에 설치된 소화전

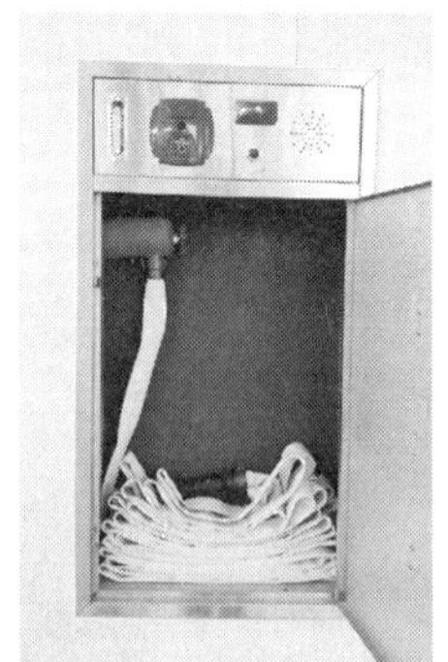

복도 소화전 내부

**그림 11.2** 옥내소화전 설비

## 3.3 청정소화약제 설비

**[청정소화약제소화설비의 화재안전기준(요약)]**

**제4조(종류)** 소화설비에 적용되는 청정소화약제는 다음 표에서 정하는 것에 한한다.

| 소화약제 | 화학식 |
|---|---|
| 퍼 플루오로 부탄(이하 "FC-3-1-10"이라 한다) | $C_4F_{10}$ |
| 하이드로 클로로 플루오로 카본 혼화제<br>(이하"HCFC BLEND A"라 한다) | HCFC-123($CHCl_2CF_3$): 4.75%<br>HCFC-22($CHClF_2$): 82%<br>HCFC-124($CHClFCF_3$): 9.5%<br>($C_{10}H_{18}$): 3.75% |
| 클로로 테트라 플루오르 에탄(이하 "HCFC-124"라 한다) | $CHClFCF_3$ |
| 펜타 플루오로 에탄(이하 "HCFC-125"라 한다) | $CHF_2CF_3$ |
| 헵타 플루오로 프로판(이하 "HFC-227ea"라 한다) | $CF_3CHFCF_3$ |
| 트리 플루오로 메탄(이하 "HFC-23"라 한다) | $CHF_3$ |
| 헥사 플루오로 프로판(이하 "HFC-236fa"라 한다) | $CF_3CH_2CF_3$ |
| 트리 플루오로 이오다이드(이하 "FIC-1311"라 한다) | $CF_3I$ |
| 불연성·불활성기체 혼합가스(이하 "IG-01"이라 한다) | Ar |
| 불연성·불활성기체 혼합가스(이하 "IG-100"이라 한다) | $N_2$ |
| 불연성·불활성기체 혼합가스(이하 "IG-541"이라 한다) | $N_2$: 52%, Ar: 40%, $CO_2$: 8% |
| 불연성·불활성기체 혼합가스(이하 "IG-55"이라 한다) | $N_2$: 50%, Ar: 50% |
| 도데카 플루오로-2-메틸펜탄-3-원(이하 "FK-5-1-12"이라 한다) | $CF_3CF_2(O)CF(CF_3)_2$ |

**제5조(설치제외)** 청정소화약제소화설비는 다음 각 호에서 정한 장소에는 설치할 수 없다.
1. 사람이 상주하는 곳으로써 제7조제2항의 최대허용설계농도를 초과하는 장소
2. 「위험물안전기본법 시행령」별표 1의 제3류위험물 및 제5류위험물을 사용하는 장소. 다만, 소화성능이 인정되는 위험물은 제외한다.

**제6조(저장용기)** ① 청정소화약제의 저장용기는 다음 각 호의 기준에 적합한 장소에 설치하여야 한다.
1. 방호구역 외의 장소에 설치할 것. 다만, 방호구역 내에 설치할 경우에는 피난 및 조작이 용이하도록 피난구 부근에 설치하여야 한다.
2. 온도가 55 [℃] 이하이고 온도의 변화가 작은 곳에 설치할 것
3. 직사광선 및 빗물이 침투할 우려가 없는 곳에 설치할 것
4. 저장용기를 방호구역 외에 설치한 경우에는 방화문으로 구획된 실에 설치할 것
5. 용기의 설치장소에는 해당 용기가 설치된 곳임을 표시하는 표지를 할 것
6. 용기간의 간격은 점검에 지장이 없도록 3 [cm] 이상의 간격을 유지할 것

7. 저장용기와 집합관을 연결하는 연결배관에는 체크밸브를 설치할 것. 다만, 저장용기가 하나의 방호구역만을 담당하는 경우에는 그러하지 아니하다.

② 청정소화약제의 저장용기는 다음 각 호의 기준에 적합하여야 한다.

1. 저장용기의 충전밀도 및 충전압력은 별표 1에 따를 것
2. 저장용기는 약제명·저장용기의 자체중량과 총중량·충전일시·충전압력 및 약제의 체적을 표시할 것
3. 집합관에 접속되는 저장용기는 동일한 내용적을 가진 것으로 충전량 및 충전압력이 같도록 할 것
4. 저장용기에 충전량 및 충전압력을 확인할 수 있는 장치를 하는 경우에는 해당 소화약제에 적합한 구조로 할 것
5. 저장용기의 약제량 손실이 5 [%]를 초과하거나 압력손실이 10 [%]를 초과할 경우에는 재충전하거나 저장용기를 교체할 것. 다만, 불활성가스 청정소화약제 저장용기의 경우에는 압력손실이 5 [%]를 초과할 경우 재충전하거나 저장용기를 교체하여야 한다.

[별표 1] 청정소화약제 저장용기의 충전밀도·충전압력 및 배관의 최소사용설계압력
(제6조제2항제1호 및 제10조제1항제2호관련)

1. 할로겐화합물청정소화약제

| 항목 \ 소화약제 | HFC-227ea | | | FC-3-1-10 | HCFC BLEND A | |
|---|---|---|---|---|---|---|
| 최대충전밀도 (kg/m³) | 1,201.4 | 1,153.3 | 1,153.3 | 1,281.4 | 900.2 | 900.2 |
| 21℃ 충전압력 (kPa) | 1,034* | 2,482* | 4,137* | 2,482* | 4,137* | 2,482* |
| 최소사용 설계압력 (kPa) | 1,379 | 2,868 | 5,654 | 2,482 | 4,689 | 2,979 |

| 항목 \ 소화약제 | HFC-23 | | | | |
|---|---|---|---|---|---|
| 최대충전밀도 (kg/m³) | 768.9 | 720.8 | 640.7 | 560.6 | 480.6 |
| 21℃ 충전압력 (kPa) | 4,198** | 4,198** | 4,198** | 4,198** | 4,198** |
| 최소사용 설계압력 (kPa) | 9,453 | 8,605 | 7,626 | 6,943 | 6,392 |

| 항목 \ 소화약제 | HCFC-124 | | HFC-125 | | HFC-236fa | | | FK-5-1-12 |
|---|---|---|---|---|---|---|---|---|
| 최대충전밀도 (kg/m³) | 1,185.4 | 1,185.4 | 865 | 897 | 1,185.4 | 1,201.4 | 1,185.4 | 1,441.7 |
| 21℃ 충전압력 (kPa) | 1,655* | 2,482* | 2,482* | 4,137* | 1,655* | 2,482* | 4,137* | 2,482** |
| 최소사용 설계압력 (kPa) | 1,951 | 3,199 | 3,392 | 5,764 | 1,931 | 3,310 | 6,068 | 2,482 |

비고 1. "*" 표시는 질소로 축압한 경우를 표시한다.
2. "**" 표시는 질소로 축압하지 아니한 경우를 표시한다.

2. 불활성가스청정소화약제(개정 2009.10.22)

| 소화약제 / 항목 | | IG-01 | | IG-541 | | | IG-55 | | | IG-100 | | |
|---|---|---|---|---|---|---|---|---|---|---|---|---|
| 21℃ 충전압력(kPa) | | 16,341 | 20,436 | 14,997 | 19,996 | 31,125 | 15,320 | 20,423 | 30,634 | 16,575 | 22,312 | 28,000 |
| 최소사용 설계압력 (kPa) | 1차 측 | 16,341 | 20,436 | 14,997 | 19,996 | 31,125 | 15,320 | 20,423 | 30,634 | 16,575 | 22,312 | 227.4 |
| | 2차 측 | 비고2 참조 | | | | | | | | | | |

비고 1. 1차 측과 2차 측은 감압장치를 기준으로 한다.
2. 2차 측 최소사용설계압력은 제조사의 설계프로그램에 의한 압력값에 따른다.

③ 하나의 방호구역을 담당하는 저장용기의 소화약제의 체적합계보다 소화약제의 방출시 방출경로가 되는 배관(집합관을 포함한다)의 내용적의 비율이 청정소화약제 제조업체(이하 "제조업체"라 한다)의 설계기준에서 정한 값 이상일 경우에는 해당 방호구역에 대한 설비는 별도 독립방식으로 하여야 한다.

**제8조(기동장치)** 청정소화약제소화설비는 다음 각 호의 기준에 따라 설치하여야 한다.

1. 수동식 기동장치는 다음 각 목의 기준에 따라 설치할 것 이 경우 수동식 기동장치의 부근에는 소화약제의 방출을 지연시킬 수 있는 비상스위치(자동복귀형 스위치로서 수동식 기동장치의 타이머를 순간 정지시키는 기능의 스위치를 말한다)를 설치하여야 한다.
   가. 방호구역마다 설치
   나. 해당 방호구역의 출입구부근 등 조작을 하는 자가 쉽게 피난할 수 있는 장소에 설치할 것
   다. 기동장치의 조작부는 바닥으로부터 0.8 [m] 이상 1.5 [m] 이하의 위치에 설치하고, 보호판 등에 따른 보호장치를 설치할 것
   라. 기동장치에는 가깝고 보기 쉬운 곳에 "청정소화약제소화설비 기동장치"라는 표지를 할 것
   마. 전기를 사용하는 기동장치에는 전원표시등을 설치할 것
   바. 기동장치의 방출용스위치는 음향경보장치와 연동하여 조작될 수 있는 것으로 할 것
   사. 5 [kg] 이하의 힘을 가하여 기동할 수 있는 구조로 설치
2. 자동식 기동장치는 자동화재탐지설비의 감지기의 작동과 연동하는 것으로서 다음 각 목의 기준에 따라 설치할 것.
   가. 자동식 기동장치에는 제1호의 기준에 따른 수동식 기동장치를 함께 설치할 것
   나. 기계식, 전기식 또는 가스압력식에 따른 방법으로 기동하는 구조로 설치할 것
3. 청정소화약제소화설비가 설치된 구역의 출입구에는 소화약제가 방출되고 있음을 나타내는 표시등을 설치할 것

**제9조(제어반등)** 청정소화약제소화설비의 제어반 및 화재표시반은 다음 각 호의 기준에 따라 설치하여야 한다. 다만, 자동화재탐지설비의 수신기의 제어반이 화재표시반의 기능을 가지고 있는 것은 화재표시반을 설치하지 아니할 수 있다.

1. 제어반은 수동기동장치 또는 감지기에서의 신호를 수신하여 음향경보장치의 작동, 소화약제의 방출 또는 지연 기타의 제어기능을 가진 것으로 하고, 제어반에는 전원표시등을 설치할 것
2. 화재표시반은 제어반에서의 신호를 수신하여 작동하는 기능을 가진 것으로 하되, 다음 각 목의 기준에 따라 설치할 것
   가. 각 방호구역마다 음향경보장치의 조작 및 감지기의 작동을 명시하는 표시등과 이와 연동하여 작동하는 벨·부저 등의 경보기를 설치할 것. 이 경우 음향경보장치의 조작 및 감지기의 작동을 명시하는 표시등을 겸용할 수 있다.
   나. 수동식 기동장치는 그 방출용 스위치의 작동을 명시하는 표시등을 설치할 것
   다. 소화약제의 방출을 명시하는 표시등을 설치할 것
   라. 자동식 기동장치는 자동·수동의 절환을 명시하는 표시등을 설치할 것
3. 제어반 및 화재표시반의 설치장소는 화재에 따른 영향, 진동 및 충격에 따른 영향 및 부식의 우려가 없고 점검에 편리한 장소에 설치할 것
4. 제어반 및 화재표시반에는 해당 회로도 및 취급설명서를 비치할 것

**제11조(분사헤드)** ① 분사헤드는 다음 각 호의 기준에 따라야 한다.

1. 분사헤드의 설치높이는 방호구역의 바닥으로부터 최소 0.2 [m] 이상 최대 3.7 [m] 이하로 하여야 하며 천장높이가 3.7 [m]를 초과할 경우에는 추가로 다른 열의 분사헤드를 설치할 것. 다만, 분사헤드의 성능인정 범위 내에서 설치하는 경우에는 그러하지 아니하다.
2. 분사헤드의 개수는 방호구역에 제10조제3항을 충족되도록 설치할 것
3. 분사헤드에는 부식방지조치를 하여야 하며 오리피스의 크기, 제조일자, 제조업체가 표시되도록 할 것

② 분사헤드의 방출율 및 방출압력은 제조업체에서 정한 값으로 한다.

③ 분사헤드의 오리피스의 면적은 분사헤드가 연결되는 배관구경면적의 70 [%]를 초과하여서는 아니 된다.

**제12조(선택밸브)** 하나의 특정소방대상물 또는 그 부분에 2 이상의 방호구역이 있어 소화약제의 저장용기를 공용하는 경우에 있어서 방호구역마다 선택밸브를 설치하고 선택밸브에는 각각의 방호구역을 표시하여야 한다.

**제13조(자동식기동장치의 화재감지기)** 청정소화약제소화설비의 자동식 기동장치는 다음 각 호의 기준에 따른 화재감지기를 설치하여야 한다.

1. 각 방호구역내의 화재감지기의 감지에 따라 작동되도록 할 것
2. 화재감지기의 회로는 교차회로방식으로 설치할 것. 다만, 화재감지기를 「자동화재탐지설비의 화재안전기준(NFSC 203)」제7조제1항 단서의 각 호의 감지기로 설치하는 경우에는 그러하지 아니하다.
3. 교차회로내의 각 화재감지기 회로별로 설치된 화재감지기 1개가 담당하는 바닥 면적은 「자동화재탐지설비의 화재안전기준(NFSC 203)」제7조제3항제5호·제8호부터 제10호까지의 규정에 따른 바닥 면적으로 할 것

**제14조(음향경보장치)** ① 청정소화약제소화설비의 음향경보장치는 다음 각 호의 기준에 따라 설치하여야 한다.

1. 수동식 기동장치를 설치한 것은 그 기동장치의 조작과정에서, 자동식 기동장치를 설치한 것은 화재감지기와 연동하여 자동으로 경보를 발하는 것으로 할 것
2. 소화약제의 방사개시 후 1분 이상 경보를 계속할 수 있는 것으로 할 것
3. 방호구역 또는 방호대상물이 있는 구획 안에 있는 자에게 유효하게 경보할 수 있는 것으로 할 것

② 방송에 따른 경보장치를 설치할 경우에는 다음 각 호의 기준에 따라야 한다.

1. 증폭기 재생장치는 화재시 연소의 우려가 없고, 유지관리가 쉬운 장소에 설치할 것
2. 방호구역 또는 방호대상물이 있는 구획의 각 부분으로부터 하나의 확성기까지의 수평거리는 25 [m] 이하가 되도록 할 것
3. 제어반의 복구스위치를 조작하여도 경보를 계속 발할 수 있는 것으로 할 것

**제15조(자동폐쇄장치)** 청정소화약제소화설비를 설치한 특정소방대상물 또는 그 부분에 대하여는 다음 각 호의 기준에 따라 자동폐쇄장치를 설치하여야 한다.

1. 환기장치를 설치한 것은 청정소화약제가 방사되기 전에 해당 환기장치가 정지할 수 있도록 할 것
2. 개구부가 있거나 천장으로부터 1 [m] 이상의 아래 부분 또는 바닥으로부터 해당층의 높이의 3분의 2 이내의 부분에 통기구가 있어 청정소화약제의 유출에 따라 소화효과를 감소시킬 우려가 있는 것은 청정소화약제가 방사되기 전에 당해 개구부 및 통기구를 폐쇄할 수 있도록 할 것
3. 자동폐쇄장치는 방호구역 또는 방호대상물이 있는 구획의 밖에서 복구할 수 있는 구조로 하고, 그 위치를 표시하는 표지를 할 것

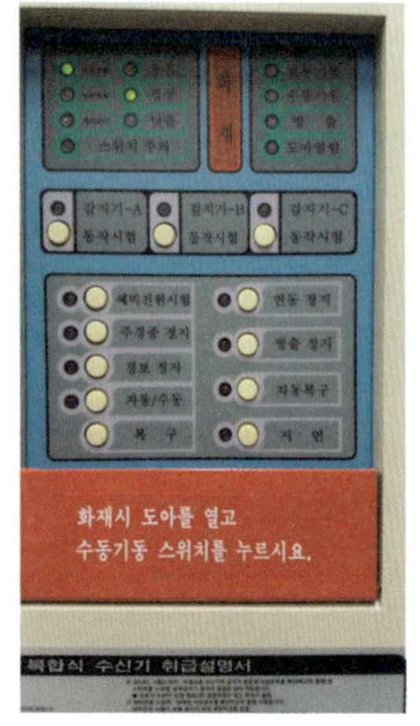

청정소화약제 설비 수신기

소화약제통

소화약제 방출표시등

**그림 11.3** 청정 소화약제 설비

## 3.4 스프링클러 설비

- 수용인원이 100인 이상인 것은 전 층 및 이에 부속된 보일러실 또는 연결통로 등
- 영화상영관의 용도로 쓰이는 층의 바닥 면적이 지하층 또는 무창층인 경우 500 [$m^2$] 이상, 그 밖의 층의 경우에는 1,000 [$m^2$] 이상인 것은 전 층 및 이에 부속된 보일러실 또는 연결통로등
- 무대부가 지하층·무창층 또는 4층 이상의 층에 있는 경우에는 무대부의 면적이 300 [$m^2$] 이상인 것은 전 층 및 이에 부속된 보일러실 또는 연결통로등
- 무대부가 지하층·무창층이 아니며 3층 이하의 층에 있는 경우에는 무대부의 면적이 500 [$m^2$] 이상인 것은 전 층 및 이에 부속된 보일러실 또는 연결통로등

무대부 상부 스프링클러 설비

무대부 스프링클러 설비

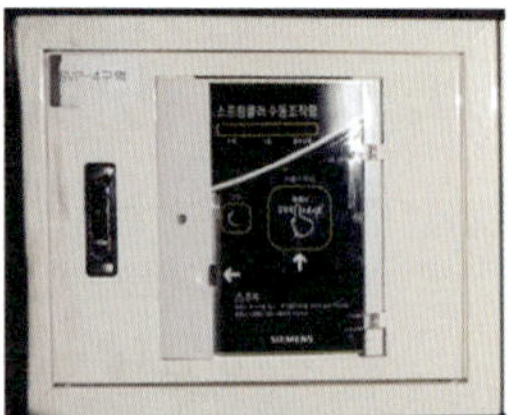

스프링클러 수동조작함

**그림 11.4** 스프링클러 설비

## 3.5 자동화재 탐지설비

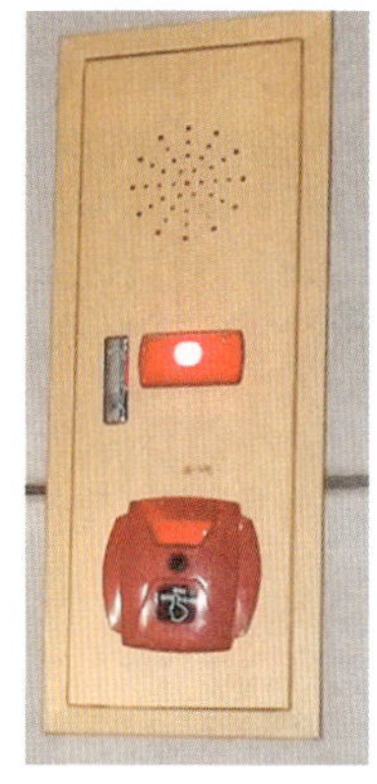
객석내부 발신기

객석 불꽃 감지기

시각경보 장치

**그림 11.5** 발신기 및 감지기 설비

## 3.6 비상조명등 설비

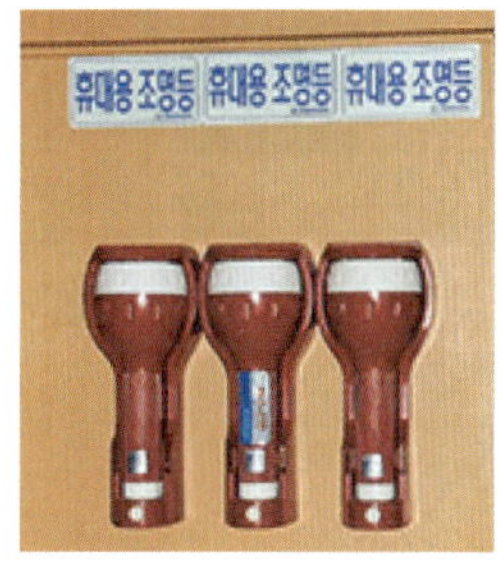

휴대용 비상조명등

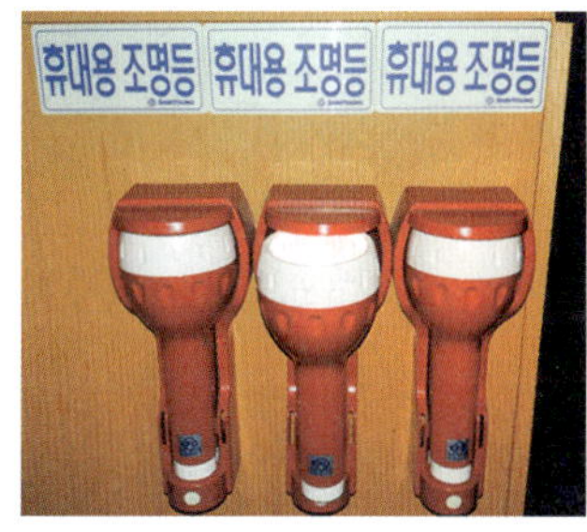

휴대용 비상조명등 점등 확인

객석내부 휴대용 비상조명등

**그림 11.6** 비상조명등 설비

1) 휴대용비상조명등은 다음 각 호의 기준에 적합하여야 한다.
   - 다음 각 목의 장소에 설치할 것
     - 숙박시설 또는 다중이용업소에는 객실 또는 영업장안의 구획된 실마다 잘 보이는 곳(외부에 설치시 출입문 손잡이로부터 1 [m] 이내 부분)에 1개 이상 설치
     - 「유통산업발전법」 제2조제3호에 따른 대규모점포(지하상가 및 지하역사는 제외한다)와 영화상영관에는 보행거리 50 [m] 이내마다 3개 이상 설치
     - 지하상가 및 지하역사에는 보행거리 25 [m] 이내마다 3개 이상 설치
   - 설치높이는 바닥으로부터 0.8 [m] 이상 1.5 [m] 이하의 높이에 설치할 것

- 어둠 속에서 위치를 확인할 수 있도록 할 것
- 사용시 자동으로 점등되는 구조일 것
- 외함은 난연성능이 있을 것
- 건전지를 사용하는 경우에는 방전방지조치를 하여야 하고, 충전식 배터리의 경우에는 상시 충전되도록 할 것
- 건전지 및 충전식 배터리의 용량은 20분 이상 유효하게 사용할 수 있는 것으로 할 것

## 3.7 제연 설비

무대부 제연설비

객석 제연설비

제연댐퍼 수동 조작함

**그림 11.7** 제연설비

각 소방대상물마다 설치되어 있는 제연설비의 종류가 다양하지만 기본적으로 제연 설비의 점검에 있어서는 다음의 사항을 중심으로 점검을 실시하여야 한다.

1) 제연설비가 설치된 제연구역의 출입문은 자동으로 닫혀야 한다.
   제연설비는 연기로부터 보호받기 위한 시설이므로 제연설비의 기동과 동시에 모든 출입문이 닫혀야 한다.
   그러나 현실적으로 제연설비의 출입문을 개방한 후에 닫히지 않도록 여러 가지 장치들을 해 놓아서 자동으로 닫히지 않는 경우가 많이 발생한다. 만약에 출입문이 닫힌 상태가 유지되지 않을 경우 차압의 측정이 곤란함은 물론이고, 화재시 제연기능을 할 수 없어서 설비의 설치 의미가 반감된다.

2) 화재층의 감지기 작동에 의하여 모든 층의 제연댐퍼가 작동되어야 한다.

건축물의 실내에 설치된 감지기에 의하여 모든 제연구역의 댐퍼가 개방되어야 제연 효과를 기대할 수 있다.

3) 과압 배출 장치를 설치하여야 한다.
과압 배출 장치는 시설물 제연구역의 방연풍속을 자동으로 배출하는 성능이어야 하므로 제연설비에는 과압 배출 장치가 설치되어 있어야 한다. 과압 배출 장치의 원리는 제연 구역의 출입문이 열리면 방연풍속으로 연기의 침투를 방지하고 출입문이 닫히면 과압 배출 장치로 보충량을 배출하는 기능을 한다.

4) 유입공기 배출설비를 설치하여야 한다.
비제연구역과 제연구역의 차압을 유지하기 위하여 문 틈새의 누설량과 문 개방의 보충량을 옥외로 배출하는 성능이 있어야 한다. 유체의 흐름에 영향을 주는 요인은 베르누이 관계식에 의하면 속도 수두, 압력 수두 그리고 위치 수두가 있으므로 적절한 차압을 유지해야 원활한 배면이 이루어진다.

5) 제연설비의 수직풍도는 제연댐퍼를 제외하고 외부로 통하는 틈이 없어야 제연효과가 원활하게 이뤄지므로 이에 대한 점검이 진행되어야 한다.

## 3.8 소화용수 설비

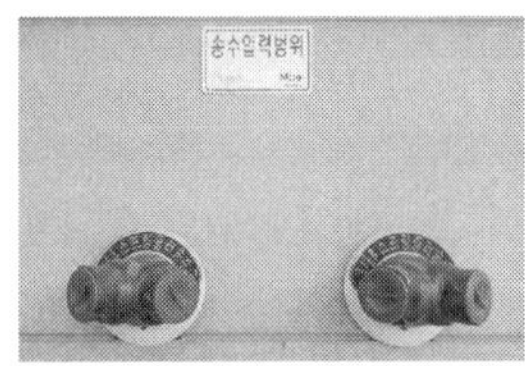
송수구

송수구

옥외 소화전

**그림 11.8** 소화용수 설비

소화용수설비를 점검할 때에는 다음의 사항에 대하여 주로 점검을 실시한다.

① 저수탱크는 파손, 누수, 동결 등으로 인하여 사용에 지장이 없는지 점검한다.
② 소화용수는 기준량 이상으로 만수되어 있는지 확인한다.
③ 사용에 지장이 있는 장애물이 방치되어 있지 않은지 점검한다.
④ 소방차가 2 [m] 이내의 지점까지 접근이 가능한지 확인한다.
⑤ 소화수조에는 적당한 크기의 흡수관 투입구가 설치되어 있는지 점검한다.
⑥ 흡수관 투입구에는 "흡수관 투입구"라는 표시가 되어 있는지 확인한다.

## 3.9 압력챔버 압력스위치 세팅

### 가. 전기결선

압력스위치 전면 볼트를 풀면 보호 커버와 스위치 커버가 분리된다.

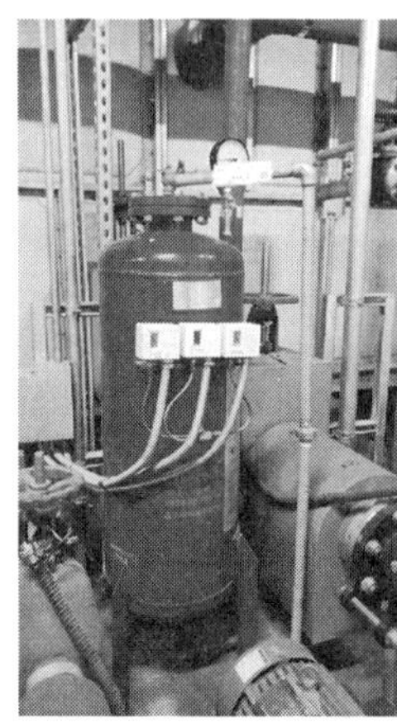

**그림 11.9** 압력스위치 커버 제거

결선은 ①번과 ⑤번 단자에 연결하고 MCC 패널에 연결(ON, OFF 단자가 있을 경우 ON 단자는 점프하고, OFF 단자에 연결)한다.

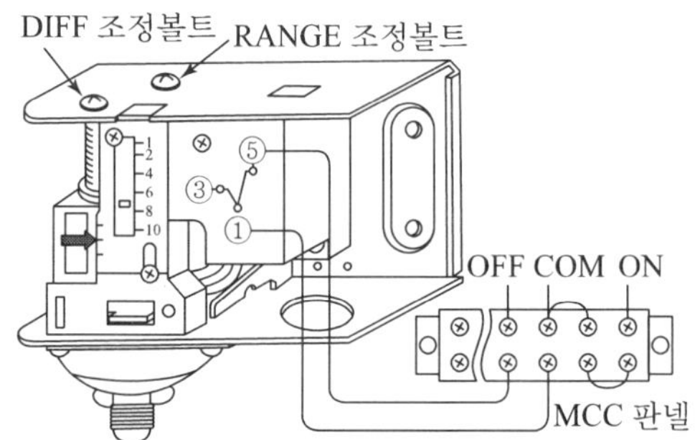


**그림 11.10** 압력챔버 압력스위치

### 나. 압력스위치 세팅

DIFF는 펌프의 양정과 자연압과의 압력 차이이다(DIFF 조정볼트 사용).

예) RANGE 10 [$kg_f/cm^2$]일 때 DIFF를 3 [$kg_f/cm^2$]으로 세팅하면 (10－3＝7) 펌프가 7 [$kg_f/cm^2$]에 가동되고, 10 [$kg_f/cm^2$]에 중지된다.

### 다. 작동확인

압력세팅이 끝나면 펌프 전원 스위치를 자동으로 한 다음 압력탱크 배수밸브로 소량의 물을 흘려 설정된 압력에서 소방용 펌프가 가동 및 중단하는지 확인한다.

### 라. 압력챔버 압력스위치 작동 점검 방법

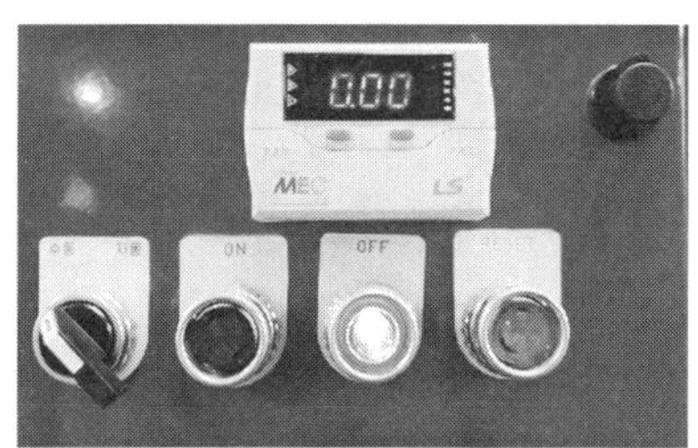


1) MCC 패널을 수동으로 전환한다.

2) ①~⑤번 단자선 중에서 ⑤번 단자선을 분리한다.

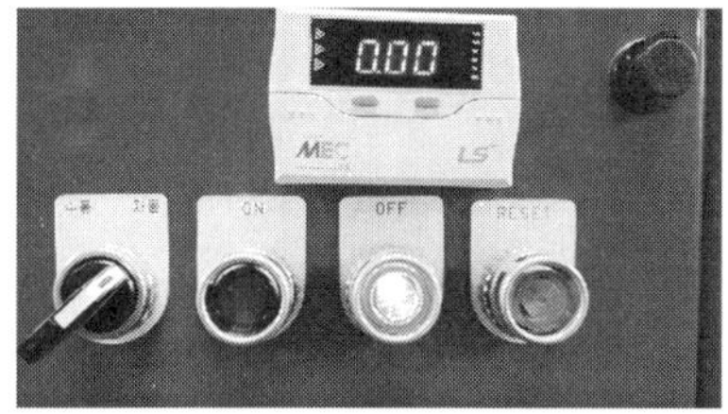


3) MCC 패널을 자동으로 전환한다.

4) 비화재시 MCC 자동 상태에서 펌프가 작동하면 MCC 결선 불량 및 MCC 불량이다. (압력스위치의 역할은 ON-OFF 역할만 한다.)

**그림 11.11** 압력챔버 압력스위치 작동 점검

### 마. 압력챔버 압력 점검 방법

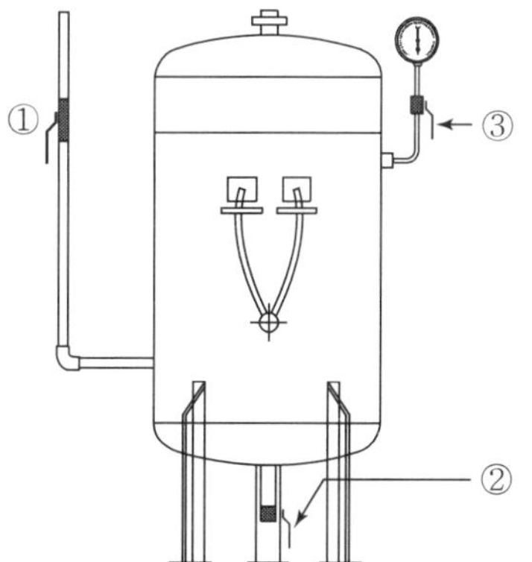


**그림 11.12** 압력챔버

1) 압력챔버가 수격현상으로 작동될 경우 MCC패널에서 주펌프 및 충압펌프 스위치를 OFF시킨 후 ①번 급수밸브를 잠근다.

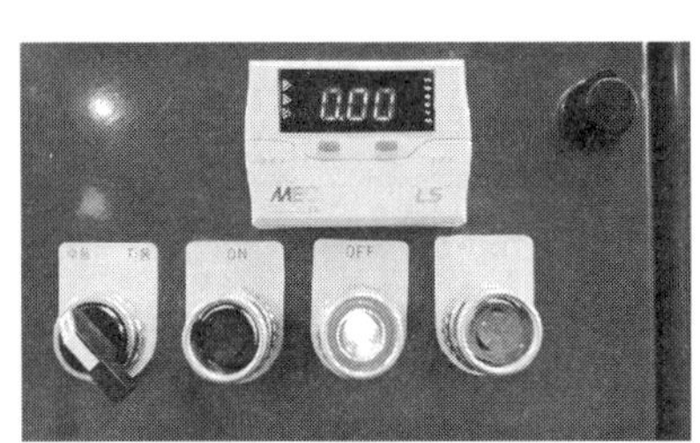


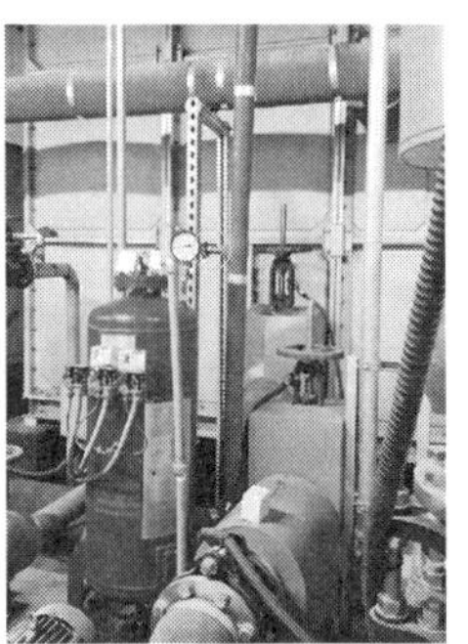

2) ②번 배수 밸브를 개방하고 ③번 밸브에 게이지를 분리한 후 외부공기를 주입시키면서 완전히 드레인시킨다.

3) 복구 방법은 역순으로 하되 ①번 밸브는 서서히 열어 챔버 내 가압수를 주입시킨다.
4) 이때 상부 1/3은 자동적으로 공기가 채워진다.

### 바. 압력챔버 압력스위치 사용시 주의 사항

- 압력스위치에 사용하고자 하는 압력을 세팅할 때에는 주펌프 및 충압펌프의 양정과 자연 압력을 필히 확인해야 한다.
- 자연압력은 고가수조의 높이에 의해 발생되는 압력으로 압력탱크 우측의 압력계에 표시된다.
- 주펌프는 소화용이고 충압펌프는 배관내부의 압력 유지용이다. 충압펌프의 가동 중단점은 주펌프의 세팅범위 내에 있어야 한다.
- 자연압보다 펌프의 기동수치가 낮은 경우에는 펌프가 기동이 안 된다.

Chapter 12

# 숙박시설 작동 점검

1. 숙박시설의 소방시설 적용기준
2. 소방시설물 점검

# 1. 숙박시설의 소방시설 적용기준

| 소방시설 | | 숙박시설 소방시설 적용기준 |
|---|---|---|
| 소화설비 | 소화기구 | 연면적 33 [$m^2$] 이상인 것은 수동식 소화기 또는 간이소화용구를 설치 |
| | 옥내 소화전 설비 | 연면적 1500 [$m^2$] 이상이거나 지하층·무창층 또는 층수가 4층 이상인 층 중 바닥 면적이 300 [$m^2$] 이상인 층이 있는 것은 전 층 |
| | | 복합건축물로서 연면적 1500 [$m^2$] 이상이거나 지하층·무창층 또는 층수가 4층 이상인 층 중 바닥 면적이 300 [$m^2$] 이상인 층이 있는 것은 전 층 |
| | | 건축물의 옥상에 설치된 차고 또는 주차장으로서 차고 또는 주차의 용도로 사용되는 부분의 면적이 200 [$m^2$] 이상인 것 |
| | 스프링클러 설비 | 층수가 11층 이상인 특정소방대상물의 경우 전 층 |
| | | 특정소방대상물(냉동창고 제외)의 지하층·무창층 또는 층수가 4층 이상인 층 중 바닥 면적이 1000 [$m^2$] 이상인 층 |
| | | 복합건축물 내에 있는 학생 수용을 위한 기숙사로서 연면적이 1000 [$m^2$] 이상인 경우에는 전 층 |
| | 간이 스프링클러 설비 | 근린생활시설로 사용하는 부분의 바닥 면적 합계가 1000 [$m^2$] 이상인 것은 전 층 |
| | | 건물을 임차하여 「출입국관리법」 제52조 제2항에 따른 보호장소(외국인 보호소의 경우에는 피보호자의 생활공간으로 한정한다)로 사용하는 부분 |
| | 물분무등 소화설비 | 건축물 내부에 설치된 차고 또는 주차장으로서 차고 또는 주차의 용도에 사용되는 부분(「건축법시행령」 제119조제1항제3호 다목 규정의 필로티를 주차용도로 사용하는 경우를 포함한다)의 바닥 면적의 합계가 200 [$m^2$] 이상인 것 |
| | | 「주차장법」 제2조제1호의2의 규정에 의한 기계식주차장으로서 20대 이상의 차량을 주차할 수 있는 것 |
| | | 소화수를 수집·처리하는 설비가 설치되어 있지 아니한 「원자력법시행령」 제2조제1호에 따른 중·저준위 방사성폐기물의 저장시설(이산화탄소 소화설비·할로겐화합물 소화설비 또는 청정소화약제 소화설비를 설치) |

<table>
<tr><th colspan="2">소방시설</th><th colspan="2">숙박시설 소방시설 적용기준</th></tr>
<tr><td rowspan="3">소화설비</td><td rowspan="2">물분무등 소화설비</td><td rowspan="2">전기실·발전실·변전실·축전지실·통신기기실 또는 전산실로서 바닥 면적이 300 [m$^2$] 이상인 것(동일한 방화구획 내에 2 이상의 실이 설치되어 있는 경우에는 이를 1개의 실로 보아 바닥 면적을 산정)</td><td>가연성 절연유를 사용하지 아니하는 변압기·전류차단기 등의 전기기기와 가연성 피복을 사용하지 아니한 전선 및 케이블만을 설치한 전기실·발전실 및 변전실은 제외</td></tr>
<tr><td>내화구조로 된 공정제어 실내에 설치된 주조정실로서 양압 시설이 설치되고 전기기기에 200 [V] 이하인 저전압이 사용되며 종업원이 24시간 상주하는 것은 제외</td></tr>
<tr><td>옥외 소화전 설비</td><td colspan="2">지상 1층 및 2층의 바닥 면적의 합계가 9000 [m$^2$] 이상인 것(이 경우 동일구내에 2 이상의 특정소방대상물이 행정안전부령이 정하는 연소우려가 있는 구조인 경우에는 이를 하나의 특정소방대상물로 본다)</td></tr>
<tr><td rowspan="12">경보설비</td><td rowspan="2">비상 경보설비</td><td colspan="2">연면적 400 [m$^2$]이거나 지상층 또는 무창층의 바닥 면적이 150 [m$^2$] 이상인 것(공연장인 경우 100 [m$^2$] 이상)</td></tr>
<tr><td colspan="2">50인 이상의 근로자가 작업하는 옥내작업장</td></tr>
<tr><td rowspan="3">비상 방송설비</td><td colspan="2">연면적 3500 [m$^2$] 이상인 것</td></tr>
<tr><td colspan="2">지하층을 제외한 층수가 11층 이상인 것</td></tr>
<tr><td colspan="2">지하층의 층수가 3개 층 이상인 것</td></tr>
<tr><td rowspan="2">누전 경보기</td><td colspan="2">계약전류용량(동일 건축물에 계약종별이 다른 전기가 공급되는 경우에는 그중 최대계약전류용량을 말한다)이 100 [A]를 초과하는 특정소방대상물(내화구조가 아닌 건축물로서 벽, 바닥 또는 반자의 전부나 일부를 불연재료 또는 준 불연재료가 아닌 재료에 철망을 넣어 만든 것에 한한다)</td></tr>
<tr><td colspan="2">50인 이상의 근로자가 작업하는 옥내작업장</td></tr>
<tr><td rowspan="2">자동 화재탐지 설비</td><td colspan="2">연면적 600 [m$^2$] 이상인 것</td></tr>
<tr><td colspan="2">복합건축물로서 연면적 600 [m$^2$] 이상인 것</td></tr>
<tr><td>시각 경보기</td><td colspan="2">자동화재 탐지설비를 설치해야 하는 것</td></tr>
<tr><td>가스누설 경보기</td><td colspan="2">가스시설이 설치된 것</td></tr>
</table>

<table>
<tr><th colspan="3">소방시설</th><th colspan="2">숙박시설 소방시설 적용기준</th></tr>
<tr><td rowspan="7">피난<br>설비</td><td rowspan="2">피<br>난<br>기<br>구</td><td>적용</td><td colspan="2">모든 층에 화재안전기준에 적합한 피난기구 설치</td></tr>
<tr><td>제외</td><td colspan="2">피난층, 지상 1층, 지상 2층 및 층수가 11층 이상인 층</td></tr>
<tr><td colspan="2">인명구조<br>기구</td><td colspan="2">지하층을 포함하는 층수가 7층 이상인 관광호텔</td></tr>
<tr><td colspan="2">피난유도등, 통로유도등, 유도표지</td><td colspan="2">전체</td></tr>
<tr><td colspan="2">휴대용비상조명등</td><td colspan="2">전체</td></tr>
<tr><td colspan="2" rowspan="2">비상<br>조명등</td><td>지하층을 포함하는 층수가 5층 이상인 건축물로서 연면적 3000 [m<sup>2</sup>] 이상인 것</td><td rowspan="2">가스시설 또는 창고와 이와 비슷한 것은 제외</td></tr>
<tr><td>지하층 또는 무창층의 바닥 면적이 450 [m<sup>2</sup>] 이상인 경우에는 그 지하층 또는 무창층</td></tr>
<tr><td rowspan="2">소화<br>용수<br>설비</td><td colspan="2">상수도<br>소화용수<br>설비</td><td colspan="2">연면적 5000 [m<sup>2</sup>] 이상인 것</td></tr>
<tr><td colspan="2">소화수조<br>또는<br>저수조</td><td colspan="2">상수도 소화용수설비를 설치해야 하는 특정소방대상물의 대지 경계선으로부터 180 [m] 이내에 구경 75 [mm] 이상인 상수도용 배수관이 설치되지 아니한 지역</td></tr>
<tr><td rowspan="9">소화<br>활동<br>설비</td><td colspan="2" rowspan="2">제연설비</td><td colspan="2">특별 피난계단 또는 비상용 승강기의 승강장</td></tr>
<tr><td colspan="2">지하층 또는 무창층의 바닥 면적이 1000 [m<sup>2</sup>] 이상인 것은 당해용도로 사용되는 모든 층</td></tr>
<tr><td colspan="2" rowspan="3">연결송수<br>관설비</td><td colspan="2">층수가 5층 이상으로서 연면적 6000 [m<sup>2</sup>] 이상인 것</td></tr>
<tr><td colspan="2">지하층을 포함하는 층수가 7층 이상인 것</td></tr>
<tr><td colspan="2">지하층의 층수가 3개 층 이상이고 지하층의 바닥 면적의 합계가 1000 [m<sup>2</sup>] 이상인 것</td></tr>
<tr><td colspan="2">연결<br>살수설비</td><td colspan="2">지하층으로서 바닥 면적의 합계가 150 [m<sup>2</sup>] 이상인 것 및 이에 부속된 연결 통로</td></tr>
<tr><td colspan="2" rowspan="2">비상<br>콘센트<br>설비</td><td colspan="2">지하층을 포함하는 층수가 11층 이상인 특정소방대상물의 경우에는 지하로부터 11층 이상의 층</td></tr>
<tr><td colspan="2">지하층의 층수가 3개 층 이상이고 지하층의 바닥 면적의 합계가 1000 [m<sup>2</sup>] 이상인 것은 지하층의 전 층</td></tr>
<tr><td colspan="2">무선통신<br>보조설비</td><td colspan="2">지하층의 바닥 면적의 합계가 3000 [m<sup>2</sup>] 이상인 것 또는 지하층의 층수가 3개 층 이상이고 지하층의 바닥 면적의 합계가 1000 [m<sup>2</sup>] 이상인 것은 지하층의 전 층</td></tr>
</table>

# 2. 소방시설물 점검

## 2.1 소방시설물의 개요

| | | |
|---|---|---|
| 소방 대상물 | 소재지 | ●●도 ○○시 |
| | 명칭 | □□호텔 |
| | 용도 | 숙박시설, 위락시설 |
| | 건물구조 | 철근콘크리트조, 지상 8층 지하 1층, 연면적 2,019.2 [$m^2$] |
| 소방 시설의 종류 | 소화기구 | 1. 소화기 2. 자동소화장치 |
| | 경보설비 | 1. 자동화재탐지설비 2. 시각경보기 |
| | 소화기구 | 1. 이산화탄소소화설비 2. 옥내소화전 설비 3. 스프링클러 설비 |
| | 피난설비 | 1. 유도등 2. 유도표지 3. 피난기구 4. 비상조명등 |
| | 소화활동설비 | 1. 연결송수관 설비 |
| | 기타설비 | 1. 방화문 |

## 2.2 개별 소방시설의 점검

### 가. 소화기 점검

| 소화설비 | 점검사항 |
|---|---|
| 소화기구 | |

## 나. 경보설비 점검

| 경보설비 | 점검사항 |
|---|---|
| 자동화재 탐지설비 | 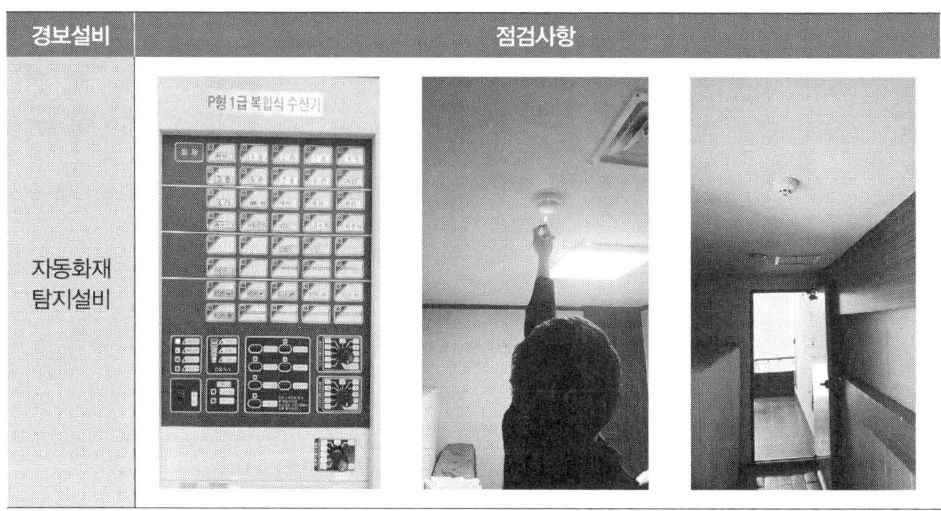 |

### 1) 평상시 수신기의 상태

- 수신기 내부전원 스위치를 ON위치에 놓아야한다.
- 교류전원등(녹색)이 점등되어 있어야 한다.
- 모든 기능스위치를 정상위치에 놓아야한다. (정위치가 아닐 경우 시험부의 스위치 주의등이 점멸한다)
- 회로선택스위치의 손잡이 위치를 OFF상태로 놓아야 한다.
- 전압계는 24 [V] 부근을 지시한다. 작동시에는 24 [V] 이하로 약간 강하된다.

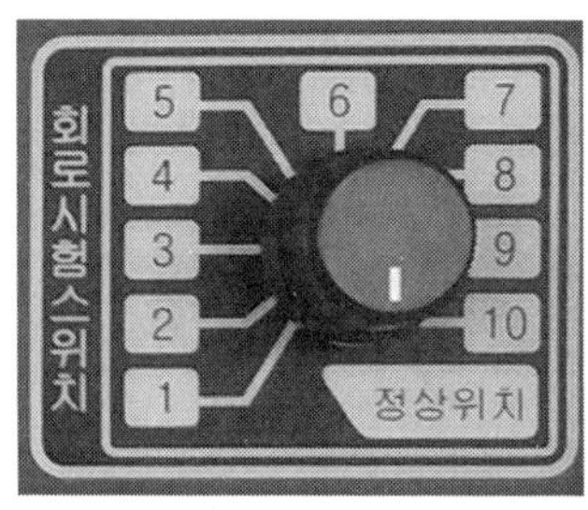


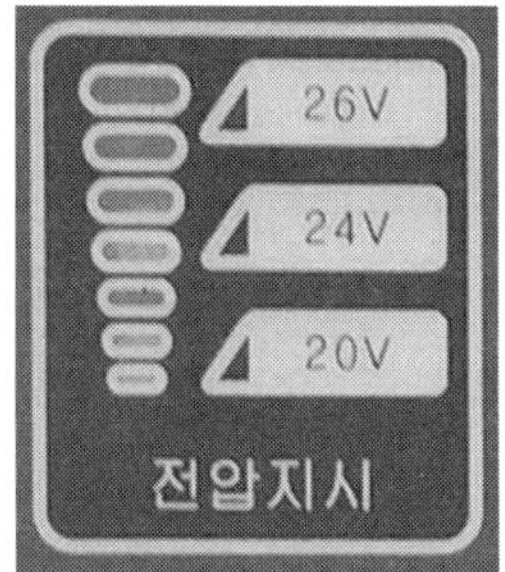


### 2) 화재시 수신기의 상태

- 화재가 발생했을 경우에는 해당지구의 감지기가 동작하면 수신기에 화재신호가 전송된다.
- 화재등 및 지구화재표시등이 점등된다.

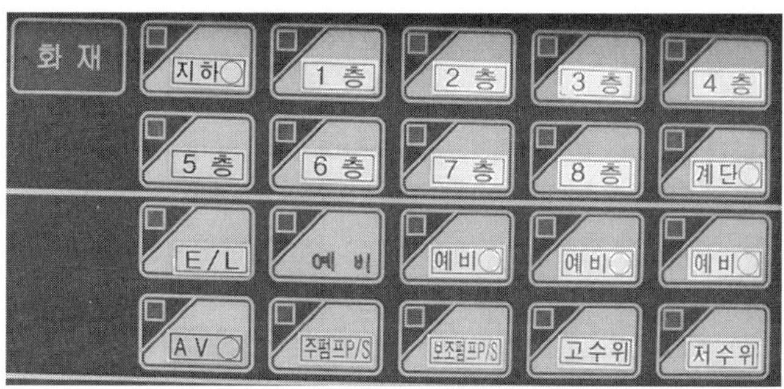


- 주경종 및 지구경종이 울린다.
- "발신기 응답등"이 점등되면 감지기 동작이 아닌 현장의 발신기를 수동으로 동작한 것을 의미한다.
- 부수신기가 있을 경우 부수신기로 화재신호를 보내준다.

### 3) 자동화재 탐지설비의 점검

- 자동화재 탐지설비의 수신기와 각 소방구역에 설치된 발신기 그리고 감지기를 연동해서 점검한다.
- 감지기 점검 후 수신기에서 감지기가 복구되지 않은 경우에는 수동으로 감지기를 복구한다.

### 4) 경보설비 점검

**경보설비 점검관련 화재안전기준(NFSC 201조)**

**제8조(음향장치 및 시각경보장치)** ① 자동화재탐지설비의 음향장치는 다음 각 호의 기준에 따라 설치하여야 한다.

1. 주음향장치[65]는 수신기의 내부 또는 그 직근에 설치할 것
2. 층수가 5층 이상으로서 연면적이 3,000 [$m^2$]를 초과하는 특정소방대상물은 다음 각 목에 따라 경보를 발할 수 있도록 하여야 한다.
   가. 2층 이상의 층에서 발화한 때에는 발화층 및 그 직상층에 경보를 발할 것
   나. 1층에서 발화한 때에는 발화층·그 직상층 및 지하층에 경보를 발할 것
   다. 지하층에서 발화한 때에는 발화층·그 직상층 및 기타의 지하층에 경보를 발할 것
3. 지구음향장치[66]는 특정소방대상물의 층마다 설치하되, 해당 특정소방대상물의 각 부

65) 수신기 내부 혹은 직근에 설치하는 음향장치
66) 경계구역 소화전함마다 설치된 경종

분으로부터 하나의 음향장치까지의 수평거리가 25 [m] 이하가 되도록 하고, 해당층의 각 부분에 유효하게 경보를 발할 수 있도록 설치할 것. 다만, 비상방송설비의 화재안전기준(NFSC202)에 적합한 방송설비를 자동화재탐지설비의 감지기와 연동하여 작동하도록 설치한 경우에는 지구음향장치를 설치하지 아니할 수 있다.

4. 음향장치는 다음 각 목의 기준에 따른 구조 및 성능의 것으로 하여야 한다.
   가. 정격전압의 80 [%] 전압에서 음향을 발할 수 있는 것으로 할 것
   나. 음량은 부착된 음향장치의 중심으로부터 1 [m] 떨어진 위치에서 90 [dB] 이상이 되는 것으로 할 것
   다. 감지기 및 발신기의 작동과 연동하여 작동할 수 있는 것으로 할 것
5. 제3호에도 불구하고 제3호의 기준을 초과하는 경우로서 기둥 또는 벽이 설치되지 아니한 대형공간의 경우 지구음향장치는 설치 대상 장소의 가장 가까운 장소의 벽 또는 기둥 등에 설치할 것

② 청각장애인용 시각경보장치는 소방청장이 정하여 고시한 「시각경보장치의 성능인증 및 제품검사의 기술기준」에 적합한 것으로서 다음 각 목의 기준에 따라 설치하여야 한다.
1. 복도·통로·청각장애인용 객실 및 공용으로 사용하는 거실(로비, 회의실, 강의실, 식당, 휴게실, 오락실, 대기실, 체력단련실, 접객실, 안내실, 전시실, 기타 이와 유사한 장소를 말한다)에 설치하며, 각 부분으로부터 유효하게 경보를 발할 수 있는 위치에 설치할 것
2. 공연장·집회장·관람장 또는 이와 유사한 장소에 설치하는 경우에는 시선이 집중되는 무대부 부분 등에 설치할 것
3. 설치높이는 바닥으로부터 2 [m] 이상 2.5 [m] 이하의 장소에 설치할 것 다만, 천장의 높이가 2 [m] 이하인 경우에는 천장으로부터 0.15 [m] 이내의 장소에 설치하여야 한다.
4. 시각경보장치의 광원은 전용의 축전지설비에 의하여 점등되도록 할 것. 다만, 시각경보기에 작동전원을 공급할 수 있도록 형식승인을 얻은 수신기를 설치한 경우에는 그러하지 아니하다.

③ 하나의 특정소방대상물에 2 이상의 수신기가 설치된 경우 어느 수신기에서도 지구음향장치 및 시각경보장치를 작동할 수 있도록 할 것

### 다. 시각 경보설비 점검

청각장애인용 시각경보장치를 점검할 때에는 다음의 내용에 중점을 두어서 점검을 실시한다.

1. 복도·통로·청각장애인용 객실 및 공용으로 사용하는 거실(로비, 회의실, 강의실, 식당, 휴게실 등을 말한다)에 설치하며, 각 부분으로부터 유효하게 경보를 발할 수 있는 위치에 설치할 것

2. 공연장·집회장·관람장 또는 이와 유사한 장소에 설치하는 경우에는 시선이 집중되는 무대부 부분 등에 설치할 것
3. 설치높이는 바닥으로부터 2 [m] 이상 2.5 [m] 이하의 장소에 설치할 것

| 경보설비 | 점검사항 |
|---|---|
| 시각경보기 |  |

## 라. 소화기구 점검

### 1) 호스릴 이산화탄소 소화설비 점검

호스릴 이산화탄소 소화설비를 점검할 때에는 다음의 사항에 대하여 주의하여 점검을 실시한다.

① 호스릴 이산화탄소 소화설비가 들어있는 보관장소인 캐비넷 형태의 개방시설이 지면과 일정한 간격 이상 이격되어 개폐에 지장이 없는지 확인한다. 특히 주차장에 설치된 경우 주차장 노면의 아스팔트 개보수 작업을 하면서 소화시설의 개방시설이 열리지 않는 곳이 있을 수 있다.

**그림 12.1** 이산화탄소 소화설비 다양한 방출형태

② 약제통과 실린더 밸브의 상태에 대하여 확인한다.

③ 실린더 밸브에 안전핀의 부착여부에 대해서 확인한다.

| 소화기구 | 점검사항 |
|---|---|
| 이산화탄소 소화설비 | 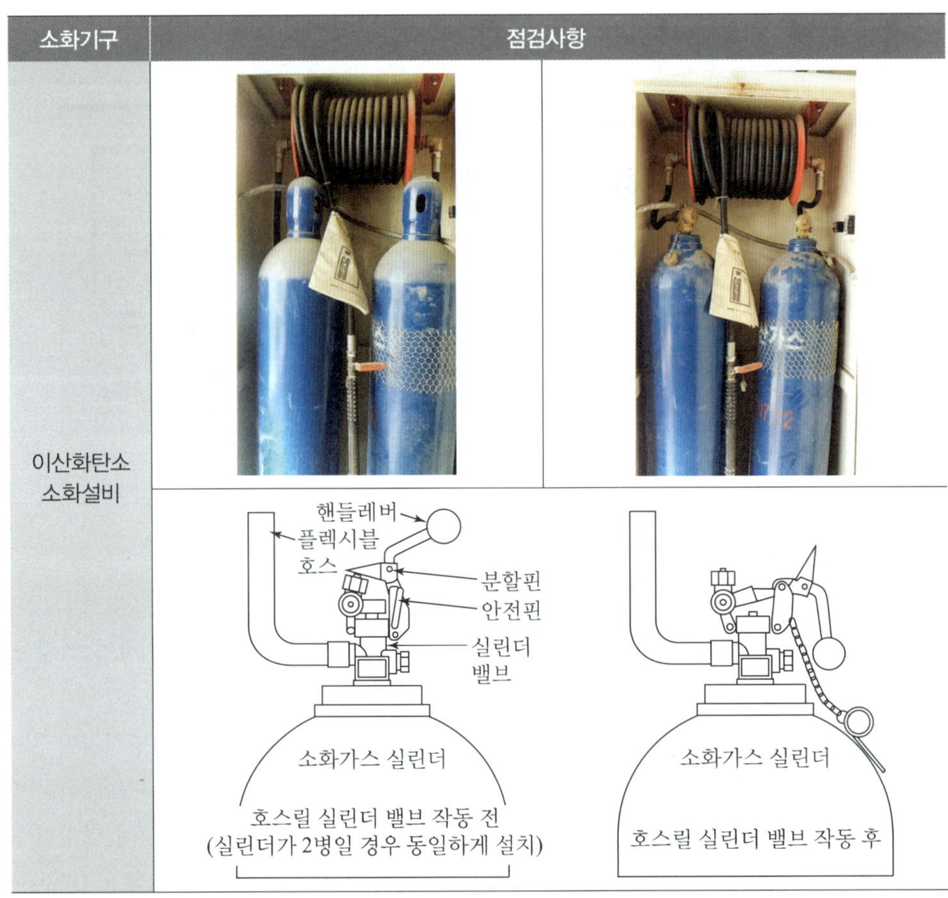 |

**[오작동으로 인한 가스 약제 방출 사례]**

1. 제3자의 수동조작함 조작
2. 점검시 솔레노이드 밸브 분리 및 체결시 작동
3. 보수공사시 회로 오결선으로 인한 사고
4. 제어반에서 조작 미흡으로 인한 방출
5. 수동조작함 내 빗물의 침투로 인한 방출
6. 솔레노이드 밸브 결함으로 인한 방출
7. 솔레노이드 밸브 완전 미 복구시 약간의 충격으로 개방된 사례
8. 점검 후 연기감지기의 잔류 스프레이로 인한 동작 방출
9. 방역소독시 감지기의 오동작으로 인한 방출

## 2) 옥내소화전 점검

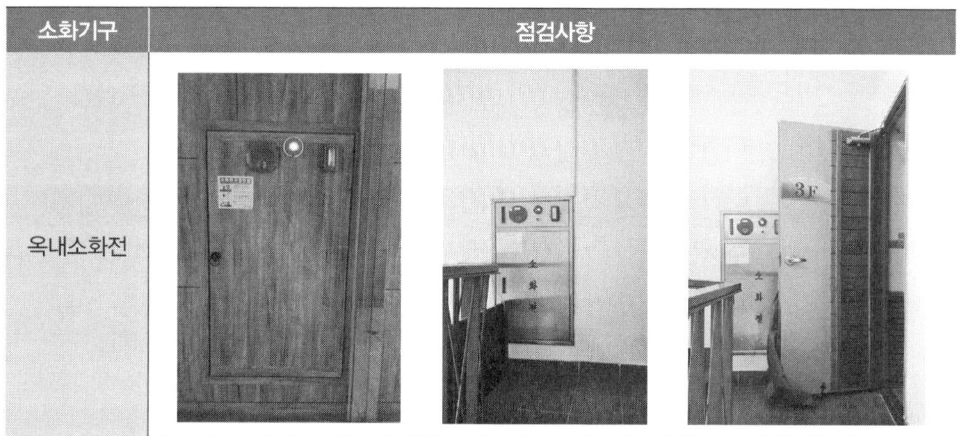

| 소화기구 | 점검사항 |
|---|---|
| 옥내소화전 | |

**옥내소화전 점검관련 화재안전기준(NFSC 102조)**

**제7조(함 및 방수구 등)**

① 옥내소화전방수구는 다음 각 호의 기준에 따라 설치하여야 한다.

1. 특정소방대상물의 층마다 설치하되, 해당 특정소방대상물의 각 부분으로부터 하나의 옥내소화전방수구까지의 수평거리가 25 [m](호스릴옥내소화전설비를 포함한다) 이하가 되도록 할 것. 다만, 복층형 구조의 공동주택의 경우에는 세대의 출입구가 설치된 층에만 설치할 수 있다.
2. 바닥으로부터의 높이가 1.5 [m] 이하가 되도록 할 것
3. 호스는 구경 40 [mm](호스릴옥내소화전설비의 경우에는 25 [mm]) 이상의 것으로서 특정소방대상물의 각 부분에 물이 유효하게 뿌려질 수 있는 길이로 설치할 것
4. 호스릴옥내소화전설비의 경우 그 노즐에는 노즐을 쉽게 개폐할 수 있는 장치를 부착할 것

② 표시등은 다음 각 호의 기준에 따라 설치하여야 한다.

1. 옥내소화전설비의 위치를 표시하는 표시등은 함의 상부에 설치하되, 소방청장이 고시하는 「표시등의 성능인증 및 제품검사의 기술기준」에 적합한 것으로 할 것
2. 가압송수장치의 기동을 표시하는 표시등은 옥내소화전함의 상부 또는 그 직근에 설치하되 적색등으로 할 것. 다만, 자체소방대를 구성하여 운영하는 경우(「위험물 안전관리법 시행령」 별표8에서 정한 소방자동차와 자체소방대원의 규모[67]를 말한다) 가

---

67) 1. 제조소 또는 일반취급소에서 취급하는 제4류 위험물의 최대수량의 합이 지정수량의 12만 배 미만인 사업소: 화학소방자동차 1대, 자체 소방대원의 수 5인
2. 제조소 또는 일반취급소에서 취급하는 제4류 위험물의 최대수량의 합이 지정수량의 12만 배 이상 24

압송수장치의 기동표시등을 설치하지 않을 수 있다.

③ 옥내소화전설비의 함에는 그 표면에 "소화전"이라는 표시와 그 사용요령을 기재한 표지판(외국어 병기)을 붙여야 한다.

## 마. 피난시설 주요 설치기준

| 경보설비 | | 설치기준 |
|---|---|---|
| 피난기구 | 설치기준 | ① 피난기구는 특정소방대상물의 설치장소별로 그에 적응하는 종류의 것으로 설치해야 한다.<br>② 피난기구는 다음 각 호의 기준에 따른 개수 이상을 설치해야 한다.<br>1. 층마다 설치하되, 특정소방대상물의 종류에 따라 그 층의 용도 및 바닥면적을 고려하여 한 개 이상 설치하며,영 별표 2제1호 가목의 아파트등에 있어서는 각 세대마다 한 개 이상 설치할 것<br>2. 제1호에 따라 설치한 피난기구 외에 숙박시설(휴양콘도미니엄을 제외한다)의 경우에는 추가로 객실마다 완강기 또는 둘 이상의 간이완강기를 설치할 것<br>3. 제1호에 따라 설치한 피난기구 외에 공동주택(공동주택관리법」 제2조제1항제2호가목부터 라목까지 중 어느 하나에 해당하는 공동주택에 한한다)의 경우에는 하나의 관리주체가 관리하는 공동주택 구역마다 공기안전매트 한 개 이상을 추가로 설치할 것<br>4. 제1호에 따라 설치한 피난기구 외에 4층 이상의 층에 설치된 노유자시설 중 장애인 관련 시설로서 주된 사용자 중 스스로 피난이 불가한 자가 있는 경우에는 층마다 구조대를 1개 이상 추가로 설치할 것<br>③ 피난기구는 다음 각 호의 기준에 따라 설치해야 한다.<br>1. 피난기구는 계단·피난구 기타 피난시설로부터 적당한 거리에 있는 안전한 구조로 된 피난 또는 소화 활동상 유효한 개구부(가로 0.5[m] 이상, 세로 1[m] 이상의 것을 말한다.)에 고정하여 설치하거나 필요한 때에 신속하고 유효하게 설치할 수 있는 상태에 둘 것<br>2. 피난기구를 설치하는 개구부는 서로 동일직선상이 아닌 위치에 있을 것<br>3. 피난기구는 특정소방대상물의 기둥·바닥 및 보 등 구조상 견고한 부분에 볼트조임·매입 및 용접 등의 방법으로 견고하게 부착할 것<br>4. 4층 이상의 층에 피난사다리(하향식 피난구용 내림식사다리는 제외한다)를 설치하는 경우에는 금속성 고정사다리를 설치하고, 당해 고정사다리에는 쉽게 피난할 수 있는 구조의 노대를 설치할 것 |

만 배 미만인 사업소: 화학소방자동차 2대, 자체 소방대원의 수 10인

3. 제조소 또는 일반취급소에서 취급하는 제4류 위험물의 최대수량의 합이 지정수량의 24만 배 이상 48만 배 미만인 사업소: 화학소방자동차 3대, 자체 소방대원의 수 15인
4. 제조소 또는 일반취급소에서 취급하는 제4류 위험물의 최대수량의 합이 지정수량의 48만 배 이상인 사업소: 화학소방자동차 4대, 자체 소방대원의 수 20인

5. 완강기는 강하 시 로프가 건축물 또는 구조물 등과 접촉하여 손상되지 않도록 하고, 로프의 길이는 부착위치에서 지면 또는 기타 피난상 유효한 착지 면까지의 길이로 할 것
6. 미끄럼대는 안전한 강하속도를 유지하도록 하고, 전락방지를 위한 안전조치를 할 것
7. 구조대의 길이는 피난 상 지장이 없고 안정한 강하속도를 유지할 수 있는 길이로 할 것
8. 다수인 피난장비는 다음 각 목에 적합하게 설치할 것
   가. 피난에 용이하고 안전하게 하강할 수 있는 장소에 적재 하중을 충분히 견딜 수 있도록「건축물의 구조기준 등에 관한 규칙」 제3조에서 정하는 구조안전의 확인을 받아 견고하게 설치할 것
   나. 다수인피난장비 보관실(이하 "보관실"이라 한다)은 건물 외측보다 돌출되지 아니하고, 빗물·먼지 등으로부터 장비를 보호할 수 있는 구조일 것
   다. 사용 시에 보관실 외측 문이 먼저 열리고 탑승기가 외측으로 자동으로 전개될 것
   라. 하강 시에 탑승기가 건물 외벽이나 돌출물에 충돌하지 않도록 설치할 것
   마. 상·하층에 설치할 경우에는 탑승기의 하강경로가 중첩되지 않도록 할 것
   바. 하강 시에는 안전하고 일정한 속도를 유지하도록 하고 전복, 흔들림, 경로이탈 방지를 위한 안전조치를 할 것
   사. 보관실의 문에는 오작동 방지조치를 하고, 문 개방 시에는 당해 소방대상물에 설치된 경보설비와 연동하여 유효한 경보음을 발하도록 할 것
   아. 피난층에는 해당 층에 설치된 피난기구가 착지에 지장이 없도록 충분한 공간을 확보할 것
   자. 한국소방산업기술원 또는 법 제46조제1항에 따라 성능시험기관으로 지정받은 기관에서 그 성능을 검증받은 것으로 설치할 것
9. 승강식 피난기 및 하향식 피난구용 내림식사다리는 다음 각 목에 적합하게 설치할 것
   가. 승강식 피난기 및 하향식 피난구용 내림식사다리는 설치경로가 설치층에서 피난층까지 연계될 수 있는 구조로 설치할 것
   나. 대피실의 면적은 2 [$m^2$](2세대 이상일 경우에는 3 [$m^2$]) 이상으로 하고, 「건축법 시행령」 제46조제4항의 규정에 적합하여야 하며 하강구(개구부) 규격은 직경 60 [cm] 이상일 것
   다. 하강구 내측에는 기구의 연결 금속구 등이 없어야 하며 전개된 피난기구는 하강구 수평투영면적 공간 내의 범위를 침범하지 않는 구조이어야 할 것
   라. 대피실의 출입문은 60분+ 방화문 또는 60분 방화문으로 설치하고, 피난방향에서 식별할 수 있는 위치에 "대피실" 표지판을 부착할 것
   마. 착지점과 하강구는 상호 수평거리 15 [cm] 이상의 간격을 둘 것
   바. 대피실 내에는 비상조명등을 설치 할 것
   사. 대피실에는 층의 위치표시와 피난기구 사용설명서 및 주의사항 표지판을

| | | |
|---|---|---|
| | | 부착 할 것<br>아. 대피실 출입문이 개방되거나, 피난기구 작동 시 해당층 및 직하층 거실에 설치된 표시등 및 경보장치가 작동되고, 감시 제어반에서는 피난기구의 작동을 확인 할 수 있어야 할 것<br>자. 사용 시 기울거나 흔들리지 않도록 설치할 것<br>차. 승강식 피난기는 한국소방산업기술원 또는 법 제46조제1항에 따라 성능시험기관으로 지정받은 기관에서 그 성능을 검증받은 것으로 설치할 것<br>④ 피난기구를 설치한 장소에는 가까운 곳의 보기 쉬운 곳에 피난기구의 위치를 표시하는 발광식 또는 축광식표지와 그 사용방법을 표시한 표지(외국어 및 그림 병기)를 부착해야 한다. |
| | 설치의 감소 | ① 피난기구를 설치해야 할 특정소방대상물 중 주요구조부가 내화구조이고, 피난계단 또는 특별피난계단이 둘 이상 설치되어 있는 층에는 제5조제2항에 따른 피난기구의 일부를 감소할 수 있다.<br>② 피난기구를 설치해야 할 특정소방대상물 중 주요구조부가 내화구조이고 건널 복도가 설치되어 있는 층에는 제5조제2항에 따른 피난기구의 일부를 감소할 수 있다.<br>③ 피난기구를 설치해야 할 특정소방대상물 중 피난에 유효한 노대가 설치된 거실의 바닥면적은 제5조제2항에 따른 피난기구의 설치개수 산정을 위한 바닥면적에서 이를 제외한다. |
| 인명구조기구 설치기준 | | ① 인명구조기구는 특정소방대상물의 용도 및 장소별로 다음 각 호에 따라 설치해야 한다.<br>1. 방열복 또는 방화복(안전모, 보호장갑 및 안전화를 포함한다)·공기호흡기 및 인공소생기를 각 2개 이상 비치해야 하는 특정소방대상물은 다음 각 목과 같다.<br>가. 지하층을 포함하는 층수가 7층 이상인 관광호텔<br>나. 지하층을 포함하는 층수가 5층 이상인 병원<br>2. 공기호흡기를 층마다 2개 이상 비치해야 하는 특정소방대상물은 다음 각 목과 같다.<br>가. 문화 및 집회시설 중 수용인원 100명 이상의 영화상영관<br>나. 판매시설 중 대규모 점포<br>다. 운수시설 중 지하역사<br>라. 지하가 중 지하상가<br>3. 물분무등소화설비 중 이산화탄소소화설비를 설치하는 특정소방대상물에는 이산화탄소소화설비가 설치된 장소의 출입구 외부 인근에 1개 이상의 공기호흡기를 비치할 것<br>② 인명구조기구는 화재 시 쉽게 반출 사용할 수 있는 장소에 비치할 것<br>③ 인명구조기구가 설치된 가까운 장소의 보기 쉬운 곳에 "인명구조기구"라는 축광식표지와 그 사용방법을 표시한 표지를 부착하되, 축광식표지는 소방청장이 정하여 고시한 「축광표지의 성능인증 및 제품검사의 기술기준」에 적합한 것으로 할 것<br>④ 방열복은 소방청장이 정하여 고시한 「소방용 방열복의 성능인증 및 제품검사의 기술기준」에 적합한 것으로 설치할 것 |

<table>
<tr><td colspan="2"></td><td>⑤ 방화복(안전모, 보호장갑 및 안전화를 포함한다)은「소방장비관리법」 제10조제2항및「표준규격을 정해야 하는 소방장비의 종류고시」 제2조제1항제4호에 따른 표준규격에 적합한 것으로 설치할 것</td></tr>
<tr><td rowspan="3">유도등 및 유도표지</td><td>피난구 유도등 설치 기준</td><td>① 피난구유도등은 다음 각 호의 장소에 설치하여야 한다.<br>1. 옥내로부터 직접 지상으로 통하는 출입구 및 그 부속실의 출입구<br>2. 직통계단·직통계단의 계단실 및 그 부속실의 출입구<br>3. 제1호와 제2호에 따른 출입구에 이르는 복도 또는 통로로 통하는 출입구<br>4. 안전구획된 거실로 통하는 출입구<br>② 피난구유도등은 피난구의 바닥으로부터 높이 1.5 [m] 이상으로서 출입구에 인접하도록 설치하여야 한다.<br>③ 피난층으로 향하는 피난구의 위치를 안내할 수 있도록 제1항의 출입구 인근 천장에 제1항에 따라 설치된 피난구유도등의 면과 수직이 되도록 피난구유도등을 추가로 설치해야 한다.</td></tr>
<tr><td>통로 유도등 설치 기준</td><td>① 통로유도등은 특정소방대상물의 각 거실과 그로부터 지상에 이르는 복도 또는 계단의 통로에 다음 각 호의 기준에 따라 설치하여야 한다.<br>1. 복도통로유도등은 다음 각 목의 기준에 따라 설치할 것<br>가. 복도에 설치하되제5조제1항제1호 또는 제2호에 따라 피난구유도등이 설치된 출입구의 맞은편 복도에는 입체형으로 설치하거나, 바닥에 설치할 것<br>나. 구부러진 모퉁이 및 가목에 따라 설치된 통로유도등을 기점으로 보행거리 20 [m] 마다 설치할 것<br>다. 바닥으로부터 높이 1 [m] 이하의 위치에 설치할 것. 다만, 지하층 또는 무창층의 용도가 도매시장·소매시장·여객자동차터미널·지하역사 또는 지하상가인 경우에는 복도·통로 중앙부분의 바닥에 설치하여야 한다.<br>라. 바닥에 설치하는 통로유도등은 하중에 따라 파괴되지 않는 강도의 것으로 할 것<br>2. 거실통로유도등은 다음 각 목의 기준에 따라 설치할 것<br>가. 거실의 통로에 설치할 것. 다만, 거실의 통로가 벽체 등으로 구획된 경우에는 복도통로유도등을 설치하여야 한다.<br>나. 복도구부러진 모퉁이 및 보행거리 20 [m] 마다 설치할 것<br>다. 복도바닥으로부터 높이 1.5 [m] 이상의 위치에 설치할 것. 다만, 거실통로에 기둥이 설치된 경우에는 기둥부분의 바닥으로부터 높이 1.5 [m] 이하의 위치에 설치할 수 있다.<br>3. 계단통로유도등은 각층의 경사로 참 또는 계단참마다 바닥으로부터 높이 1 [m] 이하의 위치에 설치할 것<br>4. 통행에 지장이 없도록 설치할 것<br>5. 주위에 이와 유사한 등화광고물·게시물 등을 설치하지 않을 것</td></tr>
<tr><td>객석 유도등 설치</td><td>① 객석유도등은 객석의 통로, 바닥 또는 벽에 설치해야 한다.<br>② 객석내의 통로가 경사로 또는 수평로로 되어 있는 부분은 다음의 식에 따라 산출</td></tr>
</table>

<table>
<tr><td>기준</td><td>한 수(소수점 이하의 수는 1로 본다)의 유도등을 설치하여야 한다.<br>$$설치개수 = \frac{객석\ 통로의\ 직선부분\ 길이(m)}{4} - 1$$<br>③ 객석 내의 통로가 옥외 또는 이와 유사한 부분에 있는 경우에는 해당 통로 전체에 미칠 수 있는 개수의 유도등을 설치해야 한다.</td></tr>
<tr><td>유도 표지 설치 기준</td><td>① 유도표지는 다음 각 호의 기준에 따라 설치하여야 한다.<br>1. 계단에 설치하는 것을 제외하고는 각 층마다 복도 및 통로의 각 부분으로부터 하나의 유도표지까지의 보행거리가 15 [m] 이하가 되는 곳과 구부러진 모퉁이의 벽에 설치할 것<br>2. 피난구유도표지는 출입구 상단에 설치하고, 통로유도표지는 바닥으로부터 높이 1 [m] 이하의 위치에 설치할 것<br>3. 주위에는 이와 유사한 등화·광고물·게시물 등을 설치하지 않을 것<br>4. 유도표지는 부착판 등을 사용하여 쉽게 떨어지지 아니하도록 설치할 것<br>5. 축광방식의 유도표지는 외광 또는 조명장치에 의하여 상시 조명이 제공되거나 비상조명등에 의한 조명이 제공되도록 설치 할 것<br>② 유도표지는 소방청장이 정하여 고시한 「축광표지의 성능인증 및 제품검사의 기술기준」에 적합한 것이어야 한다.</td></tr>
<tr><td>피난 유도선 설치 기준</td><td>① 축광방식의 피난유도선은 다음 각 호의 기준에 따라 설치해야 한다.<br>1. 구획된 각 실로부터 주출입구 또는 비상구까지 설치할 것<br>2. 바닥으로부터 높이 50 [cm] 이하의 위치 또는 바닥 면에 설치할 것<br>3. 피난유도 표시부는 50 [cm] 이내의 간격으로 연속되도록 설치<br>4. 부착대에 의하여 견고하게 설치할 것<br>5. 외광 또는 조명장치에 의하여 상시 조명이 제공되거나 비상조명등에 의한 조명이 제공되도록 설치할 것<br>② 광원점등방식의 피난유도선은 다음 각 호의 기준에 따라 설치해야 한다.<br>1. 구획된 각 실로부터 주출입구 또는 비상구까지 설치할 것<br>2. 피난유도 표시부는 바닥으로부터 높이 1 [m] 이하의 위치 또는 바닥 면에 설치할 것<br>3. 피난유도 표시부는 50 [cm] 이내의 간격으로 연속되도록 설치하되 실내장식물 등으로 설치가 곤란할 경우 1 [m] 이내로 설치할 것<br>4. 수신기로부터의 화재신호 및 수동조작에 의하여 광원이 점등되도록 설치할 것<br>5. 비상전원이 상시 충전상태를 유지하도록 설치할 것<br>6. 바닥에 설치되는 피난유도 표시부는 매립하는 방식을 사용할 것<br>7. 피난유도 제어부는 조작 및 관리가 용이하도록 바닥으로부터 0.8 [m] 이상 1.5 [m] 이하의 높이에 설치할 것<br>③ 피난유도선은 소방청장이 정하여 고시한 「피난유도선의 성능인증 및 제품검사의 기술기준」에 적합한 것으로 설치해야 한다.</td></tr>
</table>

<table>
<tr><td></td><td>유도등<br>/유도<br>표지<br>제외</td><td>① 바닥면적이 1,000 [m²] 미만인 층으로서 옥내로부터 직접 지상으로 통하는 출입구 또는 거실 각 부분으로부터 쉽게 도달할 수 있는 출입구 등의 경우에는 피난구유도등을 설치하지 않을 수 있다.<br>② 구부러지지 아니한 복도 또는 통로로서 그 길이가 30 [m] 미만인 복도 또는 통로 등의 경우에는 통로유도등을 설치하지 않을 수 있다.<br>③ 주간에만 사용하는 장소로서 채광이 충분한 객석 등의 경우에는 객석유도등을 설치하지 않을 수 있다.<br>④ 유도등이 제5조와 제6조에 따라 적합하게 설치된 출입구·복도·계단 및 통로 등의 경우에는 유도표지를 설치하지 않을 수 있다.</td></tr>
<tr><td></td><td>종류</td><td>특정소방대상물의 용도별로 설치하여야 할 유도등 및 유도표지는 다음 표에 따라 그에 적응하는 종류의 것으로 설치하여야 한다.
<table>
<tr><th>설치장소</th><th>유도등 및 유도표지의 종류</th></tr>
<tr><td>1. 공연장·집회장(종교집회장 포함)·관람장·운동시설<br>2. 유흥주점영업시설(식품위생법 시행령 제21조 제8호 라목의 유흥주점 중 손님이 춤을 출 수 있는 무대가 설치된 카바레, 나이트클럽 또는 그밖에 이와 비슷한 영업시설만 해당한다)</td><td>○ 대형피난구유도등<br>○ 통로유도등<br>○ 객석유도등</td></tr>
<tr><td>3. 위락시설·판매시설·운수시설·관광진흥법 제3조 제1항 제2호에 따른 관광숙박업·의료시설·장례식장·방송통신시설·전시장·지하상가·지하철역사</td><td>○ 대형피난구유도등<br>○ 통로유도등</td></tr>
<tr><td>4. 숙박시설(제3호의 관광숙박업 외의 것을 말한다)·오피스텔<br>5. 제1호부터 제3호까지 외의 건축물로서 지하층·무창층 또는 층수가 11층 이상인 특정소방대상물</td><td>○ 중형피난구유도등<br>○ 통로유도등</td></tr>
<tr><td>6. 제1호부터 제5호까지 외의 건축물로서 근린생활시설·노유자시설·업무시설·발전시설·종교시설(집회장 용도로 사용하는 부분 제외)·교육 연구시설·수련시설·공장·창고시설·교정 및 군사시설(국방·군사시설 제외)·기숙사·자동차정비공장·운전학원 및 정비학원·다중이용업소·복합건축물·아파트</td><td>○ 소형피난구유도등<br>○ 통로유도등</td></tr>
<tr><td>7. 그 밖의 것</td><td>○ 피난구유도표지<br>○ 통로유도등</td></tr>
</table>
※비고 : 소방서장은 특정소방대상물의 위치·구조 및 설비의 상황을 판단하여 대형피난구유도등을 설치하여야 할 장소에 중형 피난구유도등 또는 소형피난구 유도등을, 중형피난구 유도등을 설치하여야 할 장소에 소형 피난구유도등을 설치하게 할 수 있다.<br>복합건축물과 아파트의 경우 주택의 세대 내에는 유도등을 설치하지 않을 수 있다.</td></tr>
<tr><td>비상조명등</td><td>설치<br>기준</td><td>① 비상조명등은 다음 각 호의 기준에 따라 설치해야 한다.<br>1. 특정소방대상물의 각 거실과 그로부터 지상에 이르는 복도·계단 및 그 밖의 통로에 설치할 것<br>2. 조도는 비상조명등이 설치된 장소의 각 부분의 바닥에서 1 [lx] 이상이 되도록 할 것<br>3. 예비전원을 내장하는 비상조명등에는 평상시 점등 여부를 확인할 수 있는 점검</td></tr>
</table>

| | | |
|---|---|---|
| 비상조명등 | | 스위치를 설치하고 해당 조명등을 유효하게 작동시킬 수 있는 용량의 축전지와 예비전원 충전장치를 내장할 것<br>4. 예비전원을 내장하지 아니하는 비상조명등의 비상전원은 자가발전설비, 축전지설비 또는 전기저장장치(외부 전기에너지를 저장해 두었다가 필요한 때 전기를 공급하는 장치)를 다음 각 목의 기준에 따라 설치하여야 한다.<br>가. 점검에 편리하고 화재 및 침수 등의 재해로 인한 피해를 받을 우려가 없는 곳에 설치할 것<br>나. 상용전원으로부터 전력의 공급이 중단된 때에는 자동으로 비상전원으로부터 전력을 공급받을 수 있도록 할 것<br>다. 비상전원의 설치장소는 다른 장소와 방화구획 할 것<br>라. 비상전원을 실내에 설치하는 때에는 그 실내에 비상조명등을 설치할 것<br>5. 제3호와 제4호에 따른 예비전원과 비상전원은 비상조명등을 20분 이상 유효하게 작동시킬 수 있는 용량으로 할 것. 다만, 지하층을 제외한 층수가 11층 이상의 층 등의 특정소방대상물의 경우에는 그 부분에서 피난층에 이르는 부분의 비상조명등을 60분 이상 유효하게 작동시킬 수 있는 용량으로 해야 한다.<br>6. 영 별표5 제15호 비상조명등의 설치면제 요건에서 "그 유도등의 유효범위"란 유도등의 조도가 바닥에서 1 [lx] 이상이 되는 부분을 말한다.<br>② 휴대용비상조명등은 다음 각 호의 기준에 적합하여야 한다.<br>1. 다음 각 목의 장소에 설치할 것<br>가. 숙박시설 또는 다중이용업소에는 객실 또는 영업장안의 구획된 실마다 잘 보이는 곳(외부에 설치시 출입문 손잡이로부터 1 [m] 이내 부분)에 1개 이상 설치<br>나. 「유통산업발전법」 제2조 제3호에 따른 대규모점포(지하상가 및 지하역사는 제외한다)와 영화상영관에는 보행거리 50 [m] 이내마다 3개 이상 설치<br>다. 지하상가 및 지하역사에는 보행거리 25 [m] 이내마다 3개 이상 설치<br>2. 설치높이는 바닥으로부터 0.8 [m] 이상 1.5 [m] 이하의 높이에 설치할 것<br>3. 어둠 속에서 위치를 확인할 수 있도록 할 것<br>4. 사용 시 자동으로 점등되는 구조일 것<br>5. 외함은 난연성능이 있을 것<br>6. 건전지를 사용하는 경우에는 방전방지조치를 하여야 하고, 충전식 밧데리의 경우에는 상시 충전되도록 할 것<br>7. 건전지 및 충전식 배터리의 용량은 20분 이상 유효하게 사용할 수 있는 것으로 할 것 |
| | 설치제외 | ① 거실의 각 부분으로부터 하나의 출입구에 이르는 보행거리가 15 [m] 이내인 부분 또는 의원·경기장·공동주택·의료시설·학교의 거실 등의 경우에는 비상조명등을 설치하지 않을 수 있다.<br>② 지상 1층 또는 피난층으로서 복도나 통로 또는 창문 등의 개구부를 통하여 피난이 용이한 경우와 숙박시설로서 복도에 비상조명등을 설치한 경우에는 휴대용비상조명등을 설치하지 않을 수 있다. |

| 피난설비 | 점검사항 |
|---|---|
| 유도등 | |
| 휴대용 비상조명등 | |
| 완강기 | |

## 바. 소화활동설비 점검

### 1) 숙박시설에서 소화활동설비 점검

| 소화활동설비의 종류 | |
|---|---|
| 제연설비 | 화재시 발생하는 연기와 유독가스를 제거하기 위해 필요한 설비 |
| 연결송수관 설비 | 건물의 대형화 및 고층화에 따른 소방차의 장비능력한계 때문에 이를 보완하여, 배관을 통해 공급되는 물을 건물 내부에서 직접 사용하고자 한 것이다. 이 설비의 소화용수조달은 소방차에 의한 이른바 「외력지원」방식이 대부분이다. 따라서 건물외벽에 소방대연결송수구가 설치된다. |
| 연결살수 설비 | 1. 판매시설 및 지하가 또는 건축물 지하층의 연면적이 150 [m$^2$] 이상인 곳에 설치하는 본격 소화를 위한 소화활동 설비이다. 지하가, 건축물의 지하층은 화재가 발생할 경우 연소생성물인 연기가 외부로 쉽게 배출되지 않아 소화활동에 지장을 초래하므로 초기소화용으로 설치된 옥내소화전설비만으로는 화재의 소화가 어려워 건축물의 1층 벽에 설치된 연결살수설비용의 송수구로 수원을 공급받아 사용하도록 되어 있다.<br>2. 연결살수설비는 송수구, 선택밸브, 배관, 살수헤드 등으로 구성되어 있다.<br>3. 선택밸브를 송수구역 외부에 설치한 경우와 선택밸브를 설치하지 않은 설비로 구분된다. |
| 비상콘센트 설비 | 화재시 소방대가 보유하고 있는 조명장치, 파괴기구 등을 접속하여 사용하는 전원설비로서 소화활동이 곤란한 11층 이상의 건물에 설치하여 소화활동을 용이하게 하기 위한 설비이다. |

### 2) 연결송수관설비 점검(NFSC 502)

| 연결송수관 설비 | 층수가 5층 이상으로서 연면적 6000 [m$^2$] 이상인 것 |
|---|---|
| | 지하층을 포함하는 층수가 7층 이상인 것 |
| | 지하층의 층수가 3개 층 이상이고 지하층의 바닥 면적의 합계가 1000 [m$^2$] 이상인 것 |

**제4조(송수구)** 연결송수관설비의 송수구는 다음 각 호의 기준에 따라 설치하여야 한다.

1. 소방차가 쉽게 접근할 수 있고 잘 보이는 장소에 설치하되 화재층으로부터 지면으로 떨어지는 유리창 등이 송수 및 그 밖의 소화작업에 지장을 주지 아니하는 장소에 설치할 것
2. 지면으로부터 높이가 0.5 [m] 이상 1 [m] 이하의 위치에 설치할 것
3. 송수구는 화재층으로부터 지면으로 떨어지는 유리창 등이 송수 및 그 밖의 소화작업에 지장을 주지 아니하는 장소에 설치할 것
4. 송수구로부터 연결송수관설비의 주배관에 이르는 연결배관에 개폐밸브를 설치한 때에는 그 개폐상태를 쉽게 확인 및 조작할 수 있는 옥외 또는 기계실 등의 장소에 설치할

것. 이 경우 개폐밸브에는 그 밸브의 개폐상태를 감시제어반에서 확인할 수 있도록 급수개폐밸브 작동표시 스위치를 다음 각 목의 기준에 따라 설치하여야 한다.

가. 급수개폐밸브가 잠길 경우 탬퍼 스위치[68]의 동작으로 인하여 감시제어반 또는 수신기에 표시되어야 하며 경보음을 발할 것

나. 탬퍼 스위치는 감시제어반 또는 수신기에서 동작의 유무확인과 동작시험, 도통시험을 할 수 있을 것

다. 급수개폐밸브의 작동표시 스위치에 사용되는 전기배선은 내화전선 또는 내열전선으로 설치할 것

5. 구경 65 [mm]의 쌍구형으로 할 것
6. 송수구에는 그 가까운 곳의 보기 쉬운 곳에 송수압력범위를 표시한 표지를 할 것
7. 송수구는 연결송수관의 수직배관마다 1개 이상을 설치할 것. 다만, 하나의 건축물에 설치된 각 수직배관이 중간에 개폐밸브가 설치되지 아니한 배관으로 상호 연결되어 있는 경우에는 건축물마다 1개씩 설치할 수 있다.
8. 송수구의 부근에는 자동배수밸브 및 체크밸브를 다음 각목의 기준에 따라 설치할 것. 이 경우 자동배수밸브는 배관안의 물이 잘빠질 수 있는 위치에 설치하되, 배수로 인하여 다른 물건이나 장소에 피해를 주지 아니하여야 한다.

가. 습식의 경우에는 송수구·자동배수밸브·체크밸브의 순으로 설치할 것

나. 건식의 경우에는 송수구·자동배수밸브·체크밸브·자동배수밸브의 순으로 설치할 것

9. 송수구에는 가까운 곳의 보기 쉬운 곳에 "연결송수관설비송수구"라고 표시한 표지를 설치할 것
10. 송수구에는 이물질을 막기 위한 마개를 씌울 것

| 소화활동설비 | 점검사항 |
|---|---|
| 연결송수관 설비 | 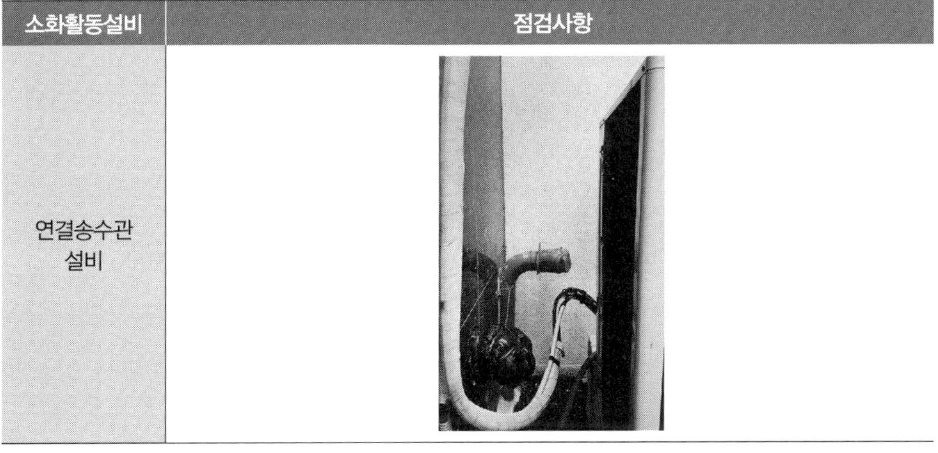 |

68) 제어밸브의 개폐상태를 수신반에서 확인할 수 있게 설치하는 스위치.

### 자. 방화문 점검

방화문[69]이란 건물 내에 화재가 발생하더라도 더 이상의 확산을 방지하고 이로 인한 피해를 최소화하기 위하여, 층별, 면적별, 또는 용도별로 관련법규에 의해 건물을 구획한 방화구역에 출입구로 이용하기 위해 설치하는 문을 말하며, KSF 3109(문세트)규격이 적용된다.

1) 갑종 방화문 : 비틀림 강도, 연직 하중 강도, 개폐력, 개폐 반복성 및 내 충격성 등의 성능을 내화시험 925 [℃]의 온도로 60분 이상 가열하여 그 비차열[70] 성능이 확인된 것.
2) 을종 방화문 : 비틀림 강도, 연직 하중 강도, 개폐력, 개폐 반복성 및 내 충격성 등의 성능을 내화시험 840 [℃]의 온도로 30분 이상 가열하여 그 비차열 성능이 확인된 것.

| 기타설비 | 점검사항 |
| --- | --- |
| 방화문 | 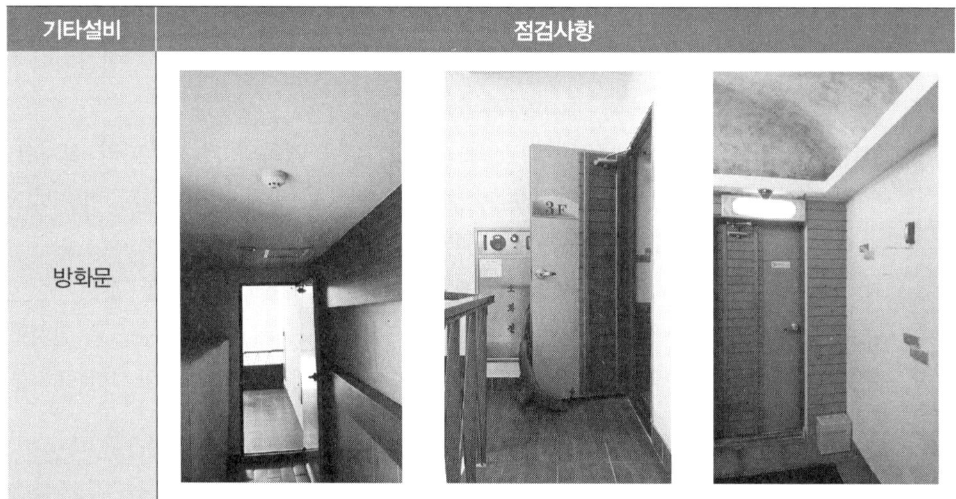 |

방화문은 방화구획벽을 출입하는 개구부에 설치하는 것으로 화재가 발생하면 연기나 불꽃 등의 화재시 연소에 따른 연소확대를 방지하는 목적이므로 내화성능의 구조로 되어 있어야 한다. 방화문 설치방법은

① 방화문의 문틈은 불연재로 되어 있어야 한다.
② 방화문을 닫는 경우 연소확대 방지를 위해서 틈이 생기지 않아야 한다.

69) 방화문(防火門)은 사람의 통행이 가능하지만, 화재시 화염의 침투를 방지하도록 설계되어 있다. 따라서 화재 피해의 방지에 중요한 역할을 한다. 방화문은 화재시 화염의 전파를 최소화하고 피난 경로를 확보하는 데 매우 중요한 시설이다. 수시로 방화문은 일정 기간마다 점검이 의무화되고 있다.

70) 비차열이란 방화문의 시험에서 방화문의 화염을 받는 면에서 화염은 차단되지만 방화문의 이면으로의 열의 전달을 막지 못하는 것이다. 즉, 이면으로 화염의 전파는 막을 수 있으나 열의 전달은 막지 못한다는 의미이다.

③ 방화문에 설치된 자동 폐쇄장치는 사용에 불편하다고 해체하거나 변형하면 안된다.

④ 방화문의 개폐공간에는 장애물을 두지 말아야 한다.

## 차. 소방펌프 성능시험

1) 그림에서 보는바와 같이 주배관의 토출측에 설치된 개폐표시형 개폐밸브(OSY밸브)를 폐쇄한다.
2) MCC(모터컨트롤패널)에서 충압펌프의 기동을 중지시킨다.(자동에서 수동으로 전환)
3) 성능시험배관의 2차 측 밸브(유량조절밸브)를 폐쇄하고 1차 측 밸브(개폐밸브)를 개방한다.
4) 주펌프를 수동으로 기동한다(자동으로 기동을 하려면 압력챔버의 배수밸브를 개방하면 주펌프가 기동되며 기동시 배수밸브를 폐쇄하면 된다.).
5) 펌프의 체절운전에서의 체절압력을 읽고, 성능시험배관의 2차 측 밸브(유량조절밸브)를 서서히 개방하면서 유량계와 압력계를 확인한다.(유량이 정격토출유량의 150 [%]가 될 때 펌프 토출측 압력계의 압력이 정격토출압력의 65[%] 이상인지 확인한다.)
6) 펌프의 성능시험측정 후 주배관의 토출측에 설치된 개폐표시형 개폐밸브(OSY밸브)를 개방하고 성능시험 1차 측 밸브(개폐밸브)를 폐쇄하고, MCC에서 주펌프와 충압펌프를 수동에서 자동으로 전환한다.

Chapter 13

# 오피스텔 작동 점검

# 1. 소방시설물 개요

## 가. 근린생활시설

| 근린생활시설 | 종류 |
|---|---|
| 제1종 근린생활시설 | – 슈퍼마켓, 일용품점 : 바닥면의 합계가 1,000 [$m^2$] 미만인 것<br>– 휴게음식점, 제과점 : 바닥 면적의 합계가 300 [$m^2$] 미만인 것<br>– 이용원, 미용원, 일반목욕장<br>– 의원, 치과의원, 한의원, 침술원, 접골원, 조산소<br>– 탁구장, 체육도장 : 바닥 면적의 합계가 500 [$m^2$] 미만인 것<br>– 동사무소, 경찰관파출소, 소방서, 우체국, 전신전화국, 방송국, 공공도서관 : 바닥 면적 합계가 1,000 [$m^2$] 미만인 것<br>– 마을공회당, 마을공동작업소, 마을공동구판장<br>– 변전소, 양수장, 정수장, 대피소, 공중화장실<br>– 지역아동센터 등 |
| 제2종 근린생활시설 | – 일반음식점, 기원<br>– 휴게음식점, 제과점 : 바닥 면적의 합계가 300 [$m^2$] 이상인 것<br>– 테니스장, 체력단련장, 에어로빅장, 볼링장, 당구장, 실내낚시터, 골프연습장: 바닥 면적의 합계가 500 [$m^2$] 미만인 것<br>– 금융업소, 사무소, 부동산중개업소, 결혼상담소, 출판사 : 바닥 면적의 합계가 500 [$m^2$] 미만인 것<br>– 사진관, 표구점, 학원(자동차학원, 무도학원 제외), 장의사, 동물병원<br>– 단란주점 : 바닥 면적의 합계가 150 [$m^2$] 미만인 것<br>– 안마시술소, 노래연습장 등 |

근린생활시설(neighbourhood living facility, 近隣生活施設)이란 건축법 시행령에서 규정하고 있는 시설물로 주택가와 인접하게 위치해 주민들의 생활에 편의를 줄 수 있는 시설들이다. 그 용도와 시설 면적 등에 따라 제 1종 근린 생활 시설과 제 2종 근린 생활 시설로 구분된다. 제 1종 근린 생활 시설로는 면적 1000 [$m^2$] 이하의 슈퍼마켓과 일용품 소매점, 면적 300 [$m^2$] 미만의 대중음식점과 다방, 이·미용원과 목욕탕, 양·한의원, 예체능 학원과 독서실 등이 있다. 제 2종 근린 생활 시설로는 일반음식점과 제과점, 서점과 기원, 면적

500 [$m^2$] 미만의 운동 시설, 금융업소와 부동산중개업소, 노래연습장 등이 있다.

| 소방 대상물 | 소재지 | ●●도 ●●시 |
|---|---|---|
| | 명칭 | □□오피스텔 |
| | 용도 | 업무시설 |
| | 건물구조 | 철근콘크리트조, 지상 6층 지하 1층 |
| 소방시설의 종류 | 소화기구 | 1. 소화기구 2. 옥내소화전 설비 3. 이산화탄소 소화기 |
| | 경보설비 | 1. 자동화재탐지 설비 |
| | 피난설비 | 1. 유도등 2. 유도표지 3. 피난기구 4. 비상조명등 |
| | 소화용수설비 | 1. 상수도소화용수 설비 |
| | 소화활동설비 | 1. 연결송수관 설비 |

## 나. 오피스텔 소방시설적용 기준에 따른 소방시설물

| 소방시설 | | 적용기준 |
|---|---|---|
| 소화설비 | 소화기구 | 연면적 33 [$m^2$] 이상인 것은 수동식 소화기 또는 간이소화용구를 설치 |
| | 옥내 소화전 설비 | 연면적 1,500 [$m^2$] 이상이거나 지하층·무창층 또는 층수가 4층 이상인 층 중 바닥 면적이 300 [$m^2$] 이상인 층이 있는 것은 전 층 |
| | | 복합건축물로서 연면적 1,500 [$m^2$] 이상이거나 지하층·무창층 또는 층수가 4층 이상인 층 중 바닥 면적이 300 [$m^2$] 이상인 층이 있는 것은 전 층 |
| | | 건축물의 옥상에 설치된 차고 또는 주차장으로서 차고 또는 주차의 용도로 사용되는 부분의 면적이 200 [$m^2$] 이상인 것 |
| 경보설비 | 자동화재탐지설비 | 연면적 600 [$m^2$] 이상인 것(일반목욕장 제외) |
| | | 일반목욕장으로 연면적 1,000 [$m^2$] 이상인 것 |
| | | 복합건축물로서 연면적 600 [$m^2$] 이상인 것 |
| | 시각경보기 | 자동화재탐지설비를 설치하여야 하는 것 |

<table>
<tr><th colspan="2">소방시설</th><th colspan="3">적용기준</th></tr>
<tr><td rowspan="6">피난설비</td><td rowspan="2">피난기구</td><td>적용</td><td colspan="2">모든 층에 화재안전기준에 적합한 피난기구 설치</td></tr>
<tr><td>제외</td><td colspan="2">피난층, 지상 1층, 지상 2층 및 층수가 11층 이상의 층</td></tr>
<tr><td colspan="2">피난유도등, 통로유도등 및 유도표지</td><td colspan="2">(전체)</td></tr>
<tr><td rowspan="2">비상 조명등</td><td colspan="2">지하층을 포함하는 층수가 5층 이상인 건축물로서 연면적 3,000 [m²] 이상인 것</td><td rowspan="2">가스시설 또는 창고와 이와 비슷한 것은 제외</td></tr>
<tr><td colspan="2">지하층 또는 무창층의 바닥 면적이 450 [m²] 이상인 경우에는 그 지하층 또는 무창층</td></tr>
<tr><td rowspan="2">소화용수설비</td><td>상수도 소화용수 설비</td><td colspan="3">연면적 5,000 [m²] 이상인 것</td></tr>
<tr><td>소화수조 또는 저수조</td><td colspan="3">상수도소화용수설비를 설치하여야 하는 특정소방대상물의 대지 경계선으로부터 180 [m] 이내에 구경 75 [mm] 이상인 상수도용 배수관이 설치되지 아니한 지역</td></tr>
<tr><td rowspan="10">소화활동설비</td><td rowspan="2">제연설비</td><td colspan="3">특별피난계단 또는 비상용승강기의 승강장</td></tr>
<tr><td colspan="3">지하층 또는 무창층의 바닥 면적이 1,000 [m²] 이상인 것은 당해용도로 사용되는 모든 층</td></tr>
<tr><td rowspan="3">연결 송수관 설비</td><td colspan="3">층수가 5층 이상으로서 연면적 6,000 [m²] 이상인 것</td></tr>
<tr><td colspan="3">지하층을 포함하는 층수가 7층 이상인 것</td></tr>
<tr><td colspan="3">지하층의 층수가 3개 층 이상이고 지하층의 바닥 면적의 합계가 1,000 [m²] 이상인 것</td></tr>
<tr><td>연결살수 설비</td><td colspan="3">지하층으로서 바닥 면적의 합계가 150 [m²] 이상인 것 및 이에 부속된 연결통로</td></tr>
<tr><td rowspan="2">비상 콘센트 설비</td><td colspan="3">지하층을 포함하는 층수가 11층 이상인 특정소방대상물의 경우에는 지하로부터 11층 이상의 층</td></tr>
<tr><td colspan="3">지하층의 층수가 3개 층 이상이고 지하층의 바닥 면적의 합계가 1,000 [m²] 이상인 것은 지하층의 전 층</td></tr>
<tr><td>무선통신 보조설비</td><td colspan="3">지하층의 바닥 면적의 합계가 3,000 [m²] 이상인 것 또는 지하층의 층수가 3개 층 이상이고 지하층의 바닥 면적의 합계가 1,000 [m²] 이상인 것은 지하층의 전 층</td></tr>
</table>

# 2. 소방시설별 점검

## 가. 로비에 설치된 소방시설

1층 출입구가 있는 부근에 주차시설이 설치되어 있어서 소방 설비로 감지기, 이산화탄소 소화설비 및 옥내소화전을 비치하고 있다.

감지기

소화기

소화전

**그림 13.1** 로비에 설치된 소방시설물

이산화탄소 소화설비함

호스릴 소화기 내부

약제 방출 밸브

**그림 13.2** 이산화탄소 소화설비

이산화탄소 호스릴 소화약제 사용방법

- 호스릴은 A, B 두 사람이 작동시켜야 한다.
- A는 호스 손잡이를 잡고 화재현장으로 호스를 끌고 가서 방출 노즐을 화재 쪽으로 향하고 개폐밸브를 개방한다.
- B는 실린더 밸브의 안전핀을 뽑고 핸들레버를 눌러서 개방시킨다.
- 소화가스가 방출되면 A는 바람 및 출입문을 등지고 방출노즐을 좌우로 흔들며 소화가스가 불을 완전히 덮게 하여 소화한다.

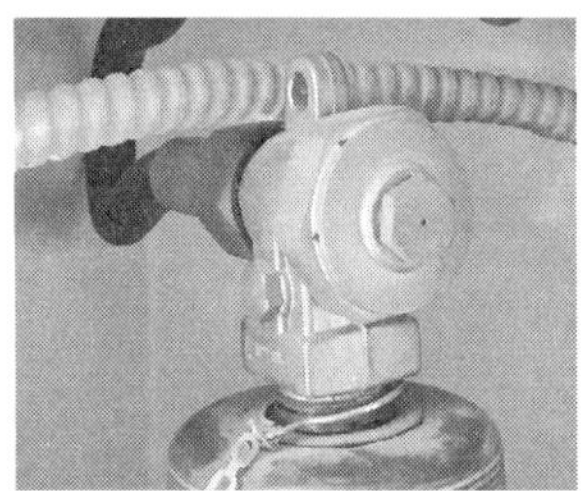

약제 방출 밸브 부착 전

약제 방출 밸브 부착 후

약제 방출 밸브

**그림 13.3** 이산화탄소 소화설비 약제 방출 밸브 부착 형태 비교

## 나. 자동화재탐지설비 점검

| 수신기 | 점검 전 조치사항 |
|---|---|
| 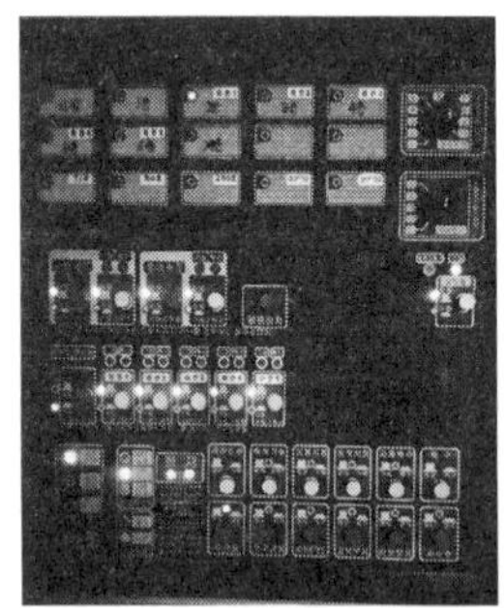 | 1. 수신기상에 조건을 자동에서 수동 기동으로 전환한다.<br>2. 도통시험을 실시하여 수신기와 연결된 설비에 문제가 있는지를 확인한다. 도통시험은 수신기에서 감지기간 회로의 단선 유무와 기기 등의 접속 상황을 확인하기 위한 시험이다.<br>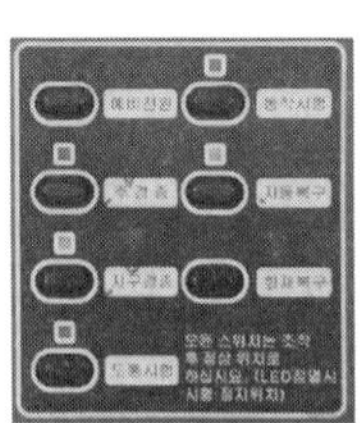 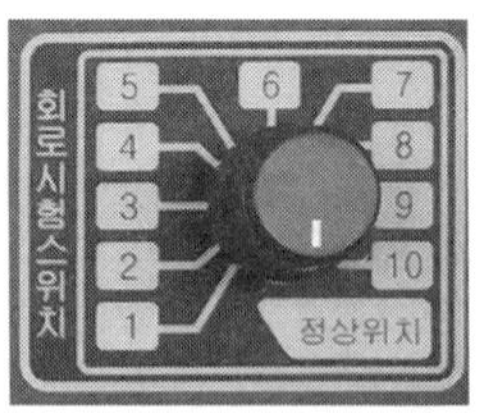    |

## 다. 복도에 설치된 소방시설

감지기

소화기

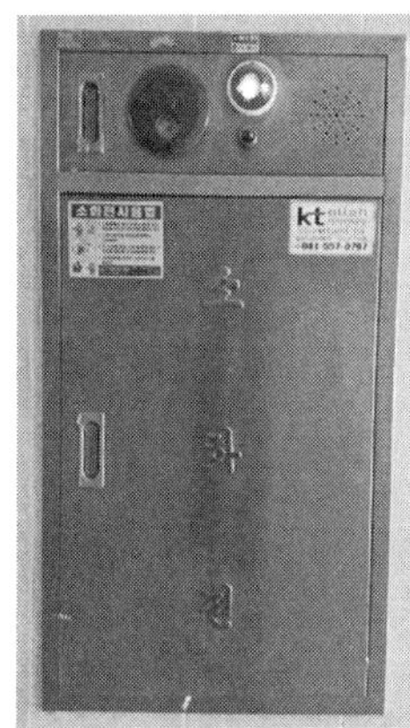

옥내소화전

**그림 13.4** 복도에 설치된 소방시설물-1

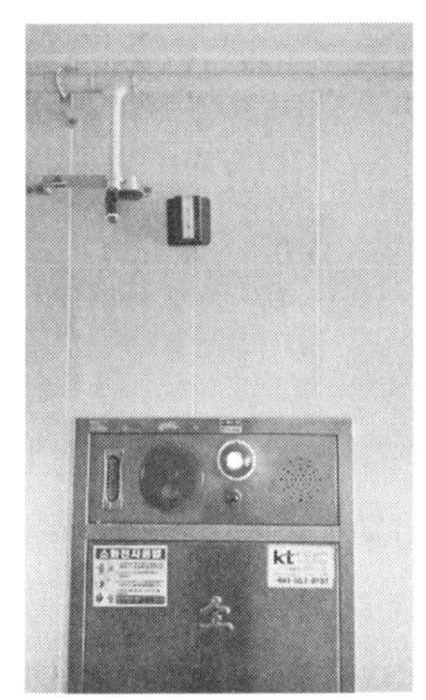

시각경보기

복도, 통로에 설치하며, 설치높이는 바닥으로부터 2 [m] 이상 2.5 [m] 이하의 장소에 설치할 것

피난기구(완강기)

오피스텔과 같은 업무시설의 경우 3층 이상의 층에 복도에 완강기를 설치하여야 한다.

방화문

방화문이 좌, 우 2개로 구성된 경우 닫히는 순서가 정해져서 차이를 가지고 닫혀야 한다.

**그림 13.5** 복도에 설치된 소방시설물-2

1) 발신기의 버튼을 누르게 되면 경종이 작동됨과 동시에 시각 경보기 램프에 점등이 되어야 한다.

완강기가 잘 설치되어 있다.

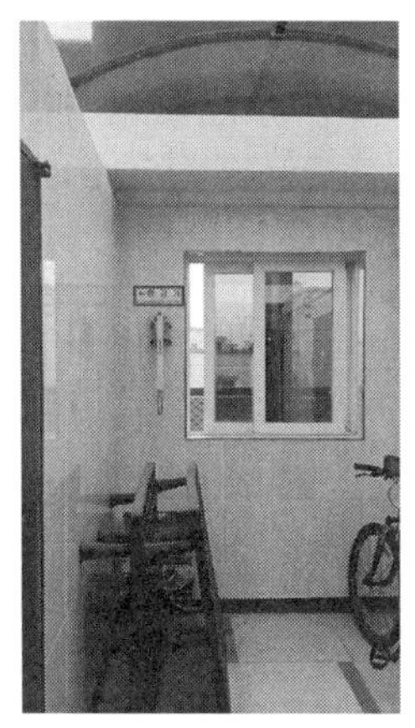

완강기 부근에 적채물이 있어 유사시 이용에 불편하게 되어 있다.

완강기함이 개방되어 완강기가 밖으로 노출되었다.

**그림 13.6** 완강기 점검 사례

2) 피난기구는 다음 각 호의 기준에 따라 설치하여야 한다.
   - 계단·피난구 기타 피난시설로부터 적당한 거리에 있는 안전한 구조로 된 피난 또는 소화활동상 유효한 개구부(가로 0.5 [m] 이상 세로 1 [m] 이상)에 고정하여 설치하거나 필요한 때에 신속하고 유효하게 설치할 수 있는 상태에 둘 것
   - 피난기구를 설치하는 개구부는 서로 동일직선상이 아닌 위치에 있을 것. 다만, 피난교·피난용 트랩·간이 완강기·아파트에 설치되는 피난기구(다수인 피난장비는 제외한다) 기타 피난상 지장이 없는 것에 있어서는 그러하지 아니하다.
   - 피난기구는 소방대상물의 기둥·바닥·보 기타 구조상 견고한 부분에 볼트 조임·매입·용접 기타의 방법으로 견고하게 부착할 것
   - 완강기는 강하시 로프가 소방대상물과 접촉하여 손상되지 아니하도록 할 것
   - 완강기 로프의 길이는 부착위치에서 지면 기타 피난상 유효한 착지면까지의 길이로 할 것

### 라. 개별세대에 설치된 소방시설

감지기

보일러실 자동확산식 소화기

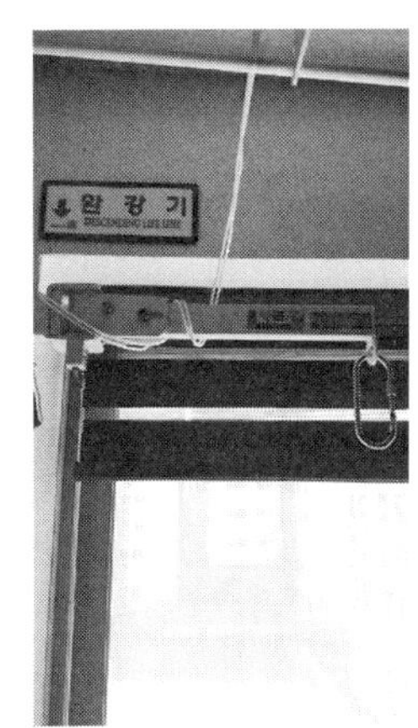


완강기[71)]

**그림 13.7** 오피스텔 개별세대에 설치된 소방시설물

1) "자동확산식소화용구" 라 함은 밀폐 또는 반 밀폐된 장소에 고정시켜 화재시 화염이나 열에 따라 자동적으로 소화약제가 확산하여 소화하는 소화용구를 말한다.
2) 자동식 소화기는 아파트(자동소화설비가 설치되지 아니한 층에 한한다)의 각 세대별로 주방에 다음 각목의 기준에 따라 설치할 것
   - 소화약제 방출구는 환기구의 청소부분과 분리되어 있어야 하며, 해당 방호면적을 유효하게 소화할 수 있도록 설치할 것
   - 감지부의 위치는 형식승인 된 유효설치 높이로 하되, 환기구의 중앙근처에 설치할 것
   - 자동식 소화기에 사용되는 가스누설경보차단장치는 주방배관의 개폐밸브로부터 2 [m] 이하의 위치에 설치하되, 상시 확인·점검이 가능하도록 설치할 것
   - 자동식 소화기의 탐지부는 수신부와 분리하여 설치하되, 공기보다 가벼운 가스를 사용하는 경우에는 천장면으로부터 30 [cm] 이하의 위치에 설치하고, 공기보다 무거운 가스를 사용하는 장소에는 바닥면으로부터 30 [cm] 이하의 위치에 설치할 것
   - 자동식 소화기의 수신부는 주위의 열기류 또는 습기 등과 주위온도에 영향을 받지 아니하고 사용자가 상시 볼 수 있는 장소에 설치할 것

71) 오피스텔은 건축법상 업무시설로 완강기가 각 층의 복도에만 설치되어 있어도 된다.

**[NFSC 101 별표 4]부속용도별로 추가하여야 할 소화기구(제4조제1항제3호 관련)**

**제4조(설치기준)** ① 소화기구는 다음 각 호의 기준에 따라 설치하여야 한다.

1. 특정소방대상물의 설치장소에 따라 별표 1에 적합한 종류의 것으로 할 것
2. 특정소방대상물에 따라 소화기구의 능력단위는 별표 3의 기준에 따를 것
3. 제2호에 따른 능력단위 외에 별표 4에 따라 부속용도별로 사용되는 부분에 대하여는 소화기구를 추가하여 설치할 것

| 용도별 | 소화기구의 능력단위 |
|---|---|
| 1. 다음 각 목의 시설. 다만, 스프링클러 설비·간이 스프링클러 설비·물분무등소화 설비 또는 주방용 자동 소화장치가 설치된 경우에는 자동 확산소화장치를 설치하지 아니 할 수 있다.<br>가. 보일러실(아파트의 경우 방화구획된 것을 제외한다)·건조실·세탁소·대량화기취급소<br>나. 음식점(지하가의 음식점을 포함한다)·다중이용업소·호텔·기숙사·노유자 시설·의료시설·업무시설·공장의 주방 다만, 의료시설·업무시설 및 공장의 주방은 공동취사를 위한 것에 한한다.<br>다. 관리자의 출입이 곤란한 변전실·송전실·변압기실 및 배전반실(불연재료로 된 상자 안에 장치된 것을 제외한다)<br>라. 지하구의 제어반 또는 분전반 | 해당 용도의 바닥 면적 25 [$m^2$]마다 능력단위 1단위 이상의 소화기로 하고, 그 외에 자동 확산소화장치를 바닥 면적 10 [$m^2$] 이하는 1개, 10 [$m^2$] 초과는 2개를 설치할 것. 다만, 지하구의 제어반 또는 분전반의 경우에는 제어반 또는 분전반마다 그 내부에 가스식·분말식·고체에어로졸식 자동 소화장치를 설치하여야 한다. |

## 마. 소방펌프 점검

**소방펌프 점검**

1. 주배관의 개폐밸브를 잠근다.

2. MCC에서 펌프의 작동을 수동으로 전환한다.

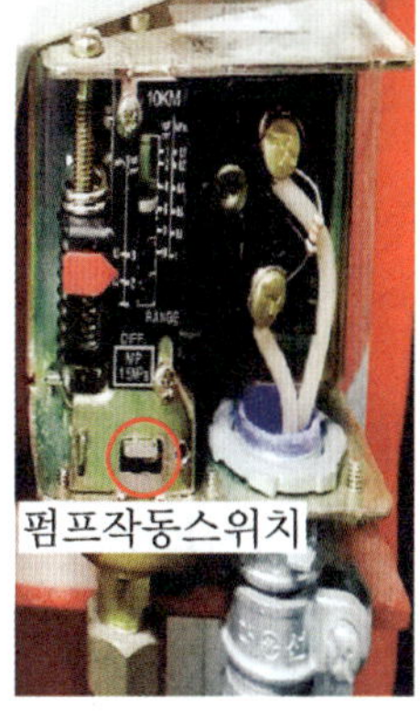


3. 압력챔버의 펌프작동스위치를 눌러 펌프의 작동을 확인한다.

4. 수신반에서 펌프 작동 버튼을 눌러 펌프의 작동을 확인한다.

5. 압력챔버의 급수밸브를 잠근다.

6. 압력챔버 하단의 배수밸브를 개방하여 물을 뺀다.

7. 압력챔버에서 물을 빼는 것을 중지하고 순환배관을 열고 MCC에서 주펌프를 자동으로 하여 펌프의 작동여부를 확인한다.

8. MCC를 자동으로 설정하고, 주배관의 개폐밸브를 개방한다.

## 바. 압력챔버의 압력스위치 조정 방법

| 압력스위치 조정 방법 | |
|---|---|
| 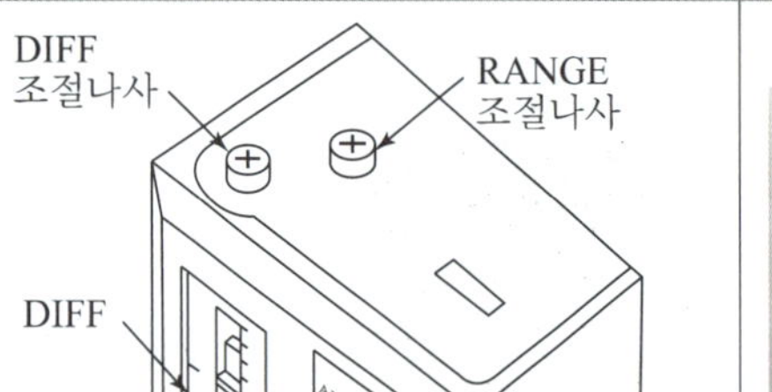  | 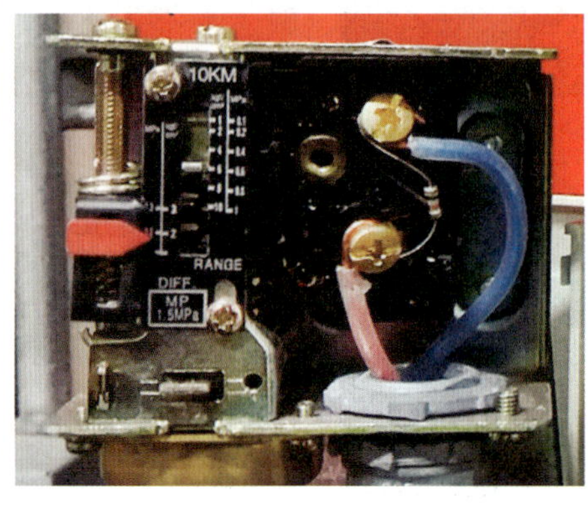  |

- 표시구분
  - RANGE: 펌프의 작동 정지점을 표시
  - DIFF: 펌프 작동 정지점(RANGE)과 기동점의 차이로 DIFF만큼 압력이 떨어지면 펌프는 다시 기동한다.

    ※ RANGE 및 DIFF 눈금은 압력스위치 상단부의 조절나사를 좌우로 돌려서 눈금을 조절한다.
- 압력 확인침(작동 확인침): 압력이 상승하여 펌프가 정지하면 상단에 위치한다.

## 사. 소방시설물의 점검 결과

### 1) 건축물의 개요

| | | |
|---|---|---|
| 소방 대상물 | 소재지 | ●●도 ❑❑시 ❑❑구 ❑❑동 |
| | 명칭 | □□ |
| | 용도 | 공동주택, 제2종 근린생활시설 |
| | 건물구조 | 철근콘크리트 구조, 철근콘크리트조 지붕, 지상 9층 지하층 연면적 1487.87 [$m^2$] |
| 소방시설의 종류 | 소화기구 | 1. 소화기구 2. 자동확산소화기 |
| | 경보설비 | 1. 자동화재탐지 설비 2. 시각경보기 |
| | 피난설비 | 1. 유도등 2. 피난기구 |
| | 소화용수설비 | 해당사항 없음 |
| | 소화활동설비 | 1. 연결송수관 설비 |
| | 기타설비 | 1. 방화문 |

### 2) 점검결과 지적내역서

| 각 설비별 점검결과 | | | |
|---|---|---|---|
| 소화기구 | 양호 | 소화용수설비 | 해당사항 없음 |
| 경보설비 | 지적사항 및 보완대책 참조 | 소화활동설비 | 지적사항 및 보완대책 참조 |
| 소화설비 | 양호 | 그 밖의 소방시설 등 | 양호 |
| 피난설비 | 지적사항 및 보완대책 참조 | | |

## 소방시설 종합정밀점검표

- 점검대상 : ❒❒
- 소방시설 등 점검결과

| 구분 | 해당설비 | | 점검결과 |
|---|---|---|---|
| 소화설비 | ☒ 소화기구 | ☒ 소화기 | ○ |
| | | ☒ 자동소화장치 | ○ |
| | | □ 간이소화용구 | / |
| | □ 옥내소화전설비 | | / |
| | □ 옥외소화전설비 | | / |
| | □ 스프링클러 설비 | | / |
| | □ 간이스프링클러설비 | | / |
| | □ 물분무소화설비 | | / |
| | □ 포소화설비 | | / |
| | □ 이산화탄소소화설비 | | / |
| | □ 할로겐화합물소화설비 | | / |
| | □ 분말소화설비 | | / |
| | □ 청정약제소화설비 | | / |
| | □ 미분무소화설비 | | / |
| | □ 화재조기진압용 스프링클러설비 | | / |
| | □ 강화액소화설비 | | / |
| | □ 기타: | | / |
| 경보설비 | ☒ 자동화재탐지설비 및 시각경보기 | | × |
| | □ 통합감시시설 | | / |
| | □ 자동화재속보설비 | | / |
| | □ 누전경보기 | | / |
| | □ 비상경보설비 | □ 비상벨설비 | / |
| | | □ 자동식싸이렌 | / |
| | | □ 단독경보형감지기 | / |
| | | □ 기타: | / |
| | □ 비상방송설비 | | / |
| | □ 가스누설경보기 | | / |
| | □ 기타 | | / |
| 기타 | ☒ 방화문 | | ○ |
| □ 소방관련 사항 | | | / |

| 구분 | 해당설비 | | 점검결과 |
|---|---|---|---|
| 피난설비 | ☒ 피난기구 | □ 피난사다리 | / |
| | | ☒ 완강기 | ○ |
| | | □ 구조대 | / |
| | | □ 승강식피난기 | / |
| | | □ 하향식내림식 사다리 | / |
| | | □ 미끄럼대 | / |
| | | □ 피난로프 | / |
| | | □ 공기안전매트 | / |
| | | □ 간이완강기 | / |
| | | □ 기타: | / |
| | □ 인명구조기구 | □ 방열복 | / |
| | | □ 공기호흡기 | / |
| | | □ 인공소생기 | / |
| | ☒ 유도등 | ☒ 피난구유도등 | ○ |
| | | □ 통로유도등 | / |
| | | ☒ 계단통로유도등 | ○ |
| | | □ 객석유도등 | / |
| 피난설비 | □ 유도표지 | | / |
| | □ 비상조명등 | | / |
| | □ 휴대용비상조명등 | | / |
| | □ 기타: | | / |
| 소화용수설비 | □ 상수도소화용수설비 | | / |
| | □ 기타: | | / |
| 소화활동설비 | □ 제연설비 | | / |
| | ☒ 연결송수관설비 | | × |
| | □ 연결살수설비 | | / |
| | □ 연소방지설비 | | / |
| | □ 무선통신보조설비 | | / |
| | □ 비상콘센트설비 | | / |

비고

※ 자동소화장치는 주방용·케비넷형·소공간 자동소화장치 및 자동확산소화장치를 말한다.

※ 소방시설 란의 □란에는 해당 시설에 ×를 한다. 점검결과란은 양호○, 불량 ×, 해당없는 항목은 / 표시를 한다.

※ 점검자는 자필로 서명한다.

Chapter 14

# 제조업체 점검

1. 제조업의 소방시설 적용기준에 따른 소방시설물
2. 소방시설물 개요
3. 소방시설 작동 점검
4. 제조업체 소방시설 종합정밀점검표

# 1. 제조업의 소방시설 적용기준에 따른 소방시설물

| 소방시설 적용기준(공장) | | |
|---|---|---|
| 소방시설 | | 적용기준 |
| 소화설비 | 소화기구 | 연면적 33 [m²] 이상인 것은 수동식 소화기 또는 간이소화용구를 설치 |
| | 옥내 소화전 설비 | 연면적 1,500 [m²] 이상이거나 지하층·무창층 또는 층수가 4층 이상인 층 중 바닥 면적이 300 [m²] 이상인 층이 있는 것은 전 층 |
| | | 복합건축물로서 연면적 1,500 [m²] 이상이거나 지하층·무창층 또는 층수가 4층 이상인 층 중 바닥 면적이 300 [m²] 이상인 층이 있는 것은 전 층 |
| | | 건축물의 옥상에 설치된 차고 또는 주차장으로서 차고 또는 주차의 용도로 사용되는 부분의 면적이 200 [m²] 이상인 것 |
| | | 지정수량의 750배 이상의 특수가연물을 저장·취급하는 것 |
| | 스프링클러 설비 | 층수가 11층 이상인 특정소방대상물의 경우에는 전 층 |
| | | 특정소방대상물(냉동 창고를 제외한다)의 지하층·무창층 또는 층수가 4층 이상인 층으로서 바닥 면적이 1,000 [m²] 이상인 층 |
| | | 복합건축물 내에 있는 학생 수용을 위한 기숙사로서 연면적 5,000 [m²] 이상인 경우에는 전 층 |
| | | 천장 또는 반자(반자가 없는 경우에는 지붕의 옥내에 면하는 부분)의 높이가 10 [m]를 넘는 랙크식 창고(선반 또는 이와 비슷한 것을 설치하고 승강기에 의하여 수납물을 운반하는 장치를 갖춘 것을 말한다)로서 연면적 1,500 [m²] 이상인 것 |
| | | 지정수량의 1,000배 이상의 특수가연물을 저장·취급하는 시설 |
| | | [원자력법 시행령] 제2조제1호에 따른 중·저준위방사성폐기물의 저장시설 중 소화수를 수집·처리하는 설비가 있는 저장시설 |
| | 간이 스프링클러 설비 | 근린생활시설로 사용하는 부분의 바닥 면적 합계가 1,000 [m²] 이상인 것은 전 층 |
| | | 건물을 임차하여 「출입국관리법」 제52조제2항에 따른 보호 장소(외국인보호소의 경우에는 피보호자의 생활공간으로 한정한다)로 사용하는 부분 |

<table>
<tr><th colspan="3">소방시설 적용기준(공장)</th></tr>
<tr><th colspan="2">소방시설</th><th colspan="2">적용기준</th></tr>
<tr><td rowspan="8">소화<br>설비</td><td rowspan="6">물분무등<br>소화설비</td><td colspan="2">건축물 내부에 설치된 차고 또는 주차장으로서 차고 또는 주차의 용도에 사용되는 부분(「건축법시행령」 제119조 제1항 제3호 다목 규정의 필로티를 주차용도로 사용하는 경우를 포함한다)의 바닥 면적의 합계가 200 [$m^2$] 이상인 것</td></tr>
<tr><td colspan="2">기계식 주차장으로서 20대 이상의 차량의 주차할 수 있는 것</td></tr>
<tr><td colspan="2">소화수를 수집·처리하는 설비가 설치되어 있지 아니한 「원자력법시행령」 제2조 제1호에 따른 중·저준위방사성폐기물의 저장시설(이산화탄소소화설비·할로겐화합물소화설비 또는 청정소화약제소화 설비를 설치)</td></tr>
<tr><td rowspan="2">전기실·발전실·변전실·축전지실·통신기기실 또는 전산실로서 바닥 면적이 300 [$m^2$] 이상인 것(동일한 방화구획 내에 2 이상의 실이 설치되어 있는 경우에는 이를 1개의 실로 보아 바닥 면적을 산정)</td><td>가연성 절연유를 사용하지 아니하는 변압기·전류차단기 등의 전기기기와 가연성 피복을 사용하지 아니한 전선 및 케이블만을 설치한 전기실·발전실 및 변전실은 제외</td></tr>
<tr><td>내화구조로 된 공정제어 실내에 설치된 주조정실로서 양압 시설이 설치되고 전기기기에 220 [V] 이하인 저전압이 사용되며 종업원이 24시간 상주하는 것은 제외</td></tr>
<tr><td colspan="2"></td></tr>
<tr><td rowspan="2">옥외<br>소화전<br>설비</td><td colspan="2">지상 1층 및 2층의 바닥 면적의 합계가 9,000 [$m^2$] 이상인 것(이 경우 동일구내에 2 이상의 특정소방대상물이 행정안전부령이 정하는 연소우려가 있는 구조인 경우에는 이를 하나의 특정소방대상물로 본다)</td></tr>
<tr><td colspan="2">지정수량의 750배 이상의 특수가연물을 저장, 취급하는 것</td></tr>
<tr><td rowspan="10">경보<br>설비</td><td rowspan="2">비상경보<br>설비</td><td colspan="2">연면적 400 [$m^2$]이거나 지하층 또는 무창층의 바닥 면적이 150 [$m^2$] 이상인 것(공연장인 경우 100 [$m^2$] 이상)</td></tr>
<tr><td colspan="2">50인 이상의 근로자가 작업하는 옥내작업장</td></tr>
<tr><td rowspan="3">비상방송<br>설비</td><td colspan="2">연면적 3,500 [$m^2$] 이상인 것</td></tr>
<tr><td colspan="2">지하층을 제외한 층수가 11층 이상인 것</td></tr>
<tr><td colspan="2">지하층의 층수가 3개 층 이상인 것</td></tr>
<tr><td>누전<br>경보기</td><td colspan="2">계약전류용량(동일 건축물에 계약종별이 다른 전기가 공급되는 경우에는 그 중 최대계약전류용량을 말한다)이 100 [A]를 초과하는 특정소방대상물(내화구조가 아닌 건축물로서 벽, 바닥 또는 반자의 전부나 일부를 불연재료 또는 준불연재료가 아닌 재료에 철망을 넣어 만든 것에 한한다)</td></tr>
<tr><td rowspan="3">자동화재<br>탐지설비</td><td colspan="2">복합건축물로서 연면적 600 [$m^2$] 이상인 것</td></tr>
<tr><td colspan="2">연면적 1,000 [$m^2$] 이상인 것</td></tr>
<tr><td colspan="2">지정수량의 500배 이상의 특수가연물을 저장, 취급하는 것</td></tr>
<tr><td>자동화재<br>속보 설비</td><td colspan="2">바닥 면적이 1,500 [$m^2$] 이상인 층이 있는 것</td></tr>
</table>

| 소방시설 적용기준(공장) | | | | |
|---|---|---|---|---|
| 소방시설 | | 적용기준 | | |
| 피난설비 | 피난기구 | 적용 | 모든 층에 화재안전기준에 적합한 피난기구 설치 | |
| 피난설비 | 피난기구 | 제외 | 피난층, 지상 1층, 지상 2층 및 층수가 11층 이상의 층 | |
| 피난설비 | 피난유도등, 통로유도등 및 유도표지 | | (전체) | |
| 피난설비 | 비상조명등 | | 지하층을 포함하는 층수가 5층 이상인 건축물로서 연면적 3,000 [$m^2$] 이상인 것 | 가스시설 또는 창고와 이와 비슷한 것은 제외 |
| 피난설비 | 비상조명등 | | 지하층 또는 무창층의 바닥 면적이 450 [$m^2$] 이상인 경우에는 그 지하층 또는 무창층 | 가스시설 또는 창고와 이와 비슷한 것은 제외 |
| 소화용수설비 | 상수도소화용수설비 | | 연면적 5,000 [$m^2$] 이상인 것 | |
| 소화용수설비 | 소화수조 또는 저수조 | | 상수도소화용수설비를 설치하여야 하는 특정소방대상물의 대지 경계선으로부터 180 [m] 이내에 구경 75 [mm] 이상인 상수도용 배수관이 설치되지 아니한 지역 | |
| 소화활동설비 | 제연설비 | | 특별피난계단 또는 비상용승강기의 승강장 | |
| 소화활동설비 | 연결송수관설비 | | 층수가 5층 이상으로서 연면적 6,000 [$m^2$] 이상인 것 | |
| 소화활동설비 | 연결송수관설비 | | 지하층을 포함하는 층수가 7층 이상인 것 | |
| 소화활동설비 | 연결송수관설비 | | 지하층의 층수가 3개 층 이상이고 지하층의 바닥 면적의 합계가 1,000 [$m^2$] 이상인 것 | |
| 소화활동설비 | 연결살수설비 | | 지하층으로서 바닥 면적의 합계가 150 [$m^2$] 이상인 것 및 이에 부속된 연결통로 | |
| 소화활동설비 | 비상콘센트설비 | | 지하층을 포함하는 층수가 11층 이상인 특정소방대상물의 경우에는 지하로부터 11층 이상의 층 | |
| 소화활동설비 | 비상콘센트설비 | | 지하층의 층수가 3개 층 이상이고 지하층의 바닥 면적의 합계가 1,000 [$m^2$] 이상인 것은 지하층의 전 층 | |
| 소화활동설비 | 무선통신보조설비 | | 지하층의 바닥 면적의 합계가 3,000 [$m^2$] 이상인 것 또는 지하층의 층수가 3개 층 이상이고 지하층의 바닥 면적의 합계가 1,000 [$m^2$] 이상인 것은 지하층의 전 층 | |

# 2. 소방시설물 개요

## 가. 소방시설물의 개요

| | | |
|---|---|---|
| 소방 대상물 | 소재지 | ●●도 ●●시 ●●면 |
| | 명칭 | (주)□□ ●●●● |
| | 용도 | 공장 |
| | 건물구조 | 철근콘크리트구조, 슬라브지붕, 지상 5층 지하 1층<br>연면적 44,666.13 [$m^2$] |
| 소방시설의 종류 | 소화기구 | 1. 소화기 2. 자동소화장치 |
| | 소화설비 | 1. 옥내소화전 설비 2. 옥외소화전 설비 3. 스프링클러 설비<br>4. 포소화전 |
| | 경보설비 | 1. 자동화재탐지 설비 2. 비상방송 설비 |
| | 피난설비 | 1. 유도등 2. 유도표지 3. 피난기구 4. 비상조명등 |
| | 소화용수설비 | 1. 소화조 |
| | 소화활동설비 | 1. 연결송수관 설비 |

## 나. 설치된 소방시설물의 설치 기준조건

<table>
<tr><th colspan="3">소방시설 적용기준(공장)</th></tr>
<tr><th colspan="2">소방시설</th><th>적용기준</th></tr>
<tr><td rowspan="13">소화설비</td><td>소화기구</td><td>연면적 33 [m²] 이상인 것은 수동식 소화기 또는 간이소화용구를 설치</td></tr>
<tr><td rowspan="4">옥내 소화전 설비</td><td>연면적 1,500 [m²] 이상이거나 지하층·무창층 또는 층수가 4층 이상인 층 중 바닥 면적이 300 [m²] 이상인 층이 있는 것은 전 층</td></tr>
<tr><td>복합건축물로서 연면적 1,500 [m²] 이상이거나 지하층·무창층 또는 층수가 4층 이상인 층 중 바닥 면적이 300 [m²] 이상인 층이 있는 것은 전 층</td></tr>
<tr><td>건축물의 옥상에 설치된 차고 또는 주차장으로서 차고 또는 주차의 용도로 사용되는 부분의 면적이 200 [m²] 이상인 것</td></tr>
<tr><td>지정수량의 750배 이상의 특수가연물을 저장·취급하는 것</td></tr>
<tr><td rowspan="6">스프링클러 설비</td><td>층수가 11층 이상인 특정소방대상물의 경우에는 전 층</td></tr>
<tr><td>특정소방대상물(냉동 창고를 제외한다)의 지하층·무창층 또는 층수가 4층 이상인 층으로서 바닥 면적이 1,000 [m²] 이상인 층</td></tr>
<tr><td>복합건축물 내에 있는 학생 수용을 위한 기숙사로서 연면적 5,000 [m²] 이상인 경우에는 전 층</td></tr>
<tr><td>천장 또는 반자(반자가 없는 경우에는 지붕의 옥내에 면하는 부분)의 높이가 10 [m]를 넘는 랙크식 창고(선반 또는 이와 비슷한 것을 설치하고 승강기에 의하여 수납물을 운반하는 장치를 갖춘 것을 말한다)로서 연면적 1,500 [m²] 이상인 것</td></tr>
<tr><td>지정수량의 1,000배 이상의 특수가연물을 저장·취급하는 시설</td></tr>
<tr><td>[원자력법 시행령] 제2조제1호에 따른 중·저준위방사성폐기물의 저장시설 중 소화수를 수집·처리하는 설비가 있는 저장시설</td></tr>
<tr><td rowspan="2">옥외 소화전 설비</td><td>지상 1층 및 2층의 바닥 면적의 합계가 9,000 [m²] 이상인 것(이 경우 동일구내에 2 이상의 특정소방대상물이 행정안전부령이 정하는 연소우려가 있는 구조인 경우에는 이를 하나의 특정소방대상물로 본다)</td></tr>
<tr><td>지정수량의 750배 이상의 특수가연물을 저장, 취급하는 것</td></tr>
<tr><td rowspan="6">경보설비</td><td rowspan="3">비상방송 설비</td><td>연면적 3,500 [m²] 이상인 것</td></tr>
<tr><td>지하층을 제외한 층수가 11층 이상인 것</td></tr>
<tr><td>지하층의 층수가 3개 층 이상인 것</td></tr>
<tr><td rowspan="3">자동화재 탐지 설비</td><td>복합건축물로서 연면적 600 [m²] 이상인 것</td></tr>
<tr><td>연면적 1,000 [m²] 이상인 것</td></tr>
<tr><td>지정수량의 500배 이상의 특수가연물을 저장·취급하는 것</td></tr>
</table>

<table>
<tr><th colspan="5">소방시설 적용기준(공장)</th></tr>
<tr><th colspan="2">소방시설</th><th colspan="3">적용기준</th></tr>
<tr><td rowspan="5">피난설비</td><td rowspan="2">피난기구</td><td>적용</td><td colspan="2">모든 층에 화재안전기준에 적합한 피난기구 설치</td></tr>
<tr><td>제외</td><td colspan="2">피난층, 지상 1층, 지상 2층 및 층수가 11층 이상의 층</td></tr>
<tr><td colspan="2">피난유도등, 통로유도등 및 유도표지</td><td colspan="2">(전체)</td></tr>
<tr><td rowspan="2">비상 조명등</td><td colspan="2">지하층을 포함하는 층수가 5층 이상인 건축물로서 연면적 3,000 [m$^2$] 이상인 것</td><td rowspan="2">가스시설 또는 창고와 이와 비슷한 것은 제외</td></tr>
<tr><td colspan="2">지하층 또는 무창층의 바닥 면적이 450 [m$^2$] 이상인 경우에는 그 지하층 또는 무창층</td></tr>
<tr><td>소화용수설비</td><td>소화수조 또는 저수조</td><td colspan="3">상수도소화용수설비를 설치하여야 하는 특정소방대상물의 대지 경계선으로부터 180 [m] 이내에 구경 75 [mm] 이상인 상수도용 배수관이 설치되지 아니한 지역</td></tr>
<tr><td rowspan="4">소화활동설비</td><td>제연설비</td><td colspan="3">특별피난계단 또는 비상용승강기의 승강장</td></tr>
<tr><td rowspan="3">연결 송수관 설비</td><td colspan="3">층수가 5층 이상으로서 연면적 6,000 [m$^2$] 이상인 것</td></tr>
<tr><td colspan="3">지하층을 포함하는 층수가 7층 이상인 것</td></tr>
<tr><td colspan="3">지하층의 층수가 3개 층 이상이고 지하층의 바닥 면적의 합계가 1,000 [m$^2$] 이상인 것</td></tr>
</table>

# 3. 소방시설 작동 점검

## 3.1 소화기구

- 수동식 소화기 설치대상 : 연면적 33 [$m^2$] 이상
- 자동식 소화기 : 11층 이상 아파트는 6층 이상의 층(2004년 이후 준공된 아파트 1층 이상 의무설치)
- 수동식 소화기 설치기준 : 각층마다 설치, 보행거리 소형 20 [m], 대형 30 [m] 이내마다 설치
- 소화기 검사요령 : 통행 및 피난의 지장여부, 충약상태, 심한 변형, 부식, 파손, 도장상태, 부품 탈락 여부 등

호스릴 이산화탄소 소화기

분말 소화기

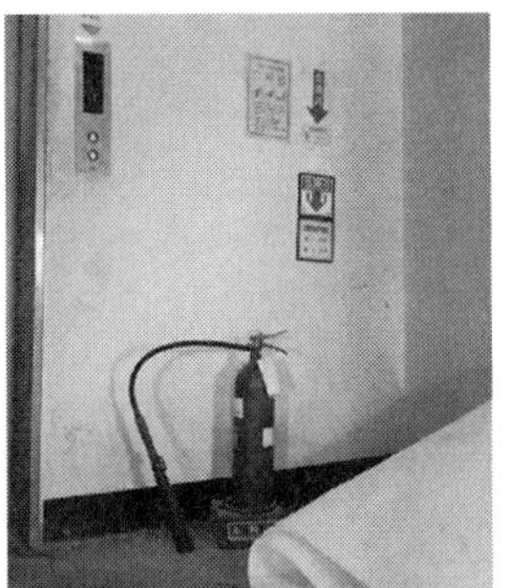

이산화탄소 소화기

**그림 14.1** 현장에 설치된 소화기의 종류

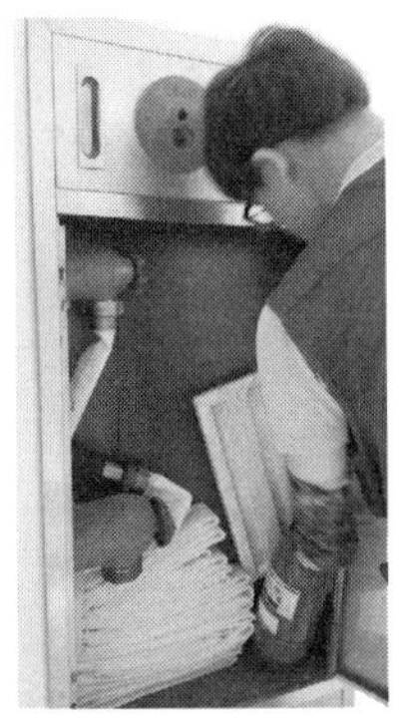

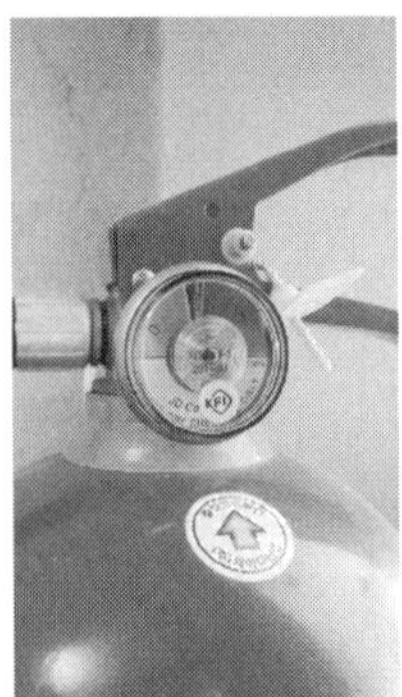

**그림 14.2** 소화기 약제 충압 상태 점검

## 3.2 감지기

1) 감지기는 다음 기준에 따라 설치하여야 한다.

교차회로방식에 사용되는 감지기, 급속한 연소 확대가 우려되는 장소에 사용되는 감지기 및 축적기능이 있는 수신기에 연결하여 사용하는 감지기는 축적기능이 없는 것으로 설치하여야 한다.

① 감지기(차동식 분포형의 것을 제외한다)는 실내로의 공기유입구로부터 1.5 [m] 이상 떨어진 위치에 설치할 것

② 감지기는 천장 또는 반자의 옥내에 면하는 부분에 설치할 것

③ 보상식 스포트형 감지기는 정온점이 감지기 주위의 평상시 최고온도보다 20 [℃] 이상 높은 것으로 설치할 것

④ 정온식 감지기는 주방·보일러실 등으로서 다량의 화기를 취급하는 장소에 설치하되, 공칭작동온도가 최고주위온도보다 20 [℃] 이상 높은 것으로 설치할 것

⑤ 연기감지기는 다음의 기준에 따라 설치할 것

- 감지기의 부착높이에 따라 다음 표에 따른 바닥 면적마다 1개 이상으로 할 것

| 부착높이 | 감지기 종류 | |
|---|---|---|
| | 1종 및 2종 | 3종 |
| 4 [m] 미만 | 150 [$m^2$] | 50 [$m^2$] |
| 4 [m] 이상 20 [m] 미만 | 75 [$m^2$] | |

- 감지기는 복도 및 통로에 있어서는 보행거리 30 [m](3종에 있어서는 20 [m])마다, 계단 및 경사로에 있어서는 수직거리 15 [m](3종에 있어서는 10 [m])마다 1개 이상으로 할 것
- 천장 또는 반자가 낮은 실내 또는 좁은 실내에 있어서는 출입구의 가까운 부분에 설치할 것
- 천장 또는 반자부근에 배기구가 있는 경우에는 그 부근에 설치할 것
- 감지기는 벽 또는 보로부터 0.6 [m] 이상 떨어진 곳에 설치할 것

2) 다음 장소에는 감지기를 설치하지 아니한다.

① 목욕실·욕조나 샤워시설이 있는 화장실·기타 이와 유사한 장소

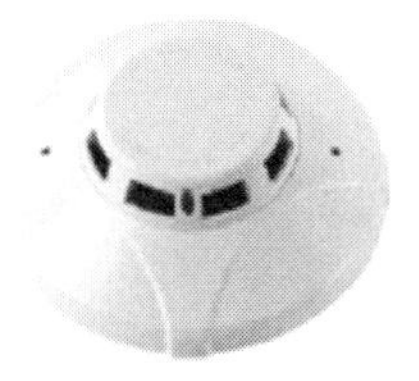
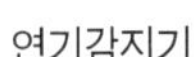
연기감지기

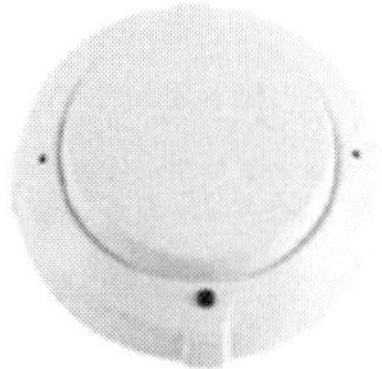
차동식 열감지기

정온식 열감지기

**[점검 팁]**

- 감지구역의 적정 및 구역 내 배치상태의 적정성을 확인한다.
- 장식품, 커텐 등 그 외의 것으로 화재감지에 장해되는지 여부를 확인한다.
- 감지기는 공기유입구에서 1.5 [m] 이상 떨어져 있는가를 확인한다.
- 스포트형 감지기는 45도 이상 경사져 있지 않는가를 확인한다.
- 설치면 높이가 15~20 [m] 미만 장소에 연기감지기를 설치하고 있는가를 확인한다.
- 연기감지기는 벽, 보 등에서 0.6 [m] 이상 떨어져 설치하였는가를 확인한다.
- 페인트, 도장, 장식품 등에 의해 기능의 현저한 감소 여부를 확인한다.
- 20 [$m^2$]의 룸에는 1개 이상의 감지기가 설치되어 있는가? (욕실 제외 / 20 [$m^2$] 이하의 룸 제외)
- 화기를 사용하는 주방과 보일러실엔 열감지기로 설치되었는가?

| 수신기 점검 | 감지기 점검 | |
|---|---|---|
| | 연기감지기 점검 | 열감지기 점검 |

3) 공기관식 감지기 점검

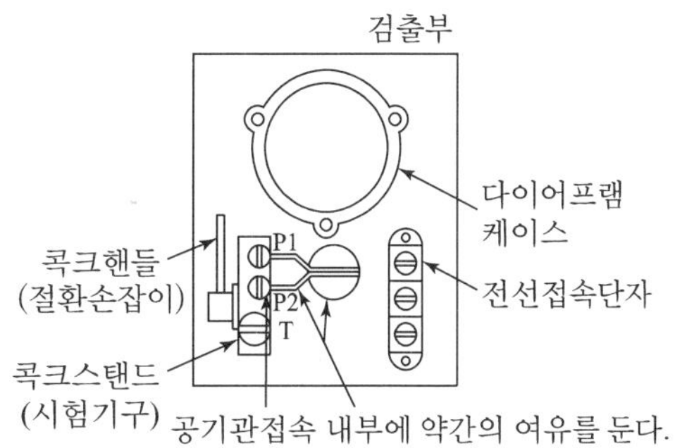


**그림 14.3** 공기관식 감지기 구조

감지기의 설치(공기관 및 검출기) 후 절환 콕크는 항상 정상 위치에 놓는다. 단, T는 완전히 막힌 상태이다. 공기관 설치 후 검출기에 공기관을 접속하고 분포형 감지기 전체 성능을 시험하는 것이다. 절환 손잡이를 P2 위치에 놓고 T를 통하여 동작시험 수치표에 의한 공기를 주입시키면 동작시간 내에 동작되며 동작된 상태가 동작지속시간까지 동작하게 된다.

**표 14.1** 동작시험(펌프시험) 수치표

| 공기관 길이 | 공기주입량(cc) | | | 시간(초) | |
|---|---|---|---|---|---|
| | 1종 | 2종 | 3종 | 동작시간 | 동작지속시간 |
| 60 [m] 미만 | 0.6 | 1.2 | 2.4 | 6초 이내 | 4~42초 |
| 60~80 [m] 미만 | 0.8 | 1.6 | 3.2 | 10초 이내 | 6~56초 |
| 80~100 [m] 미만 | 1.0 | 2.0 | 4.0 | 15초 이내 | 10~72초 |

수치표에 의한 공기주입후 동작시간 내에 동작하지 않으면 공기관이 누설된 것이며 공기가 주입되지 않으면 공기관이 막힌 것이므로 점검이 필요하다. 예를 들어 공기관의 길이가 60~80 [m] 사이라고 하면 공기 1.6 [cc]를 주입하면 수신기에서 10초 이내에 화재신호가 동작되어야 하고 6~56초 동안 화재경보가 유지되어야 한다.

검출기의 성능을 시험할시 현장에서 측정은 측정용 시험기를 부설 후 행할 수 있다.

① 리크저항 시험시는 P2의 동관단자비스를 풀어내고 P2에 공기주입구를 접속 공기를 주입시키면 리크저항기를 통하여 공기는 서서히 누설되게 된다.

② 다이어프램의 접점간격을 시험하는 것으로 P1의 동관단자비스를 풀어내고 공기를 주입시키면 접점의 접속을 확인할 수 있다.

4) 차동식 분포형공기관식 감지기의 화재작동시험 (공기주입시험)

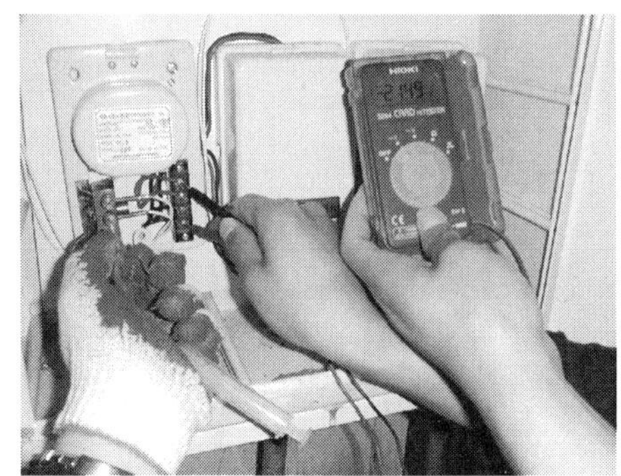

① 시험방법

- 검출부의 시험구멍에 공기주입시험기를 접속한다.
- 시험코크 또는 열쇠를 조작해서 시험위치에 놓는다.
- 검출부에 표시된 공기량을 공기관에 투입한다(공기관 길이에 따라 공기량이 다르다)
- 공기를 투입한 후 작동시간을 측정한다.

② 판정방법

- 작동시간은 제원표 수치범위 이내일 것.
- 경계구역 표시가 적정할 것.

5) 차동식 분포형 공기관식 감지기의 동작에 이상이 있는 경우

① 기준치 이상인 경우

- 리크 저항치가 규정치보다 작다.(리크구멍이 크다)
- 접점 수고값이 규정치보다 높다.(힘 또는 간격이 크다)
- 공기관의 누설, 폐쇄, 편형
- 공기관의 길이가 너무 길다.
- 공기관의 접점의 접촉 불량

② 기준치 미달인 경우

- 리크 저항치가 규정치보다 크다.
- 접점 수고값이 규정치보다 낮다.
- 공기관의 길이가 주입량에 비해 짧다.

공기관식 감지기에서 오작동을 방지하기 위해 설치한 리크(leak) 구멍이 크면, 리크 저항이 작아져서 팽창된 공기가 잘 배출된다. 그러므로 접점이 연결되는데 필요한 시간이 상대적으로 길어져서 감지기의 동작이 늦어진다.

### 가. 공장의 자동화재탐지설비의 설치대상 및 조건

| 설치대상 | 조건 |
|---|---|
| • 운수자동차관련시설, 공장 및 창고시설 | 연면적 1000 [$m^2$] 이상 |
| • 특수가연물 저장 및 취급 | 지정수량 500배 이상 |

### 나. 수신기의 기능시험방법 및 판정기준

#### 1) 화재표시 동작시험

각 회선마다 화재발생시와 동일한 조건으로 시험을 하여 수신기 내 각 릴레이의 작동, 각 화재표시등, 기타 표시장치의 작동 및 유지기능을 시험하고 이와 함께 감지기 회로 또는 부속기기 회로와의 결선접속 상태를 확인하기 위한 시험이다.

① 시험방법(1회선마다 복구하고 모든 회선을 시험한다)

오동작방지기능이 내장된 축적형 수신기의 경우 : 축적·비축적 선택스위치를 비축적 위치로 놓고 시험한다.

- 회로선택스위치로 실행하는 방법
  - 동작시험스위치를 누른다.
  - 회로선택스위치를 차례로 회전시켜 시험한다.

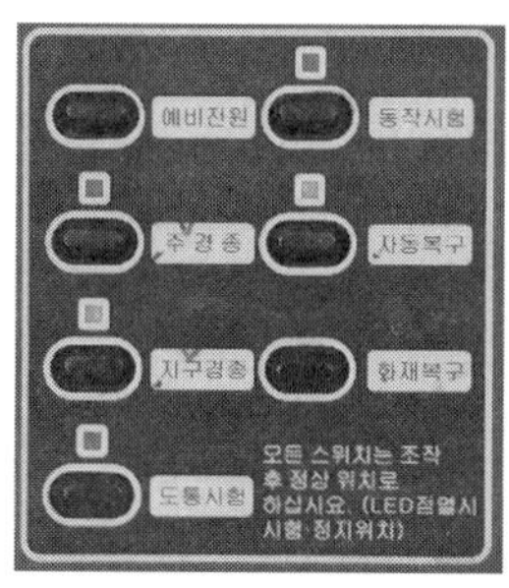

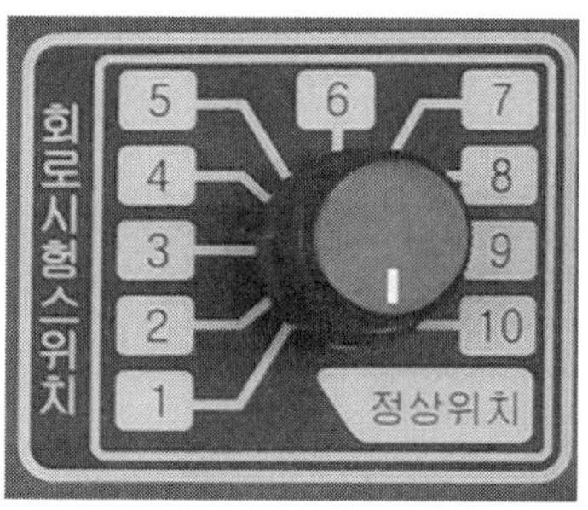


- 감지기 또는 발신기의 작동시험과 함께 행하는 방법
  - 감지기 또는 발신기를 차례로 작동시킨다.
  - 경계구역과 수신기의 표시 상태를 확인할 것.

② 적합여부 판정방법

각 릴레이의 작동, 화재표시등, 지구표시등, 기타 표시장치의 점등, 음향장치의 작동확인, 감지기 회로 또는 부속기기 회로와의 연결접속이 정상이어야 할 것

동작시험을 하여, 상기와 같은 기능이 발휘되지 못하는 회로는 고장이므로 즉시 수리를 해야 한다.

#### 2) 회로 도통시험

수신기에서 감지기간 회로의 단선 유무와 기기 등의 접속 상황을 확인하기 위한 시험이다.

① 시험방법

- 도통시험스위치를 누른다.
- 회로선택스위치를 차례로 회전시킨다.
- 각 회선의 전압계의 지시등을 조사한다(도통시험 확인등이 있는 경우는 정상, 단선 램프 점등 확인).
- 종단저항 등의 접속 상황을 조사한다.

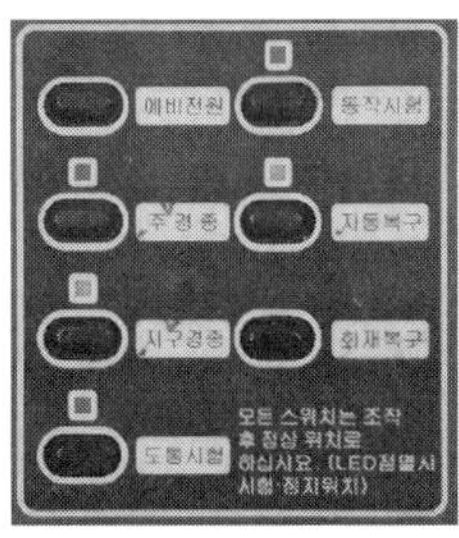


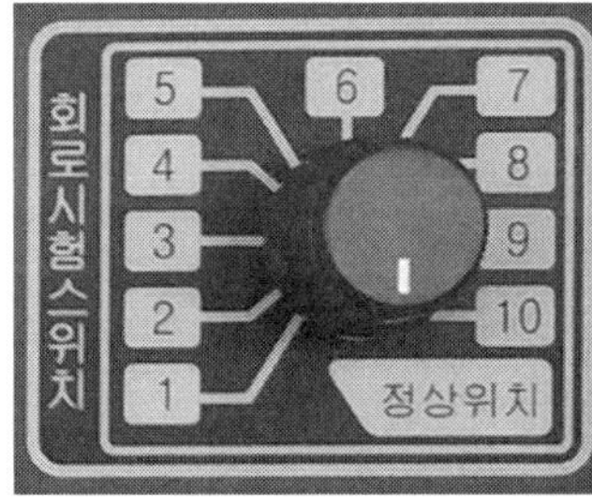


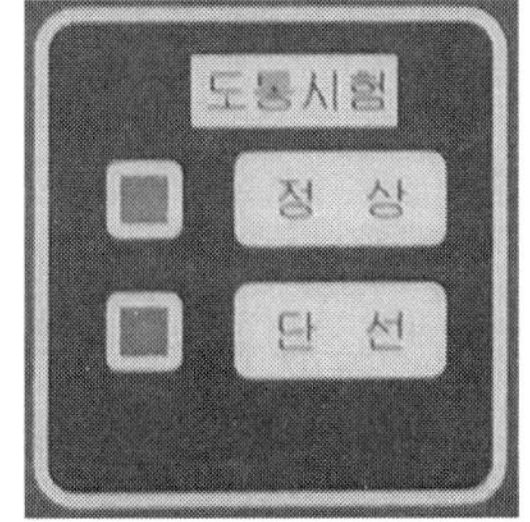


② 적합여부 판정기준

- 전압계가 있는 경우
  - 각 회선의 시험용 계기의 지시상황이 지정대로 일 것
  - 정상 : 전압계의 지시치가 4~8 [V] 사이이면 정상(문자판에서는 적정치를 녹색으로 구별한다)
  - 단선 : 전압계의 지시치가 0 [V]를 나타낸다.
  - 단락 : 그 회선은 화재경보상태이다.
  - 종단저항을 미부착한 경우: 전압계가 0 [V]에서 미세하게 움직인다.
- 전압계가 없고, 도통시험 확인등이 있는 경우
  - 정상 : 녹색 확인등 점등
  - 단선 : 황색 확인등 점등

    단선시는 종단저항 미설치, 접속불량, 선로의 단선 등에 문제이므로 해당회로를 점검, 보수하여야 한다.

#### 3) 예비전원 시험

상용전원이 사고 등으로 정전된 경우 자동적으로 예비전원으로 절환이 되며 또한 복구시에는 자동적으로 상용전원으로 절환 되는지의 여부와 상용전원이 정전되었을 때 화재가 발생하여도 수신기가 정상적으로 동작할 수 있는 전압을 가지고 있는가를 검사하는 시험이다.

① 시험방법
- 예비전원 시험스위치를 누른다(스위치를 누르고 있을 때만 시험이 가능하다).
- 전압계의 지시치가 적색선의 범위(19～29 [V]) 내에 있는 것을 확인한다.
- 교류전원을 개로(OPEN)하고 자동절환 릴레이의 작동상황을 조사한다.

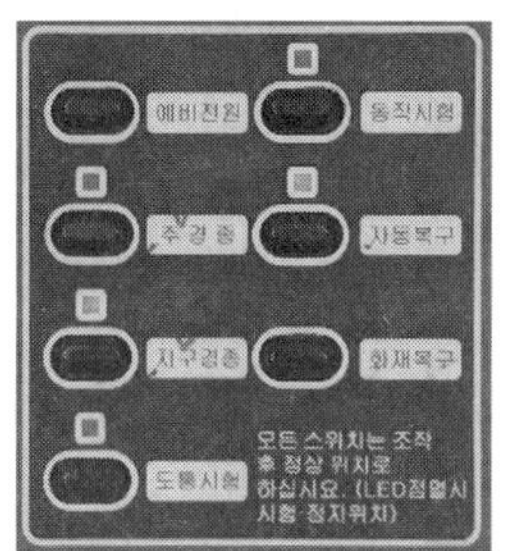

② 적합여부 판정기준
예비전원의 전압, 용량, 절환상황 및 복구작동이 정상일 것

#### 4) 공통선 시험

공통선이 담당하고 있는 경계구역의 적정여부를 확인하는 시험이다.

① 시험방법
- 수신기내 접속단자에서 공통선 1선을 제거한다.
- 회로도통시험에 따라 회로선택스위치를 차례로 회전시킨다.
- 시험용 계기의 지시가 단선을 지시한 경계 구역수를 조사한다.

② 적합여부 판정기준
공통선이 담당하고 있는 경계구역의 수가 7개 이하일 것.

#### 5) 동시작동시험(1회선의 것은 제외한다)

감지기가 동시에 수회선 동작하더라도 수신기의 기능에 이상이 없는가를 시험하는 것(주전원에 의해 행한다)

① 시험방법
- 각 회로의 화재 작동을 복구시키지 아니하고 계속해서 5회선(5회로 미만은 전회로)을 작동시킨다.
- 상기의 경우 주음향장치 및 지구음향장치가 울린다.
- 부수신기, 표시기를 설치한 것에는 이들 모두 다 작동상태로 놓고 실시한다.

② 적합여부 판정기준

각 회로를 동시 작동시켰을 때 수신기, 부수신기, 표시기, 음향장치 등의 기능에 이상이 없고 동시에 유효하게 화재 작동을 지속할 것.

#### 6) 지구음향장치의 작동시험

감지기의 작동과 연동하여 지구음향장치가 정상적으로 작동하는지의 여부를 시험하는 것

① 시험방법

각 회로마다 감지기 또는 발신기를 순차적으로 작동시킨다.

② 적합여부 판정방법

감지기 또는 발신기를 작동시켰을 때 수신기에 연결된 당해 지구음향장치가 작동하고 음량이 정상일 것.

### 다. 복도 및 계단에 설치된 감지기 작동 점검

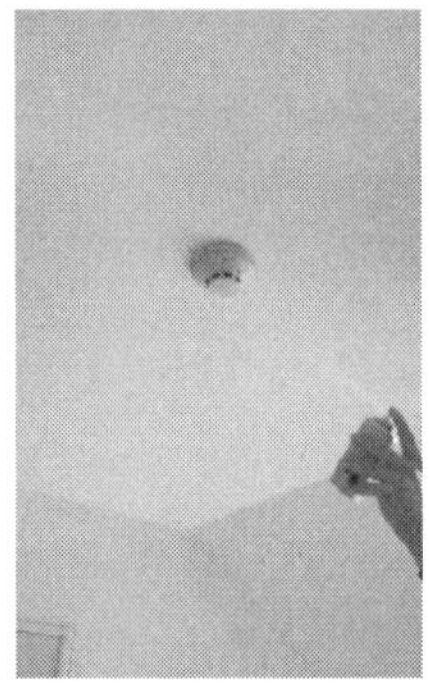
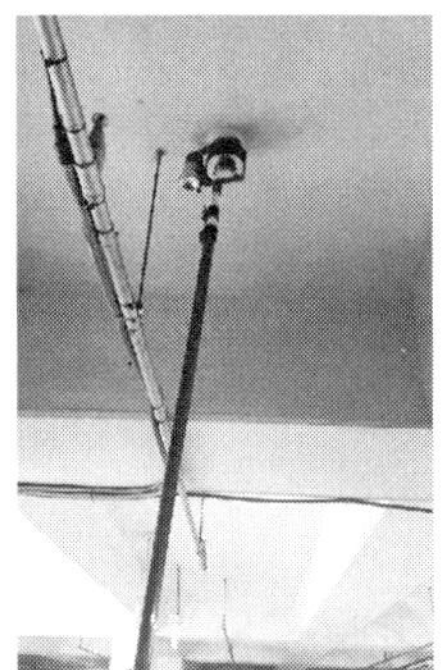

**그림 14.4** 감지기 작동 점검

### 라. 비상문 개폐 여부 확인

**그림 14.5** 비상문 개폐 여부 확인

## 3.3 옥내소화전 점검

### 가. 제어반 확인

① 수신기에서 이상 표시등이 점등되어 있지 않아야 한다.
② 저수위감시등 / 압력스위치감시등 / 화재표시등
③ 자동기동방식인 경우 펌프의 기동상태는 자동 상태로 되어 있어야 한다.
④ 전원은 공급된 상태이어야 하고 전원표시등(보통 녹색등)으로 확인한다.

### 나. 소화전 시험방수

① 가장 멀고 높은 곳에 있는 소화전에서 수관을 연장하여 시험 방수한다.
② 시험 방수시 펌프의 기동 (자동 또는 수동) 에 의해 방수압력 1.7 [$kg_f/cm^2$] 이상이 되는지 확인한다(방수거리 대략 10 [m]).
③ 펌프의 작동은 수동으로 하는 대상물(학교, 공장, 아파트, 종교시설, 전시시설, 창고, 업무시설)에서는 함에 있는 기동스위치를 눌러 기동하고 그 외 장소는 모두 자동으로 기동된다.
④ 방수압력은 피토게이지 또는 방수압력측정기로 확인한다.

### 다. 펌프가압송수장치 외관 및 기능점검

① 배관 관부속품(밸브 압력계 등) 펌프에서 누수 및 부식 파손 등이 없는지 확인한다.
② 펌프를 수동 및 자동으로 기동 시험을 한다.
③ 펌프성능시험을 통해 유량을 측정한다.
④ 체절운전을 통해 릴리프 밸브가 체절압력 미만에서 작동하는지 확인한다.
⑤ 물올림장치의 감수경보 기능을 확인한다.
⑥ 물올림컵을 통해 펌프토출측 체크밸브와 후드밸브의 누수를 확인한다.

### 라. 수조의 확인

① 유효수량이 확보되어 있는지, 수질은 깨끗한지 확인한다.
② 보온조치는 적절하고 사다리, 조명장치, 맨홀, 감수경보장치, 청소구 등이 적절하게 설치되어 있는지 확인한다.

**그림 14.6** 고가수조 수원 확인

### 마. 각 층별 소화전을 확인한다.

① 소화전의 함에는 표지(소화전)가 되어 있고 사용법이 부착되어 있는지 확인한다.
② 함 속에 40 [mm] 이상의 관창 1개와 호스(유효하게 방수 가능한 수량)는 비치되어 있고 호스는 접는 수관(아코디언식) 형태로 수납되어 있는지 확인한다.
③ 소화전 표시등은 점등되어 있으며 기동표시등은 펌프 기동시 점등되는지 확인한다.
④ 소화전 주변에 상품진열 등 사용상 지장이 없는지 확인한다.

**그림 14.7** 옥내소화전함 점검

### 바. 수평거리 확인

소방대상물의 증축 등으로 인해 유효 반경(방수구에서 수평거리 25 [m])이 확보되는지 확인한다.

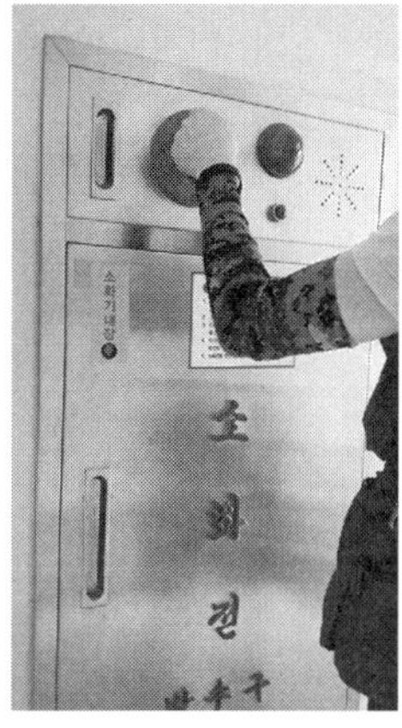

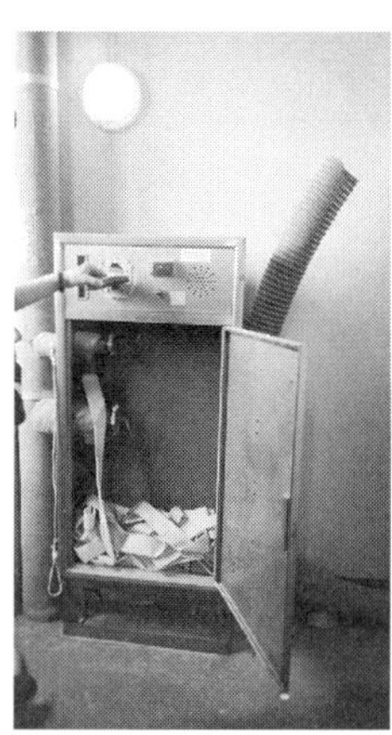

**그림 14.8** 소화전 발신기 작동 여부 점검

## 3.4 계단 유도등 점검

계단 통로 유도등 설치 기준은 각 층의 경사로 참 또는 계단참[72]마다(1개 층에 경사로 참 또는 계단참이 2 이상 있는 경우에는 2개의 참마다) 설치 할 것.

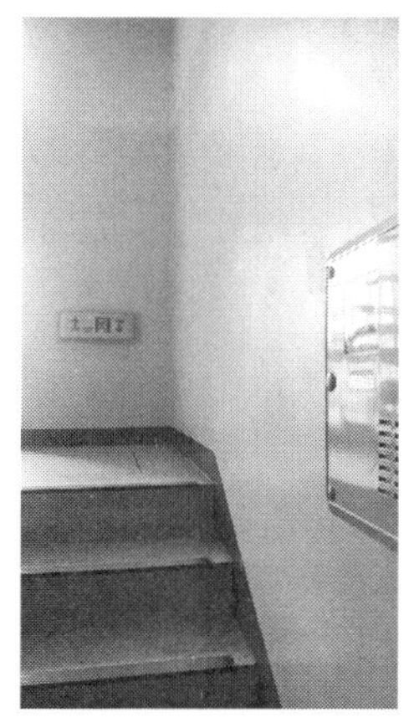

**그림 14.9** 계단 유도등 점검

72) 계단의 중간에 조금 넓게 만들어 놓은 곳

## 3.5 소방용 펌프의 점검

### 가. 압력챔버 작동 시험방법

#### 1) 압력챔버 압력스위치 세팅 방법

- 전기결선 : 압력스위치 전면 볼트를 풀면 보호 커버와 스위치 커버가 분리된다.

**그림 14.10** 압력챔버

결선은 ①번과 ⑤번 단자에 연결하고 MCC 패널에 연결(ON, OFF 단자가 있을 경우 ON 단자는 점프하고, OFF 단자에 연결)한다.

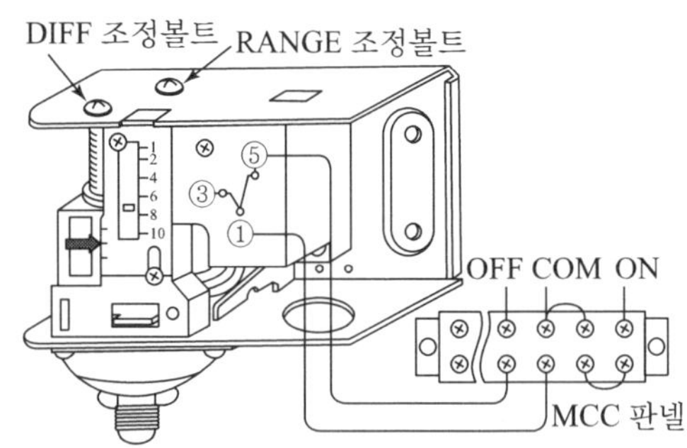


**그림 14.11** 압력챔버 압력스위치

- 펌프기동 : DIFF는 펌프의 양정과 자연압과의 압력차이이다.(DIFF 조정볼트 사용)
  예) RANGE 10 [$kg_f/cm^2$]일 때 DIFF를 3 [$kg_f/cm^2$]로 세팅하면 (10－3＝7) 펌프가 7 [$kg_f/cm^2$]에 가동되고, 10 [$kg_f/cm^2$]에 중지된다.
- 작동확인 : 압력세팅이 끝나면 펌프 전원 스위치를 자동으로 한 다음 압력탱크 배수밸브로 소량의 물을 흘려 설정된 압력에서 소방용 펌프가 가동 및 중단하는지 확인한다.

## 나. 압력챔버 압력 점검 방법

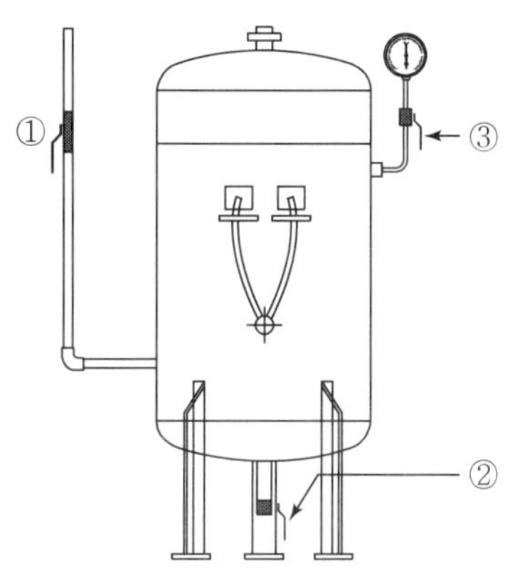


**그림 14.12** 압력챔버

1) 압력챔버가 수격현상으로 작동될 경우 MCC패널에서 주펌프 및 충압펌프 스위치를 OFF시킨 후 ①번 급수밸브를 잠근다.

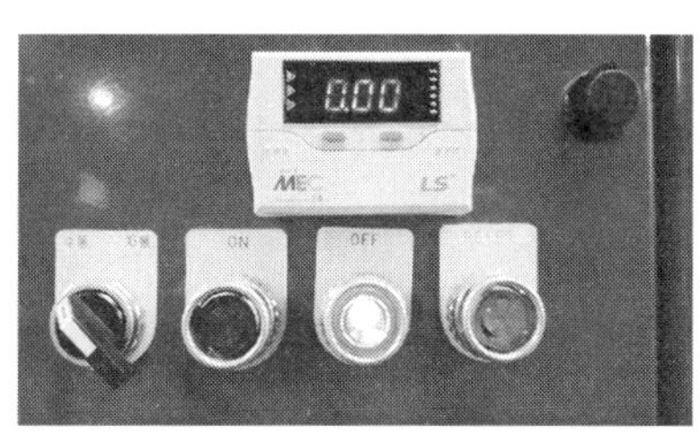

2) ②번 배수 밸브를 개방하고 ③번 밸브에 게이지를 분리한 후 외부공기를 주입시키면서 완전히 드레인시킨다.

3) 복구 방법은 역순으로 하되 ①번 밸브는 서서히 열어 챔버 내 가압수를 주입시킨다.

4) 이때 상부 1/3은 자동적으로 공기가 채워진다.

### 다. 압력챔버 압력스위치 사용시 주의 사항

- 압력스위치에 사용하고자 하는 압력을 세팅할 때에는 주펌프 및 충압펌프의 양정과 자연 압력을 필히 확인해야 한다.
- 자연압력은 고가수조의 높이에 의해 발생되는 압력으로 압력탱크 우측의 압력계에 표시된다.
- 주펌프는 소화용이고 충압펌프는 배관내부의 압력 유지용이다. 충압펌프의 가동 중단점은 주펌프의 세팅범위 내에 있어야 한다.
- 자연압보다 펌프의 기동수치가 낮은 경우에는 펌프가 기동이 안 된다.

## 라. 소방펌프의 성능시험 방법

**그림 14.13** 소방펌프의 성능시험 배관

1) 그림에서 보는 바와 같이 주배관의 개폐표시형 개폐밸브(OSY밸브)를 폐쇄한다.

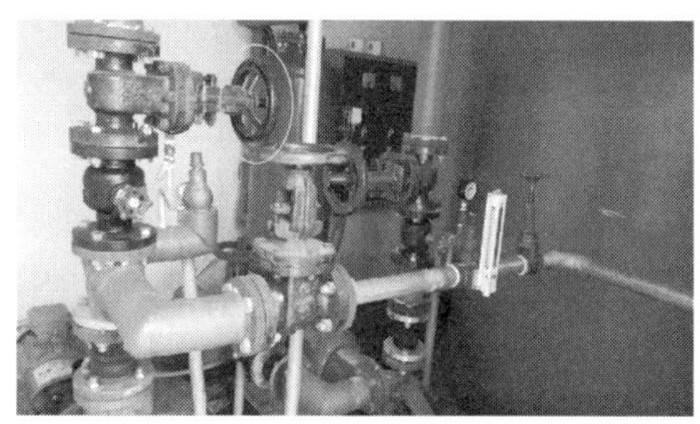

2) MCC(모터컨트롤패널)에서 충압펌프의 구동을 중지한다.

3) 성능시험배관의 2차 측 밸브(유량조절밸브)를 폐쇄하고 1차 측 밸브(개폐밸브)를 개방한다.

4) 주펌프를 수동으로 기동한다.

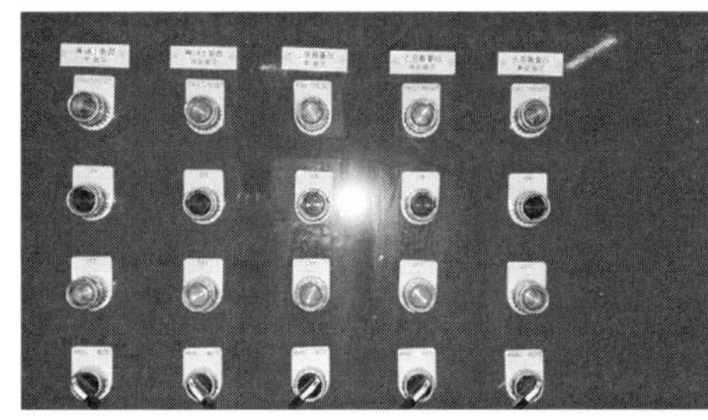

5) 펌프의 체절운전에서의 체절압력을 읽고, 성능시험배관의 2차 측 밸브(유량조절밸브)를 서서히 개방하면서 유량계와 압력계를 확인한다.
유량이 정격토출유량의 150 [%]가 될 때 펌프 토출측 압력계의 압력이 정격토출압력의 65 [%] 이상인지 확인한다.

6) 펌프의 성능시험측정 후 주배관의 개폐표시형 개폐밸브(OSY밸브)를 개방하고 성능시험 1차 측 밸브(개폐밸브)를 폐쇄하고, 주펌프와 충압펌프를 수동에서 자동으로 전환한다.

## 3.6 연결 송수관 설비

**[연결송수관 설비 설치 대상]**

① 5층 이상 특정소방대상물로 연면적 6000 [$m^2$] 이상인 것

② ①에 해당하지 않는 특정소방대상물로 지하층을 포함하여 층수가 7층 이상인 것

③ ①, ②에 해당하지 않는 지하 3층 이상으로 지하층 물로 바닥 면적의 합계가 1000 [$m^2$] 이상인 것

④ 길이가 1000 [m] 이상인 지하가, 터널

송수구

채수구

**그림 14.14** 송수구 및 채수구

# 4. 제조업체 소방시설 종합정밀점검표

## 제조업체 소방시설 종합정밀점검표

- 점검대상: ●●●●주식회사 (소재지) ●●도 ●●시 ●●로
- 소방시설 등 점검결과

| 구분 | 해당설비 | | 점검결과 |
|---|---|---|---|
| 소화설비 | ☒ 소화기구 | ☒ 소화기 | ○ |
| | | ☒ 자동소화장치 | ○ |
| | | □ 간이소화용구 | / |
| | ☒ 옥내소화전설비 | | ○ |
| | ☒ 옥외소화전설비 | | ○ |
| | ☒ 스프링클러설비 | | ○ |
| | □ 간이스프링클러설비 | | / |
| | □ 물분무소화설비 | | / |
| | □ 포소화설비 | | / |
| | ☒ 이산화탄소소화설비 | | ○ |
| | □ 할로겐화합물소화설비 | | / |
| | □ 분말소화설비 | | / |
| | □ 청정약제소화설비 | | / |
| | □ 미분무소화설비 | | / |
| | □ 화재조기진압용스프링클러설비 | | / |
| | □ 강화액소화설비 | | / |
| | □ 기타: | | / |
| 경보설비 | ☒ 자동화재탐지설비및시각경보기 | | ○ |
| | □ 통합감시시설 | | / |
| | □ 자동화재속보설비 | | / |

| 구분 | 해당설비 | | 점검결과 |
|---|---|---|---|
| 피난설비 | □ 피난기구 | □ 피난사다리 | / |
| | | □ 완강기 | / |
| | | □ 구조대 | / |
| | | □ 다수인피난장비 | / |
| | | □ 승강식피난기 | / |
| | | □ 하향식내림식사다리 | / |
| | | □ 미끄럼봉 | / |
| | | □ 피난로프 | / |
| | | □ 공기안전메트 | / |
| | | □ 간이완강기 | / |
| | | □ 기타: | / |
| | □ 인명구조기구 | □ 방열복 | / |
| | | □ 공기호흡기 | / |
| | | □ 인공소생기 | / |
| | ☒ 유도등 | ☒ 피난구유도등 | ○ |
| | | □ 통로유도등 | / |
| | | ☒ 계단통로유도등 | ○ |
| | | □ 객석유도등 | / |
| 피난설비 | □ 유도표지 | | / |
| | ☒ 비상조명등 | | ○ |
| | □ 휴대용비상조명등 | | / |
| | □ 기타: | | / |

| | | | | | | |
|---|---|---|---|---|---|---|
| | □ 누전경보기 | | / | 소화용수설비 | □ 상수도소화용수설비 | / |
| | □ 비상경보설비 | □ 비상벨설비 | / | | ☒ 기타: 소화수조 | ○ |
| | | □ 자동식싸이렌 | / | | | |
| | | □ 단독경보형감지기 | / | 소화활동설비 | □ 제연설비 | / |
| | | □ 기타: | / | | | |
| | ☒ 비상방송설비 | | ○ | | □ 연결송수관설비 | / |
| | □ 가스누설경보기 | | / | | □ 연결살수설비 | / |
| | □ 기타 | | / | | □ 연소방지설비 | / |
| 기타 | □ 방염물품 | | / | | □ 무선통신보조설비 | / |
| □ 소방관련 사항 | | | / | | □ 비상콘센트설비 | / |
| 비고 | ※ 자동소화장치는 주방용·케비넷형·소공간 자동소화장치 및 자동확산소화장치를 말한다. | | | | | |

□ 다중이용업 소방시설 등

| | | | | | | |
|---|---|---|---|---|---|---|
| 소방시설 | 구분 | □ 소화설비 | □ 경보설비 | □ 피난설비 | □ 소화용수설비 | □ 소화활동설비 |
| | 점검결과 | | | | | |
| 방화시설 | 구분 | □ 방화문 | □ 비상구(비상탈출구) | | | |
| | 점검결과 | | | | | |
| 기타시설 | 구분 | □ 영상음향차단장치 | □ 누전차단기 | □ 피난유도선 | □ 피난안내도 | □ 방염물품 |
| | 점검결과 | | | | | |
| 비고 | ※ 방염처리여부: | | | | | |

## 4.1 소방대상물의 개요

### 가. 건축물의 개요

<table>
<tr><th colspan="7">건축물의 개요</th></tr>
<tr><td>건물명</td><td colspan="2">●●●● 주식회사</td><td>위치</td><td colspan="3">●●도 ●●시 ●●로 1234</td></tr>
<tr><td colspan="7">양식 철골/블록구조, 슈퍼테크패널/패널지붕, 지상 3층, 지하 1층, 연면적: 32,791.08 m², 1개동</td></tr>
<tr><td>건축물의 구분</td><td colspan="2">① 내화건축물<br>② 준내화건축물<br>③ 그 밖의 건축물</td><td>주요구조부의 구분</td><td colspan="3">① 내화구조<br>② 내화구조이외의 구조</td></tr>
<tr><td>주된 용도</td><td colspan="2">공장</td><td>그 밖의 사항</td><td colspan="3"></td></tr>
<tr><td rowspan="2">층별</td><td rowspan="2">바닥 면적 (m²)</td><td rowspan="2">용도 또는 실명</td><td rowspan="2">구조 (내화구조/기타)</td><td colspan="2">내장마무리</td><td rowspan="2">비고</td></tr>
<tr><td>천정</td><td>벽</td></tr>
<tr><td>지하 1층</td><td>73.7</td><td>지하실</td><td>내화구조</td><td>패널마감</td><td>패널마감</td><td></td></tr>
<tr><td>1층</td><td>16,698.795</td><td>공장, 위험물저장고 및 약품창고</td><td>내화구조</td><td>패널마감</td><td>패널마감</td><td></td></tr>
<tr><td>중층</td><td>1,328.12</td><td>공장</td><td>내화구조</td><td>패널마감</td><td>패널마감</td><td></td></tr>
<tr><td>2층</td><td>13,161.4</td><td>공장</td><td>내화구조</td><td>패널마감</td><td>패널마감</td><td></td></tr>
<tr><td>3층</td><td>1,529.06</td><td>공장</td><td>내화구조</td><td>패널마감</td><td>패널마감</td><td></td></tr>
</table>

비고

※ 건축물의 구분, 주요구조부의 구분에 대하여는 해당번호에 ○표를 한다.

※ 자체점검결과를 2년간 보관하여야 한다.

1. 소방시설점검결과보고서(소방서장에게 보고하는 경우에 한함)
2. 소방시설자체점검표

## 4.2 소화기구 종합정밀점검표

### 가. 설치상태 개요

☒ 소화기

<table>
<tr><th colspan="14" rowspan="2">항목</th><th colspan="4">결과</th></tr>
<tr><th>결과</th><th>불량 내용</th><th>조치 내용</th><th>법적 근거</th></tr>
<tr><td colspan="3" rowspan="2">소요능력 단위의수</td><td colspan="11">☒ 내화구조 및 불연·준불연 또는 난연내장재의 것<br>☐ 그 밖의 것</td><td rowspan="2">○</td><td rowspan="2"></td><td rowspan="2"></td><td rowspan="2"></td></tr>
<tr><td colspan="11">• 바닥 면적: 32,791.08 $m^2$<br>• 산출근거: 1단위/100 $m^2$<br>• 필요능력단위수: 328단위<br>• 감소 대체 소화설비: 옥내·외소화전, 스프링클러, $CO_2$ 소화설비</td></tr>
<tr><td colspan="3">부속용도의 종류</td><td colspan="11">☐ 화기사용설비 ☐ 전기설비 ☐ 소량위험물<br>☐ 특수가연물 ☐ 가스시설</td><td>/</td><td></td><td></td><td></td></tr>
<tr><td rowspan="5">소화기설치사항</td><td rowspan="2">층</td><td rowspan="2">실명(용도포함)</td><td colspan="5">종별개수</td><td rowspan="2">적응성</td><td rowspan="2">설치장소</td><td rowspan="2">표시</td><td rowspan="2">설치높이</td><td rowspan="2">배치거리</td><td rowspan="2">긴급반출여부</td><td rowspan="2"></td><td rowspan="2"></td><td rowspan="2"></td><td rowspan="2"></td></tr>
<tr><td>분말</td><td>이산화탄소</td><td>할론</td><td>기타</td><td>합계</td></tr>
<tr><td></td><td></td><td></td><td></td><td></td><td></td><td></td><td></td><td></td><td></td><td></td><td></td><td></td><td></td><td></td><td></td><td></td></tr>
<tr><td></td><td></td><td></td><td></td><td colspan="6">※ 뒷면 별지 참조</td><td></td><td></td><td></td><td></td><td></td><td></td><td></td></tr>
<tr><td></td><td></td><td></td><td></td><td></td><td></td><td></td><td></td><td></td><td></td><td></td><td></td><td></td><td></td><td></td><td></td><td></td></tr>
<tr><td colspan="3">합 계</td><td colspan="11"></td><td></td><td></td><td></td><td></td></tr>
<tr><td colspan="3">비 고</td><td colspan="15"></td></tr>
</table>

☒ 자동소화장치

| 설치수량 | | | | 항목 | | | | | | 결과 | | | |
|---|---|---|---|---|---|---|---|---|---|---|---|---|---|
| | | | | | | | | | | 결과 | 불량내용 | 조치내용 | 법적근거 |
| 종류 | | 자동확산 | 캐비넷형 | 수신부 | 감지부 | 방출구 | 경보차단장치 | 차단밸브 | 관리상태 | ○ | | | |
| 층 \ 계 | 2SET | | 2SET | | | | | | | | | | |
| 1 | 1SET | | 1SET | ○ | ○ | ○ | | | ○ | | | | |
| 2 | 1SET | | 1SET | ○ | ○ | ○ | | | ○ | | | | |
| 비고 | | | | | | | | | | | | | |

☐ 간이소화용구

| 설치수량 | | | | 항목 | | | | 결과 | | | |
|---|---|---|---|---|---|---|---|---|---|---|---|
| | | | | | | | | 결과 | 불량내용 | 조치내용 | 법적근거 |
| 종류 | 에어로졸식 | 투척용 소화용구 | 기타 | 설치장소 | | 설치수량 | 관리상태 | | | | |
| 층 \ 계 | | | | 용도 | 면적($m^2$) | | | | | | |
| | | | | | | | | | | | |
| | | | | | | | | | | | |
| 비고 | | | | | | | | | | | |

비고 ※ 1. ☐ 란에는 해당 ☐ 란에 ×표를, ":"다음에는 해당내용을 기입한다.

☐ 소화기(별지)

| 소화기설치사항 | 층 | 실명(용도포함) | 종별개수 | | | | | 적응성 | 설치장소 | 표시 | 설치높이 | 배치거리 | 긴급반출여부 | 결과 | 불량내용 | 조치내용 | 법적근거 |
|---|---|---|---|---|---|---|---|---|---|---|---|---|---|---|---|---|---|
| | | | 분말 | 이산화탄소 | 할론 | 기타 | 합계 | | | | | | | | | | |
| | 1층 | 공장 | 30 | | 20 | | 50 | ○ | ○ | ○ | ○ | ○ | ○ | ○ | | | |
| | 중층 | 공장 | 5 | 2 | | | 7 | ○ | ○ | ○ | ○ | ○ | ○ | ○ | | | |
| | 2층 | 공장 | 38 | | 53 | | 91 | ○ | ○ | ○ | ○ | ○ | ○ | ○ | | | |
| | 3층 | 공장 | 9 | | 15 | | 24 | ○ | ○ | ○ | ○ | ○ | ○ | ○ | | | |
| | 합 계 | | 82 | 2 | 88 | 0 | 172 | | | | | | | | | | |
| | 비 고 | | | | | | | | | | | | | | | | |

나. 종합정밀점검 (결과: 양호○, 요정비△, 불량×)

| 번호 | 점검항목 | 결과 | | | |
|---|---|---|---|---|---|
| | | 결과 | 불량내용 | 조치내용 | 법적근거 |
| 1 | 설치장소 | ○ | | | |
| 2 | 설치거리(보행거리) | ○ | | | |
| 3 | 적응성 | ○ | | | |
| 4 | 표시 및 표지 | ○ | | | |
| 5 | 소화약제량 | ○ | | | |
| 6 | 성상 | ○ | | | |
| 7 | 본체용기 | ○ | | | |
| 8 | 누름쇠, 레바 등 조작장치 | ○ | | | |
| 9 | 호스 | ○ | | | |
| 10 | 혼, 노즐 | ○ | | | |
| 11 | 봉판 및 패킹 | ○ | | | |
| 12 | 지시압력계(축압식) | ○ | | | |
| 13 | 캡(압력조정기) | / | | | |
| 14 | 안전핀 | ○ | | | |
| 15 | 차륜(대형 소화기에 한함) | / | | | |
| 16 | 관리상태 | ○ | | | |
| 비고 | | | | | |

## 4.3 옥내소화전설비 종합정밀점검표

## 가. 설치상태개요

| 항목 | | | | |
|---|---|---|---|---|
| 주된 수원 | 구분 | 1차 | | 2차 (옥상수조) |
| | 종별 | ☐ 고가수조 ☐ 압력수조 ☒ 그 밖의 것: 일반수조 | | |
| | 위치 | • 설치장소 ☐ 지하 ☒ 지상 ☐ 옥상 ☐ 그 밖의 것:<br>• 펌프흡입방식에 의한 분류 ☐ 부압흡입방식의 저수조 ☒ 정압흡입방식의 저수조 | | |
| | 수량 | • 총보유량: 1800 $m^3$<br>• 소화전유효수량: 13 $m^3$ ☐ 전용 ☒ 겸용 | | |
| 가압송수장치 | 설치위치 | 1층 펌프실 | 압력조정장치 | ☒ 유 ☐ 무 |
| | 펌프방식 | 펌프 전동기 | ☐ 전용 ☒ 겸용 | • 토출량: 7,570 ℓ/min*2 |
| | | | • 전양정: 102 m*2 | • 직경: 300*200 mm |
| | | | • 전압: DC 24 V*2 | • 출력: 185 kW*2 |
| | | 물올림장치 | • 유효수량: ℓ | • 급수배관구경: mm |
| | | | • 감수경보의 종별 및 표시장소: | |
| | | 기동용수압 개폐장치 | ☒ 압력챔버 ☐ 전자식 ☐ 기계식<br>• 용량: 200 ℓ | • 사용압력: 2.0 MPa |
| | 고가수조방식 | • 유효낙차: m | | |
| | 압력탱크방식 | • 탱크가압압력: MPa | | • 용량: ℓ |
| | | • 에어콤푸레샤 용량: $m^3$/min | | • 동력: kW |
| 보조용고가(또는 옥상)수조 | | • 유효수량 $m^3$ | | |
| 소화전 | • 총설치개수: 38 개 | • 가장 많이 설치된 층의 소화전수: 16 개 | | |
| 기동장치 | ☐ on/off 방식 ☒ 기동용수압개폐장치 ☐ 그 밖의 것:<br>주펌프기동 기동 0.8 MPa 정지 1.0 MPa<br>예비펌프기동 기동 0.7 MPa 정지 1.0 MPa<br>충압펌프기동 기동 0.9 MPa 정지 1.0 MPa | | | |
| 표시등 | ☐ 전용 ☒ 자동화재탐지설비와 겸용(점멸) | | | |
| 배관 | 배관 | 입상관 | ☒ 직경: 300 mm ☐ 전용 ☒ 겸용 | |
| | | 재질 | ☐ KSD 3562 ☒ KSD 3507 ☐ 그 밖의 것: | |
| | 이음 | ☐ 프랜지 ☒ 그 밖의 것: 전기용접 | | |
| | 밸브 | 개폐밸브 | ☒ KS: 10 K ☐ 그 밖의 것: | |
| | | 체크밸브 | ☒ KS: 10 K ☐ 그 밖의 것: | |
| | 방식조치 | ☒ 방식테이프감기 ☐ 라이닝관 ☒ 그 밖의 것: 광명단칠 | | |
| 송수구 | ☐ 단구형: 개 ☒ 쌍구형: 5 개 ☒ 설치위치: 생산동 입구 좌측 도로변 | | | |
| 배선 | 비상전원회로 | ☐ 내화전선 ☐ 전선관매설 ☒ 그 밖의 것: 엔진펌프 | | |
| | 조작회로 | ☒ 내열전선 ☒ 전선관노출 ☒ 전선관매설 ☐ 그 밖의 것: | | |
| 비상전원 | ☐ 자가발전설비 ☐ 축전지설비 ☒ 그 밖의 것: 엔진펌프 | | | |
| 비고 ※ ☐ 란에는 해당 시설(요소)에 "×"표를, ":"의 다음에는 정밀점검실시 후 그 결과를 기재한다. (이하 같다) | | | | |

## 나. 종합정밀점검 (결과: 양호○, 요정비△, 불량×)

| 번호 | 점검항목 | 결과 | | | |
|---|---|---|---|---|---|
| | | 결과 | 불량 내용 | 조치 내용 | 법적 근거 |
| 1. 수원 | • 주된 수원의 저수량<br>• 다른 설비와 겸용의 경우 후드밸브 또는 흡수구의 위치<br>• 수원의 수질<br>• 옥상수조의 저수량 | ○<br>○<br>○<br>/ | | | |
| 2. 수조 | • 점검의 편의성<br>• 동결방지조치(또는 동결 우려 없는 장소의 환경)상태<br>• 수위계(또는 수위확인 조치)<br>• 수조 외측사다리(바닥보다 낮은 경우 제외)<br>• 조명설비(또는 채광상태)<br>• 배수밸브 또는 배수관<br>• "옥내소화전용 수조"의 표지 설치상태<br>• 수조내부 청소상태 및 방청조치 | ○<br>○<br>○<br>○<br>○<br>○<br>○<br>○ | | | |
| 3. 가압 송수 장치 | • 펌프설치장소의 점검편의성 및 화재·침수 등 재해방지환경<br>• 동결방지조치(또는 동결의 우려가 없는 장소의 환경)상태<br>• 옥내소화전 동시상용시 방수압 및 방수량<br>• 다른 설비와 펌프를 겸용하는 경우 소화용으로 사용시 장애 발생여부<br>• 기동스위치 또는 수압개폐장치의 기능<br>• 펌프성능시험배관 상태(구경 포함)<br>• 펌프 흡입측 연성계·진공계 및 토출측 압력계 설치상태<br>• 수온상승방지 밸브 설치위치·배관규격, 그 밖의 설치상태 및 릴리프 밸브 개방압력<br>• 충압펌프용량·양정 및 "옥내소화전용 충압펌프"의 표지 설치상태<br>• 물올림장치 용량·배관 및 보급수 보급상태<br>• 물올림장치의 감수시 자동급수 및 저수위 경보작동상태<br>• 내연기관의 경우 기동장치 및 축전지 상태<br>• 가압송수장치의 "옥내소화전펌프"의 표지 설치상태<br>• 고가수조의 경우 낙차·급수관 및 오버플로우관의 상태<br>• 압력수조의 경우 수조의 내용적·내용적과 저수량의 비율·가압가스의 평상시 압력·수위계·급수관·급기관·맨홀·압력계·연성계·안전장치 및 압력저하방지장치 설치상태 | ○<br>○<br>○<br>○<br>○<br>○<br>○<br>○<br>○<br>/<br>/<br>○<br>○<br>/<br>/ | | | |
| 4. 배관 및 밸브류 | • 배관의 재질<br>• 다른 설비와 급수배관을 겸용하는 경우 소화용으로의 사용시 장애 발생여부<br>• 흡입측 배관의 공기고임방지조치 및 여과장치 상태<br>• 주배관 및 가지배관의 구경<br>• 펌프성능시험배관의 구경 및 설치상태 | ○<br>○<br>○<br>○<br>○ | | | |

| 번호 | 점검항목 | 결과 | | | |
|---|---|---|---|---|---|
| | | 결과 | 불량 내용 | 조치 내용 | 법적 근거 |
| | • 유량측정장치의 용량 및 설치(또는 유량측정장치 설치 생략 시 펌프토출량의 적합 여부) 상태<br>• 동결장치조치(또는 동결우려가 없는 장소의 환경)상태<br>• 개폐표지형밸브의 종류·설치위치 및 기능<br>• 다른 설비의 배관과의 구분방식 및 상태<br>• 입상배관의 지지 및 수평배관의 행가의 배치간격·설치상태 및 지지하중<br>• 후드밸브의 규격 및 누수량<br>• 체크밸브의 종류·규격·설치위치 및 상태 | ○<br>○<br>○<br>○<br>○<br>/<br>○ | | | |
| 5. 옥내소화전 옥외송수구 | • 설치장소 및 위치(높이 포함)<br>• 개폐밸브 설치금지 여부<br>• 송수구간 이격거리<br>• 송수구의 규격 및 접결나사의 보호상태<br>• 자동배수밸브·체크밸브의 설치위치 및 상태 | ○<br>○<br>○<br>○<br>○ | | | |
| 6. 옥내소화전 설비의 함 등 | • 문의 크기·표지 및 개방의 용이성 및 장애물 설치여부등 사용상의 편의상태<br>• 기동스위치 방식의 경우 그 위치 및 기능<br>• 방수구의 규격·수평거리·높이 및 밸브조작의 부드러움 등 사용상의 편의성<br>• 방수압력이 0.7MPa 초과하는 경우 감압조치<br>– 감압조치한 방수구의 위치: 전공장<br>– 감압조치 후 방수압력: 0.7MPa 미만<br>• 방수구와 호스의 접결상태, 호스의 구경·적재상태(긴급사용 편의) 및 설치개수<br>• 호스와 관창의 접결상태 및 관창의 설치개수 (직사형: 개, 방사형: 38개)<br>• 표시등의 설치상태 | ○<br>/<br>○<br>○<br>○<br>○<br>○ | | | |
| 7. 전원 및 배선 | • 수전전압에 따른 배선방식<br>• 비상전원 설치장소의 점검편의성 및 화재·침수 등 재해방지 환경<br>• 비상전원의 종류 및 용량<br>• 상용전원의 전력공급중단시 비상전원의 자동 전력공급 상태<br>• 비상전원의 설치장소·조명·방화구획 및 비상전원설비 외 다른 설비·물품의 설치 또는 비치여부<br>• 각 배선의 절연저항<br>• 내화 및 내열배선 적합여부 | ○<br>○<br>○<br>○<br>○<br>○<br>○ | | | |
| 8. 제어반 | • 각 펌프의 작동표시등 및 음향경보기능 상태<br>• 각 펌프의 자동 및 수동으로의 작동 및 중단기능<br>• 비상전원이 있는 경우 상용 및 비상전원 공급여부 확인 | ○<br>○<br>○ | | | |

<table>
<tr><th rowspan="2">번호</th><th rowspan="2">점검항목</th><th colspan="4">결과</th></tr>
<tr><th>결과</th><th>불량<br>내용</th><th>조치<br>내용</th><th>법적<br>근거</th></tr>
<tr><td></td><td>• 수조 또는 물올림탱크의 저수위 표시 및 경보기능<br>• 예비전원 확보상태 및 적합여부 시험기능<br>• 모든 확인회로의 도통·작동시험기능 및 결과<br>• 설치장소의 점검의 편의성 및 화재·침수 등 재해방지환경<br>• 감시제어반 전용실을 설치하는 경우 방화구획·설치장소·조명·급배기설비·무선기기접속단자·최소면적 및 정리상태<br>• 다른 설비와 제어반을 겸용하는 경우 소화용으로의 사용시 장애 발생여부<br>• 동력제어반의 설치장소·용도표지<br>• 각 배선의 절연저항</td><td>○<br>○<br>○<br>○<br>○<br>○<br>○<br>○</td><td></td><td></td><td></td></tr>
<tr><td>9.<br>전동기</td><td>• 베이스에 고정 및 커플링 결합상태<br>• 원활한 회전 여부(진동 및 소음 상태)<br>• 운전시 과열 발생여부<br>• 본체의 방청의 보존상태</td><td>○<br>○<br>○<br>○</td><td></td><td></td><td></td></tr>
<tr><td>10</td><td colspan="5">※ 펌프성능시험결과표
<table>
<tr><th colspan="2">구분</th><th>체절<br>운전</th><th>정격운전<br>(100%)</th><th>정격유량의<br>150%운전</th><th>적정여부</th></tr>
<tr><td rowspan="2">토출량<br>(ℓ/min)</td><td>주</td><td>0</td><td>7,570</td><td>11,355</td><td rowspan="4">1. 체절운전시 토출압은 정격토출압의 140% 이하일 것(○)<br>2. 정격운전시 토출량과 토출압이 규정치 이상일 것(○) (펌프 명판 및 설계치 참조)<br>3. 정격토출량 150%에서 토출압이 정격토출압의 65% 이상일 것(○)</td></tr>
<tr><td>예비</td><td>0</td><td>7,570</td><td>11,345</td></tr>
<tr><td rowspan="2">토출압<br>(MPa)</td><td>주</td><td>1.35</td><td>1.02</td><td>0.7</td></tr>
<tr><td>예비</td><td>1.33</td><td>1.02</td><td>0.68</td></tr>
</table>
설정압력:<br>• 주펌프 기동: 0.8 MPa, 정지: 1.0 MPa<br>• 예비펌프 기동: 0.7 MPa, 정지: 1.0 MPa<br>• 충압펌프 기동: 0.9 MPa, 정지: 1.0 MPa<br><br>※ 릴리프 밸브 작동 압력: 1.2 MPa 미만</td></tr>
</table>

## 4.4 스프링클러 설비 종합정밀점검표

### 가. 설치상태개요

<table>
<tr><th colspan="6">항목</th></tr>
<tr><td>방식</td><td colspan="3">☒ 폐쇄형습식 ☐ 폐쇄형건식 ☐ 준비작동식<br>☐ 일제살수식 ☐ 부압식</td><td colspan="2">간이 ☐ 상수도직결형<br>☐ 캐비닛형<br>☐ 그 밖의 것</td></tr>
<tr><td rowspan="4">수원</td><td>구분</td><td colspan="4">1차</td></tr>
<tr><td>종별</td><td colspan="4">☒ 일반수조 ☐ 고가수조 ☐ 압력수조 ☐ 그 밖의 것:</td></tr>
<tr><td>위치</td><td colspan="4">• 설치장소 ☐ 지하 ☒ 지상 ☐ 옥상 ☐ 그 밖의 것:<br>• 펌프흡입방식에 의한 분류 ☐ 부압흡입방식의 저수조<br>☒ 정압흡입방식의 저수조</td></tr>
<tr><td>수량</td><td colspan="4">• 보유량: 1800 $m^3$ • 유효수량: 32 $m^3$ ☐ 전용 ☒ 겸용</td></tr>
<tr><td rowspan="10">가압<br>송수<br>장치</td><td>설치위치</td><td colspan="2">1층 펌프실</td><td>압력조정장치</td><td>☒ 유 ☐ 무</td></tr>
<tr><td rowspan="6">펌프방식</td><td rowspan="3">펌프전동기</td><td colspan="3">☐ 전용 ☒ 겸용 토출량: 7,570 ℓ/min*2</td></tr>
<tr><td colspan="3">• 전양정: 102 m*2 • 구경: (300*200 mm)*2</td></tr>
<tr><td colspan="3">• 전압: DC24V*2 • 출력: 185 kW*2</td></tr>
<tr><td rowspan="2">물올림장치</td><td colspan="3">• 유효수량: ℓ • 급수방식: • 급수배관: mm</td></tr>
<tr><td colspan="3">• 감수경보의 종별 및 표시장소:</td></tr>
<tr><td>기동용수압<br>개폐장치</td><td colspan="3">☒ 압력챔버 ☐ 전자식 ☐ 기계식<br>• 용량: 200 ℓ • 사용압력: 2.0 MPa</td></tr>
<tr><td>고가수조방식</td><td colspan="4">• 유효낙차: m</td></tr>
<tr><td rowspan="2">압력탱크방식</td><td colspan="4">• 탱크가압압력: MPa • 용량: ℓ</td></tr>
<tr><td colspan="4">• 에어콤프레샤 용량: $m^3$/min • 동력: kW</td></tr>
<tr><td colspan="2">보조용고가(또는 옥상)수조</td><td colspan="4">• 유효수량: $m^3$</td></tr>
<tr><td rowspan="5">헤드</td><td colspan="5">☒ 폐쇄형설치층: 전 층<br>(형식승인번호 제 호 표시온도: 72 ℃ 설치개수: 3615 개)</td></tr>
<tr><td colspan="5">☐ 폐쇄형설치층: 층<br>(형식승인번호 제 호 표시온도: ℃ 설치개수: 개)</td></tr>
<tr><td colspan="5">☐ 간이형설치층: 층<br>(형식승인번호 제 호 표시온도: ℃ 설치개수: 개)</td></tr>
<tr><td colspan="5">☐ 개방형설치층: 층 (형식승인번호 제 호 설치개수: 개)</td></tr>
<tr><td colspan="5">☐ 드라이팬던트형: 전 층 (표시온도: ℃ 설치개수: 개)</td></tr>
<tr><td>일제<br>개방<br>밸브</td><td colspan="5">☐ 감압개방 ☐ 가압개방 형식승인번호 제 호 ☐ 직경 mm<br>• 설치개수: 개</td></tr>
<tr><td>준비<br>작동<br>밸브</td><td colspan="5">☐ 감압개방 ☐ 가압개방 형식승인번호 제 호 ☐ 직경 mm<br>• 설치개수: 개</td></tr>
</table>

<table>
<tr><td rowspan="3">방수<br>구역</td><td colspan="3">• 방수구역수: 구역 *개방형 스프링클러방식이 아니므로 미기재</td></tr>
<tr><td colspan="3">• 최대방수구역: $m^2$ • 헤드개수: 개 *상동</td></tr>
<tr><td colspan="3">• 최소방수구역: $m^2$ • 헤드개수: 개 *상동</td></tr>
<tr><td rowspan="2">기동<br>장치</td><td colspan="2">펌프기동</td><td>☒ 기동용수압개폐장치 ☒ 유수검지장치 □ 그 밖의 것:</td></tr>
<tr><td colspan="2">방수기동</td><td>☒ 스프링클러헤드 □ 감지기 □ 수동기동밸브</td></tr>
<tr><td rowspan="2">유수<br>검지<br>장치</td><td colspan="2">☒ 유수검지장치</td><td>형식승인번호 제 호 ☒ 직경 150 mm<br>• 설치개수: 12 개</td></tr>
<tr><td colspan="2">경보</td><td>☒ 자동화재탐지설비 ☒ 전기식 □ 기계식</td></tr>
<tr><td rowspan="6">배관</td><td rowspan="2">배관</td><td>입상관</td><td>☒ 직경: 300 mm □ 전용 ☒ 겸용</td></tr>
<tr><td>재질</td><td>□ KSD 3562 ☒ KSD 3507 □ 소방용합성수지배관<br>□ 그 밖의 것:</td></tr>
<tr><td>이음</td><td colspan="2">□ 용접/나사 □ 그루브 □ 프랜지 ☒ 그 밖의 것: 전기용접</td></tr>
<tr><td rowspan="2">밸브</td><td>개폐밸브</td><td>☒ KS: 10 K □ 그 밖의 것:</td></tr>
<tr><td>체크밸브</td><td>☒ KS: 10 K □ 그 밖의 것:</td></tr>
<tr><td>방식<br>조치</td><td colspan="2">☒ 방식테이프감기 □ 라이닝관 ☒ 그 밖의 것: 광명단칠</td></tr>
<tr><td>송수구</td><td colspan="3">□ 단구형: 개 ☒ 쌍구형: 5 개 ☒ 설치위치: 생산동 입구 좌측 도로변</td></tr>
<tr><td rowspan="2">배선</td><td colspan="2">비상전원회로</td><td>□내화전선 □ 전선관매설 ☒ 그 밖의 것: 엔진펌프</td></tr>
<tr><td colspan="2">조작회로</td><td>☒ 내열전선 ☒ 전선관노출 ☒ 전선관매설 □ 그 밖의 것:</td></tr>
<tr><td>비상<br>전원</td><td colspan="3">□ 비상전원수전설비 □ 자가발전설비 □ 축전지설비<br>☒ 그 밖의 것: 엔진펌프</td></tr>
<tr><td>비고</td><td colspan="3">※ 형식승인번호는 소방시설성능시험표만 해당</td></tr>
</table>

## 나. 종합정밀점검 (결과: 양호○, 요정비△, 불량×)

| 번호 | 점검항목 | 결과 | | | |
|---|---|---|---|---|---|
| | | 결과 | 불량 내용 | 조치 내용 | 법적 근거 |
| 1. 수원 | • 주된 수원의 저수량 | ○ | | | |
| | • 옥상수조의 저수량 | / | | | |
| | • 다른 설비와 겸용의 경우 후드밸브 또는 흡수구의 위치 | ○ | | | |
| | • 수원의 수질 | ○ | | | |
| 2. 수조 | • 점검의 편의성 | ○ | | | |
| | • 동결방지조치(또는 동결 우려 없는 장소의 환경)상태 | ○ | | | |
| | • 수위계(또는 수위확인 조치) | ○ | | | |
| | • 수조 외측사다리(바닥보다 낮은 경우 제외) | ○ | | | |
| | • 조명설비(또는 채광상태) | ○ | | | |
| | • 배수밸브 또는 배수관 | ○ | | | |
| | • "(간이)스프링클러용 수조"의 표지 설치상태 | ○ | | | |
| | • 수조와 주배관 접속부의 "(간이)스프링클러용 배관"의 표지 설치상태 | ○ | | | |
| | • 수조내부 청소상태 및 방청조치 | ○ | | | |
| 3. 가압 송수 장치 | • 펌프설치장소의 점검편의성 및 화재·침수 등 재해방지 환경 | ○ | | | |
| | • 동결방지조치(또는 동결의 우려가 없는 장소의 환경)상태 | ○ | | | |
| | • 일제개방밸브 및 준비작동식밸브 작동시 펌프 순차기동 여부 | / | | | |
| | • 헤드의 최고방수압력 제한(1.2MPa 이하) 적합여부 | ○ | | | |
| | • 다른 설비와 펌프를 겸용하는 경우 소화용으로 사용시 장애발생여부 | ○ | | | |
| | • 기동스위치 또는 수압개폐장치의 기능 | ○ | | | |
| | • 펌프성능시험배관 상태(구경 포함) | ○ | | | |
| | • 펌프 흡입측 연성계(진공계) 및 토출측 압력계 설치상태 | ○ | | | |
| | • 수온상승방지밸브설치위치·배관규격 그 밖의 설치상태 및 릴리프 밸브 개방압력 | ○ | | | |
| | • 물올림장치 용량·배관 및 보급수 보충상태 | / | | | |
| | • 물올림장치의 감수시 자동급수 및 저수위 경보작동상태 | / | | | |
| | • 충압펌프용량·양정 및 표지 | ○ | | | |
| | • 내연기관의 경우 기동장치 및 축전지 상태 | ○ | | | |
| | • 소화용도 표지 | ○ | | | |
| | • 고가수조의 경우 낙차·급수관 및 오버플로우관의 상태 | / | | | |
| | • 경우 수조의 내용적·내용적과 저수량의 비율·가압가스의 평상시 압력·수위계·급수관·급기관·맨홀·압력계·안전장치 및 압력저하 방지장치 설치상태 | / | | | |
| 4. 방호 구역 등 | • 방호구역의 면적 | ○ | | | |
| | • 유수검지장치 및 일제개방밸브의 배치 층의 구분(설치위치) | ○ | | | |
| | • 유수검지장치 및 일제개방밸브의 설치높이·전용실 점검구의 규격·위치 및 표지 | ○ | | | |
| | • 헤드로의 급수가 유수검지장치 및 일제개방밸브의 경과여부 | ○ | | | |
| | • 자연낙차에 의한 유수압력과 유수검지장치의 유수검지압력 적정여부 | / | | | |
| | • 일제개방밸브의 방수구역 및 헤드의 설치개수 | / | | | |

| 번호 | 점검항목 | 결과 | | | |
|---|---|---|---|---|---|
| | | 결과 | 불량내용 | 조치내용 | 법적근거 |
| 5. 배관 및 밸브류 | • 배관의 재질 | ○ | | | |
| | • 다른 설비와 급수배관을 겸용하는 경우 소화용으로의 사용시 장애발생 여부 | ○ | | | |
| | • 흡입측 배관의 공기고임방지조치 및 여과장치상태 | ○ | | | |
| | • 급수배관의 구경 | ○ | | | |
| | • 가지배관의 배열 및 최대헤드 설치개수 제한 | ○ | | | |
| | • 가지배관의 상호위치 및 최소구경 | ○ | | | |
| | • 청소구·개폐밸브의 규격 및 나사보호 상태 | ○ | | | |
| | • 헤드의 종류(☒ 상향형 ☒ 하향형 □ 측벽형)의 선택상태 | ○ | | | |
| | • 하향식헤드의 경우 헤드접속배관과의 분기위치 | ○ | | | |
| | • 건식배관의 경우 수평배관의 기울기 | / | | | |
| | • 2차 측의 개폐표시형밸브·배수장치 및 압력스위치의 설치 및 상태 | / | | | |
| | • 유수검지장치용 시험장치의 위치·배관의 구경·장소 및 오리피스의 설치상태 | ○ | | | |
| | • 입상배수배관의 구경 | ○ | | | |
| | • 주차장의 경우 스프링클러 설비 방식 | / | | | |
| | • 유량측정장치의 용량 및 설치상태 | ○ | | | |
| | • 동결방지조치 또는 동결우려가 없는 장소의 환경상태 | ○ | | | |
| | • 개폐표시형밸브의 종류·설치위치 및 기능 | ○ | | | |
| | • 개폐밸브의 템퍼스위치 설치(또는 시건장치의 설치 및 열쇠보관) 상태 | ○ | | | |
| | • 다른 설비의 배관과의 구분방식 및 상태 | ○ | | | |
| | • 입상배관의 지지 및 수평배관의 행가 배치간격·설치상태 및 지지하중 | ○ | | | |
| | • 다른 설비와 겸용의 경우 후드밸브 또는 흡수구의 위치 | ○ | | | |
| 6. 음향장치 | • 유수검지장치 사용의 경우 유수검지와 음향장치의 연동 | ○ | | | |
| | • 일제개방밸브 사용의 경우 화재감지기와 음향장치의 연동 | / | | | |
| | • 교차회로방식 화재감지기 경우 1회로 화재감지시 음향장치와 연동 | / | | | |
| | • 음향장치의 종류 및 배치 | ○ | | | |
| 7. 펌프 및 일제개방밸브 작동신호 | • 펌프장치의 작동신호 수신 및 작동상태 | | | | |
| | □ 유수검지장치의 유수신호 | / | | | |
| | □ 수압개폐장치의 작동신호 | / | | | |
| | ☒ 유수검지장치 또는 수압개폐장치에 의한 신호 혼용 | ○ | | | |
| | • 일제개방밸브(준비작동밸브)의 작동체계, 신호 수신 및 작동상태 | | | | |
| | □ 화재감지회로에 의한 화재감지신호 | / | | | |
| | □ 수압개폐장치의 작동신호 | / | | | |
| | □ 폐쇄형하향식헤드의 경우 화재감지기 회로방식 | / | | | |
| | □ 수동기동(전기식 및 배수식) 장치와 연동 | / | | | |
| | □ 화재감지기의 종류 및 감지면적 | / | | | |
| | □ 화재감지기 회로의 발신기의 설치상태 | / | | | |

| 번호 | 점검항목 | 결과 | | | |
|---|---|---|---|---|---|
| | | 결과 | 불량내용 | 조치내용 | 법적근거 |
| 8. 스프링클러헤드 | • 스프링클러헤드를 설치하여야 할 장소의 헤드설치 누락여부 | ○ | | | |
| | • 스프링클러헤드의 배치거리 및 수평거리 | ○ | | | |
| | • 무대부 또는 연소우려 있는 개구부의 경우 개방형헤드 설치상태 | / | | | |
| | • 폐쇄형헤드 설치장소의 최고 주위온도와 표시온도 | ○ | | | |
| | • 스프링클러헤드 주위의 살수장애 상태 | ○ | | | |
| | • 스프링클러헤드의 반사판의 설치상태 | ○ | | | |
| | • 경사진 천장의 경우 스프링클러헤드의 배치상태 | / | | | |
| | • 연소우려있는 개구부에 대한 스프링클러헤드의 배치상태 | / | | | |
| | • 측벽형헤드의 경우 배치상태 | / | | | |
| | • 설치위치와 보의 수평거리 | ○ | | | |
| 9. 스프링클러 옥외 송수구 | • 설치장소 및 위치(높이 포함) | ○ | | | |
| | • 개폐밸브 설치장소 및 조작을 위한 편의성 상태 | ○ | | | |
| | • 송수구의 규격 및 접결나사의 보호상태 | ○ | | | |
| | • 송수구의 송수압력표시 | ○ | | | |
| | • 송수구간 이격거리 | ○ | | | |
| | • 송수구의 송수담당 면적 송수구의 개수 | ○ | | | |
| | • 자동배수밸브·체크밸브의 설치위치 및 상태 | ○ | | | |
| 10. 제어반 | [감시제어반] | | | | |
| | • 각 펌프의 작동표시등 및 음향경보 기능 | ○ | | | |
| | • 각 펌프의 자동 또는 수동의 작동 및 중단기능 | ○ | | | |
| | • 비상전원 및 상용전원의 공급여부 확인 | ○ | | | |
| | • 수조 또는 물올림탱크의 저수위 표시 및 경보기능 | ○ | | | |
| | • 예비전원 확보상태 및 적합여부 시험기능 | ○ | | | |
| | • 전용실을 설치하는 경우 그 장소위치·방화구획·조명·급배기설비·무선통신기기접속단자·최소면적 및 정리상태 | ○ | | | |
| | • 점검의 편의성 및 화재·침수등 재해방지환경 | ○ | | | |
| | • 유수검지장치 또는 일제개방밸브의 작동여부표시 및 경보기능 | ○ | | | |
| | • 화재감지기 회로사용의 경우 경계회로별 화재표시 기능 | ○ | | | |
| | • 모든 확인회로의 도통시험·작동시험 기능 및 결과 | ○ | | | |
| | • 감시제어반과 자동화재탐지설비 수신기의 별도장소 설치시 상호 통화장치 기능 | / | | | |
| | • 다른 설비와 제어반을 겸용하는 경우 스프링클러 설비의 사용시 장애발생여부 | ○ | | | |
| | • 각 배선의 절연저항 | ○ | | | |
| | [동력제어반] | | | | |
| | • 소방용으로의 표시 | ○ | | | |
| | • 설치장소 및 위치 | ○ | | | |
| | • 각 펌프의 작동표시등 | ○ | | | |
| | • 각 펌프의 자동 또는 수동의 작동 및 중단기능 | ○ | | | |
| | • 각 배선의 절연저항 | ○ | | | |

| 번호 | 점검항목 | 결과 | | | |
|---|---|---|---|---|---|
| | | 결과 | 불량내용 | 조치내용 | 법적근거 |
| 11. 배선 | • 내화 및 내열배선 적합여부 | ○ | | | |
| 12. 전동기 | • 베이스에 고정 및 커플링 결합상태<br>• 원활한 회전 여부(진동 및 소음 상태)<br>• 운전시 과열 발생여부<br>• 베어링부의 윤활유 충진상태 및 변질여부<br>• 본체의 방청의 보존상태 | ○<br>○<br>○<br>○<br>○ | | | |
| 13. 스프링클러헤드 설치제외 등 | • 스프링클러헤드 설치제외 장소<br>• 드렌처설비 설치상태 | ○<br>/ | | | |
| 14. 비상발전설비 | • 자동전환여부<br>• 발전기 정상 가동상태 | / | | | |
| 15 | (아래 펌프성능시험결과표 참조) | | | | |

15

※ 펌프성능시험결과표

| 구분 | | 체절운전 | 정격운전 (100%) | 정격유량의 150%운전 | 적정여부 |
|---|---|---|---|---|---|
| 토출량 (ℓ/min) | 주 | 0 | 7,570 | 11,355 | 1. 체절운전시 토출압은 정격토출압의 140% 이하일 것(○)<br>2. 정격운전시 토출량과 토출압이 규정치 이상일 것(○)<br>(펌프 명판 및 설계치 참조)<br>3. 정격토출량 150%에서 토출압이 정격토출압의 65% 이상일 것(○) |
| | 예비 | 0 | 7,570 | 11,345 | |
| 토출압 (MPa) | 주 | 1.35 | 1.02 | 0.7 | |
| | 예비 | 1.33 | 1.02 | 0.68 | |

**설정압력:**

- 주펌프　기동: 0.8 MPa, 정지: 1.0 MPa
- 예비펌프 기동: 0.7 MPa, 정지: 1.0 MPa
- 충압펌프 기동: 0.9 MPa, 정지: 1.0 MPa

※ 릴리프 밸브 작동 압력: 1.2 MPa 미만

비고

※ 1. 스프링클러 설비 단위별로 작성한다.

2. 방수압력의 측정은 스프링클러 설비의 오리피스 선단에서의 피토게이지압력으로 한다.

## 4.5 이산화탄소소화설비 종합정밀점검표

### 가. 설치상태개요(생산동 1층)

| 항목 | | | |
|---|---|---|---|
| 저장방식 | ☒ 고압식　□ 저압식 | | |
| 설비방식 | ☒ 전역방출방식　□ 국소방출방식　□ 이동식 | | |
| 기동방식 | ☒ 자동　□ 수동전기식　☒ 수동가스압식　□ 그 밖의 것: | | |
| 용기 개방장치 | 전기식 | • 최다개방용기개수: | • 전자개방밸브개수: |
| | 가스압력식 | • 기동용기개수: 3 | • 최다개방용기개수: 42 |
| 용기 개수등 | 45 kg　68 ℓ　42 개　• 설치장소: 생산동 1층 약제저장실 | | |
| 제어반 설치위치 | ☒ 제어반: 생산동 1층 약제저장실　□ 화재수신기 겸용: | | |
| 배출조치 | □ 전용배출기　☒ 겸용배출기　□ 자연배기 | | |
| 방호 구역수 | 3 구역 | | |
| 전원 | ☒ 직류　24 V　□ 교류　V | | |
| 음향경보 | □ 방송　☒ 모터사이렌　□ 벨　□ 부저　□ 그 밖의 것: | | |
| 표시 | ☒ 수동기동장치표시　☒ 선택밸브의 방호구역표시　□ 방호구역표시 | | |
| 화재감지 | □ 자동화재탐지설비　☒ 그 밖의 것: A·B 감지기(교차회로) | | |
| 조작요령 | ☒ 자동<br>• 화재감지<br>• 음향경보장치기동<br>☒ 화재표시경보<br>☒ 환기장치정지<br>□ 출입문 등 개구부 자동폐쇄장치 기동<br>☒ 화재경보 후 소화약제방출장치<br>작동지연시간: 30 초<br>• 용기개방자동장치<br>• 소화약제방출<br>□ 개구부 등에 대한 가스압자동폐쇄장치기동<br>☒ 소화약제 방출표시등 점등 | ☒ 수동<br>• 화재 확인<br>• 음향경보장치기동<br>☒ 화재표시경보<br>• 기동장치기동<br>• 피난확인 후 소화설비기동<br>☒ 환기장치 기동<br>□ 출입문 등 자동폐쇄장치 기동<br>□ 가스압자동폐쇄장치 기동<br>☒ 소화약제방출표시등 점등 | |
| 기기등의 규격 | 용기 | ☒ 고압가스안전관리법에 의한 용기검사 결과: 양호 | |
| | 배관재질 | □ KSD 3562 이음없는 탄소강관　• SCH: | |
| | | □ KSD 5301 이음없는 동·동합금강관　• SCH: | |
| | | • 관 이음쇠 내압력: 1차 측　MPa　2차 측　MPa | |
| | | • 밸브류의 내압력:　MPa | |
| | 호스릴 | •　개　• 설치위치:　• 내압력:　MPa | |
| 비상전원 | □ 자가발전설비　☒ 축전지설비 | | |
| 비고 | ※ 배관재질항목 중 KSD, SCH 및 호스릴 내압력은 소방시설성능시험표 해당 | | |

## 나. 종합정밀점검 (결과: 양호○, 요정비△, 불량×)

| 번호 | 점검항목 | 결과 | | | |
|---|---|---|---|---|---|
| | | 결과 | 불량 내용 | 조치 내용 | 법적 근거 |
| 1. 저장용기 | • 설치장소의 방화구역·방호구역과의 분리 및 표지(방호구역 외 보관시) | ○ | | | |
| | • 저장용기(☒ 고압식 □ 저압식)의 충전비 | ○ | | | |
| | • 저압식의 경우 안전밸브 및 봉판의 작동압력 | / | | | |
| | • 저압식의 경우 액면계·압력계 및 입력강하경보장치의 기능 | / | | | |
| | • 저압식의 경우 자동냉동장치의 기능 | / | | | |
| | • 개방밸브의 개방방식(□ 전기식 ☒ 가스압력식 □ 기계식) 및 자동·수동 개방기능 | ○ | | | |
| | • 개방밸브의 안전장치의 기능 | ○ | | | |
| | • 저장용기와 선택밸브(또는 개폐밸브)사이의 안전장치의 작동압력 | ○ | | | |
| 2. 소화약제 | • 소화약제 총저장량 | ○ | | | |
| | • 전역방출방식의 경우 각 방호구역 체적별 방호대상종류별 소화약제 배정량 | ○ | | | |
| | • 국소방출방식의 경우 방호공간별·방호대상종류별 소화약제저장량 | / | | | |
| | • 호스릴 방식의 경우 노즐별 소화약제 저장량 | / | | | |
| 3. 기동장치 | ☒ 수동식기동장치 | | | | |
| | • 방호구역별 또는 방호대상별 설치위치(높이 포함) 및 기능 | ○ | | | |
| | • 조작부의 보호판 및 기동장치의 표지상태 | ○ | | | |
| | • 전원 및 위치표시등 상태 | ○ | | | |
| | • 음향경보장치와 연동기능 | ○ | | | |
| | • 방출지연비상스위치 작동상태 | / | | | |
| | ☒ 자동식기동장치(자동식기동장치가 설치된 것에 한한다) | | | | |
| | • 수동기동 기능유무 및 상태 | ○ | | | |
| | • 전기식 기동장치의 경우 저장용기에 대한 전자개방밸브의 배치 적정여부 및 전자개방밸브의 설치 | / | | | |
| | • 가스압력식 기동장치의 경우 기동용가스용기의 용적·충전량·충전비 및 안전밸브의 적정여부 | ○ | | | |
| | • 기계식 기계장치의 경우 개방장치의 시험작동상태 | / | | | |
| 4 | • 소화약제 방사표시등 설치위치 및 점등상태 | ○ | | | |
| 5. 제어반 및 화재표시등 | • 자동화재탐지설비 수신기로 제어반과 화재표시반을 대신하는 경우 자동화재탐지설비 수신기의 정상 기능유무 | ○ | | | |
| | • 제어반의 신호수신 방법·상태, 음향경보장치의 작동, 소화약제 방출 및 방출시간 지연 등의 기능상태 | ○ | | | |
| | • 화재표시반의 각 방호구역별 음향경보장치 작동과 감지기작동의 명시표시, 벨 및 부저 등 경보기의 기능상태 | ○ | | | |
| | • 수동식 기동장치 작동시 화재표시반의 방출 스위치의 작동표시등의 점등상태 | ○ | | | |

| 번호 | 점검항목 | 결과 | | | |
|---|---|---|---|---|---|
| | | 결과 | 불량 내용 | 조치 내용 | 법적 근거 |
| | • 화재표시반의 소화약제 방출표시등의 점등상태<br>• 자동식기동장치방식의 경우 자동·수동 절환기능 절환표시등의 점등상태<br>• 제어반 및 화재표시반의 설치장소·환경 적정여부 및 점검의 용이성 여부<br>• 제어반 및 화재표시반의 취급설명서의 비치 및 적합여부 | ○<br>○<br>○<br>○ | | | |
| 6. 배관등 | • 전용여부<br>• 2 이상의 방호구역(또는 방호대상물)에 대하여 할로겐화합물저장용기를 공용하는 경우 선택밸브의 배치, 설치장소 적정여부 및 표시상태 | ○<br>○ | | | |
| 7. 분사헤드 | ☒ 전역방출방식<br>• 헤드배치 및 설치위치(신속 균일한 확산가능 위치) 적합여부<br>☐ 국소방출방식<br>• 헤드의 설치장소 적합여부<br>☐ 호스릴방식<br>• 방호대상물과 호오스접결구의 수평거리 적합여부<br>• 소화약제저장용기 및 호스릴 설치장소 일치여부<br>• 소화약제저장용기의 위치표시등 설치 및 점등상태 | ○<br>/<br>/<br>/<br>/ | | | |
| 8. 화재감지기 | (자동식기동장치를 설치하는 경우에 한한다)<br>• 각 방호구역 내 화재감지기의 감지에 의한 기동장치 작동여부<br>• 교차회로(또는 복합형감지기) 설치여부 및 상태<br>• 화재감지기의 종류 적합여부<br>• 교차회로의 경우 화재감지기의 담당 바닥 면적 적합여부 | ○<br>○<br>○<br>○ | | | |
| 9. 개구부의 자동폐쇄장치 | • 환기장치 자동정지기능 적합여부<br>• 개구부 및 통기구의 자동폐쇄장치 설치 및 기능의 적합여부<br>• 자동폐쇄장치의 복구장치의 위치 및 표지 적합여부 | / | | | |
| 10 | • 비상전원 확보상태 적합여부<br>• 방호구역 내 상시근무인원의 유무(유·무로 표기) | ○<br>무 | | | |

다. 약제저장량 점검 리스트(전기실) (결과: 양호○, 요정비△, 불량×)

| 설치위치 | 용기 No. | 실내온도 (℃) | 약제높이 (cm) | 충전량 (압)(kg) | 손실량 (kg) | 점검 결과 | 비고 |
|---|---|---|---|---|---|---|---|
| 약제저장실 | 1 | 18 | 95 | 44.43 | | ○ | 손실량 5% 초과시 불량 |
| | 2 | | 93 | 43.74 | | ○ | |
| | 3 | | 93 | 43.74 | | ○ | |
| | 4 | | 96 | 44.77 | | ○ | |
| | 5 | | 95 | 44.43 | | ○ | |
| | 6 | | 93 | 43.74 | | ○ | |
| | 7 | | 95 | 44.43 | | ○ | |
| | 8 | | 93 | 43.74 | | ○ | |
| | 9 | | 94 | 44.09 | | ○ | |
| | 10 | | 95 | 44.43 | | ○ | |
| | 11 | | 94 | 44.09 | | ○ | |
| | 12 | | 95 | 44.43 | | ○ | |
| | 13 | | 94 | 44.09 | | ○ | |
| | 14 | | 94 | 44.09 | | ○ | |
| | 15 | | 95 | 44.43 | | ○ | |
| | 16 | | 93 | 43.74 | | ○ | |
| | 17 | | 94 | 44.09 | | ○ | |
| | 18 | | 95 | 44.43 | | ○ | |
| | 19 | | 93 | 43.74 | | ○ | |
| | 20 | | 94 | 44.09 | | ○ | |
| | 21 | | 94 | 44.09 | | ○ | |
| | 22 | | 95 | 44.43 | | ○ | |
| | 23 | | 94 | 44.09 | | ○ | |
| | 24 | | 93 | 43.74 | | ○ | |
| | 25 | | 95 | 44.43 | | ○ | |
| | 26 | | 94 | 44.09 | | ○ | |
| | 27 | | 96 | 44.77 | | ○ | |

Appendix

# 부록

1. 소방 관련 도시 기호
2. 소방시설 점검표 작성(예시)
3. NFPC(국가화재성능기준) 용어정리

# 부록 1. 소방 관련 도시 기호

| 분류 | 명칭 | | 도시기호 |
|---|---|---|---|
| 배관 | 일반배관 | | |
| | 옥내 · 외 소화전 | | —— H —— |
| | 스프링클러 | | —— SP —— |
| | 물분무 | | —— WS —— |
| | 포소화 | | —— F —— |
| | 배수관 | | —— D —— |
| | 전선관 | 입상 | |
| | | 입하 | |
| | | 통과 | |
| 관이음쇠 | 후렌지 | | |
| | 유니온 | | |
| | 플러그 | | |
| | 90° 엘보 | | |
| | 45° 엘보 | | |
| | 티 | | |
| | 크로스 | | |
| | 맹후렌지 | | |
| | 캡 | | |

| 분류 | 명칭 | 도시기호 |
|---|---|---|
| 헤드류 | 스프링클러헤드폐쇄형 상향식(평면도) | |
| | 스프링클러헤드폐쇄형 하향식(평면도) | |
| | 스프링클러헤드개방형 상향식(평면도) | |
| | 스프링클러헤드개방형 하향식(평면도) | |
| | 스프링클러헤드폐쇄형 상향식(계통도) | |
| | 스프링클러헤드폐쇄형 하향식(입면도) | |
| | 스프링클러헤드폐쇄형 상 · 하향식(입면도) | |
| | 스프링클러헤드 상향형(입면도) | |
| | 스프링클러헤드 하향형(입면도) | |
| | 분말 · 탄산가스 · 할로겐헤드 | |
| | 연결살수헤드 | |
| | 물분무헤드(평면도) | |
| | 물분무헤드(입면도) | |
| | 드랜쳐헤드(평면도) | |
| | 드랜쳐헤드(입면도) | |
| | 포헤드(평면도) | |
| | 포헤드(입면도) | |
| | 감지헤드(평면도) | |

| 분류 | 명칭 | 도시기호 | 분류 | 명칭 | 도시기호 |
|---|---|---|---|---|---|
| 헤드류 | 감지헤드(입면도) | | 밸브류 | 릴리프밸브 (이산화탄소용) | |
| | 청정소화약제방출헤드 (평면도) | | | 릴리프밸브 (일반) | |
| | 청정소화약제방출헤드 (입면도) | | | 동체크밸브 | |
| 밸브류 | 체크밸브 | | | 앵글밸브 | |
| | 가스체크밸브 | | | FOOT밸브 | |
| | 게이트밸브(상시개방) | | | 볼밸브 | |
| | 게이트밸브(상시폐쇄) | | | 배수밸브 | |
| | 선택밸브 | | | 자동배수밸브 | |
| | 조작밸브(일반) | | | 여과망 | |
| | 조작밸브(전자식) | | | 자동밸브 | G |
| | 조작밸브(가스식) | | | 감압밸브 | R |
| | 경보밸브(습식) | | | 공기조절밸브 | |
| | 경보밸브(건식) | | 계기류 | 압력계 | |
| | 프리액션밸브 | P | | 연성계 | |
| | 경보델류지밸브 | D | | 유량계 | M |
| | 프리액션밸브수동조작함 | SVP | 소화전 | 옥내소화전함 | |
| | 플렉시블조인트 | | | 옥내소화전 방수용기구병설 | |
| | 솔레노이드 밸브 | S | | 옥외소화전 | H |
| | 모터밸브 | M | | 포말소화전 | F |

| 분류 | 명칭 | 도시기호 | 분류 | 명칭 | 도시기호 |
|---|---|---|---|---|---|
| 소화전 | 송수구 | | 경보설비기기류 | 차동식 스포트형 감지기 |  |
| | 방수구 | | | 보상식 스포트형 감지기 |  |
| 스트레이너 | Y형 | | | 정온식 스포트형 감지기 |  |
| | U형 | | | 연기감지기 |  S |
| 저장탱크류 | 고가수조 (물올림장치) | | | 감지선 | 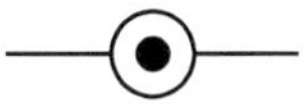 |
| | 압력챔버 | | | 공기관 | |
| | 포말원액탱크 | (수직) (수평) | | 열전대 | |
| | | | | 열반도체 |  |
| 레듀셔 | 편심레듀셔 | | | 차동식 분포형 감지기의 검출기 |  |
| | 원심레듀셔 | | | 발신기세트 단독형 |  D |
| 혼합장치류 | 프레져 푸로포셔너 | | | 발신기세트 옥내소화전내장형 |  P B L |
| | 라인푸로포셔너 | | | 경계구역번호 |  |
| | 프레져사이드 푸로포셔너 | | | 비상용누름버튼 |  F |
| | 기타 | P | | 비상전화기 |  ET |
| 펌프류 | 일반펌프 | | | 비상벨 |  B |
| | 펌프모터(수평) | M | | 사이렌 | 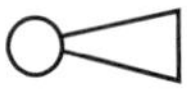 |
| | 펌프모토(수직) | M | | 모터사이렌 |  M |
| | | | | 전자사이렌 |  S |
| 저장용기류 | 분말약제 저장용기 | P.D | | 조작장치 |  E P |
| | 저장용기 | | | 증폭기 |  AMP |

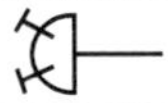

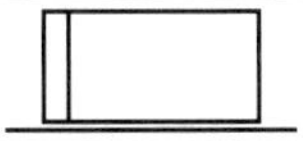

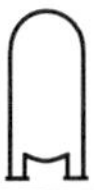

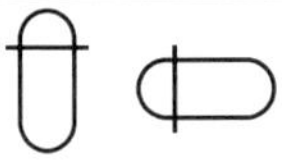

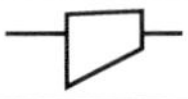

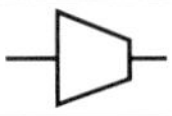

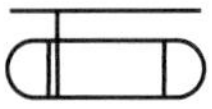

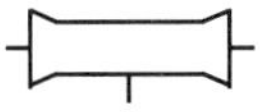

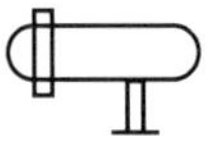

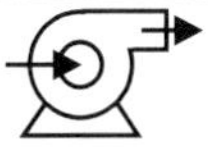

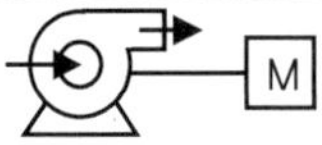

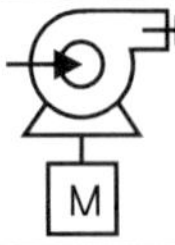

| 분류 | 명칭 | 도시기호 |
|---|---|---|
| 경보설비기기류 | 기동누름버튼 | E |
| | 이온화식감지기<br>(스포트형) | S I |
| | 광전식연기감지기<br>(아나로그) | S A |
| | 광전식연기감지기<br>(스포트형) | S P |
| | 감지기간선,<br>HIV1.2mm×4(22C) | — F //// |
| | 감지기간선,<br>HIV1.2mm×8(22C) | — F //// //// |
| | 유도등간선<br>HIV2.0mm×3(22C) | —— EX —— |
| | 경보부저 | BZ |
| | 제어반 | |
| | 표시반 | |
| | 회로시험기 | |
| | 화재경보벨 | B |
| | 시각경보기<br>(스트로브) | |
| | 수신기 | |
| | 부수신기 | |
| | 중계기 | |
| | 표시등 | |
| | 피난구유도등 | |
| | 통로유도등 | |
| | 표시판 | |
| | 보조전원 | T R |

| 분류 | | 명칭 | 도시기호 |
|---|---|---|---|
| 경보설비기기류 | | 종단저항 | Ω |
| 제연설비 | | 수동식제어 | |
| | | 천장용 배풍기 | |
| | | 벽부착용 배풍기 | |
| | 배풍기 | 일반배풍기 | |
| | | 관로배풍기 | |
| | 댐퍼 | 화재댐퍼 | |
| | | 연기댐퍼 | |
| | | 화재/연기댐퍼 | |
| 스위치류 | | 압력스위치 | PS |
| | | 탬퍼스위치 | T S |
| 방연·방화문 | | 연기감지기(전용) | S |
| | | 열감지기(전용) | |
| | | 자동폐쇄장치 | ER |
| | | 연동제어기 | |
| | | 배연창기동모터 | M |
| | | 배연창수동조작함 | |
| 피뢰침 | | 피뢰부(평면도) | |
| | | 피뢰부(입면도) | |
| | | 피뢰도선 및<br>지붕 위 도체 | |

| 분류 | 명칭 | 도시기호 | 분류 | 명칭 | 도시기호 |
|---|---|---|---|---|---|
| 제연설비 | 접지 | | 기타 | 비상콘센트 | |
| | 접지저항 측정용단자 | | | 비상분전반 | |
| 소화기류 | ABC소화기 | 소 | | 가스계소화설비의 수동조작함 | RM |
| | 자동확산 소화기 | 자 | | 전동기구동 | M |
| | 자동식소화기 | 소 | | 엔진구동 | E |
| | 이산화탄소 소화기 | C자 | | 배관행거 | |
| | 할로겐화합물 소화기 | | | 기압계 | |
| 기타 | 안테나 | | | 배기구 | |
| | 스피커 | | | 바닥은폐선 | |
| | 연기 방연벽 | | | 노출배선 | |
| | 화재방화벽 | | | 소화가스패키지 | PAC |

# 부록 2. 소방시설 점검표 작성(예시)

**[소방시설 자체점검 등에 관한 고시 별지 제2호 서식]**

**– 목차 –**

1. 소방대상물의 개요표
2. 소화기구(수동식·자동식 소화기, 간이소화용구)
3. 옥내·외소화전 설비
4. 스프링클러 설비(간이스프링클러 설비 포함), 물분무소화 설비
5. 포소화 설비
6. 이산화탄소·할로겐화합물·청정소화약제·분말소화 설비
7. 자동화재탐지 설비·자동화재속보 설비·시각경보기
8. 통합감시시설
9. 누전경보기
10. 가스누설경보기
11. 비상경보설비·비상벨·자동식 싸이렌·단독경보형감지기
12. 비상방송설비
13. 피난기구·인명구조기구
14. 유도등·유도표지·비상조명등
15. 휴대용비상조명등
16. 소화용수설비
17. 제연설비
18. 특별피난계단의 계단실 및 부속실의 제연설비
19. 연결송수관·연결살수설비·연소방지설비
20. 무선통신보조설비·비상콘센트설비
21. 다중이용업의 소방시설등
22. 기타설비

작성요령) 소방안전관리자가 자체점검을 실시하거나 소방시설관리업체에서 점검 후 점검표는 설치된 소방시설에 대해서만 작성하여 첨부하며, 목차는 해당 시설만을 순서대로 기재하거나 굵게 표시한다.

## 1. 소방대상물의 개요표

### 가. 건축물의 개요

| 건축물의 개요 | | | |
|---|---|---|---|
| 건물명 | ○○○빌딩 | 위치 | ○○도 ○○시 ○○구 ○가 ○번지 |
| 양식, 철근콘크리트조, 슬라브지붕, 지상 6층, 지하 2층, 연면적 : 10,867.025 $m^2$ 1개동 | | | |
| 건축물의 구분 | 1. 내화건축물<br>2. 준내화건축물<br>3. 그 밖의 건축물 | 주요구조부의 구분 | 1. 내화구조<br>2. 내화구조 이외의 구조 |
| 주된 용도 | 근린생활 및 업무시설 | 그 밖의 사항 | |

| 층별 | 바닥 면적 ($m^2$) | 용도 또는 실명 | 구조 (내화구조/기타) | 내장마무리 | | 비고 |
|---|---|---|---|---|---|---|
| | | | | 천정 | 벽 | |
| 지하 2층 | 1618.315 | 기계실, 주차장 | 내화구조 | 철근콘크리트 | 철근콘크리트 | |
| 지하 1층 | 1618.315 | 판매시설, 주차장 | 내화구조 | 불연텍스/ 철근콘크리트 | 철근콘크리트 | |
| 1층 | 1399.129 | 업무시설 | 내화구조 | 불연재 텍스 | 철근콘크리트 | |
| 2층 | 1267.181 | 업무시설 | 내화구조 | 불연재 텍스 | 철근콘크리트 | |
| 3층 | 1262.894 | 업무시설 | 내화구조 | 불연재 텍스 | 철근콘크리트 | |
| 4층 | 1377.132 | 업무시설 | 내화구조 | 불연재 텍스 | 철근콘크리트 | |
| 5층 | 1539.932 | 회의실 (예식장 겸용) | 내화구조 | 불연재 텍스 | 철근콘크리트 | |
| 6층 | 791.4 | 근린생활시설 (식당) | 내화구조 | 불연재 텍스 | 철근콘크리트 | 휴업중 |

※ 건축물의 구분, 주요구조부의 구분에 대하여는 해당번호에 ○표를 한다.

※ 비고란은 신축, 증축, 개축 등의 내용을 기재한다.

※ 자체점검결과를 2년간 보관하여야 한다.

1. 소방시설점검결과보고서(소방서장에게 보고하는 경우에 한함)
2. 소방시설자체점검표

## 나. 소방시설

| 구분 | 해당설비 | | 점검결과 | 구분 | 해당설비 | | 점검결과 |
|---|---|---|---|---|---|---|---|
| 소화설비 | ☒ 소화기구 | ☒ 수동식소화기 | △ | 피난설비 | ☒ 피난기구 | ☐ 피난사다리 | / |
| | | ☐ 자동식소화기 | / | | | ☒ 완강기 | △ |
| | | ☒ 간이소화용구 | △ | | | ☐ 구조대 | / |
| | ☒ 옥내소화전설비 | | ○ | | | ☐ 미끄럼봉 | / |
| | ☐ 옥외소화전설비 | | / | | | ☐ 피난로프 | / |
| | ☒ 스프링클러설비 | | ○ | | | ☐ 공기안전메트 | / |
| | ☐ 간이스프링클러설비 | | / | | | ☐ 간이완강기 | / |
| | ☐ 물분무소화설비 | | / | | | ☐ 기타 : | / |
| | ☒ 포소화설비 | | △ | | ☐ 인명구조기구 | ☐ 방열복 | / |
| | ☐ 이산화탄소소화설비 | | / | | | ☐ 공기호흡기 | / |
| | ☒ 할로겐화합물소화설비 | | △ | | | ☐ 인공소생기 | / |
| | ☐ 분말소화설비 | | / | | ☒ 유도등 | ☒ 피난구유도등 | △ |
| | ☐ 청정약제소화설비 | | / | | | ☒ 통로유도등 | △ |
| | ☐ 화재조기진압용스프링클러설비 | | / | | | ☐ 객석유도등 | / |
| | ☐ 기타 : | | / | | ☐ 유도표지 | | / |
| 경보설비 | ☒ 자동화재탐지설비및시각경보기 | | △ | | ☒ 비상조명등 | | ○ |
| | ☐ 통합감시시설 | | / | | ☒ 휴대용비상조명등 | | ○ |
| | ☐ 자동화재속보설비 | | / | | ☐ 기타 : | | / |
| | ☐ 누전경보기 | | / | 소화용수설비 | ☐ 상수도소화용수설비 | | / |
| | ☐ 비상경보설비 | ☐ 비상벨설비 | / | | ☐ 기타 : | | / |
| | | ☐ 자동식싸이렌 | / | 소화활동설비 | ☒ 제연설비 | | ○ |
| | | ☐ 단독경보형감지기 | / | | ☒ 연결송수관설비 | | ○ |
| | | ☐ 기타 : | / | | ☒ 연결살수설비 | | ○ |
| | ☒ 비상방송설비 | | ○ | | ☐ 연소방지설비 | | / |
| | ☒ 가스누설경보기 | | ○ | | ☒ 무선통신보조설비 | | ○ |
| | ☐ 기타 | | / | | ☒ 비상콘센트설비 | | ○ |
| 기타 | ☒ 방염물품 | | ○ | ☒ 소방관련 사항 : 피난계단·출입문 | | | ○ |
| 비고 | | | | | | | |

다. 다중이용업 소방시설 등

<table>
<tr><td rowspan="2">소방<br>시설</td><td>구분</td><td>☒ 소화설비</td><td>☒ 경보설비</td><td>☒ 피난설비</td><td>☐ 소화용수설비</td><td>☐ 소화활동설비</td></tr>
<tr><td>점검<br>결과</td><td>○</td><td>○</td><td>△</td><td>/</td><td>/</td></tr>
<tr><td rowspan="2">방화<br>시설</td><td>구분</td><td>☒ 출입문</td><td>☒ 비상구<br>(비상탈출구)</td><td></td><td></td><td></td></tr>
<tr><td>점검<br>결과</td><td></td><td></td><td></td><td></td><td></td></tr>
<tr><td rowspan="2">기타<br>시설</td><td>구분</td><td>☒ 영상음향<br>차단장치</td><td>☒ 누전차단기</td><td>☐ 피난유도선</td><td>☐ 방염물품</td><td></td></tr>
<tr><td>점검<br>결과</td><td>○</td><td>○</td><td>/</td><td>△</td><td></td></tr>
<tr><td>비고</td><td colspan="6">※ 방염처리여부: 지하 1층 노래방 방염 처리된다.</td></tr>
</table>

※ 소방시설, 다중이용업란의 □란에는 해당 시설에 ×를 한다.

※ 점검결과란은 양호○, 불량×, 해당 없는 항목은 /표시를 한다.

※ 비고란에는 점검항목대로 기재하기 곤란하거나 점검항목에서 없는 사항을 기재한다.

## 2. 소화기구

(결과: 양호○, 요정비△, 불량×)

| 구분 | 점검항목 | 점검내용 | 점검결과 결과 | 불량내용 | 조치내용 | 비고 |
|---|---|---|---|---|---|---|
| 소화기구 | 설치장소 | • 통행 또는 피난에의 장애여부<br>• 소화약제는 동결·변질 등의 우려가 없고 사용하기 쉬운 위치에 설치여부 | ○<br>○ | | | |
| | 설치간격 | • 보행거리가 규정치 이하인가 여부 | ○ | | | • 소형: 20m<br>• 대형: 30m |
| | 적응성 | • 설치장소에 적응하는 소화기인가의 여부 | ○ | | | |
| | 위치표지 | • 설치 위치표지 부착 여부 | ○ | | | • 바닥에서 1.5m 이하 |
| | 본체용기 | • 변형·손상·현저한 부식 등의 여부 | ○ | | | |
| | 누름쇠, 레바등의 조작장치 | • 변형·손상 등이 없고 정확한 장치 여부 | ○ | | | |
| | 캡 | • 변형·손상 등이 없고 정확한 결합 여부 | ○ | | | |
| | 호스·혼·노즐 | • 본체 용기와의 정확한 결합 여부<br>• 이산화탄소소화기는 혼 손잡이의 탈락 여부 | ○<br>○ | | | |
| | 지시압력계 | • 지시압력치의 적정 여부 | ○ | | | 축압식소화기 (녹색범위) |
| | 소화약제 | • 분말소화약제와 고체화된 것이 있는가의 여부 | ○ | | | |
| | 안전핀 | • 봉인의 탈락 여부 | ○ | | | |

| 구분 | 설치장소(층별) | 종류 및 규격 | 보유수량 | 합격수량 | 불량수량 | 설치장소(층별) | 종류 및 규격 | 보유수량 | 합격수량 | 불량수량 |
|---|---|---|---|---|---|---|---|---|---|---|
| 보유현황 | 지하 2층 | 분말/3.3K | 7 | 7 | | 4층 | 분말/3.3K | 2 | 2 | |
| | | 자동확산 | 2 | 2 | | 5층 | 분말/3.3K | 2 | 2 | |
| | 지하 1층 | 분말/3.3K | 3 | 3 | | 6층 | 분말/3.3K | 2 | 2 | |
| | 1층 | 분말/3.3K | 3 | 3 | | | 자동확산 | 2 | 1 | 1 |
| | 2층 | 분말/3.3K | 5 | 5 | | 총계 | 분말/3.3K | 26 | 26 | |
| | 3층 | 분말/3.3K | 2 | 2 | | | 자동확산 | 4 | 3 | 1 |
| 비고 | ※ 6층 식당 주방에 설치된 자동확산소화기의 내압의 축압정도를 측정 확인하는 내장전지의 노후로 측정이 곤란하다. : 내장전지의 교체요망 | | | | | | | | | |

### 3. 옥내·외소화전 설비 (양호○, 요정비△, 불량×)

<table>
<tr><th rowspan="2">구분</th><th rowspan="2" colspan="3">점검항목</th><th rowspan="2">점검내용</th><th colspan="3">점검결과</th><th rowspan="2">종별, 제원, 규격 등</th></tr>
<tr><th>결과</th><th>불량 내용</th><th>조치 내용</th></tr>
<tr><td rowspan="6">수원</td><td colspan="3">물의상태</td><td>• 현저한 부패, 부유물, 침전물 등의 여부</td><td>○</td><td></td><td></td><td rowspan="6">(수원)<br>• 종류 :<br>1차 : 지상수조<br>2차 : 옥상수조<br>• 수량 :<br>1차 : 21.2 ($m^3$)<br>2차 : 7 ($m^3$)<br>(스프링클러 겸용)</td></tr>
<tr><td colspan="3" rowspan="2">급수장치</td><td>• 변형·손상, 현저한 부식 등의 여부</td><td>○</td><td></td><td></td></tr>
<tr><td>• 기능의 정상 여부</td><td>○</td><td></td><td></td></tr>
<tr><td colspan="3">수위계</td><td>• 정상적인 작동여부</td><td>○</td><td></td><td></td></tr>
<tr><td colspan="3">저수위 경보장치</td><td>• 정상적인 작동여부</td><td>○</td><td></td><td></td></tr>
<tr><td colspan="3">밸브류</td><td>• 개폐조작이 쉬운지의 여부</td><td>○</td><td></td><td></td></tr>
<tr><td rowspan="6">전동기제어장치</td><td colspan="3">개폐기 및 스위치류</td><td>• 단자가 고정되어 있고 기능의 정상 여부</td><td>○</td><td></td><td></td><td rowspan="6">(전동기제어장치)<br>• 전압계 : 380V<br>• 전류계 : 35A<br>• 자동·수동<br>• 절환상태 :<br>양호, 불량</td></tr>
<tr><td colspan="3">퓨즈류</td><td>• 적정한 종류 및 용량을 사용하는가의 여부</td><td>○</td><td></td><td></td></tr>
<tr><td colspan="3">계전기</td><td>• 기능의 정상 여부</td><td>○</td><td></td><td></td></tr>
<tr><td colspan="3">표시등</td><td>• 정상적인 점등 여부</td><td>○</td><td></td><td></td></tr>
<tr><td colspan="3">절환장치</td><td>• 자동·수동 절환장치의 정상 여부(평상시 자동 상태)</td><td>○</td><td></td><td></td></tr>
<tr><td colspan="3">결선접속</td><td>• 단선·단자의 풀림·탈락·손상 등의 유무</td><td>○</td><td></td><td></td></tr>
<tr><td rowspan="2">기동장치</td><td colspan="3">기동조작부</td><td>• 직접조작부 및 원격조작부 기능의 정상 여부</td><td>○</td><td></td><td></td><td rowspan="2">• 설정압력 :<br>• 주펌프<br>기동: 3.5 $kg_f/cm^2$<br>정지: 6 $kg_f/cm^2$<br>• 충압펌프<br>기동: 4.5 $kg_f/cm^2$<br>정지: 6 $kg_f/cm^2$</td></tr>
<tr><td colspan="3">기동용 수압개폐 장치</td><td>• 압력스위치의 단자가 고정되어 있으며 작동압력치가 적정한지의 여부</td><td>○</td><td></td><td></td></tr>
<tr><td rowspan="4">가압송수장치</td><td rowspan="4">펌프방식</td><td rowspan="4">전동기</td><td>회전축</td><td>• 원활한 회전 여부</td><td>○</td><td></td><td></td><td rowspan="4">• 전동기출력:<br>15 HP<br>11 kW</td></tr>
<tr><td>베어링부</td><td>• 윤활유의 변질 등이 없고 필요량 충전여부</td><td>○</td><td></td><td></td></tr>
<tr><td>축부속</td><td>• 풀려 있거나 기능의 정상 여부</td><td>○</td><td></td><td></td></tr>
<tr><td>본체</td><td>• 기능의 정상 여부</td><td>○</td><td></td><td></td></tr>
</table>

<table>
<tr><th rowspan="2">구분</th><th rowspan="2" colspan="3">점검항목</th><th rowspan="2">점검내용</th><th colspan="3">점검결과</th><th rowspan="2">종별, 제원, 규격 등</th></tr>
<tr><th>결과</th><th>불량 내용</th><th>조치 내용</th></tr>
<tr><td rowspan="10">가압송수장치</td><td rowspan="8">펌프방식</td><td rowspan="3">내연기관</td><td>연료</td><td>● 연료탱크 정상(20분 이상) 및 누수 여부</td><td>/</td><td></td><td></td><td rowspan="3"></td></tr>
<tr><td>축전지</td><td>● 정상전압·전류 여부</td><td>/</td><td></td><td></td></tr>
<tr><td>본체</td><td>● 윤활유 적정 여부</td><td>/</td><td></td><td></td></tr>
<tr><td rowspan="5">펌프</td><td>회전축</td><td>● 원활한 회전 여부</td><td>○</td><td></td><td></td><td rowspan="5">● 주펌프<br>- 양정: 70 m<br>- 토출량: 300ℓ/min<br>● 전동기<br>- 종류: 3상유도<br>- 용량: 15 HP</td></tr>
<tr><td>베어링부</td><td>● 윤활유의 오염, 변질 등이 없고 필요량 충전 여부</td><td>○</td><td></td><td></td></tr>
<tr><td>그랜드부</td><td>● 현저한 누수의 유무</td><td>○</td><td></td><td></td></tr>
<tr><td>연성계 및 압력계</td><td>● 정상 작동여부</td><td>○</td><td></td><td></td></tr>
<tr><td>성능</td><td>● 정상여부 (성능시험을 통해서)</td><td>○</td><td></td><td></td></tr>
<tr><td colspan="3">고가수조방식</td><td>● 압력의 정상여부</td><td>/</td><td></td><td></td><td></td></tr>
<tr><td colspan="3">압력수조방식</td><td>● 압력저하 방지 장치의 정상작동 여부</td><td>/</td><td></td><td></td><td></td></tr>
<tr><td rowspan="3">물올림장치</td><td colspan="3">밸브류</td><td>● 개폐조작이 쉬운지의 여부</td><td>/</td><td></td><td></td><td rowspan="3">● 수량: ℓ</td></tr>
<tr><td colspan="3">자동급수장치</td><td>● 변형·손상, 현저한 부패 등의 여부<br>● 수량이 감수(2/3)시 자동급수 여부</td><td>/</td><td></td><td></td></tr>
<tr><td colspan="3">저수위 경보장치</td><td>● 변형·손상, 현저한 부식 등의 여부<br>● 수량이 감수(1/2)시 저수위경보 작동 여부</td><td>/</td><td></td><td></td></tr>
<tr><td>비고</td><td colspan="8">

※ 펌프성능시험결과표

<table>
<tr><th>구분</th><th>체절운전</th><th>정격운전 (100%)</th><th>정격유량의 150%운전</th><th>적정여부</th></tr>
<tr><td>토출량 (ℓ/min)</td><td>0</td><td>300</td><td>450</td><td rowspan="2">1. 체절운전시 토출압은 정격토출압의 140% 이하 (○)<br>2. 정격운전시 토출량과 토출압이 규정치 이상 (○)<br>(펌프 명판 및 설계치 참조)<br>3. 정격토출량 150%에서 토출압이 정격토출압의 65% 이상 (○)</td></tr>
<tr><td>토출압 ($kg_f/cm^2$)</td><td>9.8</td><td>7.0</td><td>4.55</td></tr>
</table>

※ 릴리프밸브 작동 압력 : 9.5 $kg_f/cm^2$ 미만

</td></tr>
</table>

| 구분 | 점검항목 | 점검내용 | 점검결과: 결과 | 점검결과: 불량내용 | 점검결과: 조치내용 | 종별, 제원, 규격 등 |
|---|---|---|---|---|---|---|
| 배관 | 밸브류 | • 개폐조작이 쉬운지의 여부 | ○ | | | • 주관경: 100 mm<br>• 가지관경: 40 mm |
| | 배관 | • 새거나 변형·손상의 여부<br>• 보온조치 여부 | ○<br>○ | | | |
| | 여과장치 | • 여과망의 변형·이물질의 축적 등의 유무 | ○ | | | |
| | 순환배관 | • 변형·손상·기능(체절압력에서 작동) 정상 여부 | ○ | | | |
| 소화전함등 | 호스 및 노즐, 개폐밸브 | • 손상, 현저한 부식 등이 없고 결합이 쉬운지의 여부 | ○ | | | • 기동방식<br>- 수동기동방식<br>- 자동기동방식<br>• 방수압력: 옥탑층 4.3 $kg_f/cm^2$ 양호, 불량<br>• 방수량: 옥탑층 228 ℓ/min 양호, 불량 |
| | 위치 표시등 | • 손상·탈락·깨진 전구등이 없는지의 여부 | ○ | | | |
| | 펌프기동 표시등 | • 손상·탈락·깨진 전구등이 없는지의 여부<br>• 송수펌프기동시 점등 여부 | ○<br>○ | | | |
| | 기동스위치 (수동기동 방식) | • 손상·탈락 등이 없는지의 여부 | ○ | | | |
| | "조작방법" 표지 | • "조작방법" 표지 부착 여부 | ○ | | | |
| | 감압밸브 | • 손상·변형 및 밸브누수 여부 | ○ | | | |
| 송수구 | | • 패킹의 노화 및 호스결합 여부<br>• 소방차진입로 확보 및 장애물 여부 | ○<br>○ | | | |
| ※ 주요기능 점검사항 | | • 펌프성능시험배관을 이용한 펌프 성능시험<br>• 최상층의 소화전을 이용한 방수시험, 방수상태 확인<br>• 최상층의 소화전 개방시 송수펌프 자동기동 및 기동표시등 점등확인<br>• 제어반(자탐용수신반)의 펌프기동 스위치가 자동상태인지 확인<br>• 주배관 개폐밸브 개방 확인<br>• 비상전원의 절환 확인 | ○<br>○<br>○<br>○<br>○<br>○ | | | |
| 전원 | 비상전원 | 비상전원으로의 절환 여부 | ○ | | | 자가발전설비<br>축전지설비 |

| 구분 | 층별(동별) | 설치수량 | 층별(동별) | 설치수량 | 층별(동별) | 설치수량 |
|---|---|---|---|---|---|---|
| 설치개수 | 지하 2층 | 2 | 3층 | 2 | 옥탑층 | 1 |
| | 지하 1층 | 2 | 4층 | 2 | | |
| | 1층 | 2 | 5층 | 2 | | |
| | 2층 | 2 | 6층 | 1 | 총계 | 14 |
| 비고 | | | | | | |

## 4. 스프링클러소화 설비(간이스프링클러소화 설비)·물분무소화 설비

(양호○, 요정비△, 불량×)

| 구분 | 점검항목 | | | 점검내용 | 점검결과 | | | 종별, 제원, 규격 등 |
|---|---|---|---|---|---|---|---|---|
| | | | | | 결과 | 불량 내용 | 조치 내용 | |
| 수원 | 물의 상태 | | | • 현저한 부패, 부유물, 침전물 등의 여부 | ○ | | | (수원)<br>• 종류:<br>1차: 지상수조<br>2차: 옥상수조<br>• 수량:<br>1차: 21.2 ($m^3$)<br>2차: 7 ($m^3$)<br>(옥내소화전 겸용) |
| | 급수장치 | | | • 변형·손상, 현저한 부식 등의 여부<br>• 기능의 정상 여부 | ○<br>○ | | | |
| | 수위계 | | | • 정상적인 작동여부 | ○ | | | |
| | 저수위 경보장치 | | | • 정상적인 작동여부 | ○ | | | |
| | 밸브류 | | | • 개폐조작이 쉬운지의 여부 | ○ | | | |
| 전동기제어장치 | 개폐기 및 스위치류 | | | • 단자가 고정되어 있고 기능의 정상 여부 | ○ | | | (전동기제어장치)<br>• 전압계: 380 V<br>• 전류계: 35 A<br>• 자동·수동<br>• 절환상태:<br>양호, 불량 |
| | 퓨즈류 | | | • 적정한 종류 및 용량을 사용하는가의 여부 | ○ | | | |
| | 계전기 | | | • 기능의 정상 여부 | ○ | | | |
| | 표시등 | | | • 정상적인 점등 여부 | ○ | | | |
| | 절환장치 | | | • 자동·수동 절환장치의 정상 여부 (평상시 자동 상태) | ○ | | | |
| | 결선접속 | | | • 단선·단자의 풀림·탈락·손상 등의 유무 | ○ | | | |
| 기동장치 | 기동조작부 | | | • 직접조작부 및 원격조작부 기능의 정상 여부 | ○ | | | • 설정압력:<br>• 주펌프<br>기동: 4 $kg_f/cm^2$<br>정지: 5.5 $kg_f/cm^2$<br>• 충압펌프<br>기동: 4.3 $kg_f/cm^2$<br>정지: 5.5 $kg_f/cm^2$ |
| | 기동용 수압개폐장치 | | | • 압력스위치의 단자가 고정되어있으며 작동 압력치가 적정한지의 여부 | ○ | | | |
| 가압송수장치 | 펌프방식 | 전동기 | 회전축 | • 원활한 회전 여부 | ○ | | | • 전동기출력:<br>40 HP<br>30 kW |
| | | | 베어링부 | • 윤활유의 변질 등이 없고 필요량 충전여부 | ○ | | | |
| | | | 축부속 | • 풀려 있거나 기능의 정상 여부 | ○ | | | |
| | | | 본체 | • 기능의 정상 여부 | ○ | | | |

| 구분 | 점검항목 | | | 점검내용 | 점검결과 | | | 종별, 제원, 규격 등 |
|---|---|---|---|---|---|---|---|---|
| | | | | | 결과 | 불량내용 | 조치내용 | |
| 가압송수장치 | 펌프방식 | 내연기관 | 연료 | • 연료탱크 정상(20분 이상) 및 누수 여부 | / | | | |
| | | | 축전지 | • 정상전압·전류 여부 | / | | | |
| | | | 본체 | • 윤활유 적정 여부 | / | | | |
| | | 펌프 | 회전축 | • 원활한 회전 여부 | ○ | | | • 주펌프<br>- 양정: 98 m<br>- 토출량: 880 ℓ/min<br>• 전동기<br>- 종류: 3상유도<br>- 용량: 40 HP |
| | | | 베어링부 | • 윤활유의 오염, 변질 등이 없고 필요량 충전 여부 | ○ | | | |
| | | | 그랜드부 | • 현저한 누수의 유무 | ○ | | | |
| | | | 연성계 및 압력계 | • 정상 작동여부 | ○ | | | |
| | | | 성능 | • 정상여부 (성능시험을 통해서) | ○ | | | |
| | 고가수조방식 | | | • 압력의 정상여부 | / | | | |
| | 압력수조방식 | | | • 압력저하 방지 장치의 정상작동 여부 | / | | | |
| 물올림장치 | 밸브류 | | | • 개폐조작이 쉬운지의 여부 | / | | | • 수량: ℓ |
| | 자동급수장치 | | | • 변형·손상, 현저한 부패 등의 여부<br>• 수량이 감수(2/3)시 자동급수 여부 | / | | | |
| | 저수위 경보장치 | | | • 변형·손상, 현저한 부식 등의 여부<br>• 수량이 감수(1/2)시 저수위경보 작동여부 | / | | | |

비고

※ 펌프성능시험결과표

| 구분 | 체절운전 | 정격운전 (100%) | 정격유량의 150%운전 | 적정여부 |
|---|---|---|---|---|
| 토출량 (ℓ/min) | 0 | 880 | 1,320 | 1. 체절운전시 토출압은 정격토출압의 140% 이하 (○)<br>2. 정격운전시 토출량과 토출압이 규정치 이상 (○)<br>(펌프 명판 및 설계치 참조)<br>3. 정격토출량 150%에서 토출압이 정격토출압의 65% 이상 (○) |
| 토출압 ($kg_f/cm^2$) | 13.72 | 9.8 | 6.37 | |

※ 릴리프 밸브 작동 압력 : 13.0 $kg_f/cm^2$ 미만

<table>
<tr><th rowspan="2">구분</th><th rowspan="2">점검항목</th><th rowspan="2">점검내용</th><th colspan="3">점검결과</th><th rowspan="2">종별, 제원, 규격 등</th></tr>
<tr><th>결과</th><th>불량 내용</th><th>조치 내용</th></tr>
<tr><td rowspan="3">배관</td><td>밸브류</td><td>• 개폐조작이 쉬운지의 여부</td><td>○</td><td></td><td></td><td rowspan="3">• 주관경:<br>150 mm<br>• 가지관경:<br>25 mm</td></tr>
<tr><td>여과장치</td><td>• 여과망의 변형·이물질의 축적 등의 유무</td><td>○</td><td></td><td></td></tr>
<tr><td>순환배관</td><td>• 변형·손상·기능(체절압력에서 작동) 정상 여부</td><td>○</td><td></td><td></td></tr>
<tr><td colspan="2">송수구</td><td>• 패킹의 노화 및 결합 여부<br>• 소방차진입로 확보 여부</td><td>○<br>○</td><td></td><td></td><td></td></tr>
<tr><td colspan="2">일제개방밸브<br>(전자밸브포함)</td><td>• 일제개방 밸브 기능의 정상 여부</td><td>○</td><td></td><td></td><td></td></tr>
<tr><td rowspan="3">스프링클러헤드</td><td>외형</td><td>• 새거나 변형·손상 등이 있는가의 여부</td><td>○</td><td></td><td></td><td></td></tr>
<tr><td>감열 및<br>살수분포 장애</td><td>• 헤드 감열 및 살수분포의 방해물 설치 유무</td><td>○</td><td></td><td></td><td>• 폐쇄형헤드표시<br>온도: 72 ℃</td></tr>
<tr><td>미경계부분</td><td>• 칸막이 설치 등으로 인한 헤드의 미설치 부분의 유무</td><td>○</td><td></td><td></td><td></td></tr>
<tr><td>시험밸브</td><td>시험밸브</td><td>(시험밸브개방시)<br>- 방수압·방수량 확인<br>- 해당 방호구역의 음향경보 확인<br>- 유수검지장치의 압력스위치작동 및 수신반의 화재표시등 점등확인<br>- 기동용 수압개폐장치의 작동과 가압송수장치의 기동 확인</td><td>○</td><td></td><td></td><td>• 시험실시층:<br>4, 5, 6 층</td></tr>
<tr><td>전원</td><td>비상전원</td><td>• 상용전원 차단시 정상가동 유무<br>• 연료 20분 이상 확보 여부</td><td>○<br>○</td><td></td><td></td><td>자가발전설비<br>축전지설비</td></tr>
<tr><td>비고</td><td colspan="6">※ 유수검지장치 작동 여부는 유수검지장치 점검내용 참조</td></tr>
</table>

| 구분 | 점검항목 | 점검내용 | 점검결과: 결과 | 점검결과: 불량내용 | 점검결과: 조치내용 | 종별, 제원, 규격 등 |
|---|---|---|---|---|---|---|
| 유수검지장치 | 밸브 본체 | • 습식 작동식 스프링클러 설비 작동상태 점검사항<br>① 유수검지장치의 배수밸브를 개방<br>② 말단시험밸브를 개방<br>※ 수신반에서 자동복구스위치를 누르고 실시<br>유수검지장치 작동여부 및 경보발령 여부<br>압력스위치의 볼밸브 폐쇄 여부<br>위 2가지 중 택하여 실시하고 작동상태 기재 | ○ | | | • 직경: 100 mm<br>• 설치개수: 3 개소 |
| | | • 준비작동식 스프링클러 설비 작동상태 점검사항<br>※ 준비작동밸브의 2차 측 주밸브를 잠그고 실시할 것<br>① 수신반에서 솔레노이드 밸브를 개방한다.<br>② 준비작동밸브의 긴급해제밸브(수동기동밸브)를 작동한다.<br>③ 슈퍼비조리판넬의 기동스위치를 ON한다.<br>④ A·B회로가 다른 두 개의 감지기를 동시에 작동한다.<br>위 4가지 중 택하여 실시하고 작동상태 기재 | △ | 지적내역참조 | | • 직경: 100 mm<br>• 설치개수: 3 개소 |
| | | • 일제살수식 스프링클러 설비 작동상태 점검방법<br>※ 일제개방밸브의 2차 측 주밸브를 잠그고 실시할 것<br>① 수동기동함의 누름버튼을 눌러서 동작<br>② 수신반에서 해당감지회로를 복수로 동작<br>③ 일제개방밸브로부터 배관을 연장시켜 설치된 수동개방밸브를 개방하여 동작<br>위 3가지 중 택하여 실시하고 작동상태 기재 | / | | | • 직경:<br>• 설치개수: |
| | | • 건식 스프링클러 설비의 작동상태 점검 사항<br>※ 건식밸브의 2차 측 주밸브를 잠그고 실시<br>① 시험밸브를 개방한다.<br>② 시험밸브의 개방으로 압력스위치의 동작 및 경보장치의 작동 확인<br>※ 작동상태 점검 후 시설을 반드시 복원 조치할 것 | / | | | • 직경:<br>• 설치개수: |
| | 리타팅 챔버 | • 자동배수장치 등에 의한 배수가 유효하게 이루어지는가의 여부(습식 스프링클러 설비만 해당) | ○ | | | |
| | 압력 스위치 | • 단자가 고정되어 있으며 설정 압력치가 설치도면과 일치하고 작동 압력치의 적정 여부 | △ | 지적내역참조 | | |
| | 음향경보 장치 및 표시장치 | 기능 정상 여부 | ○ | | | |
| 비고 | 슈퍼비죠리판넬 ① 상용전원 정상 여부 ② 밸브개방시 밸브개방램프 점등 여부<br>③ 기동스위치 작동시 준비작동식 밸브 개방 여부 | | | | | |

## 5. 포소화 설비

(양호○, 요정비△, 불량×)

<table>
<tr><th rowspan="2">구분</th><th rowspan="2">점검항목</th><th rowspan="2">점검내용</th><th colspan="3">점검결과</th><th rowspan="2" colspan="2">종별, 제원, 규격 등</th></tr>
<tr><th>결과</th><th>불량 내용</th><th>조치 내용</th></tr>
<tr><td rowspan="3">포 소화 약제 저장 탱크</td><td>소화약제</td><td>• 포원액은 규정대로 확보 여부<br>• 변질·현저한 오염 등의 유무</td><td>○</td><td></td><td></td><td rowspan="3" colspan="2">(포소화약제 저장탱크)<br>• 약제량:<br>황색동: 600ℓ<br>본관동: 800 ℓ</td></tr>
<tr><td>압력계</td><td>• 가압되어있는 탱크내부 압력계를 부착했는지의 여부</td><td>○</td><td></td><td></td></tr>
<tr><td>밸브류</td><td>• 개폐조작이 쉬운지의 여부</td><td>△</td><td>지적내역참조</td><td></td></tr>
<tr><td rowspan="3">포 소화 약제 혼합 장치 등</td><td>약제혼합 장치</td><td>• 조정기구가 있는 곳에서 그 기능의 정상 여부</td><td>○</td><td></td><td></td><td rowspan="3" colspan="2">(포소화약제 혼합방식)<br>- 펌프프로포셔너<br>- 프레져프로포셔너<br>- 프레져사이드프로포셔너<br>- 라인프로포셔너</td></tr>
<tr><td>가압송액 장치</td><td>• 현저한 수액이 없고, 가압용 펌프를 필요로 하는 것은 가압송수장치에 준한 점검으로 기능의 정상 여부</td><td>○</td><td></td><td></td></tr>
<tr><td>개폐밸브</td><td>• 개폐조작이 쉬운지의 여부</td><td>△</td><td>지적내역참조</td><td></td></tr>
<tr><td rowspan="6">유수 검지 장치 및 압력 검지 장치</td><td rowspan="2">밸브본체</td><td rowspan="2">• 기능의 정상 여부</td><td rowspan="2">△</td><td rowspan="2">지적내역참조</td><td>위치</td><td>알람 밸브</td><td>자동 밸브</td></tr>
<tr><td>1층</td><td>4</td><td>20</td></tr>
<tr><td>압력 스위치</td><td>• 단자의 풀림 등이 없고, 작동압력의 적정 여부</td><td>○</td><td></td><td>2층</td><td>2</td><td>18</td></tr>
<tr><td>방호구획(고발포에 한함)</td><td>• 개구부의 자동폐쇄장치 기능의 정상 여부</td><td>/</td><td></td><td>3층</td><td>1</td><td>6</td></tr>
<tr><td rowspan="2">음향장치</td><td rowspan="2">• 기능의 정상 여부</td><td rowspan="2">○</td><td rowspan="2"></td><td>황색동</td><td>1</td><td>8</td></tr>
<tr><td>합계</td><td>8</td><td>52</td></tr>
<tr><td colspan="2">수동기동장치 및 수동개방밸브</td><td>• 수동조작함은 당해 방호구역의 밖에 설치되어 있는지의 여부<br>• 기동시 설비는 정상적으로 기동하는지의 여부<br>• 수동조작함의 전원표시등은 점등 되어 있으며 기동확인등은 펌프작동시 점등되는가의 여부</td><td>△<br>○<br>○</td><td>지적 내역 참조</td><td></td><td colspan="2">(수동조작함)<br>• 위치:<br>본관동, 황색동<br>• 설치수:<br>본관동 44개<br>황색동 8개</td></tr>
<tr><td rowspan="3">화재 표시 및 경보 장치</td><td>음향</td><td>• 정상적으로 울리고 그 음량의 적정 여부</td><td>○</td><td></td><td></td><td rowspan="3" colspan="2"></td></tr>
<tr><td>음성</td><td>• 기동 후 주의음을 발하는지의 여부</td><td>○</td><td></td><td></td></tr>
<tr><td>표시등</td><td>• 화재표시등의 점등 여부</td><td>○</td><td></td><td></td></tr>
<tr><td colspan="2">비상전원</td><td>• 연료 20분 이상 확보 여부<br>• 상용전원 정전시 비상전원으로의 절환 여부</td><td>△</td><td>지적 내역 참조</td><td></td><td colspan="2">• (비상전원) 종류:<br>- 축전지설비<br>- 자가발전설비<br>- 비상전원수전설비</td></tr>
<tr><td colspan="8">비고 ※ 설비의 종류: ☐ 홈워터스프링클러 설비 ☒ 홈헤드설비 ☐ 고정포방출설비<br>☒ 포소화전설비 ☐ 포호스릴설비</td></tr>
</table>

### 6. 이산화탄소·할로겐·청정소화약제·분말 소화설비 (양호○, 요정비△, 불량×)

| 구분 | 점검항목 | 점검내용 | 점검결과 | | | 종별, 제원, 규격 등 |
|---|---|---|---|---|---|---|
| | | | 결과 | 불량내용 | 조치내용 | |
| 약제 저장 용기 등 | 설치상황 | • 약제용기저장소의 적합 여부<br>(방화구역이외의 장소에 설치) | ○ | | | (약제저장용기)<br>• 위치: 옥탑할론실<br>• 용기수: 30병<br>• 약제량: 50kg<br>• 용기밸브 개방장치종류<br>- 전기식<br>- 가스압식 |
| | 소화 약제량 | • 소화약제량의 규정량 이상 저장 여부 | ○ | | | |
| | 용기밸브 개방장치 | • 용기밸브개방장치(피스톤로드 및 파괴침)의 변형·손상 등이 없고 정상작동 여부 | ○ | | | |
| 기동용 가스 용기 등 | 외형 | • 변형·손상의 유무 | ○ | | | (기동용가스 용기)<br>• 위치: 옥탑할론실<br>• 용기수: 11병<br>• 가스량: 별첨2 참조<br>※ 저장용량이 0.6kg 이상인가 확인(별지참조)<br>• 경보발령후 기동용기솔레노이드밸브 개방전까지 지연장치 작동 시간 30초 |
| | 가스량 | • 규정량이상 저장 여부 | △ | 지적 내역 참조 | | |
| | 용기밸브 개방장치 | • 단자의 풀림·파괴침의 변형 등이 없고 정상작동 여부 | ○ | | | |
| | ※ 작동 확인 | • 기동용기에 설치된 솔레노이드 밸브 이탈 후 봉침(파괴침)작동 여부<br>작동 방법: ① 수동조작 스위치 작동<br>② 감지기 2개회로 동작<br>③ 수신반에서 동작시험<br>스위치조작 중 택하여 실시<br>※ 주의사항: 기동용기와 솔레노이드 밸브를 반드시 분리 후 실시 | ○ | | | |
| 선택밸브 | 본체 | • 고정부의 풀림 | ○ | | | • 선택밸브수:11개<br>• 개방장치:<br>- 전기식<br>- 가스압식 |
| | 개방장치 | • 단자의 풀림 등이 없고 확실한 작동 여부 | ○ | | | |
| | 조작관 체크밸브 | • 접속부의 풀림 등이 없고 기능의 정상 여부 | ○ | | | |
| 기동장치 | 조작함 | • 문짝의 개폐기능의 정상 여부 | ○ | | | (기동장치)<br>• 위치: 각실 출입구 측면<br>• 조작함수: 18개소 |
| | 누름버튼 | • 방출용 스위치 및 비상정지용 누름버튼 등의 손상이 없고 기능의 정상 여부 | ○ | | | |
| | 표시등 | • 정상적인 점등 여부 | ○ | | | |
| | 자동·수동 절환장치 | • 절환기능의 정상여부<br>(자동식기동장치) | ○ | | | |
| 비고 | ※ 설비방식 : ☒ 전역방출방식 ☐ 국소방출방식 ☐ 호수릴방식 | | | | | |

| 구분 | 점검항목 | 점검내용 | 점검결과 | | | 종별, 제원, 규격 등 |
|---|---|---|---|---|---|---|
| | | | 결과 | 불량 내용 | 조치 내용 | |
| 경보장치 | 음향 | • 정상적으로 울리고 그 음량의 적정 여부 | ○ | | | |
| | 음성 | • 기동 후 주의음을 발하는지의 여부 | ○ | | | |
| 방출 표시등 및 압력 스위치 | 위치 | • 방호구역 외에 설치되었는지의 여부 | ○ | | | |
| | 점등여부 | • 정상적인 점등 여부<br>(압력스위치 작동 후) | ○ | | | |
| | "표시등" 표지 | • 가스방출표지는 보기 쉬운 곳에 설치되어 있는지 여부<br>• 방출표시등 문자는 선명한지 여부 | △ | 지적 내역 참조 | | |
| | 싸이렌 | • 싸이렌의 변형·손상은 없는지 여부 | ○ | | | |
| 방호구획 | | • 개구부의 자동폐쇄장치 기능의 정상 여부 | ○ | | | (방호구획)<br>• 방호구획수: 11 |
| 비상전원 | | • 상용전원 정전시 절환 여부 | ○ | | | |
| 감지기 (자동식 기동장치) | | • 감지기파손·변형 또는 탈락 여부 | ○ | | | |
| | | • 감지기 한 회로 동작시 싸이렌이 작동하며, 두 회로동작시 솔레노이드 밸브가 작동하는지 여부<br>※ 기동용기와 솔레노이드 밸브를 반드시 분리 후 실시할 것 | ○ | | | |
| | | • 감지기 정상 작동 여부 | ○ | | | |
| 제어반 | | • 계전기류의 커버의 파손·탈락은 없는지 여부 | ○ | | | |
| | | • 시한장치는 이상이 없는지 여부 | ○ | | | |
| | | • 각종 스위치류의 이상은 없는지 여부 | ○ | | | |
| | | • 도통시험 및 화재작동시험시 이상은 없는지 여부 | ○ | | | |
| | | • 예비전원 충전상태는 이상이 없는지 여부 | ○ | | | |
| | | • 연동설비는 이상이 없는지 여부 | ○ | | | |
| 비고 | ※ 상기 사항은 방출표시등 및 압력스위치 뒤에 작성 | | | | | |

## 7. 자동화재탐지 설비·시각경보기·자동화재속보 설비 (양호○, 요정비△, 불량×)

| 구분 | 점검항목 | | 점검내용 | 점검결과 | | | 종별, 제원, 규격 등 |
|---|---|---|---|---|---|---|---|
| | | | | 결과 | 불량 내용 | 조치 내용 | |
| 예비전원 비상전원 (내장형) | 절환장치 | | • 상용전원에서 비상전원으로, 비상전원에서 상용전원으로의 자동절환 여부 | ○ | | | |
| | 충전장치 | | • 변형·손상 등이 없고 이상한 발열 등의 유무 | ○ | | | |
| | 결선접속 | | • 단선·단자의 풀림·탈락·손상 등의 유무 | ○ | | | |
| 수신기 | 스위치류 | | • 단자의 풀림 및 개폐기능의 정상 여부 | ○ | | | |
| | 퓨즈류 | | • 적정의 종류 및 용량의 사용 유무 | ○ | | | |
| | 계전기 | | • 기능의 정상 여부 확인 | ○ | | | |
| | 표시등 | | • 정상적인 점등 여부 | ○ | | | |
| | 경계구역 표시장치 | | • 손상·불선명한 부분 등의 유무 | ○ | | | |
| | 통화장치 | | • 수신기 상호간 또는 발신기 등과의 통화가 명료하게 이루어지는가의 여부 | ○ | | | |
| | 결선접속 | | • 단선·단자의 풀림·탈락·손상 등의 유무 | ○ | | | |
| | 화재표시 | | • 화재표시 시험을 하였을 때 정상적인 화재표시의 여부 | ○ | | | |
| | 회로도통 | | • 회로도통시험을 하였을 때 시험용 계기의 지시 또는 확인 등의 점검에 의한 도통 여부 | ○ | | | |
| | 예비품등 | | • 퓨즈·전구 등의 예비품 및 회로도 등의 비치 여부 | ○ | | | |
| 감지기 | 외형 | | • 변형·손상·탈락·현저한 부식 등의 유무 | ○ | | | |
| | 경계상황 | 미경계 부분 | • 설치 후의 용도변경·칸막이 변경 등으로 인한 미경계부분의 이상 유무 확인 | ○ | | | |
| | | 기능 장애 | • 감열부의 기능장애가 되는 도장 등이 없고 열기류 또는 연기 유동의 장애물 유무 | ○ | | | |
| | | 가열, 가연 시험 | • 감지기에 가열, 가연시험을 한 경우 확실하게 작동하고, 또한 경계구역의 표시의 적정 여부 | △ | 지적 내역 참조 | | |
| 음향장치 | 발신기 | | • 누름버튼 또는 송수화기를 조작한 때 확실하게 작동하고, 확인등이 있는 것은 점등 여부<br>• 응답표시등의 정상 점등 여부 | ○ | | | |
| | 음량등 | | • 음량 및 음색이 다른 기계의 잡음 등과 구별 여부 | ○ | | | |
| | 경보방식 | | • 경보방식(일제경보·구분경보)대로 지구음향장치가 울리는가의 여부 | ○ | | | |
| | 표시등 | | • 변형, 손상, 탈락 등의 유무<br>• 점등 유무 | ○ | | | |

| 구분 | 점검항목 | 점검내용 | 점검결과 | | | 종별, 제원, 규격 등 |
|---|---|---|---|---|---|---|
| | | | 결과 | 불량 내용 | 조치 내용 | |
| 시각경보기 | 외형 | • 변형·손상·탈락·현저한 부식 등의 유무 | ○ | | | |
| | 설치높이 | • 바닥으로부터 2m 이상 2.5m 이하의 장소에 설치여부 | ○ | | | |
| | 설치위치 | • 복도·통로·청각장애인용 객실 및 공용으로 사용하는 거실에 설치여부<br>• 각 부분에 유효하게 경보를 발할 수 있는 위치에 설치여부 | ○ | | | |
| | • 감지기 또는 발신기 동작시 정상작동 여부 | | ○ | | | |
| 자동화재 속보설비 | | • 위치, 성능, 전원, 관리상태 등 정상여부 | / | | | |
| 비고 | | | | | | |

□ 설비개요

| 항목 | 수신기 | 자동화재 속보설비 | 감지기 | |
|---|---|---|---|---|
| | | | 열 | 연기 |
| 종류(형식) | 창구식 (P-1급 복합형) | / | 차동식스포트 외 2종 | 광전식 외 1종 |
| 제조자 | ○○전자 | / | ○○전자 외 다수 | ○○전자 외 다수 |
| 회로수(설치수) | 10 (10) | / | 99 | 18 |

※ 수신기의 경우 사용회로수 기재

| 경계구역 | | 감지기 | | | | | | 발신기 |
|---|---|---|---|---|---|---|---|---|
| | | 열감지기 | | | | 연기감지기 | | |
| 층별 | 회로번호 | 차동식 스포트형 | 보상식 스포트형 | 정온식 스포트형 | 차동식 분포형 | 연기 감지기 | 기타 | |
| 지하2층 | 1 | 8 | - | 2 | - | 2 | - | 1 |
| 지하1층 | 2 | 9 | - | - | - | 2 | - | 1 |
| 1층 | 3 | 10 | - | - | - | 2 | - | 1 |
| 2층 | 4 | 12 | - | - | - | 2 | - | 1 |
| 3층 | 5 | 12 | - | - | - | 2 | - | 1 |
| 4층 | 6 | 12 | - | - | - | 2 | - | 1 |
| 5층 | 7 | 12 | - | - | - | 2 | - | 1 |
| 6층 | 8 | 12 | - | - | - | 2 | - | 1 |
| 지하계단 | 9 | - | - | - | - | 1 | - | - |
| 지상계단 | 10 | - | - | - | - | 1 | - | - |
| 총계 | 10회로 | 99 | | | | 18 | | 8 |

## 8. 통합감시시설

(양호○, 요정비△, 불량×)

<table>
<tr><th rowspan="2">구분</th><th rowspan="2">점검항목</th><th rowspan="2">점검내용</th><th colspan="3">점검결과</th><th rowspan="2">종별, 제원, 규격 등</th></tr>
<tr><th>결과</th><th>불량 내용</th><th>조치 내용</th></tr>
<tr><td rowspan="3">예비전원 비상전원 (내장형)</td><td>절환장치</td><td>• 상용전원에서 비상전원으로, 비상전원에서 상용전원으로의 자동절환 여부</td><td>/</td><td></td><td></td><td></td></tr>
<tr><td>충전장치</td><td>• 변형·손상 등이 없고 이상한 발열 등의 유무</td><td>/</td><td></td><td></td><td></td></tr>
<tr><td>결선접속</td><td>• 단선·단자의 풀림·탈락·손상 등의 유무</td><td>/</td><td></td><td></td><td></td></tr>
<tr><td rowspan="11">주수신기</td><td>스위치류</td><td>• 단자의 풀림 및 개폐기능의 정상 여부</td><td>/</td><td></td><td></td><td rowspan="11">• 설치위치</td></tr>
<tr><td>퓨즈류</td><td>• 적정의 종류 및 용량의 사용 유무</td><td>/</td><td></td><td></td></tr>
<tr><td>계전기</td><td>• 기능의 정상 여부 확인</td><td>/</td><td></td><td></td></tr>
<tr><td>표시등</td><td>• 정상적인 점등 여부</td><td>/</td><td></td><td></td></tr>
<tr><td>경계구역 표시장치</td><td>• 손상·불선명한 부분 등의 유무</td><td>/</td><td></td><td></td></tr>
<tr><td>통화장치</td><td>• 수신기 상호간 또는 발신기 등과의 통화가 명료하게 이루어지는가의 여부</td><td>/</td><td></td><td></td></tr>
<tr><td>결선접속</td><td>• 단선·단자의 풀림·탈락·손상 등의 유무</td><td>/</td><td></td><td></td></tr>
<tr><td>화재표시</td><td>• 화재표시 시험을 하였을 때 정상적인 화재표시의 여부</td><td>/</td><td></td><td></td></tr>
<tr><td>회로도통</td><td>• 회로도통시험을 하였을 때 시험용 계기의 지시 또는 확인 등의 점검에 의한 도통 여부</td><td>/</td><td></td><td></td></tr>
<tr><td>예비품등</td><td>• 퓨즈·전구 등의 예비품 및 회로도 등의 비치 여부</td><td>/</td><td></td><td></td></tr>
<tr><td></td><td></td><td></td><td></td><td></td></tr>
<tr><td rowspan="7">보조주수신기</td><td>스위치류</td><td>• 단자의 풀림 및 개폐기능의 정상 여부</td><td>/</td><td></td><td></td><td rowspan="7">• 설치위치</td></tr>
<tr><td>표시등</td><td>• 정상적인 점등 여부</td><td>/</td><td></td><td></td></tr>
<tr><td>경계구역 표시장치</td><td>• 손상·불선명한 부분 등의 유무</td><td>/</td><td></td><td></td></tr>
<tr><td>결선접속</td><td>• 단선·단자의 풀림·탈락·손상 등의 유무</td><td>/</td><td></td><td></td></tr>
<tr><td>화재표시</td><td>• 화재표시 시험을 하였을 때 정상적인 화재표시의 여부</td><td>/</td><td></td><td></td></tr>
<tr><td>예비품등</td><td>• 퓨즈·전구 등의 예비품 등의 비치여부</td><td>/</td><td></td><td></td></tr>
<tr><td>원격제어</td><td>• 주수신기의 원격제어 기능의 정상여부</td><td>/</td><td></td><td></td></tr>
<tr><td colspan="2">예비선로</td><td>• 비상시에 대비하여 예비선로 구축여부</td><td>/</td><td></td><td></td><td></td></tr>
<tr><td>비고</td><td colspan="6"></td></tr>
</table>

## 9. 누전경보기(해당 없음, 전기수전 설비에 내장) (양호○, 요정비△, 불량×)

| 구분 | 점검항목 | 점검내용 | 점검결과 | | | 종별, 제원, 규격 등 |
|---|---|---|---|---|---|---|
| | | | 결과 | 불량내용 | 조치내용 | |
| 수신기 | 스위치류 | • 개폐기능의 정상 여부 확인 | / | | | • 형식:<br>• 정격전압: V<br>• 정격전류: A<br>• 공칭작동전류: A |
| | 퓨즈류 | • 손상·용단 등이 없고 적정의 종류 및 용량의 사용 여부 확인 | / | | | |
| | 시험장치 | • 기능의 정상 여부 확인 | / | | | |
| | 표시등 | • 정상적인 점등 여부 확인 | / | | | |
| | 결선접속 | • 단선·단자의 풀림·탈락·손상 등의 유무 확인 | / | | | |
| | 접지 | • 현저한 부식·단선 등의 손상의 유무 확인 | / | | | |
| | 감도조정장치 | • 설정치의 적정 여부 확인 | / | | | |
| 변류기 | 미경계 | • 배선의 변경공사 등에 의한 미경계 전로의 유무 확인 | / | | | |
| | 용량 | • 경계전로의 정격전류 이상 전류치의 여부 확인 또한 제2접지선에 설치되어 있는 것은 당해 접지선에 흐를 것이 예상되는 전류 이상의 전류치의 여부 확인 | / | | | |
| 음향장치 | | • 음량 및 음색이 다른 기계의 소음등과 구별되는가의 여부 확인 | / | | | |
| 차단기구 | 정격전류 전압 | • 경계전로의 정격전류 이상의 전류치 여부 확인 | / | | | |
| | 작동상황 | • 시험장치에 의한 기능의 정상 여부 확인 | / | | | |
| 비고 | | | | | | |

## 10. 가스누설경보기 (양호○, 요정비△, 불량×)

<table>
<tr><th rowspan="2">구분</th><th rowspan="2" colspan="2">점검항목</th><th rowspan="2">점검내용</th><th colspan="3">점검결과</th><th rowspan="2">종별, 제원, 규격 등</th></tr>
<tr><th>결과</th><th>불량 내용</th><th>조치 내용</th></tr>
<tr><td rowspan="7">수신기</td><td colspan="2">스위치류</td><td>• 개폐기능의 정상 여부 확인</td><td>○</td><td></td><td></td><td rowspan="7">• 형식:<br>ND 200N<br>(주)○○전자<br>• 정격전압 :<br>AC 220V<br>• 설치위치<br>1. 보일러실<br>2. 정압실<br>3. 1층 식당</td></tr>
<tr><td colspan="2">퓨즈류</td><td>• 손상·용단 등이 없고 적정의 종류 및 용량의 사용 여부 확인</td><td>○</td><td></td><td></td></tr>
<tr><td colspan="2">시험장치</td><td>• 기능의 정상 여부 확인</td><td>○</td><td></td><td></td></tr>
<tr><td colspan="2">표시등</td><td>• 정상적인 점등 여부 확인</td><td>○</td><td></td><td></td></tr>
<tr><td colspan="2">결선접속</td><td>• 단선·단자의 풀림·탈락·손상 등의 유무 확인</td><td>○</td><td></td><td></td></tr>
<tr><td colspan="2">설치위치</td><td>• 조작하기 쉬운 위치에 설치여부</td><td>○</td><td></td><td></td></tr>
<tr><td colspan="2">음향장치</td><td>• 음량 및 음색이 다른 기계의 소음등과 구별되는가의 여부 확인</td><td>○</td><td></td><td></td></tr>
<tr><td rowspan="3">검지기</td><td colspan="2">외형</td><td>• 변형·손상·탈락·현저한 부식 등의 유무</td><td>○</td><td></td><td></td><td rowspan="3">• 사용연료 :<br>LNG</td></tr>
<tr><td rowspan="2">경계상황</td><td>설치위치</td><td>• 공기보다 가벼운 연료사용시 가스검지기의 하단은 천장면으로부터 0.3m 이내에 설치되어 있는지의 여부<br>• 공기보다 무거운 연료사용시 가스검지기의 상단은 바닥면으로부터 0.3m 이내의 위치에 설치되어 있는지의 여부</td><td>○</td><td></td><td></td></tr>
<tr><td>가스누설시험</td><td>• 감지기에 가스누설시험을 한 경우 확실하게 작동하고, 또한 경계구역의 표시의 적정여부</td><td>○</td><td></td><td></td></tr>
<tr><td>차단기구</td><td colspan="2">작동상황</td><td>• 시험장치에 의한 가스차단밸브의 정상 개·폐 여부<br>• 차단기구는 가스 주배관에 견고히 부착되어 있는지의 여부</td><td>○</td><td></td><td></td><td>• 설치위치 :<br>1. 보일러실<br>2. 정압실<br>3. 1층 식당</td></tr>
<tr><td>비고</td><td colspan="7"></td></tr>
</table>

## 11. 비상경보 설비

(양호○, 요정비△, 불량×)

| 구분 | 점검항목 | | 점검내용 | 점검결과 | | | 종별, 제원, 규격 등 |
|---|---|---|---|---|---|---|---|
| | | | | 결과 | 불량 내용 | 조치 내용 | |
| 비상전원(내장형) | 절환장치 | | • 상용전원에서 비상전원으로, 비상 전원에서 상용전원으로의 자동절환 여부 | / | | | |
| | 충전장치 | | • 변형·손상 등이 없고 이상한 발열 등의 유무 | / | | | |
| 비상벨·자동식싸이렌 | 기동장치 | | • 누름버튼 등을 조작시 작동하고 음향장치가 울리는가의 여부 | / | | | |
| | 조작장치등 | 스위치류 | • 단자의 풀림 및 개폐기능의 정상 여부 | / | | | |
| | | 퓨즈류 | • 적정의 종류 및 용량의 사용 유무 | / | | | |
| | | 계전기 | • 기능의 정상 여부 | / | | | |
| | | 표시등 | • 정상적인 점등 여부 | / | | | |
| | | 결선 접속 | • 단선·단자의 풀림·탈락·손상 등의 유무 | / | | | |
| | 벨·싸이렌 | 음향등 | • 음량 및 음색이 다른 기계의 잡음 등과 구별 여부 | / | | | |
| | | 경보 방식 | • 경보방식(일제경보·구분경보)대로 지구음향장치가 울리는가의 여부 | / | | | |
| 비고 | | | | | | | |

## 12. 비상방송 설비 (양호○, 요정비△, 불량×)

| 구분 | 점검항목 | 점검내용 | 점검결과 | | | 종별, 제원, 규격 등 |
|---|---|---|---|---|---|---|
| | | | 결과 | 불량 내용 | 조치 내용 | |
| 기동 장치 | 누름버튼등 | • 기능의 정상여부확인 | ○ | | | |
| | 비상전화 | • 기동이 확실하고 모기의 호출음 및 상호통화가 명료한가의 여부확인 | ○ | | | |
| 증폭 기등 | 스위치류 | • 단자의 풀림 등이 없고 개폐기능의 정상 여부 확인 | ○ | | | |
| | 퓨즈류 | • 손상·끊김 등이 없고 적정의 종류 및 용량의 사용유무 확인 | ○ | | | |
| | 계전기 | • 탈락·단자의 풀림·먼지 등이 부칙이 없고 기능의 정상 여부확인 | ○ | | | |
| | 계기류 | • 전압계 및 출력계의 정상적인 작동여부 확인 | ○ | | | |
| | 표시등 | • 정상적인 점등여부 확인 | ○ | | | |
| | 결선접속 | • 단선·단자의 풀림·탈락·손상 등의 유무 확인 | ○ | | | |
| 조작 장치 | 접지 | • 현저한 부식·단선 등의 손상유무 확인 | ○ | | | |
| | 회로선택 | • 회로선택시험을 하여 당해 조작회로 및 관련된 작동표시등과 화재등의 정상적인 점등 여부 확인 | ○ | | | |
| | 2 이상의 조작장치 | • 2개 이상의 조작장치가 설치되어 있는 경우에는 서로 작동시켜 동시작동과 동시 통화의 가능여부 확인 | ○ | | | |
| | 자동화재 탐지설비와 연동 | • 자동화재탐지설비와 연동하는 것에서는 화재신호가 송신될 때 자동적으로 작동하고 또한 상호간 기능장애의 유무 확인 | ○ | | | |
| | 원격조작기 연동 | • 원격조작기를 설치한 것에서는 어느 조작위치를 조작하였을 경우에도 쌍방의 계전기, 모니터, 출력계 등의 정상적인 작동여부 확인 | ○ | | | |
| | 비상용방송 절환 | • 일반방송절환시험을 하여 일반 방송 상태에서 비상용 방송으로 확실하게 절환되고 또한 수동에 의해 복구하지 않는 한, 비상방송의 상태가 정상으로 계속 작동하는가의 여부 | ○ | | | |
| 조작 장치 | 회로단락 | • 회로단락시험을 하여 당해 출력회로단락보호회로가 차단되고, 또한 그 내용의 표시를 함과 동시에 다른 회로의 기능장해 유무 확인 | ○ | | | |
| | 화재음표시 | • 화재음 신호를 발하는 것에서는 기동장치시험을 하여 음향의 정상여부 확인 | ○ | | | |
| 스피커 | 음량등 | • 음량 및 음색이 다른 기계의 소음 등과 구별되는 가의 여부 확인 | ○ | | | |
| | 경보방식 | • 일제경보·구분경보 또는 상호경보의 경보 방식대로 울리는가의 여부 확인 | ○ | | | |
| | 음량조절기 | • 비상용 방송시 지장 유무 확인 | ○ | | | |
| 경종·공 등 | | • 기능의 정상 여부 확인 | ○ | | | |
| 비고 | | | | | | |

## 13. 피난기구·인명구조기구 (양호○, 요정비△, 불량×)

| 구분 | 점검항목 | 점검내용 | 점검결과 결과 | 불량 내용 | 조치 내용 | 종별, 제원, 규격 등 |
|---|---|---|---|---|---|---|
| 피난기구 | 피난사다리 | • 변형·손상·풀어짐·부식·현저한 흡습·녹·곰팡이·기름의 부착이 없고 결합부 및 이음대의 견고한 결합 여부 | / | | | |
| | 완강기 | | △ | 지적 내역 참조 | | |
| | 구조대 | | / | | | |
| | 미끄럼대, 미끄럼봉 피난로프, 피난용트랩 피난교, 간이완강기 공기안전매트 | • 변형·손상이 없고 결합부 및 이음대의 견고한 결합 여부 | / | | | |
| | 표지판 | • 표지판 부착여부 및 변형, 탈락 여부 | △ | 지적 내역 참조 | | |
| | 설치위치등 | • 설치장소의 적정여부 및 조작시 필요한 면적 확보 여부 | △ | 지적 내역 참조 | | |
| | 보관방법 | • 쉽게 사용할 수 있는 상태의 여부 | ○ | | | |
| | 통풍성능 | • 통풍이 잘되고 동물(쥐 등)의 침입을 방지하는 조치의 강구 여부 | ○ | | | |
| 인명구조기구 | 방열복 공기호흡기 인공소생기 | • 변형·손상이 없고 결합부 및 이음대의 견고한 결합 여부 | / | | | • 방열복: 개 • 공기호흡기: 개 • 인공소생기: 개 |
| | | • 쉽게 사용할 수 있는 상태의 여부 | / | | | |
| 비고 | | | | | | |

□ 피난기구의 층별 설치수

| 층수 \ 종류 | 3층 | 4층 | 5층 | 6층 | | | | | 계 |
|---|---|---|---|---|---|---|---|---|---|
| 피난사다리 | | | | | | | | | |
| 완강기 | 1 | 1 | 1 | 1 | | | | | 4 |
| 간이완강기 | | | | | | | | | |
| 구조대 | | | | | | | | | |
| 미끄럼대 | | | | | | | | | |
| 미끄럼봉 | | | | | | | | | |
| 피난로프 | | | | | | | | | |
| 피난교 | | | | | | | | | |
| 피난용트랩 | | | | | | | | | |
| 공기안전매트 | | | | | | | | | |

## 14. 유도등·유도표지·비상조명등 (양호○, 요정비△, 불량×)

<table>
<tr><th rowspan="2">구분</th><th rowspan="2" colspan="2">점검항목</th><th rowspan="2">점검내용</th><th colspan="3">점검결과</th><th rowspan="2">종별, 제원, 규격 등</th></tr>
<tr><th>결과</th><th>불량 내용</th><th>조치 내용</th></tr>
<tr><td rowspan="9">피난구유도등·통로유도등·유도표지</td><td colspan="2">설치위치</td><td>• 피난구의 윗부분, 지상으로 통하는 출입구 및 그 부속실 등에 설치되어 있는지의 여부<br>• 장애가 되는 등화·광고게시물이 없는지의 여부</td><td>△<br>○</td><td>지적 내역 참조</td><td></td><td></td></tr>
<tr><td rowspan="2">전원</td><td>3선식</td><td>다음의 경우 점등 확인<br>• 자동화재탐지설비의 감지기, 발신기 작동시<br>• 비상경보설비 발신기 작동시<br>• 상용전원 정전시 또는 전원선 단선시<br>• 방재실 또는 전기실에서 수동으로 점등시<br>• 자동소화설비 작동시</td><td>○<br>○<br>○<br>○<br>○</td><td></td><td></td><td></td></tr>
<tr><td>2선식</td><td>• 항상 점등상태 여부</td><td>/</td><td></td><td></td><td></td></tr>
<tr><td colspan="2">전구</td><td>• 정상적인 점등여부, 오손·노화 등의 유무</td><td>△</td><td>지적 내역 참조</td><td></td><td></td></tr>
<tr><td colspan="2">점검스위치</td><td>• 절환기능의 정상여부, 변형·손상·탈락·단자의 풀림이 없는가 여부</td><td>○</td><td></td><td></td><td></td></tr>
<tr><td colspan="2">퓨즈류</td><td>• 적정의 종류 및 용량의 사용 여부</td><td>○</td><td></td><td></td><td></td></tr>
<tr><td colspan="2">결선접속</td><td>• 단선·단자의 풀림·탈락·손상 등의 유무</td><td>○</td><td></td><td></td><td></td></tr>
<tr><td colspan="2">예비전원</td><td>• LED램프 점등 여부 확인</td><td>○</td><td></td><td></td><td>점등시 예비 전원 교체</td></tr>
<tr><td rowspan="2">비상조명등</td><td colspan="2">설치위치</td><td>• 소방대상물의 각 거실과 지상에 이르는 복도, 계단, 통로에 설치 확인</td><td>○</td><td></td><td></td><td></td></tr>
<tr><td colspan="2">예비전원</td><td>• 비상전원을 내장하는 비상조명등에는 상용전원 차단시 점등확인</td><td>○</td><td></td><td></td><td></td></tr>
</table>

□ 상태개요

<table>
<tr><th rowspan="2" colspan="2">종류</th><th colspan="10">설치개수</th></tr>
<tr><th>지하 2층</th><th>지하 1층</th><th>1층</th><th>2층</th><th>3층</th><th>4층</th><th>5층</th><th>6층</th><th>옥탑층</th><th>총계</th></tr>
<tr><td rowspan="3">피난구 유도등</td><td>대형</td><td></td><td></td><td></td><td></td><td></td><td></td><td></td><td></td><td></td><td>개</td></tr>
<tr><td>중형</td><td>8</td><td>6</td><td></td><td></td><td></td><td></td><td></td><td>9</td><td></td><td>23 개</td></tr>
<tr><td>소형</td><td></td><td></td><td>9</td><td>9</td><td>9</td><td>5</td><td>4</td><td></td><td>2</td><td>38 개</td></tr>
<tr><td colspan="2">통로유도등</td><td>5</td><td>7</td><td>4</td><td>3</td><td>3</td><td>4</td><td>4</td><td>2</td><td></td><td>32 개</td></tr>
<tr><td colspan="2">객석유도등</td><td></td><td></td><td></td><td></td><td></td><td></td><td>9</td><td></td><td></td><td>9 개</td></tr>
<tr><td colspan="2">유도표지</td><td></td><td></td><td></td><td></td><td></td><td></td><td></td><td></td><td></td><td>개</td></tr>
<tr><td colspan="2">비상조명등</td><td>12</td><td>11</td><td></td><td></td><td></td><td></td><td></td><td></td><td></td><td>23 개</td></tr>
</table>

## 15. 휴대용비상조명등 (양호○, 요정비△, 불량×)

<table>
<tr><th rowspan="2">점검항목</th><th rowspan="2">점검내용</th><th colspan="3">점검결과</th><th rowspan="2">종별, 제원, 규격 등</th></tr>
<tr><th>결과</th><th>불량 내용</th><th>조치 내용</th></tr>
<tr><td rowspan="2">설치수량</td><td>• 숙박시설 또는 다중이용업소의 객실 또는 영업장안의 구획된 실마다 잘 보이는 곳에 1개 이상 설치여부</td><td>○</td><td></td><td></td><td rowspan="4"></td></tr>
<tr><td>• 백화점·대형점·쇼핑센터 및 영화상영관에는 보행거리 50m 이내마다 3개 이상 설치여부</td><td>○</td><td></td><td></td></tr>
<tr><td rowspan="2">구조 및 상태</td><td>• 어둠속에서 위치를 확인할 수 있는 구조인지의 여부</td><td>○</td><td></td><td></td></tr>
<tr><td>• 사용시 자동으로 점등되는지의 여부</td><td>○</td><td></td><td></td></tr>
<tr><td colspan="2">• 건전지를 사용하는 경우 유효한 방전방지조치가 되어있는지의 여부</td><td>○</td><td></td><td></td><td></td></tr>
<tr><td colspan="2">• 충전식 배터리의 경우에는 상시 충전되도록 되어 있는지의 여부</td><td>/</td><td></td><td></td><td></td></tr>
<tr><td colspan="2">• 건전지 및 충전식 배터리의 용량은 20분 이상 유효하게 사용할 수 있는지의 여부</td><td>○</td><td></td><td></td><td></td></tr>
</table>

<table>
<tr><td rowspan="5">보유 현황</td><th>층별(동별)</th><th>설치수량</th><th>층별(동별)</th><th>설치수량</th></tr>
<tr><td>지하 1층</td><td>26개</td><td></td><td></td></tr>
<tr><td></td><td></td><td></td><td></td></tr>
<tr><td></td><td></td><td></td><td></td></tr>
<tr><td></td><td></td><td></td><td></td></tr>
<tr><td>비고</td><td colspan="4"></td></tr>
</table>

## 16. 소화용수 설비 (양호○, 요정비△, 불량×)

<table>
<tr><th rowspan="2">구분</th><th rowspan="2">점검항목</th><th rowspan="2">점검내용</th><th colspan="3">점검결과</th><th rowspan="2">종별, 제원, 규격 등</th></tr>
<tr><th>결과</th><th>불량 내용</th><th>조치 내용</th></tr>
<tr><td rowspan="4">소화용수설비</td><td>수량</td><td>• 규정수량의 확보 여부</td><td>○</td><td></td><td></td><td rowspan="4">(수원)<br>• 종별:<br>- 고가수조<br>- 압력수조<br>- 그 밖의 것<br>• 겸용여부:<br>전용, 겸용<br>• 수량:40 m³<br>※ 유효수량 기재<br>(흡수관투입구, 채수구)<br>• 흡수관투입구위치<br>• 흡수관 투입구 치수<br>직경 65mm<br>(상수도소화 용수설비)<br>• 수도배관<br>호칭지름 80mm<br>• 소화전<br>호칭지름 65mm</td></tr>
<tr><td>물의 상태</td><td>• 현저한 부패, 부유물, 침전물 등의 유무 확인</td><td>○</td><td></td><td></td></tr>
<tr><td>급수장치</td><td>• 변형·손상·현저한 부식 등이 없고 기능의 정상 여부 확인</td><td>○</td><td></td><td></td></tr>
<tr><td>흡수관 투입구, 채수구</td><td>• 사용상 또는 소방자동차의 접근에 적정한 설치 여부 확인<br>• 흡수관 투입구의 뚜껑 등 개폐의 확실성 여부 확인<br>• 채수구개폐밸브의 개폐조작이 쉬운지의 여부 확인</td><td>○<br>○<br>○</td><td></td><td></td></tr>
<tr><td>비고</td><td colspan="6"></td></tr>
</table>

## 17. 제연 설비

(양호○, 요정비△, 불량×)

<table>
<tr><th rowspan="2">구분</th><th colspan="2" rowspan="2">점검항목</th><th rowspan="2">점검내용</th><th colspan="3">점검결과</th><th rowspan="2">종별, 제원, 규격 등</th></tr>
<tr><th>결과</th><th>불량내용</th><th>조치내용</th></tr>
<tr><td rowspan="16">제연설비</td><td colspan="2">제연 경계벽</td><td>• 가동벽에 있어서는 기능의 정상여부 확인<br>1. 작동 여부<br>2. 폐쇄시에 틈새가 있는지 여부</td><td>/</td><td></td><td></td><td></td></tr>
<tr><td colspan="2">급·배기구</td><td>• 댐퍼 취부부의 손상, 이완 여부 및 작동의 정상 여부</td><td>○</td><td></td><td></td><td>(크기)<br>급기구: 20×20<br>배기구: 20×20</td></tr>
<tr><td rowspan="3">풍도</td><td>지지부</td><td>• 지지금구의 지지부 및 너트에 이완 여부와 견고하게 고정 여부</td><td>○</td><td></td><td></td><td rowspan="3">(풍속)<br>급기: 7 m/sec<br>배기: 3 m/sec</td></tr>
<tr><td>댐퍼</td><td>• 부착부의 이완, 처짐, 녹 등의 여부<br>• 페인트, 이물질의 부착이 없고 원활하게 작동하는지 여부</td><td>○</td><td></td><td></td></tr>
<tr><td>접속부</td><td>• 패킹 등이 손상 여부</td><td>○</td><td></td><td></td></tr>
<tr><td rowspan="6">전동기제어장치</td><td>개폐기 스위치류</td><td>• 단자의 고정, 개폐기능의 정상여부 드라이버 등으로 개폐조작하여 확인</td><td>○</td><td></td><td></td><td></td></tr>
<tr><td>퓨즈류</td><td>• 손상, 용단 등이 없고 적정한 용량의 것을 사용하는지 여부</td><td>○</td><td></td><td></td><td></td></tr>
<tr><td>계전기</td><td>• 탈락, 단자의 풀림, 접점의 소손, 이물질 등의 부착이 없고 기능의 정상 여부 확인</td><td>○</td><td></td><td></td><td></td></tr>
<tr><td>표시등</td><td>• 스위치 등을 조작하여 정상적인 점등여부 확인</td><td>○</td><td></td><td></td><td></td></tr>
<tr><td>결선 접속</td><td>• 단선, 단자의 풀림 여부를 눈으로 보고 드라이버로 확인</td><td>○</td><td></td><td></td><td></td></tr>
<tr><td>접지</td><td>• 부식, 단선 여부를 눈으로 확인하고 회로계로 확인</td><td>○</td><td></td><td></td><td></td></tr>
<tr><td rowspan="2">기동장치</td><td>자동식 기동장치</td><td>• 연기감지기의 기능은 자동화재탐지 설비의 점검요령에 준하여 시행하고 감지기의 작동에 의한 펜 및 댐퍼 기동여부 확인</td><td>○</td><td></td><td></td><td></td></tr>
<tr><td>수동식 기동장치</td><td>• 수동기동조작함의 버튼을 조작하여 작동의 이상 유무 확인</td><td>○</td><td></td><td></td><td></td></tr>
<tr><td rowspan="6">배연기</td><td rowspan="4">전동기</td><td>회전축</td><td>• 회전이 원활한지 여부</td><td>○</td><td></td><td></td><td rowspan="6">(전동기)<br>용량: 15 kW<br>(송풍기)<br>• 급기<br>풍량:770 m$^3$/min<br>풍압:40 mmAq<br>• 배기<br>풍량:770 m$^3$/min<br>풍압:40 mmAq</td></tr>
<tr><td>축받침</td><td>• 윤활유에 오염, 변질이 없고 필요량의 충전여부 확인</td><td>○</td><td></td><td></td></tr>
<tr><td>동력전달 장치</td><td>• 변형, 손실 등이 없고 V-벨트의 기능이 정상인지 여부 확인</td><td>○</td><td></td><td></td></tr>
<tr><td>본체</td><td>• 기동장치 조작에 의해 기능의 정상 여부 확인</td><td>○</td><td></td><td></td></tr>
<tr><td rowspan="2">회전날개</td><td>회전축</td><td>• 전동기를 회전시켜 날개가 정상 방향으로 원활하게 회전하는지 여부</td><td>○</td><td></td><td></td></tr>
<tr><td>축받침</td><td>• 윤활유에 오염, 변질 등이 없고 필요량이 충전 여부</td><td>○</td><td></td><td></td></tr>
<tr><td>비고</td><td colspan="7"></td></tr>
</table>

## 18. 특별피난계단의 계단실 및 부속실의 제연 설비 (양호○, 요정비△, 불량×)

<table>
<tr><th rowspan="2">구분</th><th colspan="2" rowspan="2">점검 항목</th><th rowspan="2">점검내용</th><th colspan="3">점검결과</th><th rowspan="2">종별, 제원, 규격 등</th></tr>
<tr><th>결과</th><th>불량 내용</th><th>조치 내용</th></tr>
<tr><td rowspan="15">특별피난계단 및 비상용승강기의 승장장의 제연설비</td><td rowspan="2">제연구역</td><td>설치수</td><td>• 제연구역의 설치 적정성 여부</td><td>○</td><td></td><td></td><td rowspan="2">제연방식<br>☒ 부속실단독제연<br>☐기계실 및 부속실 동시제연</td></tr>
<tr><td>출입문</td><td>• 화재발생시 폐쇄유지 및 자동폐쇄 여부<br>• 도어체크밸브 등의 기능 장애 여부<br>• 출입문에 도어스토퍼 설치로 인한 화재시 자동 폐쇄 불가 여부</td><td>/<br>○<br>○</td><td></td><td></td></tr>
<tr><td rowspan="3">급기송풍기</td><td>설치 위치</td><td>• 설치위치의 적정성 여부</td><td>○</td><td></td><td></td><td rowspan="3">(급기송풍기)<br>• 설치위치: 옥탑층<br>(전동기)<br>• 용량 20HP</td></tr>
<tr><td>기동</td><td>• 옥내의 화재감지기 동작 및 수동조작에 의한 작동 여부</td><td>○</td><td></td><td></td></tr>
<tr><td>외기 취입구</td><td>• 외기취입구의 적정성 여부</td><td>○</td><td></td><td></td></tr>
<tr><td rowspan="5">급기풍도 및 급기</td><td>급기 풍도</td><td>• 급기풍도의 적정성 여부<br>• 풍도안의 풍속의 적정성 여부</td><td>○</td><td></td><td></td><td rowspan="5">(방연풍속)<br>• 최고 7m/sec<br>• 최저 3m/sec<br>(차압)<br>• 최고 60 Pa<br>• 최저 40 Pa</td></tr>
<tr><td rowspan="2">급기 댐퍼</td><td>• 설치의 적정성 여부</td><td>○</td><td></td><td></td></tr>
<tr><td>• 옥내의 화재감지기 동작 및 수동조작에 의한 댐퍼 작동 여부</td><td>○</td><td></td><td></td></tr>
<tr><td>방연 풍속</td><td>• 방연풍속의 적정성 유무</td><td>○</td><td></td><td></td></tr>
<tr><td>차압</td><td>• 차압 측정시 적정(40~60Pa)성 여부</td><td>/</td><td></td><td></td></tr>
<tr><td colspan="2">수동 기동장치</td><td>• 전 층의 제연구역에 설치된 급기댐퍼의 개방 여부<br>• 송풍기의 작동 여부<br>• 당해층의 댐퍼 또는 개폐기의 개방 여부<br>• 제연구역의 출입문의 해정장치의 해정 여부</td><td>/<br>○<br>○<br>○</td><td></td><td></td><td>(수동조작함)<br>• 위치: 전실 및 방재실<br>• 설치수: 11</td></tr>
<tr><td colspan="2">유입공기의 배출</td><td>• 유입공기배출의 적정성 여부<br>☒ 자연배출(굴뚝효과)에 의한 배출<br>☐ 옥내 화재감지기 동작 및 수동조작에 의한 댐퍼 및 송풍기 작동여부<br>(* 급·배기 방식에 한함)</td><td><br>○<br>/</td><td></td><td></td><td>(배출송풍기)<br>• 풍량:<br>• 풍압:</td></tr>
<tr><td colspan="2">제어반</td><td>• 비상용 축전지의 정상 여부<br>• 급기용 댐퍼의 개폐에 대한 감시 및 원격조작 기능 정상여부<br>• 배출댐퍼 또는 개폐기의 작동여부에 대한 감시 및 원격 조작기능 정상 여부<br>• 송풍기의 작동에 대한 감시 및 원격조작 기능 정상 여부<br>• 수동기동장치의 작동에 대한 감시기능의 정상 여부<br>• 기타 기능의 정상 여부</td><td>/<br>○<br>○<br>○<br>○<br>○</td><td></td><td></td><td>(제어반)<br>• 위치:<br>• 제연구역수<br>- 댐퍼: 11개소<br>- 특별피난 계단 1개소<br>- 송풍기 1 개소</td></tr>
<tr><td colspan="2">비상전원</td><td>• 연료 20분 이상 확보 여부<br>• 상용전원 정전시 비상전원으로의 절환 여부</td><td>○<br>○</td><td></td><td></td><td>종류: 비상발전기 1440 kW</td></tr>
<tr><td colspan="7"></td></tr>
<tr><td>비고</td><td colspan="7"></td></tr>
</table>

## 19. 연결송수관·연결살수 설비·연소방지 설비 (양호○, 요정비△, 불량×)

| 구분 | 점검 항목 | 점검내용 | 점검결과 | | | 종별, 제원, 규격 등 |
|---|---|---|---|---|---|---|
| | | | 결과 | 불량 내용 | 조치 내용 | |
| 연결송수관 | 송수구 방수구 | • 소방자동차의 접근이 용이한가의 여부 | ○ | | | • 방식:<br>건식, 습식<br>• 방수구수: 6개<br>• 방수용 기구함수: 4개 |
| | | • 송수구 표지 및 송수구역 등을 명시한 계통도의 적정한 설치 여부 | ○ | | | |
| | | • 패킹의 노화 등이 없고, 나사의 찌그러짐은 없는가 여부 | ○ | | | |
| | 가압송수 장치 | • 펌프, 전동기 등 이상 유무 | / | | | |
| | | • 점검 또는 사용상 장애물 유무 | / | | | |
| | 방수용 기구함 | • 격납함 상태, 호스 및 노즐 상태 적정 여부 | ○ | | | |
| 연결살수설비·연소방지설비 | 송수구 | • 소방자동차의 접근이 용이한가의 여부 | ○ | | | • 설비방식:<br>건식, 습식<br>• 선택밸브수: - 개<br>• 송수구수: 1개<br>• 방호대상<br>종류:<br>1. 지하층,<br>2. 판매시설,<br>3. 가스시설<br>4. 지하구 |
| | | • 송수구 표지 및 송수구역 등을 명시한 계통도의 적정한 설치 여부 | ○ | | | |
| | | • 패킹의 노화 등이 없고, 나사의 찌그러짐은 없는가 여부 | ○ | | | |
| | 선택밸브 | • 점검 또는 사용상 장애물이 없는가의 여부<br>• 개폐방향 및 선택밸브표시의 적정 여부<br>• 기능의 정상 여부 | / | | | |
| | 헤드 | • 헤드상태 및 살수장애 여부 | ○ | | | |
| | | • 칸막이 등의 구조변경으로 인한 헤드의 미설치 부분 유무 | ○ | | | |
| 비고 | ※ 겸용설비 : | | | | | |

## 20. 무선통신보조 설비·비상콘센트 설비 (양호○, 요정비△, 불량×)

| 구분 | 점검항목 | 점검내용 | 점검결과 | | | 종별, 제원, 규격 등 |
|---|---|---|---|---|---|---|
| | | | 결과 | 불량내용 | 조치내용 | |
| 무선통신보조설비 | 단자함 | • 점검 또는 사용상 장애물 유무 확인<br>• 손상이 없고, 단자개폐의 확실성 여부<br>• 표시면에 "무선기기접속단자"라는 표시 및 사용가능 주파수대·주의사항 표시의 적정성 여부 | ○ | | | (무선통신보조설비)<br>• 방식: 전용·공통<br>• 무선기 접속단자<br>- 위치 방재실, 신관 1층 입구<br>- 개수 2개소 |
| | 무선기기 접속단자 | • 변형·손상이 없고 무반사종단 저항기 또는 캡의 유무 여부<br>• 콘넥터 결합의 용이성 여부 | ○ | | | |
| | 분배기 | • 변형·손상이 없는지 여부 | ○ | | | |
| | | • 방수조치에 대한 이상 유무 | ○ | | | |
| | 누설동축 케이블 | • 견고한 지지 여부<br>• 손상·탈락 등의 유무 | ○ | | | |
| 비상콘센트설비 | 보호함 | • 점검 또는 사용상 장애물 유무<br>• 손상이 없고 보호함개폐의 확실성 여부<br>• 표시면에 "비상콘센트"라는 표시의 적정성 여부 | ○ | | | (비상콘센트 설비)<br>• 설치층: 11~16층<br>• 설치개수: 6개<br>• 비상전원:<br>- 비상전원 수전설비<br>- 자가발전설비<br>- 축전지설비 |
| | 표시등 | • 변형·손상·전구단선 등이 없고 점등 여부 | ○ | | | |
| | 플러그 접속기 | • 변형·손상·현저한 부식이 없고 막힘이 없는지의 여부 | ○ | | | |
| | 개폐기 | • 변형·손상이 없고 개폐기능의 정상 여부 | ○ | | | |
| | 점검 스위치 | • 변형·손상·단자의 풀림 등이 없고 절환기능의 정상 여부 | ○ | | | |
| | 비상전원 | • 기능의 정상 여부 | ○ | | | |
| 비고 | | | | | | |

## 21. 다중이용업소의 소방시설등 (양호○, 요정비△, 불량×)

| 구분 | 점검항목 | | 점검내용 | 점검결과 | | | 종별, 제원, 규격 등 |
|---|---|---|---|---|---|---|---|
| | | | | 결과 | 불량내용 | 조치내용 | |
| 소방시설 | 소화설비 | 소화기 | • 설치장소에 적응할 수 있는 소화기인가 확인<br>• 통행 또는 피난에 지장이 없고 쉽게 사용할 수 있는 장소에 비치 확인<br>• 안전핀, 호스, 노즐 등이 안전하게 부착되어있는가 확인<br>• 약제충전기간을 확인<br>• 기간이 오래된 것을 선정하여 성능을 확인(가압식 소화기의 관리)<br>• 소화기를 분해해 가압가스용기의 외부에 표시돼 있는 무게에 미달한 경우 가압가스용기의 재충전이 필요하다.<br>• 분말 소화약제가 응고돼 있는 경우 약제불량으로 약제교환이 필요하다.(축압식 소화기의 관리)<br>• 압력게이지의 지시침이 7～9.8 $kg_f/cm^2$(녹색부위)에 위치 여부 확인 | ○ | | | |
| | | 간이소화용구 | • 물양동이 및 소화수조의 변형, 손상 또는 현저한 부식 등의 유무 확인<br>• 수조의 물, 건조사, 팽창질석, 팽창진주암등이 규정량 이상 여부 확인 | / | | | |
| | | 간이스프링클러 | • 물탱크는 항상 충분한 양의 물이 들어있는지 확인<br>• 전동기 및 펌프는 주기적으로 작동 확인<br>• 배관은 파손, 변형 및 밸브가 잠겨있나 확인<br>• 제어반에는 사용전원과 비상전원이 이상 없는지 확인<br>• 경보장치 스위치는 항상 ON 인가 확인 | ○ | | | |
| | 피난설비 | 유도등 유도표지 | • 출입구 및 비상구 상단에 설치 확인<br>• 상용전원을 차단시켜도 점등 확인<br>• 복도 및 통로의 구부러진 모퉁이 벽에 보행거리 15m 이하 마다 설치 확인 | ○ | | | |
| | | 비상조명등 | • 소방대상물의 각 거실과 지상에 이르는 복도, 계단, 통로에 설치 확인<br>• 비상전원을 내장하는 비상조명등에는 상용전원 차단시 점등확인 | ○ | | | |
| | | 완강기 | • 기구본체의 변형, 손상, 풀어짐, 결합부 및 이음매의 견고한 결합 확인 | / | | | |

| 구분 | 점검 항목 | | 점검내용 | 점검결과 | | | 종별, 제원, 규격 등 |
|---|---|---|---|---|---|---|---|
| | | | | 결과 | 불량 내용 | 조치 내용 | |
| | 경보설비 | 비상벨 | • 변형, 손상, 현저한 부식, 음향효과의 방해물 유무 확인<br>• 비상용 방송시 지장 유무 확인 | ○ | | | |
| | | 비상 방송 | • 주위에 점검 또는 사용상 장애물이 없고 기동장치 표시의 적정여부 확인<br>• 자동화재탐지 설비와 연동하는 경우 상호간 기능장해 유무 확인 | / | | | |
| | | 가스 누설 경보기 | • 표시등에 의하여 전기가 통하는지 확인<br>• 가스누설시 적정하게 경보가 발하는지 확인<br>• LP가스 취급시 호스는 3m 이내로 제한여부 확인 | ○ | | | |
| 방화시설 | 방화문 | | • 철재로서 항상 닫혀있는 구조인가 확인<br>• 밖으로 열고 나가는 구조인가 확인 | ○ | | | |
| | 비상 (탈출)구 | | • 항상 개방 및 피난방향으로 열리는지 확인<br>• 자물쇠 등 잠금장치가 채워져 있나 확인<br>• 피난탈출구의 진입부분 및 피난통로에 통행이 방해되는 물품방치 확인 | ○ | | | |
| 기타시설 | 영상음향 차단장치 | | • 노래반주기 등의 영상음향차단장치는 화재시 자동 또는 수동으로 음향 및 영상이 정지될 수 있는 구조인가 확인 | ○ | | | |
| | 누전차단기 | | • 한 달에 1~2회 작동 유무를 확인 | ○ | | | |
| | 피난유도선 | | • 복도 및 통로의 구부러진 모퉁이 벽에 보행거리 15m 이하 마다 설치 확인 | / | | | |
| | 방염물품 | | • 방염물품명을 기재 | ○ | | | |
| | 방염처리 여부 | | • 방염처리성적서 등 후처리 여부 기재 | ○ | | | |
| 비고 | ※ 각 해당시설에 대하여는 각 시설별 작동기능점검서식을 활용할 수 있다. | | | | | | |

## 22. 기타설비 (양호○, 요정비△, 불량×)

| 구분 | 점검항목 | 점검내용 | 점검결과 | | | 종별, 제원, 규격 등 |
|---|---|---|---|---|---|---|
| | | | 결과 | 불량내용 | 조치내용 | |
| 기타설비 | 위험물 | • 위험물저장상태<br>• 안전관리자 선임<br>• 위험물시설 상태<br>• 소방시설 적정 여부<br>• 기타 안전관리상태 | ○<br>/<br>○<br>○<br>○ | | | • 종류:<br>제2석유류(경유)<br>• 저장용량:<br>450ℓ 선임<br>(해당사항 없음) |
| | 방염 | • 방염처리 여부 | ○ | | | 대회의실 커튼 |
| | 자체방화관리 | • 방화관리자 선임일자<br>• 방화관리업무<br>- 소방계획서 작성<br>- 자위소방대 조직<br>- 화기취급 감독<br>- 화재예방 경계활동<br>- 소방훈련 실시<br>- 기타 | ○<br>○ | | | • 선임(홍방관)<br>99년 07월 01일 |
| | 건축 | • 방화문 및 방화셔터 관리상태<br>• 계단(직통·피난·특별피난계단) 관리상태<br>• 주요 구조부 내장재 불연화상태<br>• 비상구 및 피난통로 확보 여부<br>(물품적재, 잠금장치 설치 등)<br>• 방화구획, 비상용 승강기 등 | ○<br>○<br>○<br>○<br><br>○ | | | |
| | 전기 | • 자체점검 실시 여부<br>• 누전차단기 설치<br>• 노후 배선, 문어발식 콘센트 사용여부 | ○<br>○<br>○ | | | |
| | 가스 | • 가스용기, 배관관리 누설 여부 등<br>• 가스안전시설 작동<br>• 가스차단기, 경보기 | △<br>○<br>○ | 지적<br>내역<br>참조 | | |
| 비고 | | | | | | |

## 부록 3. NFPC(국가화재성능기준) 용어정리 (가나다 순)

| 용 어 | 정 의 |
|---|---|
| 3선식 배선 | 평상시에는 유도등을 소등 상태로 유도등의 비상전원을 충전하고, 화재 등 비상시 점등신호를 받아 유도등을 자동으로 점등되도록 하는 방식의 배선 |
| 가스연소기 | 가스레인지 또는 가스보일러 등 가연성가스를 이용하여 불꽃을 발생하는 장치 |
| 가압수조 | 가압원인 압축공기 또는 불연성 고압기체의 압력으로 소방용수를 가압하여 그 압력으로 급수하는 수조 |
| 가연성가스경보기 | 보일러 등 가스연소기에서 액화석유가스(LPG), 액화천연가스(LNG) 등의 가연성가스가 새는것을 탐지하여 관계자나 이용자에게 경보하여 주는 것을 말한다. 다만, 탐지소자 외의 방법에 의하여 가스가 새는 것을 탐지하는 것, 점검용으로 만들어진 휴대용탐지기 또는 연동기기에 의하여 경보를 발하는 것은 제외한다. |
| 가지배관 | 헤드가 설치되어 있는 배관 |
| 간이완강기 | 사용자의 몸무게에 따라 자동적으로 내려올 수 있는 기구 중 사용자가 연속적으로 사용할 수 없는 것 |
| 간이헤드 | 폐쇄형스프링클러헤드의 일종으로 간이스프링클러설비를 설치해야 하는 특정소방대상물의 화재에 적합한 감도·방수량 및 살수분포를 갖는 헤드 |
| 감지기 | 화재 시 발생하는 열, 연기, 불꽃 또는 연소생성물을 자동적으로 감지하여 수신기에 화재신호 등을 발신하는 장치 |
| 개방형 미분무소화설비 | 화재감지기의 신호를 받아 가압송수장치를 동작시켜 미분무수를 방출하는 방식의 미분무소화설비 |
| 개방형 미분무헤드 | 감열체 없이 방수구가 항상 열려져 있는 헤드 |
| 개방형스프링클러헤드 | 감열체 없이 방수구가 항상 열려져 있는 헤드 |
| 개폐표시형밸브 | 밸브의 개폐 여부를 외부에서 식별할 수 있는 밸브 |
| 객석유도등 | 객석의 통로, 바닥 또는 벽에 설치하는 유도등 |
| 거실 | 거주·집무·작업·집회·오락 그 밖에 이와 유사한 목적을 위하여 사용하는 실 |
| 거실제연설비 | 옥내의 제연설비 |
| 거실통로유도등 | 거주, 집무, 작업, 집회, 오락 그 밖에 이와 유사한 목적을 위하여 계속적으로 사용하는 거실, 주차장 등 개방된 통로에 설치하는 유도등으로 피난의 방향을 명시하는 것 |
| 건식스프링클러설비 | 건식유수검지장치 2차 측에 압축공기 또는 질소 등의 기체로 충전된 배관에 폐쇄형스프링클러헤드가 부착된 스프링클러설비로서, 폐쇄형스프링클러헤드가 개방되어 배관내의 압축공기 등이 방출되면 건식유수검지장치 1차 측의 수압에 의하여 건식유수검지장치가 작동하게 되는 스프링클러설비 |
| 건식스프링클러헤드 | 물과 오리피스가 분리되어 동파를 방지할 수 있는 스프링클러헤드 |
| 건식유수검지장치 | 건식스프링클러설비에 설치되는 유수검지장치 |
| 경계구역 | 특정소방대상물 중 화재신호를 발신하고 그 신호를 수신 및 유효하게 제어할 수 있는 구역 |

| | |
|---|---|
| 계단통로유도등 | 피난통로가 되는 계단이나 경사로에 설치하는 통로유도등으로 바닥면 및 디딤 바닥면을 비추는 것 |
| 고가수조 | 구조물 또는 지형지물 등에 설치하여 자연낙차의 압력으로 급수하는 수조 |
| 고압 미분무소화설비 | 최저사용압력이 3.5메가파스칼을 초과하는 미분무소화설비 |
| 공기안전매트 | 화재 발생 시 사람이 건축물 내에서 외부로 긴급히 뛰어내릴 때 충격을 흡수하여 안전하게 지상에 도달할 수 있도록 포지에 공기 등을 주입하는 구조로 되어 있는 것 |
| 공기호흡기 | 소화활동 시에 화재로 인하여 발생하는 각종 유독가스 중에서 일정시간 사용할 수 있도록 제조된 압축공기식 개인호흡장비(보조마스크를 포함한다) |
| 공동예상제연구역 | 2개 이상의 예상제연구역을 동시에 제연하는 구역 |
| 과압방지장치 | 제연구역의 압력이 설정압력을 초과하는 경우 자동으로 압력을 조절하여 과압을 방지하는 장치 |
| 교차배관 | 주배관을 통해 가지배관에 급수하는 배관 |
| 교차회로방식 | 하나의 방호구역 내에 둘 이상의 화재감지기회로를 설치하고 인접한 둘 이상의 화재감지기에 화재가 감지되는 때에 소화설비가 작동하는 방식 |
| 구조대 | 포지 등을 사용하여 자루 형태로 만든 것으로서 화재 시 사용자가 그 내부에 들어가서 내려옴으로써 대피할 수 있는 것 |
| 국소방출방식 | 소화약제 공급장치에 배관 및 분사헤드를 등을 설치하여 직접 화점에 소화약제를 방출하는 방식 |
| 굴뚝효과 | 건물내부와 외부 또는 내부공간 상하간의 온도차이에 의한 밀도차이로 발생하는 건물내부의 수직기류 |
| 급기량 | 제연구역에 공급해야 할 공기의 양 |
| 급수배관 | 수원 또는 송수구 등으로부터 소화설비에 급수하는 배관 |
| 기동용 수압개폐장치 | 소화설비의 배관 내 압력변동을 검지하여 자동적으로 펌프를 기동 및 정지시키는 것으로서 압력챔버 또는 기동용압력스위치 |
| 기밀상태 | 일정한 공간에 있는 유체가 누설되지 않는 밀폐 상태 |
| 난연재료 | 불에 잘 타지 않는 성능을 가진 재료 |
| 누설동축 케이블 | 동축케이블의 외부도체에 가느다란 홈을 만들어서 전파가 외부로 새어나 갈 수 있도록 한 케이블 |
| 누설량 | 틈새를 통하여 제연구역으로부터 흘러나가는 공기량 |
| 누설틈새면적 | 가압 또는 감압된 공간과 인접한 공간사이에 공기의 흐름이 가능한 틈새의 면적 |
| 누전경보기 | 내화구조가 아닌 건축물로서 벽, 바닥 또는 천장의 전부나 일부를 불연재료 또는 준불연재료가 아닌 재료에 철망을 넣어 만든 건물의 전기설비로부터 누설전류를 탐지하여 경보를 발하는 기기로서, 변류기와 수신부로 구성된 것 |

<table>
<tr><td>능력단위</td><td>소화기 및 소화약제에 따른 간이소화용구에 있어서는 법 제37조제1항에 따라 형식승인 된 수치를 말하며, 소화약제 외의 것을 이용한 간이소화용구에 있어서는 다음 표에 따른 수치를 말한다.<br><table><tr><th colspan="2">간이 소화 용구</th><th>능력 단위</th></tr><tr><td>마른 모래</td><td>삽을 상비한 50 [L] 이상의 것 1포</td><td rowspan="2">0.5 능력 단위</td></tr><tr><td>팽창 질속 또는 진주암</td><td>삽을 상비한 80 [L] 이상의 것 1포</td></tr></table></td></tr>
<tr><td>다수인 피난장비</td><td>화재 시 2인 이상의 피난자가 동시에 해당층에서 지상 또는 피난층으로 하강하는 피난기구</td></tr>
<tr><td>단독경보형감지기</td><td>화재발생 상황을 단독으로 감지하여 자체에 내장된 음향장치로 경보하는 감지기</td></tr>
<tr><td>단독형</td><td>탐지부와 수신부가 일체로 되어있는 형태의 경보기</td></tr>
<tr><td>무선시</td><td>화재신호 등을 전파에 의해 송·수신하는 방식</td></tr>
<tr><td>무선중계기</td><td>안테나를 통하여 수신된 무전기 신호를 증폭한 후 음영지역에 재방사하여 무전기 상호 간 송수신이 가능하도록 하는 장치</td></tr>
<tr><td>물분무헤드</td><td>화재 시 직선류 또는 나선류의 물을 충돌·확산시켜 미립상태로 분무함으로써 소화하는 헤드</td></tr>
<tr><td>미끄럼대</td><td>사용자가 미끄럼식으로 신속하게 지상 또는 피난층으로 이동할 수 있는 피난기구</td></tr>
<tr><td>미분무</td><td>물만을 사용하여 소화하는 방식으로 최소설계압력에서 헤드로부터 방출되는 물입자 중 99 [%]의 누적체적분포가 400마이크로미터 이하로 분무되고 A, B, C급 화재에 적응성을 갖는 것을 말한다.</td></tr>
<tr><td>미분무소화설비</td><td>가압된 물이 헤드 통과 후 미세한 입자로 분무됨으로써 소화성능을 가지는 설비를 말하며, 소화력을 증가시키기 위해 강화액 등을 첨가할 수 있다.</td></tr>
<tr><td>미분무헤드</td><td>하나 이상의 오리피스를 가지고 미분무소화설비에 사용되는 헤드</td></tr>
<tr><td>반사판(디플렉터)</td><td>스프링클러헤드의 방수구에서 유출되는 물을 세분시키는 작용을 하는 것</td></tr>
<tr><td>발신기</td><td>(1) 화재발생 신호를 수신기에 수동으로 발신하는 장치<br>(2) 수동누름버턴 등의 작동으로 화재 신호를 수신기에 발신하는 장치</td></tr>
<tr><td>방수구</td><td>소화설비로부터 소화용수를 방수하기 위하여 건물내벽 또는 구조물의 외벽에 설치하는 관</td></tr>
<tr><td>방연풍속</td><td>옥내로부터 제연구역 내로 연기의 유입을 유효하게 방지할 수 있는 풍속</td></tr>
<tr><td>방열복</td><td>고온의 복사열에 가까이 접근하여 소방활동을 수행할 수 있는 내열피복</td></tr>
<tr><td>방화문</td><td>규정에 따른 60분 방화문 또는 30분 방화문으로써 언제나 닫힌 상태를 유지하거나 화재로 인한 연기의 발생 또는 온도의 상승에 따라 자동적으로 닫히는 구조</td></tr>
<tr><td>방화복</td><td>화재진압 등의 소방활동을 수행할 수 있는 피복</td></tr>
<tr><td>배출풍도</td><td>예상제연구역의 공기를 외부로 배출하도록 하는 풍도</td></tr>
<tr><td>변류기</td><td>경계전로의 누설전류를 자동적으로 검출하여 이를 누전경보기의 수신부에 송신하는 것</td></tr>
<tr><td>보충량</td><td>방연풍속을 유지하기 위하여 제연구역에 보충해야 할 공기량</td></tr>
</table>

| 보행중심선 | 통로 폭의 한 가운데 지점을 연장한 선 |
|---|---|
| 복도통로유도등 | 피난통로가 되는 복도에 설치하는 통로유도등으로서 피난구의 방향을 명시하는 것 |
| 부압식스프링클러설비 | 가압송수장치에서 준비작동식유수검지장치의 1차 측까지는 항상 정압의 물이 가압되고, 2차 측 폐쇄형 스프링클러헤드까지는 소화수가 부압으로 되어 있다가 화재 시 감지기의 작동에 의해 정압으로 변하여 유수가 발생하면 작동하는 스프링클러설비 |
| 분기배관 | 배관 측면에 구멍을 뚫어 둘 이상의 관로가 생기도록 가공한 배관으로서 다음 각 목의 분기배관을 말한다.<br>가. "확관형 분기배관"이란 배관의 측면에 조그만 구멍을 뚫고 소성가공으로 확관시켜 배관 용접이음자리를 만들거나 배관 용접이음자리에 배관이음쇠를 용접 이음한 배관을 말한다.<br>나. "비확관형 분기배관"이란 배관의 측면에 분기호칭내경 이상의 구멍을 뚫고 배관이음쇠를 용접 이음한 배관을 말한다. |
| 분리형 | 탐지부와 수신부가 분리되어 있는 형태의 경보기 |
| 분배기 | 신호의 전송로가 분기되는 장소에 설치하는 것으로 임피던스 매칭(Matching)과 신호 균등분배를 위해 사용하는 장치 |
| 분파기 | 서로 다른 주파수의 합성된 신호를 분리하기 위해서 사용하는 장치 |
| 불연재료 | 불에 타지 않는 성질을 가진 재료 |
| 비상벨설비 | 화재발생 상황을 경종으로 경보하는 설비 |
| 비상전원 | 상용전원으로부터 전력의 공급이 중단된 때에는 자동으로 공급되는 전원 |
| 비상조명등 | 화재발생 등에 따른 정전 시 안전하고 원활한 피난활동을 할 수 있도록 거실 및 피난통로 등에 설치되어 자동 점등되는 조명등 |
| 비상컨센트설비 | 화재 시 소화활동 등에 필요한 전원을 전용회선으로 공급하는 설비 |
| 비확관형 분기배관 | 배관의 측면에 분기호칭내경 이상의 구멍을 뚫고 배관이음쇠를 용접 이음한 배관 |
| 상수도직결형<br>간이스프링클러설비 | 수조를 사용하지 않고 상수도에 직접 연결하여 항상 기준 방수압 및 방수량 이상을 확보할 수 있는 설비 |
| 선택밸브 | 둘 이상의 방호구역 또는 방호대상물이 있어 소화수 또는 소화약제를 해당하는 방호구역 또는 방호대상물에 선택적으로 방출되도록 제어하는 밸브 |
| 설계도서 | 점화원, 연료의 특성과 형태 등에 따라서 건축물에서 발생할 수 있는 화재의 유형이 고려되어 작성된 것 |
| 소방부하 | 소방시설 및 방화·피난·소화활동을 위한 시설의 전력부하 |
| 소방전원보존형<br>발전기 | 소방부하 및 소방부하 이외의 부하(이하 비상부하라 한다)겸용의 비상발전기로서, 상용전원 중단 시에는 소방부하 및 비상부하에 비상전원이 동시에 공급되고, 화재 시 과부하에 접근될 경우 비상부하의 일부 또는 전부를 자동적으로 차단하는 제어장치를 구비하여, 소방부하에 비상전원을 연속 공급하는 자가발전설비 |

| | |
|---|---|
| 소화기 | 소화약제를 압력에 따라 방사하는 기구로서 사람이 수동으로 조작하여 소화하는 다음 각 목의 것을 말한다.<br>가. "소형소화기"란 능력단위가 1단위 이상이고 대형소화기의 능력단위 미만인 소화기를 말한다.<br>나. "대형소화기"란 화재 시 사람이 운반할 수 있도록 운반대와 바퀴가 설치되어 있고 능력단위가 A급 10단위 이상, B급 20단위 이상인 소화기를 말한다. |
| 소화수조 | 수조를 설치하고 여기에 소화에 필요한 물을 항시 채워두는 것으로서, 소화수조는 소화용수의 전용 수조를 말하고, 저수조란 소화용수와 일반 생활용수의 겸용 수조 |
| 소화약제 | 소화기구 및 자동소화장치에 사용되는 소화성능이 있는 고체·액체 및 기체물질 |
| 속보기 | 화재신호를 통신망을 통하여 음성 등의 방법으로 소방관서에 통보하는 장치 |
| 송수구 | 소화설비에 소화용수를 보급하기 위하여 건물 외벽 또는 구조물의 외벽에 설치하는 관 |
| 송풍기 | 공기의 흐름을 발생시키는 기기 |
| 수신기 | (1) 발신기에서 발하는 화재신호를 직접 수신하여 화재의 발생을 표시 및 경보하여 주는 장치<br>(2) 감지기나 발신기에서 발하는 화재신호를 직접 수신하거나 중계기를 통하여 수신하여 화재의 발생을 표시 및 경보하여 주는 장치 |
| 수신부 | (1) 변류기로부터 검출된 신호를 수신하여 누전의 발생을 해당 특정소방대상물의 관계인에게 경보하여 주는 것(차단기구를 갖는 것을 포함한다)<br>(2) 경보기 중 탐지부에서 발하여진 가스누설 신호를 직접 또는 중계기를 통하여 수신하고 이를 관계자에게 음향으로서 경보하여 주는 것 |
| 수직거리 | 제연경계의 하단 끝으로부터 그 수직한 하부 바닥면까지의 거리 |
| 수직풍도 | 건축물의 층간에 수직으로 설치된 풍도 |
| 수평투영면 | 건축물을 수평으로 투영하였을 경우의 면 |
| 습식스프링클러설비 | 가압송수장치에서 폐쇄형스프링클러헤드까지 배관 내에 항상 물이 가압되어 있다가 화재로 인한 열로 폐쇄형스프링클러헤드가 개방되면 배관 내에 유수가 발생하여 습식유수검지장치가 작동하게 되는 스프링클러설비 |
| 습식유수검지장치 | 습식스프링클러설비 또는 부압식스프링클러설비에 설치되는 유수검지장치 |
| 승강식 피난기 | 사용자의 몸무게에 의하여 자동으로 하강하고 내려서면 스스로 상승하여 연속적으로 사용할 수 있는 무동력 승강식 기기 |
| 시각경보장치 | 자동화재탐지설비에서 발하는 화재신호를 시각경보기에 전달하여 청각장애인에게 점멸형태의 시각경보를 하는 것 |
| 신축배관 | 가지배관과 스프링클러헤드를 연결하는 구부림이 용이하고 유연성을 가진 배관 |
| 압력수조 | 소화용수와 공기를 채우고 일정 압력 이상으로 가압하여 그 압력으로 급수하는 수조 |
| 연결송수관설비 | 건축물의 옥외에 설치된 송수구에 소방차로부터 가압수를 송수하고 소방관이 건축물 내에 설치된 방수구에 방수기구함에 비치된 호스를 연결하여 화재를 진압하는 소화활동설비 |

| | |
|---|---|
| 연성계 | 대기압 이상의 압력과 대기압 이하의 압력을 측정할 수 있는 계측기 |
| 연소할 우려가 있는 개구부 | 각 방화구획을 관통하는 컨베이어·에스컬레이터 또는 이와 유사한 시설의 주위로서 방화구획을 할 수 없는 부분 |
| 예비펌프 | 주펌프와 동등 이상의 성능이 있는 별도의 펌프 |
| 예상제연구역 | 화재 시 연기의 제어가 요구되는 제연구역 |
| 옥외안테나 | 감시제어반 등에 설치된 무선중계기의 입력과 출력포트에 연결되어 송수신 신호를 원활하게 방사·수신하기 위해 옥외에 설치하는 장치 |
| 완강기 | 사용자의 몸무게에 따라 자동적으로 내려올 수 있는 기구 중 사용자가 교대하여 연속적으로 사용할 수 있는 것 |
| 외기취입구 | 옥외로부터 옥내로 외기를 취입하는 개구부 |
| 유 · 무선식 | 유선식과 무선식을 겸용으로 사용하는 방식 |
| 유도등 | 화재 시에 피난을 유도하기 위한 등으로서 정상상태에서는 상용전원에 따라 켜지고 상용전원이 정전되는 경우에는 비상전원으로 자동전환되어 켜지는 등 |
| 유선식 | 화재신호 등을 배선으로 송·수신하는 방식 |
| 유수검지장치 | 유수현상을 자동적으로 검지하여 신호 또는 경보를 발하는 장치 |
| 유입공기 | 제연구역으로부터 옥내로 유입하는 공기로서 차압에 따라 누설하는 것과 출입문의 개방에 따라 유입하는 것 |
| 유입풍도 | 예상제연구역으로 공기를 유입하도록 하는 풍도 |
| 음량조절기 | 가변저항을 이용하여 전류를 변화시켜 음량을 크게 하거나 작게 조절할 수 있는 장치 |
| 인공소생기 | 호흡 부전 상태인 사람에게 인공호흡을 시켜 환자를 보호하거나 구급하는 기구 |
| 인명구조기구 | 화열, 화염, 유해성가스 등으로부터 인명을 보호하거나 구조하는데 사용되는 기구 |
| 일산화탄소경보기 | 일산화탄소가 새는 것을 탐지하여 관계자나 이용자에게 경보하여 주는 것을 말한다. 다만, 탐지소자 외의 방법에 의하여 가스가 새는 것을 탐지하는 것, 점검용으로 만들어진 휴대용탐지기 또는 연동기기에 의하여 경보를 발하는 것은 제외한다. |
| 일제개방밸브 | 일제살수식스프링클러설비에 설치되는 유수검지장치 |
| 일제살수식스프링클러설비 | 가압송수장치에서 일제개방밸브 1차 측까지 배관 내에 항상 물이 가압되어 있고 2차 측에서 개방형스프링클러헤드까지 대기압으로 있다가 화재 시 자동감지장치 또는 수동식 기동장치의 작동으로 일제개방밸브가 개방되면 스프링클러헤드까지 소화수가 송수되는 방식의 스프링클러설비 |
| 입체형 | 유도등 표시면을 2면 이상으로 하고 각 면마다 피난유도표시가 있는 것 |
| 자동소화장치 | 소화약제를 자동으로 방사하는 고정된 소화장치로서 법 제37조 또는 제40조에 따라 형식승인이나 성능인증을 받은 유효설치 범위(설계방호체적, 최대설치높이, 방호면적 등을 말한다) 이내에 설치하여 소화하는 다음 각 목의 것을 말한다.<br>가. "주거용 주방자동소화장치"란 주거용 주방에 설치된 열발생 조리기구의 사용으로 인한 화재 발생 시 열원(전기 또는 가스)을 자동으로 차단하며 소화약제를 방출하는 소화장치를 말한다. |

| | |
|---|---|
| 자동소화장치 | 나. "상업용 주방자동소화장치"란 상업용 주방에 설치된 열발생 조리기구의 사용으로 인한 화재 발생 시 열원(전기 또는 가스)을 자동으로 차단하며 소화약제를 방출하는 소화장치를 말한다.<br>다. "캐비닛형 자동소화장치"란 열, 연기 또는 불꽃 등을 감지하여 소화약제를 방사하여 소화하는 캐비닛형태의 소화장치를 말한다.<br>라. "가스자동소화장치"란 열, 연기 또는 불꽃 등을 감지하여 가스계 소화약제를 방사하여 소화하는 소화장치를 말한다.<br>마. "분말자동소화장치"란 열, 연기 또는 불꽃 등을 감지하여 분말의 소화약제를 방사하여 소화하는 소화장치를 말한다.<br>바. "고체에어로졸자동소화장치"란 열, 연기 또는 불꽃 등을 감지하여 에어로졸의 소화약제를 방사하여 소화하는 소화장치를 말한다. |
| 자동식사이렌설비 | 화재발생 상황을 사이렌으로 경보하는 설비 |
| 자동차압급기댐퍼 | 제연구역과 옥내 사이의 차압을 압력센서 등으로 감지하여 제연구역에 공급되는 풍량의 조절로 제연구역의 차압 유지를 자동으로 제어할 수 있는 댐퍼 |
| 자동폐쇄장치 | 제연구역의 출입문 등에 설치하는 것으로서 화재 시 화재감지기의 작동과 연동하여 출입문을 자동적으로 닫히게 하는 장치 |
| 자동확산소화기 | 화재를 감지하여 자동으로 소화약제를 방출 확산시켜 국소적으로 소화하는 소화기 |
| 저수조 | 수조를 설치하고 여기에 소화에 필요한 물을 항시 채워두는 것으로서, 소화수조는 소화용수의 전용 수조를 말하고, 저수조란 소화용수와 일반 생활용수의 겸용 수조 |
| 저압 미분무소화설비 | 최고사용압력이 1.2메가파스칼 이하인 미분무소화설비 |
| 전역방출방식 | 소화약제 공급장치에 배관 및 분사헤드 등을 고정 설치하여 밀폐 방호구역 내에 소화약제를 방출하는 방식 |
| 정격토출량 | 펌프의 정격부하운전 시 토출압력으로서 정격토출량에서의 펌프의 토출측 압력 |
| 제어반 | 각종 기기의 작동 여부 확인과 자동 또는 수동 기동 등이 가능한 장치 |
| 제연경계 | 연기를 예상제연구역 내에 가두거나 이동을 억제하기 위한 보 또는 제연경계벽 등 |
| 제연경계벽 | 제연경계가 되는 가동형 또는 고정형의 벽 |
| 제연경계의 폭 | 제연경계가 면한 천장 또는 반자로부터 그 제연경계의 수직하단 끝부분까지의 거리 |
| 제연구역 | 제연경계(제연경계가 면한 천장 또는 반자를 포함한다)에 의해 구획된 건물 내의 공간 |
| 조기반응형 스프링클러헤드 | 표준형 스프링클러헤드 보다 기류온도 및 기류속도에 빠르게 반응하는 헤드 |
| 주배관 | (1) 가압송수장치 또는 송수구 등과 직접 연결되어 소화수를 이송하는 주된 배관<br>(2) 수직배관을 통해 교차배관에 급수하는 배관<br>(3) 각 층을 수직으로 관통하는 수직배관 |
| 주펌프 | 구동장치의 회전 또는 왕복운동으로 소화수를 가압하여 그 압력으로 급수하는 주된 펌프 |
| 준비작동식 유수검지장치 | 준비작동식스프링클러설비에 설치되는 유수검지장치 |

| | |
|---|---|
| 준비작동식 스프링클러설비 | 가압송수장치에서 준비작동식유수검지장치 1차 측까지 배관 내에 항상 물이 가압되어 있고, 2차 측에서 폐쇄형스프링클러헤드까지 대기압 또는 저압으로 있다가 화재발생시 감지기의 작동으로 준비작동식밸브가 개방되면 폐쇄형스프링클러헤드까지 소화수가 송수되고, 폐쇄형스프링클러헤드가 열에 의해 개방되면 방수가 되는 방식의 스프링클러설비 |
| 중계기 | 감지기·발신기 또는 전기적인 접점 등의 작동에 따른 신호를 받아 이를 수신기에 전송하는 장치 |
| 중압 미분무소화설비 | 사용압력이 1.2메가파스칼을 초과하고 3.5메가파스칼 이하인 미분무소화설비 |
| 증폭기 | (1) 전압·전류의 진폭을 늘려 감도 등을 개선하는 장치<br>(2) 전압전류의 진폭을 늘려 감도를 좋게 하고 미약한 음성전류를 커다란 음성전류로 변화시켜 소리를 크게 하는 장치 |
| 진공계 | 대기압 이하의 압력을 측정하는 계측기 |
| 채수구 | 소방차의 소방호스와 접결되는 흡입구 |
| 체절운전 | 펌프의 성능시험을 목적으로 펌프 토출측의 개폐밸브를 닫은 상태에서 펌프를 운전하는 것 |
| 체크밸브 | 흐름이 한 방향으로만 흐르도록 되어 있는 밸브 |
| 축광식표지 | 평상시 햇빛 또는 전등불 등의 빛에너지를 축적하여 화재 등의 비상시 어두운 상황에서도 도안·문자 등이 쉽게 식별될 수 있는 표지 |
| 충압펌프 | 배관 내 압력손실에 따라 주펌프의 빈번한 기동을 방지하기 위하여 충압역할을 하는 펌프 |
| 측벽형스프링클러헤드 | 가압된 물이 분사될 때 헤드의 축심을 중심으로 한 반원상에 균일하게 분산시키는 헤드 |
| 캐비닛형 간이스프링클러설비 | 가압송수장치, 수조(「캐비넷닛형 간이스프링클러설비 성능인증 및 제품검사의 기술기준」에서 정하는 바에 따라 분리형으로 할 수 있다) 및 유수검지장치 등을 집적화하여 캐비닛 형태로 구성시킨 간이 형태의 스프링클러설비 |
| 탐지부 | 가스누설경보기(이하"경보기"라 한다) 중 가스누설을 탐지하여 중계기 또는 수신부에 가스누설 신호를 발신하는 부분 |
| 통로배출방식 | 거실 내 연기를 직접 옥외로 배출하지 않고 거실에 면한 통로의 연기를 옥외로 배출하는 방식 |
| 통로유도등 | 피난통로를 안내하기 위한 유도등으로 복도통로유도등, 거실통로유도등, 계단통로유도등 |
| 통로유도표지 | 피난통로가 되는 복도, 계단등에 설치하는 것으로서 피난구의 방향을 표시하는 유도표지 |
| 통신망 | 유·무선을 구성하여 음성 또는 데이터 등을 전송할 수 있는 집합체 |
| 패들형 유수검지장치 | 소화수의 흐름에 의하여 패들이 움직이고 접점이 형성되면 신호를 발하는 유수검지장치 |
| 팽창비 | 최종 발생한 포 체적을 포 발생 전의 포 수용액의 체적으로 나눈 값 |

| | |
|---|---|
| 폐쇄형 미분무 헤드 | 정상상태에서 방수구를 막고 있는 감열체가 일정온도에서 자동적으로 파괴·용융 또는 이탈됨으로써 방수구가 개방되는 헤드 |
| 폐쇄형 미분무소화설비 | 배관 내에 항상 물 또는 공기 등이 가압되어 있다가 화재로 인한 열로 폐쇄형 미분무헤드가 개방되면서 소화수를 방출하는 방식의 미분무소화설비 |
| 폐쇄형 스프링클러헤드 | 정상상태에서 방수구를 막고 있는 감열체가 일정온도에서 자동적으로 파괴·용융 또는 이탈됨으로써 방수구가 개방되는 헤드 |
| 플랩댐퍼 | 제연구역의 압력이 설정압력범위를 초과하는 경우 제연구역의 압력을 배출하여 설정압력 범위를 유지하게 하는 과압방지장치 |
| 피난 사다리 | 화재 시 긴급대피를 위해 사용하는 사다리 |
| 피난교 | 인근 건축물 또는 피난층과 연결된 다리 형태의 피난기구 |
| 피난구유도등 | 피난구 또는 피난경로로 사용되는 출입구를 표시하여 피난을 유도하는 등 |
| 피난구유도표지 | 피난구 또는 피난경로로 사용되는 출입구를 표시하여 피난을 유도하는 표지 |
| 피난용 트랩 | 화재 층과 직상 층을 연결하는 계단형태의 피난기구 |
| 피난유도선 | 햇빛이나 전등불에 따라 축광(이하 "축광방식"이라 한다)하거나 전류에 따라 빛을 발하는(이하 "광원점등방식"이라 한다) 유도체로서 어두운 상태에서 피난을 유도할 수 있도록 띠 형태로 설치되는 피난유도시설 |
| 하향식 피난구용 내림사다리 | 하향식 피난구 해치에 격납하여 보관하고 사용 시에는 사다리 등이 소방대상물과 접촉되지 않는 내림식 사다리 |
| 호스릴 방식 | 소화수 또는 소화약제 저장용기 등에 연결된 호스릴을 이용하여 사람이 직접 화점에 소화수 또는 소화약제를 방출하는 방식 |
| 호스릴 | 원형의 소방호스를 원형의 수납장치에 감아 정리한 것 |
| 호칭지름 | 일반적으로 표기하는 배관의 직경 |
| 혼합기 | 둘 이상의 입력신호를 원하는 비율로 조합한 출력이 발생하도록 하는 장치 |
| 화재 조기진압형 스프링클러헤드 | 특정한 높은 장소의 화재위험에 대하여 조기에 진화할 수 있도록 설계된 헤드 |
| 확관형 분기배관 | 배관의 측면에 조그만 구멍을 뚫고 소성가공으로 확관시켜 배관 용접이음자리를 만들거나 배관 용접이음자리에 배관이음쇠를 용접 이음한 배관 |
| 확성기 | 소리를 크게 하여 멀리까지 전달될 수 있도록 하는 장치로써 일명 스피커 |
| 휴대용비상조명등 | 화재발생 등으로 정전 시 안전하고 원활한 피난을 위하여 피난자가 휴대할 수 있는 조명등 |
| 흡수관 투입구 | 소방차의 흡수관이 투입될 수 있도록 소화수조 또는 저수조에 설치된 원형 또는 사각형의 투입구 |

## 참고문헌

1. 공하성, 소방시설의 점검실무행정, 2017, 성안당.
2. 공하성, 화재안전기준, 2016, 성안당.
3. 강성화, 소방전기설비기초, 2013, 신광문화사.
4. 김엽래 외 4인, 소방기계시설론, 2017, 동화기술.
5. 김태완, 도면으로 배우는 소방시설의 이해, 2017, 소방문화사.
6. 백종해, 소방시설의 점검실무행정, 2017, 크라운출판사.
7. 이기덕, 점검실무행정, 2016, 기문사.
8. 이기덕, 화재안전기준, 2017, 기문사.
9. 왕준호, 소방시설의 점검실무행정, 2017, 성안당.
10. 조성철, 소방기계시설, 2016, 화수목.
11. 정진홍, 김명희, 합통 소방시설의 점검실무행정, 2017, 세진북스.

# I N D E X

저자 : **홍 영 호**

• 혜전대학교 소방안전관리과

## 소방 점검 실무

정가 25,000원

발 행 2026년 3월 10일 4판 1쇄
저 자 홍영호
발행인 정우용
발행처 도서출판 **동 화 기 술**

경기도 파주시 광인사길 201(문발동, 파주출판도시)
Tel (031)955-4211~6 donghwapub@nate.com
Fax (031)955-4217 www.donghwapub.co.kr
(등록) 1977년 12월 19일/9-16호



Printed in Korea

ISBN 978-89-425-9744-4